碳化硅电力电子器件原理与应用

秦海鸿　赵朝会　荀　倩　严仰光　编著

北京航空航天大学出版社

内 容 简 介

本书介绍了碳化硅半导体电力电子器件的原理、特性和应用,概括了这一领域近十年来的主要研究进展,内容包括:多种类型碳化硅器件的原理与特性,典型碳化硅器件的驱动电路原理与设计方法,碳化硅基变换器的扩容方法,碳化硅器件在不同领域和不同变换器中的应用实例分析,以及碳化硅基变换器的性能制约因素和关键问题。

本书可作为高等院校电力电子技术、电机驱动技术和新能源技术等专业的本科生、研究生和教师的参考书,也可供从事碳化硅半导体器件研制和测试的工程技术人员,以及应用碳化硅半导体器件研制高性能电力电子装置的工程技术人员参考。

图书在版编目(CIP)数据

碳化硅电力电子器件原理与应用 / 秦海鸿等编著
. -- 北京 : 北京航空航天大学出版社,2019.12
ISBN 978 - 7 - 5124 - 3188 - 1

Ⅰ. ①碳… Ⅱ. ①秦… Ⅲ. ①电力电子器件 Ⅳ.
①TN303

中国版本图书馆 CIP 数据核字(2019)第 270290 号

碳化硅电力电子器件原理与应用

秦海鸿 赵朝会 荀 倩 严仰光 编著

责任编辑 宋淑娟

*

北京航空航天大学出版社出版发行

北京市海淀区学院路 37 号(邮编 100191) http://www.buaapress.com.cn
发行部电话:(010)82317024 传真:(010)82328026
读者信箱:goodtextbook@126.com 邮购电话:(010)82316936
北京九州迅驰传媒文化有限公司印装 各地书店经销

*

开本:787×1 092 1/16 印张:29.75 字数:762 千字
2020 年 3 月第 1 版 2024 年 6 月第 4 次印刷 印数:2 001~2 600 册
ISBN 978 - 7 - 5124 - 3188 - 1 定价:99.00 元

前　　言

电力电子技术在国民经济各领域中得到了广泛的应用,正成为国民经济发展中的关键支撑技术。而电力电子器件作为电力电子技术的基础与核心,其性能的提高必然会带动电力电子装置性能的改善,推动电力电子技术的发展。

相对于硅基半导体电力电子器件,碳化硅基半导体电力电子器件具有更低的导通电阻、更快的开关速度及更高的阻断电压和工作温度承受能力。因此,采用碳化硅基半导体电力电子器件有望大大降低电力电子装置的功耗,提高电力电子装置的功率密度和耐高温能力;尤其在高压、高频和高温领域中,碳化硅基半导体电力电子器件更具吸引力,具有硅基半导体器件难以比拟的巨大应用优势和潜力。

目前,国内关于碳化硅基半导体器件应用方面的研究还处在初级阶段,与国外存在较大的差距。为了促进国内碳化硅器件及其应用方面的研究,提高国产化电力电子装置的整体性能,作者所在的研究团队结合近十年来在碳化硅器件应用方面的研究,编写了本书。

全书共分 6 章。第 1 章阐述了应用领域对高性能电力电子装置的需求,以及硅基半导体电力电子器件的技术瓶颈,并对新型碳化硅材料和碳化硅器件的国内外现状进行了概要分析;第 2 章介绍了碳化硅器件的原理与特性,包括二极管、MOSFET、JFET、SIT、BJT、IGBT 以及 GTO 等器件的导通、开关、阻断和驱动特性;第 3 章阐述了碳化硅器件的驱动电路原理与设计方法,针对 MOSFET、耗尽型(常通型)JFET、增强型(常断型)JFET、级联型 JFET、SIT、BJT 和 IGBT 等不同原理的碳化硅器件,讨论了驱动电路的要求和驱动电路的设计方法,并对碳化硅模块的驱动保护方法进行了分析;第 4 章阐述了碳化硅基变换器的扩容方法,包括碳化硅器件的并联,碳化硅多管芯并联,碳化硅基变换器多通道并联,碳化硅器件的串联,以及碳化硅基变换器的组合扩容;第 5 章阐述了碳化硅器件在电力电子变换器中的应用,包括不同碳化硅器件组合的应用、碳化硅器件在不同领域中的应用、碳化硅器件在不同类型变换器中的应用等;第 6 章进一步探讨了碳化硅基变换器的性能制约因素和关键问题,涉及高速开关、封装设计、耐高温变换器设计以及多目标优化设计中的相关问题。

本书得到了国家自然科学基金面上项目(No.51677089)、国家留学基金、国家级一流本科专业建设和江苏高校品牌专业建设工程项目的资助。

作者衷心感谢南京航空航天大学电气工程系的老师和致力于新型碳化硅器件应用研究的研究生和本科生;感谢 Cree 公司、Rohm 公司、Infineon 公司、山东天岳晶体材料有限公司、中国电子科技集团公司第 55 研究所、扬州国扬电子有限公司、臻驱科技（上海）有限公司、香港联丰科技有限公司、北京世纪金光半导体有限公司、泰科天润半导体科技（北京）有限公司、南京亚立高电子科技有限公司、南京奥云德电子科技有限公司、南京开关厂有限公司、南京傅立叶电子技术有限公司等合作企业对作者所在研究团队的器件支持和项目经费支持。

在此要特别感谢 Fred C. Lee、Leon M. Tolbert、Fred Wang、Leo Lorenz、Dushan Boroyevich、Alex Q. Huang、Longya Xu、J. W. Kolar、Jan Abraham Ferriria、Jin Wang、Z. John Shen、Hans-Peter Nee、赵争鸣、徐殿国、徐德鸿、盛况、郑琼林、蒋栋、王俊、王来利、宁圃奇、梅云辉、毛赛君等教授的鼓励和鞭策。本书中的相关内容学习和参考了国内外 SiC 器件应用研究方面专家学者所领导的研究团队的研究成果，有关 SiC 器件的产品技术学习和参考了各主要 SiC 半导体器件公司的网站资料。

在本书编写过程中，南京航空航天大学多电飞机电气系统工业和信息化部重点实验室的陈文明、徐华娟、付大丰老师参与了部分章节的文字编排工作；南京航空航天大学宽禁带器件应用研究室的研究生朱梓悦、谢昊天、徐克峰、聂新、钟志远、马策宇、王丹、刘清、张英、董耀文、修强、莫玉斌、王若璇、彭子和、汪文璐、赵斌、许炜、文教普、张鑫、赵海伟、马婷、陈音如、余忠磊等参与了研究工作和部分手稿的录入工作；上海电机学院特种电机研究室的范春丽等参与了研究工作和部分手稿的录入工作；英国诺丁汉大学电力电子与电机控制研究团队杨涛教授给予了有益的指导与帮助；中国电子科技集团公司第 55 研究所宽禁带半导体电力电子器件国家重点实验室的柏松研究员、山东天岳晶体材料有限公司的高玉强研究员、空军第 8 研究所的周增福研究员、株洲中车时代电气股份有限公司的刘国友教授级高级工程师、瑞典查尔姆斯理工大学的柳玉敬教授和南京航空航天大学的黄文新教授审阅了本书的初稿，提出了十分宝贵的修改意见；北京航空航天大学出版社的赵延永、蔡喆老师为本书的出版提出了建设性的意见。作者在此一并向他们表示由衷的感谢。

由于碳化硅材料及碳化硅基电力电子器件仍处于迅速发展阶段，为了促进国内碳化硅基电力电子器件的应用和电力电子装置的发展，作者编写了本书。目前，书中所介绍的内容与现阶段的碳化硅器件水平相适应；但是，随着器件的不断发展，器件的某些特性和参数会获得更大改善，因而书中有些内容会显得有些过时，或者被证明欠准确，但其对碳化硅器件的基本特性与应用的分析思路和方法对于国内同行仍具有较大的参考价值。

由于作者水平有限，书中的疏忽或错误在所难免，恳请广大读者批评指正。

作　者
2019 年 7 月

目　　　录

第1章 绪 论

电力电子技术是有效地利用功率半导体器件、应用电路和设计理论以及分析方法工具,实现对电能的高效变换和控制的一门技术。其于 20 世纪 70 年代形成,经过 40 多年的发展,已成为现代工业社会的重要支撑技术之一。应用电力电子技术构成的装置(简称"电力电子装置")已日益广泛应用于工农业生产、交通运输、国防、航空航天、石油冶炼、核工业及能源工业的各个领域,大到几百兆瓦的直流输电装置,小到日常生活中的家用电器,到处都可以看到它的身影。表 1.1 列出各主要应用领域必须用到的关键电力电子装置或系统。

表 1.1 主要应用领域中关键电力电子装置(系统)

应用领域	关键电力电子装置(系统)
电力	高压直流输电系统;柔性交流输电系统(有源电力滤波器、动态电压补偿器、电力调节器、短路电流限制器等)
能源	大功率高性能 DC/DC 变流器、大功率双馈风力发电机的励磁与控制器、永磁风力发电机并网逆变器、光伏并网逆变器等
交通运输	大功率牵引电机、变频调速装置;电力牵引供电系统电能质量控制装置和通信系统
先进装备制造	大功率变流器及其控制系统;大功率高精度可程控交、直流电源系统;高精度数控机床的驱动和控制系统;快中子堆、磁约束核聚变用高精度电源等
航空航天	360～800 Hz 变频交流供电系统、270 V 高压直流供电系统、机电和电液作动机构、电动飞机电力推进器和高功率密度电源、卫星和空间站太阳能电池电源和配电系统
舰船	舰船综合电力系统(发电机静止励磁、静止电能变换、直流配电系统、电力推进系统、电磁弹射回收系统)
现代武装设备	高速鱼雷电推进器和电源、电磁炮、微波和激光武器专用电源、大功率雷达电源系统
激光	超大功率脉冲电源
环境保护	高压脉冲电源及其控制系统等,特种大功率电源及其控制系统

1.1 高性能电力电子装置的发展要求

提高电力电子装置效率、减小装置的重量和体积(提高功率密度)一直是其重要的发展方向。在一些特殊应用场合,还要求电力电子装置能够耐受高压或/和在恶劣环境下具有高可靠性。

1. 高效率

提高效率,意味着在获得同样的输出功率、满足负载要求的情况下,损耗更低,发热更少,散热系统设计压力减轻。此外,从长时能量消耗角度看,电能的消耗占据人类总耗能的很大一部分,但 50%～60% 的能量在电能传输与转换过程中被浪费。提高电能转换效率有利于实现可观的节能减排效果。新能源发电(包括光伏发电和风力发电等)、数据中心、电机驱动、照明等领域用到大量的电力电子装置,电力电子装置的应用提高了机电设备的节能效果和性能,电力电子装置本身效率的提高也可实现显著的节能效果。

2. 高功率密度

提高功率密度,意味着在获得同样的输出功率的情况下,装置的体积和重量更小。这对于汽车、航空航天、舰船等交通运输领域和对空间有严格要求的领域非常关键。

以汽车为例,现在的大功率电力电子装置无论是成本还是功率密度,都不适应汽车工业的需求。因为传统的大功率电力电子装置主要面向一般工业和可再生能源领域,在性能上没有汽车行业这么苛刻。对于新一代电动汽车,其电力驱动系统需从工业级进入真正的汽车工业级。美国能源局制定的 2020 混合动力汽车(HEV)的发展目标是:电力电子装置的质量功率密度超过 14.1 kW/kg,体积功率密度超过 13.4 kW/L,效率超过 98%,价格低于 3.3 $/kW。这个发展目标对电力电子器件及相关技术都提出了新的要求和挑战。

多电/全电飞机是 21 世纪飞机发展的重要方向,高速和超高速电机是多电飞机电气系统的关键技术之一。随着电机转速的提高,给高速电机供电的逆变器输出频率相应增高。这就要求逆变器可达到较高的开关频率,以获得平滑的电流,减小转矩脉动。现有的硅(Si)器件存在在开关速度和功率水平上的相互制约,限制了高速电机的性能。

3. 高　压

20 世纪 80 年代末,电力系统已发展成为超高压远距离输电、跨区域联网的大系统。90 年代末开始,以风电为代表的可再生能源接入电网极大推动了电力系统的技术进步。随着社会经济和电力系统的迅速发展,人们对现代电力系统安全、稳定、高效、灵活运行控制的要求日益提高,这在很大程度上促进了电力电子技术在电能的产生、传输、分配和使用的全过程中得到广泛而重要的应用。但是,与其他应用领域相比,电力系统要求电力电子装置具有更高的电压、更大的功率容量和更高的可靠性。由于在电压、电流耐额方面的限制,现有硅基大功率器件不得不采用器件串、并联技术和复杂的电路拓扑,导致装置的故障率和成本大大增加,制约了电力电子技术在现代电力系统中的应用。

高压直流输电(HVDC)具有异步联网、传输容量大、损耗低、潮流调节灵活快速、可限制短路电流、节省输电走廊及智能化程度高等优点,是坚强智能电网极为重要的组成单元之一。HVDC 的关键技术之一是换流阀及其开关器件。到目前为止,全世界已投入运行的直流输电工程达 150 多个,其中除了早期建设的 11 个采用汞弧阀之外,其余均为晶闸管直流输电工程,晶闸管换流阀由几十到数百个晶闸管器件串联而成。尽管经过四十多年的发展,Si 基晶闸管的单管额定电压和电流已分别高达 10 kV 和 5 kA,但与 500~1 000 kV 的特高直流电压相比,单片 Si 基晶闸管的额定电压仍太低,必须通过多元件的串联才能满足工程运行电压的需求。虽然高压 Si 基晶闸管在 HVDC 中一直处于垄断地位,但是它的电压阻断能力和耐 du/dt、di/dt 能力已经逐渐逼近了 Si 基电力电子器件所能达到的物理极限。同时,由于这些 Si 基晶闸管不能使用在工作温度高于 125 ℃的电力系统中,需要配套复杂的辅助冷却装置,因此,现有基于 Si 基晶闸管的 HVDC 换流装置不仅体积庞大,而且能量损耗高。

可再生能源、智能电网是电力系统的重要发展方向,其中需要用到很多功率变换器进行电能调节和变换。对于不同的交流线电压等级,两电平、三电平变换器所需的功率器件的额定电压等级列于表 1.2。对于线电压为 4 160 V 的两电平变换器和线电压为 7.2 kV 的三电平变换器,需要采用耐压为 10 kV 的功率器件。对于线电压为 6.9 kV 的两电平变换器和线电压为 13.8 kV 的三电平变换器,需要采用耐压为 20 kV 的功率器件。

表 1.2　不同的交流线电压等级下变换器功率器件的额定电压等级

母线电压有效值/V	电力电子器件额定电压等级/V	
	两电平变换器	三电平变换器
480	1 200	600
690	1 700	850
2 400	5 900	2 950
4 160	10 200	5 100
6 900	16 900	8 450
7 200	17 600	8 800
12 470	30 500	15 250
13 200	32 300	16 150
13 800	33 700	16 850

　　目前高压大功率 Si 器件主要有 IGBT、IGCT 和 GTO。6.5 kV Si IGBT 作为当前商用硅基 IGBT 最高电压的产品,主要应用在轨道交通领域,相对来说,3.3 kV Si IGBT 的应用更为广泛。为适应微网、智能电网功率变换器的需求,必须采用多个 Si IGBT 串联或多电平拓扑结构,但受功率损耗的限制,开关频率不宜超过 1～2 kHz,这就使得电抗元件的体积和重量较大。而且,在多个 Si IGBT 串联时存在静态和动态均压的问题,因此,必须采用相关吸收和动态均压的措施,这又使系统变得更为复杂。而采用 6.5 kV Si 基晶闸管/GTO 时,其开关频率更低,电抗元件的体积和重量更大,复杂程度更高。

4. 高　温

　　在很多重要的场合,需要能够耐受高温环境的电力电子装置。如多电飞机、电动汽车和石油钻井等场合的工作环境都很恶劣,最高工作温度会超过 200 ℃。

　　图 1.1 为一架多电飞机中典型发电及用电设备示意图,包括多电飞机电环控及发电机控制系统、内置式起动/发电装置、集成化功率单元、固态功率控制器、固态远程终端装置、电力驱动飞控作动器、电力制动器、电力除冰装置、固态容错配电系统等。这些发电及用电设备均需电力电子装置进行调节和控制。由于这些设备所处的环境温度较高,因此要求电力电子装置不仅具有高效率和高功率密度,而且必须能耐受高温环境。

　　目前的混合动力电动汽车(HEV)的典型拓扑如图 1.2 所示。电动汽车中电力电子装置的功率定额一般为数十千瓦,为了保证各部分都能可靠散热,通常有两条典型的冷却液(一般为乙二醇的水溶液)环路:用于冷却发动机的 105 ℃冷却环路及用于冷却功率变换器的 75 ℃冷却环路。如果汽车的电力电子装置能够承受更高温度,则将有可能省去第二条冷却环路,从而显著减轻汽车重量。

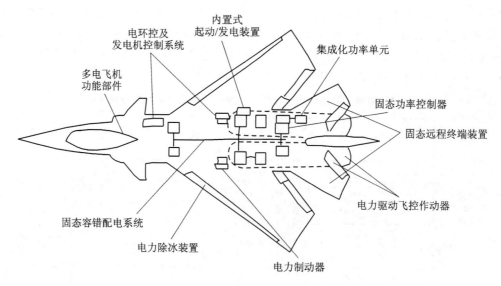

图 1.1 多电飞机中典型发电及用电设备示意图

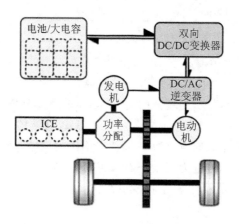

图 1.2 混合动力电动汽车典型拓扑

图 1.3 为地球的热梯度曲线,可以看出温度随深度的增加而升高,温度变化梯度约为 3 ℃/100 m。因此随着石油钻井深度的提高,钻井工具的工作环境温度也在不断增高。有些钻井深度已达 10 km 以上,钻井工具所处的典型工作环境温度达到 200 ℃,随着采掘深度的继续增加,今后钻井工具必须能够在 250 ℃甚至更高温度的环境中可靠工作。在地热能开发领域,最高工作温度甚至高达 300 ℃以上,其工作温度在极宽的温度范围内变化。

如图 1.4 所示的航空推进系统和航天探索系统在更极端的环境中工作时,需要耐受更恶劣的环境条件。例如,金星的大气层中含有很高浓度的硫酸,具有较强的腐蚀性。金星表面温度超过 460 ℃,压力为 9.2 MPa 左右。

在这些恶劣工作环境中,传统的电力电子装置难以满足工作要求,因此,迫切需要研制耐高温和耐受极宽温度变化范围的新型电力电子装置。

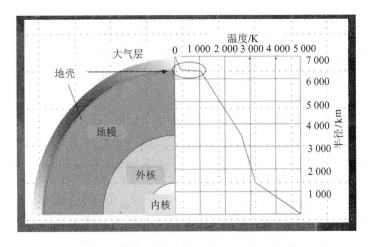

图 1.3 地球的热梯度曲线

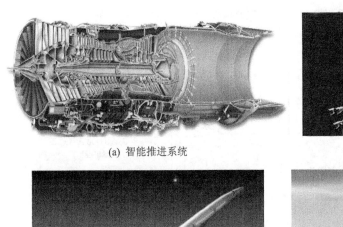

(a) 智能推进系统

(b) 太空探索

(c) 多电分布式控制飞机

(d) 金星探测

图 1.4 面对高温恶劣环境的典型推进系统和探测系统

1.2 Si 基电力电子器件的限制

电力电子器件作为电力电子装置中的核心部件,其器件性能的优劣对电力电子装置高性能指标的实现具有重要的影响,而器件技术的突破往往会推动电力电子装置性能的进一步提高。

电力电子器件的通态电阻和寄生电容分别决定了电力电子器件的导通损耗和开关损耗。而电力电子器件的损耗既是整个电力电子装置损耗的主要组成部分,在很大程度上影响着电力电子装置的效率,也是电力电子装置最主要的发热源之一。不同型号的电力电子器件的特性和参数不同,应用于电力电子装置中产生的损耗也不同,因而所能允许的最大开关频率也不尽相同。开关频率的高低决定了电力电子装置中电抗元件的体积和重量,很大程度上影响着电力电子装置的功率密度。此外,提高开关频率引起的高 di/dt 和 du/dt 还会带来严峻的EMI 问题。

电力电子器件的电压、电流承受能力和散热性能等因素决定了器件的失效率,而器件的失效是电力电子装置可靠性的重要影响因素;电力电子器件的耐高温工作能力能够降低电力电子装置的散热要求,有利于减小冷却装置的体积和重量,提高电力电子装置的功率密度,适应恶劣的高温工作环境。

不难理解,更高耐压、更优开关性能的电力电子器件的出现,使得在高压大容量场合没有必要采用很复杂的电路拓扑,这样就可以有效地降低装置的故障率和成本。图 1.5 概括了当前市场上最主要的电力电子器件及其对应的额定电压和额定电流等级。

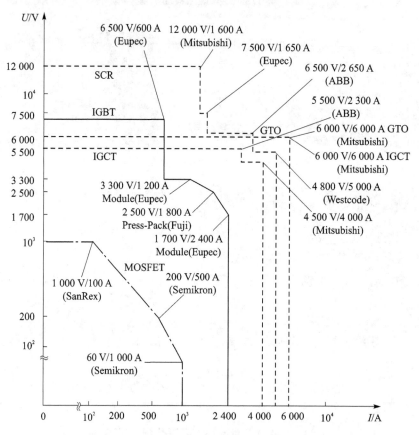

图 1.5　市场上主要电力电子器件的额定电压和额定电流示意图

目前 Si 基电力电子器件的导通电阻和结电容难以大幅度减小,使得其导通损耗和开关损耗难以大幅度减小,从而限制了采用 Si 基电力电子器件制成的电力电子装置(简称"Si 基电力电子装置")效率的提升。Si 器件的结电容难以大幅度减小,使得功率等级较高的变换器无法采用高开关频率,而电抗元件如磁性元件和电容器的体积和重量难以进一步减小,限制了功率密度的提高;即使采用了软开关技术,使得开关频率能获得一定程度的提高,但增加了电路复杂性,对可靠性产生不利影响。一般而言,Si 器件所能承受的最高结温为 150 ℃,即使采用最新工艺和复杂的液冷散热技术,Si 器件也很难突破 200 ℃ 的工作温度,因而使其远不能满足很多场合对高温电力电子装置的需求。

总的来看,硅基电力电子器件经过近 60 年的发展,其性能水平基本上稳定在 $10^9 \sim 10^{10}$ W·Hz 的范围,已逼近硅材料的极限,如图 1.6 所示,难以通过器件结构创新和工艺改进来大幅提升性能。这就限制了 Si 基电力电子装置性能的进一步显著提升,越来越无法满足很多应用场合提出的更高性能指标的要求。

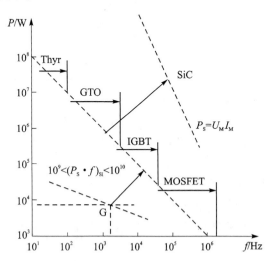

图 1.6 电力电子器件的功率频率乘积和相应半导体材料的极限

宽禁带半导体材料是继以硅(Si)和砷化镓(GaAs)为代表的第一代、第二代半导体材料之后,迅速发展起来的第三代新型半导体材料,宽禁带半导体材料中有两种得到较为广泛的研究。一种是碳化硅(SiC),另一种是氮化镓(GaN)。从现阶段的器件发展水平来看,GaN 材料更适合制作 1 000 V 以下电压等级的功率器件。相比之下,SiC 材料及其器件的发展更为迅速,更适用于制作高压大功率电力电子装置,且已有多种类型的 SiC 器件商业化生产。本书主要对 SiC 器件的基本原理、特性和应用进行讨论。本章对 SiC 材料及由其制成的 SiC 器件进行概要介绍。

1.3 SiC 材料特性

早在 1824 年,瑞典科学家 J. J. Berzelius 就发现了 SiC 的存在,虽然之后的研究进一步揭示出这种材料具有较好的性能,但由于当时硅技术的卓越成就和迅猛发展,转移了研究工作者的兴趣。直至 20 世纪 90 年代,Si 基电力电子装置出现了性能提升瓶颈,才再次激发了电力电子研究工作者对 SiC 材料的兴趣。

由于碳和硅之间的共价键比硅原子之间的要强,因此 SiC 材料比 Si 材料具有更高的击穿电场强度、载流子饱和漂移速率、热导率和热稳定性。SiC 具有多种不同的晶体结构,目前已发现 250 多种。虽然 SiC 材料的晶格类型很多,但目前商业化的只有 4H-SiC 和 6H-SiC 两种。由于 4H-SiC 有着比 6H-SiC 更高的载流子迁移率,故而使之成为 SiC 基电力电子器件的首选使用材料。表 1.3 列出了目前主要半导体材料的物理特性。

表 1.3　室温(25 ℃)下几种半导体材料的物理特性

物理特性指标	SiC			Si	GaAs
	4H‑SiC	6H‑SiC	3C‑SiC		
禁带宽度/eV	3.2	3.0	2.2	1.12	1.43
临界击穿电场×10^{-6}/(V·cm^{-1})	2.2	2.5	2.0	0.3	0.4
热导率/[W·(cm·K)$^{-1}$]	3~4	3~4	3~4	1.7	0.5
饱和速率×10^{-7}/(cm·s^{-1})	2.0	2.0	2.5	1.0	1.0
介电常数	9.7	10	9.7	11.8	12.8
电子迁移率/[cm^2·(V·s)$^{-1}$]	980	370	1 000	1 350	8 500
空穴迁移率/[cm^2·(V·s)$^{-1}$]	120	80	40	480	400

从表 1.3 可见,4H‑SiC 半导体材料的物理特性主要有以下优点:

① SiC 的禁带宽度大,是 Si 的 3 倍,GaAs 的 2 倍;

② SiC 的击穿场强高,是 Si 的 10 倍,GaAs 的 7 倍;

③ SiC 的饱和电子漂移速度高,是 Si 及 GaAs 的 2 倍;

④ SiC 的热导率高,是 Si 的 3 倍,GaAs 的 10 倍。

SiC 半导体材料的优异性能使得 SiC 基电力电子器件与 Si 基电力电子器件相比具有以下突出的性能优势:

① 具有更高的额定电压。图 1.7 为 Si 基和 SiC 基电力电子器件额定电压的比较。可以看出,无论是单极型还是双极型器件,SiC 基电力电子器件的额定电压均远高于 Si 基同类型器件。

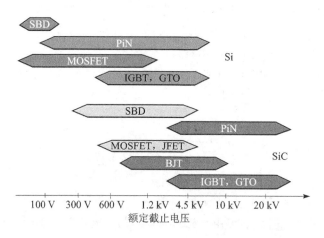

图 1.7　Si 基和 SiC 基电力电子器件额定电压比较

② 具有更低的导通电阻。图 1.8 为 Si 基和 SiC 基电力电子器件在室温下的比导通电阻理论计算对比结果。在 1 kV 电压等级,SiC 基单极性电力电子器件的比导通电阻约是 Si 基单极性电力电子器件的 1/60。

③ 具有更高的开关频率。SiC 基电力电子器件的结电容更小,开关速度更快,开关损耗更低。图 1.9 为相同工作电压和电流下,当设定最大结温为 175 ℃时,Si 基和 SiC 基电力电子器

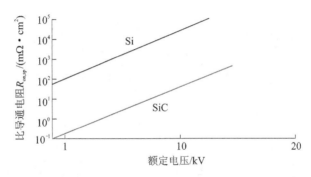

图 1.8 室温时 Si 基和 SiC 基单极性电力电子器件的理论比导通电阻值对比

件工作频率理论计算比较结果。对于 10 kV SiC 基单极性高压器件,仍可实现 33 kHz 的最大开关频率。在中大功率应用场合,有望实现 Si 基电力电子器件难以达到的更高开关频率,显著减小电抗元件的体积和重量。

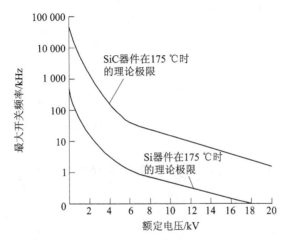

图 1.9 Si 基和 SiC 基单极性电力电子器件的理论工作频率性能对比

④ 具有更低的结-壳热阻。由于 SiC 的热导率是 Si 的 3 倍以上,因此器件内部产生的热量更容易释放到外部。相同条件下,SiC 基电力电子器件可以采用更小尺寸的散热器。

⑤ 具有更高的结温。SiC 基电力电子器件的极限工作结温有望达到 600 ℃以上,远高于 Si 基电力电子器件。

⑥ 具有极强的抗辐射能力。辐射不会导致 SiC 基电力电子器件的电气性能出现明显的衰减,因而在航空航天等领域采用 SiC 基电力电子装置可以减轻辐射屏蔽设备的重量,提高系统的性能。

图 1.10 是 SiC 基电力电子器件对电力电子装置的主要影响。将 SiC 基电力电子器件应用于电力电子装置,可使装置获得更高的效率和功率密度,能够满足高压、高功率、高频、高温及抗辐射等苛刻的要求,支撑飞机、舰艇、战车、火炮、太空探测等国防军事设备的功率电子系统领域,以及民用电力电子装置、电动汽车驱动系统、列车牵引设备和高压直流输电设备等领域的发展。

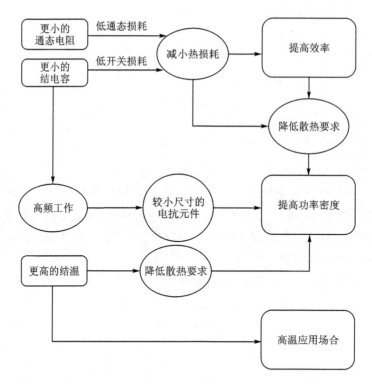

图 1.10　SiC 基电力电子器件对电力电子装置的主要影响

1.4　SiC 基电力电子器件的现状与发展

　　SiC 基电力电子器件技术是一项战略性的高新技术,具有极其重要的军用和民用价值,因此得到国内外众多半导体公司和研究机构的广泛关注和深入研究。目前已证实,几乎各种类型的电力电子器件都可以用 SiC 材料来制造。在经过长时间的研究和开发过程后,英飞凌(Infineon)公司在 2001 年推出首个商业化的 SiC 基肖特基二极管,拉开了 SiC 电力电子器件商业化的序幕。随后,国际上各大半导体器件制造厂商,包括美国的科锐(Cree)(从 2015 年起,Cree 公司 SiC 电力电子器件的相关业务重组成立了 Wolfspeed 公司,为了便于统一,本书后面将采用 Wolfspeed 公司来介绍与该公司技术和产品相关的内容)、Semisouth、Microsemi、GE、USCi、Genesic、PowerEx、仙童(Fairchild)、艾赛斯(IXYS)和 IR(2015 年被 Infineon 公司收购)等公司,德国的英飞凌(Infineon)、意大利和法国的意法半导体(ST)、瑞典的 Transic(2011 年被飞兆半导体公司收购),以及日本的罗姆(Rohm)、三菱(Mitsubushi)、富士(Fuji)、日立(Hitachi)、松下(Panasonic)和瑞萨(Renesas)等公司都相继推出 SiC 电力电子器件。表 1.4 列出目前国际上主要的 SiC 电力电子器件生产商。图 1.11 为 SiC 半导体材料及其器件的商业化发展过程。国内外的很多科研机构和高等院校,如美国的北卡罗来纳州立大学、田纳西州立大学、阿肯色大学、陆军研究实验室、GE 公司、德国德累斯顿工业大学、瑞士苏黎世理工学院、日本京都大学、东芝株式会社(Toshiba)、关西电力公司等也在开展 SiC 功率器件的研究,并积极与半导体制造厂商合作,开发出了远高于商业化器件水平的实验室器件样品和非商用产品。图 1.12 小结了目前已有研究报道的 SiC 器件类型,这些都为 SiC 功率器件的进一步发展和完善奠定了重要的基础。

表 1.4　目前国际上主要的 SiC 器件生产商列表

供应商	MOSFET	JFET	BJT	IGBT	二极管	晶闸管	网　站
Acreo	√1	√1					www.acreo.se
APEI	√2	√2					www.apei.net
Denso	√1						www.denso.com
Fairchild			√2		√2		www.fairchildsemi.com
Fuji	√1				√2		www.fujielectric.com
GE	√2			√1	√2		www.ge.com
GeneSiC Semiconductor			√2		√2	√2	www.genesicsemi.com
Global Power Technologies Group	√2				√2		www.gptechgroup.com
Hestia Power	√2				√2		www.hestia-power.com
Hitachi	√1				√1		www.hitachi.com
Infineon	√2	√2			√2		www.infineon.com
Littlefuse	√1				√1		www.littelfuse.com
Microsemi	√2				√2		www.microsemi.com
Mitsubishi	√1				√2		www.mitsubishielectric.com
NXP semiconductors	√2						www.nxp.com
Oki Electric	√1						www.oki.com
Panasonic	√1						www.panasonic.com
Renesas	√1				√2		www.renesas.com
Rockwell		√1			√2		www.rockwellautomation.com
Rohm Semiconductor	√2				√2		www.rohm.com
Sanken Electric	√1				√2		www.sanken-ele.co.jp
ST Microelectronics	√2				√2		www.st.com
Sumitomo Electric		√1					www.sumitomocorp.co.jp
Toshiba	√1				√2		www.toshiba.com
United Silicon Carbide	√1	√2			√2		www.unitedsic.com
Wolfspeed	√2	√1		√1	√2	√1	www.wolfspeed.com

1：实验室研发产品；

2：商业化产品。

1. SiC 基二极管

目前,SiC 基功率二极管主要有三种类型:肖特基二极管(SBD)、PiN 二极管和结势垒肖特基二极管(JBS)。三种二极管的截面图如图 1.13 所示。肖特基二极管采用 4H - SiC 的衬底以及高阻保护环终端技术,并用势垒更高的 Ni 和 Ti 金属来改善电流密度,使其开关速度加快、导通电压降低,但其阻断电压偏低、漏电流较大,因此只适用于阻断电压在 0.6～1.5 kV

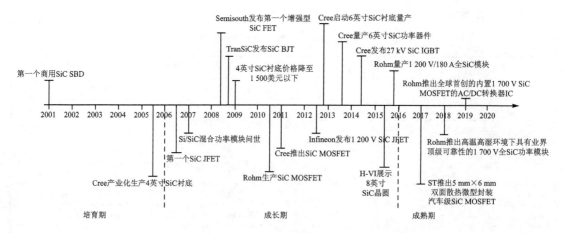

图 1.11　SiC 半导体材料及其器件的发展过程示意图

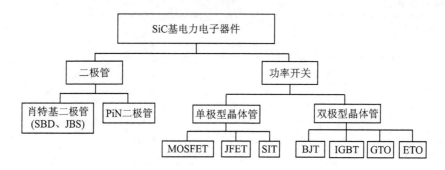

图 1.12　已有研究报道的 SiC 器件类型

范围内的应用；由于 PiN 二极管的电导调制作用，使其导通电阻较低，阻断电压高、漏电流小，但在工作过程中反向恢复问题严重；JBS 二极管结合了肖特基二极管所拥有的出色的开关特性和 PiN 二极管所拥有的低漏电流特点，把 JBS 二极管结构参数和制造工艺稍做调整就可以形成混合 PiN -肖特基结二极管（MPS）。

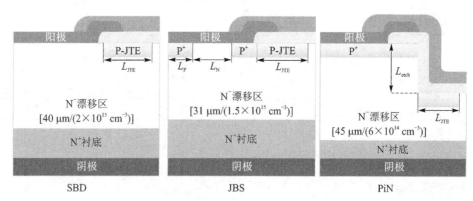

图 1.13　SiC 基功率二极管的截面图

目前，商业化的 SiC 基二极管主要是肖特基二极管。Infineon、Wolfspeed、Rohm 等半导体器件公司已可提供电压等级为 650 V、1 200 V 和 1 700 V 的 SiC SBD 商业化产品。表 1.5 列出了目前国际上主要的 SiC 器件制造厂商最新水平的商用 SiC SBD 产品。

表 1.5　目前国际上主要的 SiC SBD 制造商及其器件最高水平

制造商	型　号	U_{RRM}/V	I_f/A	$U_{fT}/V@25\ ℃$	$I_R/\mu A@25\ ℃$
Wolfspeed	C3D25170H	1 700	26.3	1.8	100
Infineon	IDW40G120C5B	1 200	40	1.4	332
Rohm	SCS240KE2	1 200	40	1.4	400
Microsemi	APT10SCE170B	1 700	10	1.5	25
ST	STPSC10H12	1 200	10	1.35	30

与 Si 基二极管相比,SiC SBD 的显著优点是阻断电压提高、无反向恢复以及具有更好的热稳定性。图 1.14 为 Si 基快恢复二极管和 SiC SBD 的反向恢复过程对比。可见 SiC SBD 只有由结电容充电引起的较小的反向电流,几乎无反向恢复,且反向电流不受温度的影响。

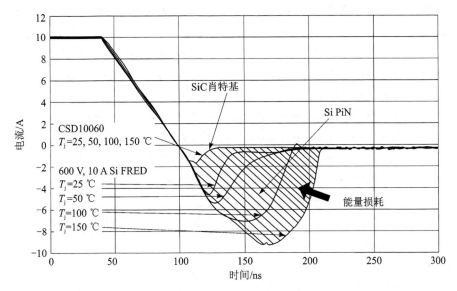

图 1.14　SiC 肖特基二极管与 Si 基快恢复二极管反向恢复对比

目前,Infineon 公司已推出第五代 SiC SBD,采用了混合 PiN-肖特基结、薄晶圆和扩散钎焊等技术,使得其正向压降更低,具有很强的浪涌电流承受能力。Wolfspeed 和 Rohm 公司也已开发类似技术,商业化产品即将批量上市。国内可提供 SiC SBD 商用产品的公司仍较少,只有以泰科天润和中电 55 所为代表的几家单位可提供 SiC SBD 产品,耐压有 650 V、1 200 V、1 700 V 等 3 个等级,最大额定电流为 40 A。

除分立封装的 SiC SBD 器件以外,SiC SBD 还被用作续流二极管来与 Si IGBT 和 Si MOSFET 进行集成封装制成 Si/SiC 混合功率模块。多家生产 Si 基 IGBT 模块的公司均可提供由 Si IGBT 和 SiC SBD 集成的 Si/SiC 混合功率模块,其中美国 Powerex 公司提供的 Si/SiC 混合功率模块的最大定额为 1 700 V/1 200 A。美国 IXYS 公司生产出由 SiC SBD 器件制成的单相整流桥,可满足变换器中高频整流的需求。这些商业化的 SiC SBD 主要应用于功率因数校正(PFC)、开关电源和逆变器。

与商业化器件相比,目前 SiC SBD 的实验室样品已达到较高电压水平。Wolfspeed 公司和 Genesic 公司均报道了阻断电压超过 10 kV 的 SiC SBD。要实现更高电压等级的 SiC 基二极管,需要采用 PiN 结构。2012 年德国德累斯顿工业大学实验室报道了 6.5 kV/1 000 A 的 SiC PiN 二极管功率模块。近期有报道称研究成功 20 kV 耐压等级的 SiC PiN 二极管,这些高压 SiC 基二极管的出现将大大推动中高压变换器领域的发展。

2. SiC MOSFET

功率 MOSFET 具有理想的栅极绝缘特性、高开关速度、低导通电阻和高稳定性,在 Si 基电力电子器件中,功率 MOSFET 获得巨大成功。同样,SiC MOSFET 也是最受瞩目的 SiC 基电力电子器件之一。

SiC 功率 MOSFET 面临的两个主要挑战是栅氧层的长期可靠性问题和沟道电阻问题。随着 SiC MOSFET 技术的进步,高性能的 SiC MOSFET 被研制出来。2011 年,美国 Wolfspeed 公司率先推出了两款额定电压为 1 200 V、额定电流约为 30 A 的商用 SiC MOSFET 单管。为了满足高温场合的应用要求,Wolfspeed 公司还提供 SiC MOSFET 裸芯片供用户进行高温封装设计。2013 年,Wolfspeed 公司又推出了新一代商用 SiC MOSFET 单管,并将额定电压提高到 1 700 V,而且新产品也提高了 SiC MOSFET 的栅极最大允许负偏压值(从 -5 V 提高到 -10 V),增强了 SiC MOSFET 的可靠性。日本的 Rohm 公司也推出了多款定额相近的 SiC MOSFET 产品,并且在减小导通电阻等方面做了很多优化工作。目前,Wolfspeed 公司主要采用如图 1.15 所示的水平沟道结构的 SiC MOSFET,而 Rohm 公司则侧重于对垂直沟道结构的 SiC MOSFET 的研制。2015 年 Rohm 公司推出如图 1.16 所示的新一代双沟槽结构的 SiC MOSFET,该结构在很大程度上缓和了栅极沟槽底部电场集中的缺陷,确保了器件长期工作的可靠性,使导通电阻和结电容都明显减小,可显著降低器件的功率损耗。

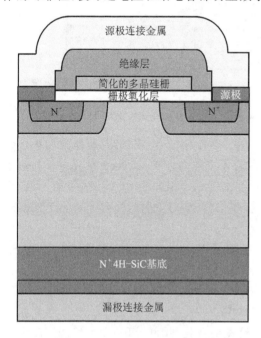

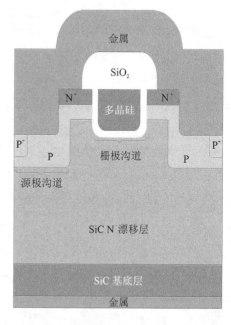

图 1.15   Wolfspeed 公司的水平
沟道结构的 SiC MOSFET

图 1.16   Rohm 公司的双沟槽
结构的 SiC MOSFET

此外,Infineon 公司主要针对沟槽结构的 SiC MOSFET 进行研究,其主推的 Cool SiC MOSFET 与其他公司的 SiC MOSFET 相比,具有栅氧层稳定性强、跨导高、栅极门槛电压高(典型值为 4 V)、短路承受能力强等特点,其在 15 V 驱动电压下即可使得沟道完全导通,从而可与现有高速 Si IGBT 常用的 +15 V/−5 V 驱动电压相兼容,便于用户使用,目前已有少数型号产品投放商用市场。

现阶段商用 SiC MOSFET 单管产品的最新水平列于表 1.6。

表 1.6　商用 SiC MOSFET 单管产品的最新水平($T_c = 25$ ℃)

生产商	器件型号	定额参数	阈值电压	通态电阻
Wolfspeed	C2M0045170D	1 700 V/72 A	2.6 V	45 mΩ
Rohm	SCT2H12NZ	1 700 V/3.7 A	2.8 V	1.15 Ω
Microsemi	APT80SM120B	1 200 V/80 A	2.5 V	40 mΩ
Infineon	IMW120R045M1	1 200 V/52 A	4 V	45 mΩ
APEI	HT‐0121	1 200 V/31 A	2.5 V	50 mΩ
ST	SCT50N120	1 200 V/65 A	3.0 V	70 mΩ

SiC MOSFET 单管的电流能力有限,为便于处理更大电流,多家公司推出了多种定额的 SiC MOSFET 功率模块。2010 年,美国的 Powerex 公司推出了两款 SiC MOSFET 功率模块(1 200 V/100 A),具有很高的功率密度。随后,日本的 Rohm 公司在 2012 年推出了定额为 1 200 V/180 A 的 SiC MOSFET 功率模块,该功率模块内部采用多个 SiC MOSFET 芯片并联进行功率扩容,配置为半桥电路结构,采用 SiC SBD 作为反并联二极管(这种由 SiC 可控器件和内置 SiC SBD 集成的 SiC 模块,通常称为"全 SiC 模块"),模块的开关频率能够达到 100 kHz 以上,满足了较大功率场合的应用要求。Wolfspeed 公司也相继推出了类似定额的 SiC MOSFET 模块。到目前为止,多家公司均可提供额定电压为 1 200 V、1 700 V 的多种电流额定值的全 SiC 功率模块。

图 1.17 为相同功率等级下的全 Si 模块、混合 Si/SiC 模块和全 SiC 模块的损耗对比。由

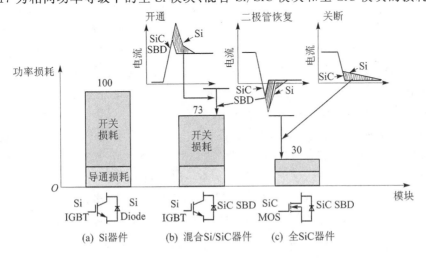

图 1.17　全 Si、混合 Si/SiC、全 SiC 模块损耗对比

图可知,SiC 二极管优异的反向恢复特性明显减小了功率开关器件的开通电流应力,显著降低了功率开关器件的开关损耗。采用混合 SiC 模块代替全 Si 模块,会使总损耗降低 27％左右。而在此基础上,使用 SiC MOSFET 替代 Si IGBT 后,一方面,开关管关断拖尾电流的明显减小大幅缩短了关断时间,进一步降低了开关损耗;另一方面,SiC MOSFET 低导通电阻也带来了导通损耗的降低。全 SiC 模块总损耗仅为全 Si 模块的 30％,这有助于电力电子装置效率的进一步提高。

图 1.18 将 Wolfspeed 公司的 1 700 V/300 A 全 SiC MOSFET 模块与 Infineon 公司同等规格的 Si IGBT 模块进行了损耗对比。通常情况下,1 700 V/300 A 等级的 Si IGBT 模块的工作频率不高于 5 kHz。由图 1.18 可知,在 5 kHz 开关频率下,全 SiC 模块的功率损耗约为300 W,仅为 Si IGBT 模块功率损耗(约 1 000 W)的 1/3 左右。值得注意的是,当大幅提高SiC MOSFET 的工作频率,如达到 30 kHz 时,其总损耗仍然低于 600 W,对比 5 kHz 下的 Si IGBT 依然有明显优势;而且开关频率的大幅提高有利于无源滤波元件体积和重量的减小。因此,采用 SiC 功率器件的电力电子装置在效率和功率密度等方面有明显优势。

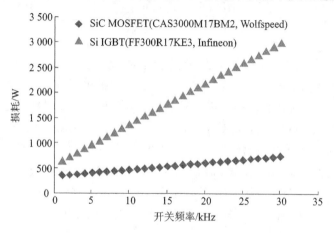

图 1.18 1 700 V/300 A 等级的 Si IGBT 与 SiC MOSFET 模块的损耗对比

除商用产品外,Wolfspeed 公司对 SiC MOSFET 的研究已覆盖 900 V～15 kV 电压等级,其主要研究热点是提高其通态电流能力和降低通态比导通电阻。常温下额定电压为 900 V 的SiC MOSFET 的通态电阻约为目前最好水平 600 V Si 超结 MOSFET 和 GaN HEMT 的1/2,且其通态电阻的正温度系数比 Si 超结 MOSFET 和 GaN HEMT 的低得多,高温工作优势更为明显。Wolfspeed 公司报道了面积为 $8.1 \times 8.1 \ mm^2$、阻断电压为 10 kV、电流为 20 A 的SiC MOSFET 芯片,其正向阻断特性如图 1.19 所示。该器件在 20 V 栅压下的通态比电阻为127($m\Omega \cdot cm^2$),同时具有较好的高温特性,在 200 ℃条件下,零栅压时可以可靠阻断 10 kV电压。目前,通过并联多只芯片已制成可以处理 100 A 电流的功率模块。美国北卡罗来纳州立大学研究室报道了 15 kV/10 A 的高压 SiC MOSFET 样品。2012 年美国陆军研究实验室报道了一款 1 200 V/880 A 的高功率全 SiC MOSFET 功率模块(半桥结构),如图 1.20 所示。最新报道称 Powerex 公司已为美国军方成功研制了 1 200 V/1 200 A SiC MOSFET,这些大电流模块的研制,拓展了 SiC MOSFET 的功率等级和应用领域。

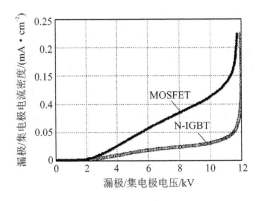

图 1.19 10 kV SiC MOSFET 与
SiC IGBT 的正向阻断特性

图 1.20 1 200 V/880 A 全 SiC MOSFET 模块

3. SiC JFET

SiC JFET 是碳化硅结型场效应可控器件,相对于具有 MOS 结构的功率器件,JFET 结构的栅极采用反偏的 PN 结调节导通沟道,因此不会受到栅氧层缺陷造成的可靠性问题和载流子迁移率过低的限制,同样的单极性工作特性使其保持了良好的高频工作能力。SiC JFET 具有导通电阻低、开关速度快、耐高温和热稳定性高等优点,因此在 MOS 器件彻底解决沟道迁移率等问题之前,SiC JFET 器件一度表现出更加有力的发展态势。

根据栅压为零时的沟道状态,研究工作者把 SiC JFET 分为常通型(normally-on)和常断型(normally-off)两种类型(也对应称为耗尽型和增强型)。图 1.21 为两种典型结构的 SiC JFET 的截面图,图(a)是垂直沟道结构,可以通过控制栅极阈值电压的高低分别制成耗尽型和增强型的 SiC JFET;图(b)是水平沟道结构,一般对应耗尽型 SiC JFET。耗尽型 SiC JFET 在没有驱动信号时,其沟道即处于导通状态,容易造成桥臂的直通危险,不利于其在电力电子

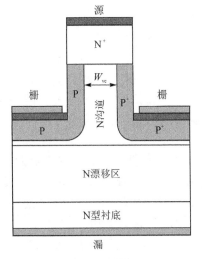

(a) 垂直沟道结构

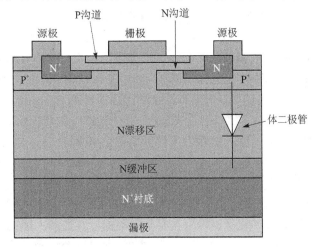

(b) 水平沟道结构

图 1.21 SiC JFET 的截面图

装置中应用。为此有些 SiC 器件公司通过级联设置使耗尽型 SiC JFET 实现增强型工作,来保证电路安全,如图 1.22 所示为耗尽型 SiC JFET 串联一个低压的 Si MOSFET,实现了耗尽型 SiC JFET 的"增强工作",这种结构通常称为级联(Cascode)结构。由于 Cascode 结构的出现,难以再用耗尽型和增强型准确区分器件的结构方案,因此又把栅压为零时沟道就已经导通的 SiC JFET 称为耗尽型 SiC JFET,把需加上适当栅压沟道才能导通的 SiC JFET 称为增强型 SiC JFET,而耗尽型 SiC JFET 与低压 Si MOSFET 级联的 SiC JFET 称为 Cascode 结构 SiC JFET。

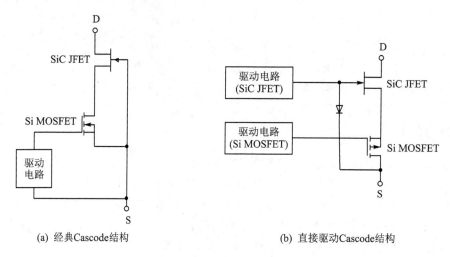

(a) 经典Cascode结构   (b) 直接驱动Cascode结构

图 1.22   两种典型的 Cascode SiC JFET 结构示意图

Semisouth 公司是最早推出商用 SiC JFET 产品的公司,其生产的 SiC JFET 分立器件的最高额定电压达到 1 700 V,最大额定电流为 50 A,后因经营不善倒闭,相关部门并入其他公司。美国 USCi 公司和德国 Infineon 公司均有耗尽型 SiC JFET 产品。为便于用户使用,USCi 公司推荐采用如图 1.22(a)所示的经典 Cascode 结构的 SiC JFET,而 Infineon 公司推荐采用如图 1.22(b)所示的直接驱动 Cascode 结构的 SiC JFET。

经典 Cascode 结构的 SiC JFET 采用 N 型 Si MOSFET 和耗尽型 SiC JFET 级联,N 型 Si MOSFET 的漏极和耗尽型 SiC JFET 的源极相连,N 型 Si MOSFET 的源极和耗尽型 SiC JFET 的栅极相连。驱动信号加在 Si MOSFET 的栅、源极之间,通过控制 Si MOSFET 的通断来间接控制 SiC JFET 的通断。这种经典 Cascode 结构的 SiC JFET 实质上是一种间接驱动,虽然易于控制,但会导致 Si MOSFET 被周期性地雪崩击穿,并且因为结构原因会使得 SiC JFET 的栅极回路引入较大的寄生电感。

直接驱动 Cascode 结构的 SiC JFET 采用 P 型 Si MOSFET 和耗尽型 SiC JFET 级联,Si MOSFET 的源极和 SiC JFET 的源极相连,SiC JFET 的栅极通过二极管连到 Si MOSFET 的漏极,顾名思义,这种结构的 SiC JEFT 由驱动电路直接驱动,正常工作时 Si MOSFET 处于导通状态。SiC JFET 可由其驱动电路控制其通断。因此正常工作时 Si MOSFET 只开关一次,只有导通损耗。当驱动电路断电时,通过一个二极管将 SiC JFET 的栅极与 Si MOSFET 的漏极连接起来保证 SiC JFET 处于常关状态,P 型 Si MOSFET 确保 SiC JFET 在电路启动、关机和驱动电路电源故障时均能处于安全工作状态。与经典 Cascode 结构相比,该结构易于单片集成生产。图 1.23 为采用 Infineon 公司专用系列驱动芯片 1EDI30J12Cx 实现的直接驱动

SiC JFET 电路。

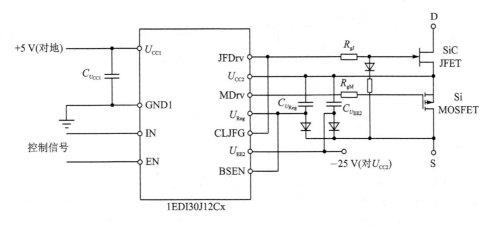

图 1.23　Infineon 公司直接驱动 SiC JFET 的典型实现电路

目前,商业化的 SiC JFET 分立器件产品有 1 200 V、1 700 V 两种额定电压规格,最大额定电流为 35 A。在商业化 SiC JFET 发展的同时,SiC JFET 的实验室研究也在不断进步。早在 2002 年,日本关西电力公司就曾报道过额定电压为 5 kV、通态比导通电阻为 69 m$\Omega \cdot$cm^2 的 SiC JFET。另据 2013 年报道,美国田纳西州立大学研究人员采用 4 个分立的 SiC JFET 并联制成 1 200 V/100 A 定额的功率模块,测试结果表明,在 200 ℃ 结温下,其通态电阻仅为 55 mΩ。为了适应 3.3~6.5 kV 中压电机驱动场合的需求,美国 USCi 公司开发出 6.5 kV 垂直结构的增强型 SiC JFET(见图 1.24)和 6 kV 超级联结构的 SiC JFET(见图 1.25)。如图 1.24(b)所示,6.5 kV 增强型 SiC JFET 与 6.5 kV SiC JBS 二极管封装在一起,可作为双向开关使用。如图 1.25 所示,1 个低压 Si MOSFET 与 5 个 1.2 kV 耗尽型 SiC JFET 级联,每个 SiC JFET 两端反并一个雪崩二极管,将 SiC JFET 的电压钳位在 1.2 kV 以内。继续增加 SiC JFET 串联数目,这种超级联结构可达到更高的额定电压。

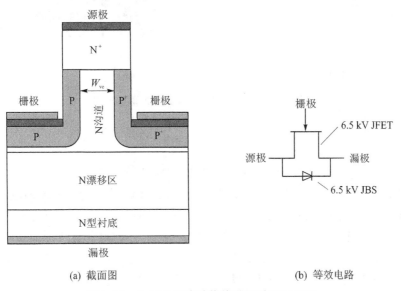

(a) 截面图　　　　(b) 等效电路

图 1.24　6.5 kV 垂直结构的增强型 SiC JFET

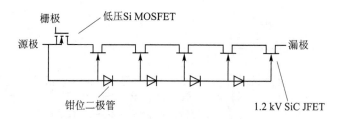

图 1.25　6 kV 超级联结构 SiC JFET

4. SiC SIT

静电感应晶体管(SIT)在结构上就是一种短沟道场效应晶体管,在原理上也可分为耗尽型和增强型,目前研究以耗尽型为主。2013 年,日本产业技术综合研究所(AIST)的研究人员研制出 600~1 200 V 耗尽型埋栅型碳化硅静电感应晶体管(SiC SIT),其元胞结构示意图和内部结构图如图 1.26 所示。SiC SIT 具有极低的导通电阻,目前该研究所正在研制增强型碳化硅静电感应晶体管。中电 55 所在 2013 年研制出击穿电压为 400 V 的射频碳化硅静电感应晶体管,其最大比电流密度(这里指电流与沟道长度之比)达到了 160 mA/mm。目前 SiC SIT 尚处于实验室研制阶段,还未商业化应用。

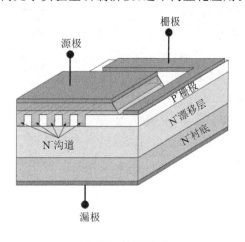

(a) 元胞结构示意图

(b) 内部结构图

图 1.26　SiC SIT 结构示意图和内部结构图

5. SiC BJT

在电力电子装置中,由于传统硅基双极性晶体管(Si BJT)驱动复杂,存在二次击穿等问题,故在很多场合被硅基功率 MOSFET 和 IGBT 所取代,逐渐淡出电力电子技术的应用领域。但是随着碳化硅器件研究热潮的掀起,很多研究工作者对开发 SiC BJT 产生了较大的兴趣。

与传统 Si BJT 相比,SiC BJT 具有更高的电流增益、更快的开关速度和较小的温度依赖性,并且不存在二次击穿问题,具有良好的短路能力。与其他几种 SiC 基电力电子器件(SiC MOSFET、SiC JFET 和 SiC SIT)相比,其没有绝对的栅氧问题,而且具有更低的导通电阻和更简单的器件工艺流程,是 SiC 可控开关器件中很有应用潜力的器件之一。图 1.27 为 SiC

BJT 元胞的典型结构图。目前,GeneSiC 公司已推出了 1 700 V/100 A 的 SiC BJT 产品。Wolfspeed 公司也报道称开发出 4 kV/10 A 的 SiC BJT,其电流增益为 34,阻断 4.7kV 电压时的漏电流为 50 μA,常温下的开通和关断时间分别为 168 ns 和 106 ns。2012 年,GeneSiC 公司开发出耐压为 10 kV 的 SiC BJT,电流增益为 80 左右,并对其与 ABB 公司耐压为 6.5 kV 的 Si IGBT 的开关损耗进行了对比。在 SiC BJT 集电极电流为 8 A、Si IGBT 集电极电流为 10 A 的条件下,开通 SiC BJT 时的开关能量为 4.2 mJ,约为 Si IGBT(80 mJ)的 1/19;关断 SiC BJT 时的开关能量为 1.6 mJ,约为 Si IGBT(40 mJ)的 1/25。最新报道称已开发出耐压高达 21 kV 的超高压 SiC BJT。

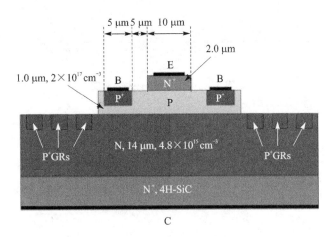

图 1.27　SiC BJT 元胞的典型结构图

6. SiC IGBT

尽管 SiC MOSFET 的阻断电压已能做到 15 kV 的水平,但作为一种缺乏电导调制的单极型器件,进一步提高阻断电压也会面临不可逾越的通态电阻问题,就像 1 000 V 阻断电压对于 Si 功率 MOSFET 那样。SiC MOSFET 的通态电阻随着阻断电压的上升而迅速增加,在高压(>15 kV)领域,SiC 双极型器件将具有明显的优势。与 SiC BJT 相比,SiC IGBT 因使用绝缘栅而具有很高的输入阻抗,其驱动方式和驱动电路相对比较简单,因此高压大电流器件(>7 kV,>100 A)的希望就落在既能利用电导调制效应降低通态压降,又能利用 MOS 栅降低开关功耗、提高工作频率的 SiC IGBT 上。

由于受到工艺技术的限制,SiC IGBT 的研发起步较晚。高压 SiC IGBT 面临两个主要的挑战:第一个挑战与 SiC MOSFET 器件相同,即沟道缺陷导致的可靠性和低电子迁移率问题;第二个挑战是 N 型 IGBT 需要 P 型衬底,而 P 型衬底的电阻率比 N 型衬底的电阻率高 50 倍。1999 年制成的第一个 SiC IGBT 采用了 P 型衬底。经过多年的研发,逐步克服了 P 型衬底电阻率高的问题。2008 年报道了 13 kV 的 N 沟道 SiC IGBT 器件,其截面图如图 1.28 所示,其比导通电阻达到 22 mΩ·cm^2。图 1.29 对 15 kV 的 N-IGBT 和 MOSFET 的正向导通能力进行了对比,结果表明,在结温为 300 K 时,在芯片功耗密度为 200 W/cm^2 以下的条件下,MOSFET 可以获得更大的电流密度,而在更高的功耗密度条件下,IGBT 可以获得更大的电流密度。但是在结温为 400 K 时,IGBT 在功耗密度为 50 W/cm^2 以上的条件下就能具有比 MOSFET 更大的电流密度。2014 年 Wolfspeed 公司报道了阻断电压高达 27.5 kV 的 SiC IGBT 器件,其截面图如图 1.30 所示。

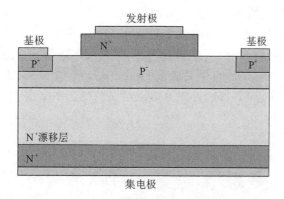

图 1.28　SiC IGBT 的截面图

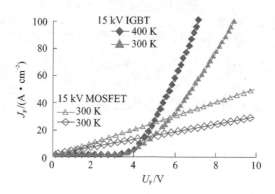

图 1.29　15 kV SiC IGBT 和 SiC MOSFET 的导通特性对比

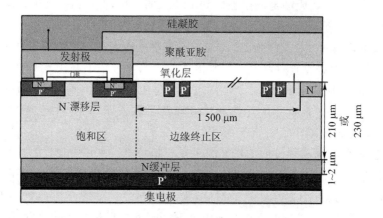

图 1.30　27.5 kV SiC IGBT 的截面图

新型高温高压 SiC IGBT 器件将对大功率应用,特别是电力系统的应用产生重要的影响。在 15 kV 以上的应用领域,SiC IGBT 综合了功耗低和开关速度快的特点,相对于 SiC MOSFET、Si IGBT 和 Si 基晶闸管等器件具有显著的技术优势,特别适用于高压电力系统领域。

7. SiC 基晶闸管

在大功率开关应用中,晶闸管以其耐压高、通态压降小、通态功耗低而具有较大优势。在高压直流输电系统中使用的 Si 基晶闸管,其直径超过 100 mm,额定电流高达 2 000~3 000 A,阻断电压高达 10 000 V。然而,在与 Si 基晶闸管尺寸相同的情况下,SiC 基晶闸管可以实现更高的阻断电压,更大的导通电流,更低的正向压降,而且开关过程转换更快,工作温度更高。总之,晶闸管在兼顾开关频率、功率处理能力和高温特性方面最能发挥 SiC 材料的特长,因而在碳化硅电力电子器件开发领域也受到人们的重视。因 SiC 基晶闸管也有与 Si 基晶闸管类似的缺点,如电流控制开通与关断,需要处理开通 di/dt 的吸收电路,有时还需要处理关断 du/dt 的吸收电路,因此对 SiC 基晶闸管的研究主要集中在门极可关断晶闸管(GTO)和发射极关断晶闸管(ETO)上。

2006 年有研究报道了面积为 8×8 mm^2 的碳化硅门极换流晶闸管(SiCGT)芯片,其导通峰值电流高达 200 A。2010 年有研究报道了单芯片脉冲电流达到 2 000 A 的 SiCGT 器件,如图 1.31 所示。

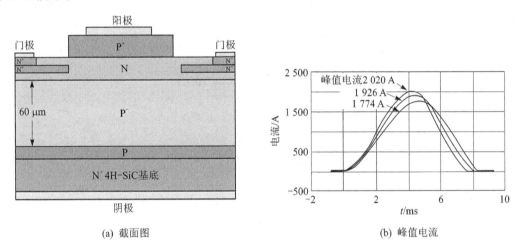

(a) 截面图　　　　(b) 峰值电流

图 1.31　脉冲电流为 2 000 A 的 SiCGT 器件

2014 年报道了阻断电压高达 22 kV 的 SiC GTO,其元胞结构示意图如图 1.32 所示。在 N$^+$ SiC 衬底上外延生长 2 μm 厚的 P 型缓冲层,之后外延生长 160 μm 厚、轻掺杂浓度为(2×10^{14}) cm^{-3} 的 P 型外延层和 2.5 μm 厚的 N 型上表面基层,最后,采用 2.5 μm 厚、重掺杂 P 型阳极层作为顶层外延层。该 SiC GTO 的芯片面积为 2 cm^2,有效导通面积为 0.53 cm^2。对该 SiC GTO 注入大电流($>$100 A/cm^2)时的正向导通特性进行测试,结果表明,在 20 ℃时,$R_{ON,Diff}$ 为 7.7 mΩ·cm^2;在 150 ℃时,$R_{ON,Diff}$ 为 7.6 mΩ·cm^2。不同温度下的 $R_{ON,Diff}$ 稍有不同,这是由于在 150 ℃时 22 kV SiC GTO 的双极型载流子寿命略有提高,这说明在高温下可通过并联 SiC GTO 来提高电流等级。

SiC ETO 利用了 SiC 晶闸管的高阻断电压和大电流导通能力,以及 Si MOSFET 的易控制特性,构成 MOS 栅极控制型晶闸管,具有通态压降低、开关速度快、开关损耗小、安全工作区宽等特点。目前已有 15 kV SiC p-ETO 的报道。

随着 SiC 材料和制造工艺的日趋成熟,高压 SiC 器件将形成如图 1.33 所示的格局,SiC

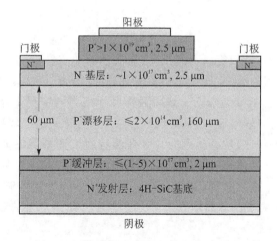

图 1.32 22 kV SiC GTO 的元胞结构示意图

MOSFET 主要用于 15 kV 以下,SiC IGBT 主要用于 15~20 kV,SiC GTO 主要用于 20 kV 以上,这些高压器件将使微网和智能电网的功率密度、系统响应速度、过载能力和可靠性明显提高。

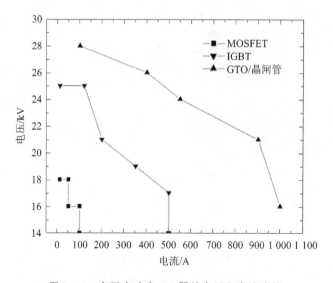

图 1.33 高压大功率 SiC 器件电压和电流定额

    由于以 SiC 为代表的宽禁带半导体器件具有更优的性能,因此,它不仅可以在混合动力汽车、电机驱动、开关电源和光伏逆变器等民用和工业电力电子行业得到广泛应用,还会显著提升战机、舰船和电磁炮等军用武器系统的性能,并将对未来电力系统的变革产生深远影响,宽禁带半导体器件正成为新兴战略产业。各国都非常重视宽禁带半导体器件的研究和开发工作。国外 SiC 器件发展较为迅速,很多大学、研究机构和公司通过政府牵头或行业牵头相互合作,建立了强大的研发支撑力量和产业联盟,多家公司都已推出商业化产品。

    美国国防部(DOD)、美国国防先进研究计划局(DARPA)、美国陆军研究实验室(ARL)、美国海军研究实验室(NRL)、美国能源部(DOE)和美国自然科学基金(NSF)先后持续支持宽禁带半导体器件的研究二十多年,加速改进了 SiC 等宽禁带材料和功率器件的特性,并于

2014 年年初,宣布成立"下一代功率电子技术国家制造业创新中心",该中心由北卡罗来纳州立大学领导,协同 ABB、Cree、RFMD 等超过 25 家知名公司、大学及政府机构进行全产业链合作。在未来 5 年内,该中心通过美国能源部投资,带动企业、研究机构和州政府共同投入,通过加强宽禁带半导体技术的研发和产业化,使美国占领了下一代功率电子产业这个正在出现的规模最大、发展最快的新兴市场。

欧洲启动了产学研项目"LAST POWER",由意法半导体公司牵头,协同来自意大利、德国、法国、瑞典、希腊和波兰等六个欧洲国家的企业、大学和公共研究中心,联合攻关 SiC 和 GaN 的关键技术。项目通过研发高性价比、高可靠性的 SiC 和 GaN 功率电子技术,使欧洲跻身于世界高能效功率芯片研究与商用的最前沿。

日本建立了"下一代功率半导体封装技术开发联盟",由大阪大学牵头,协同罗姆、三菱电机、松下电器等 18 家从事 SiC 和 GaN 材料、器件以及应用技术开发及产业化的知名企业、大学和研究中心,共同开发适应 SiC 和 GaN 等下一代功率半导体特点的先进封装技术。联盟通过将 SiC 和 GaN 封装技术推广到产业,以及实现可靠性评价方法和评价标准化,来充分发挥下一代功率器件的性能,推动日本的 SiC 和 GaN 应用的快速产业化发展。

我国政府也非常重视宽禁带半导体材料(也称"第三代半导体材料")的研究与开发,从 20 世纪 90 年代开始,对第三代半导体材料科学的基础研究部署了经费支持。从 2003 年开始,通过"十五"科技攻关计划、"十一五"863 计划、"十二五"重点专项和"十三五"重点研发计划对半导体器件技术进行了持续支持。"十二五"以来,我国开展了跨学科、跨领域的研发布局,在新材料、能源、交通、信息、自动化、国防等各相关领域分别组织国内科研院所和企业联合攻关,并成立了"中国宽禁带功率半导体产业联盟""第三代半导体产业技术创新战略联盟"等产业联盟。通过政府支持、产业联盟、多元投资等举措,推动中国宽禁带半导体器件产业的发展。

参考文献

[1] 袁立强,赵争鸣,宋高升,等.电力半导体器件原理与应用[M].北京:机械工业出版社,2011.
[2] 陈治明,李守智.宽禁带半导体电力电子器件及其应用[M].北京:机械工业出版社,2009.
[3] [美] Michael Shur,Sergey Rumyantsev,Michael Levinshtein.碳化硅半导体材料与器件[M].杨银堂,贾护军,段兴宝,译.北京:电子工业出版社,2012.
[4] 钱照明,张军明,盛况.电力电子器件及其应用的现状及发展[J].中国电机工程学报,2014,34(29):5149-5161.
[5] Biela J,Schweizer M,Waffler S,et al. SiC versus Si—evaluation of potentials for performance improvement of inverter and DC-DC converter systems by SiC power semiconductors [J]. IEEE Trans on Industrial Electronics,2011,58(7):2872-2882.
[6] Scott Mark J,Fu Lixing,Yao Chengcheng,et al. Design considerations for wide bandgap based motor drive systems[C]. Florence,Italy:IEEE International Electric Vehicle Conference,2014:1-6.
[7] Kanouda A,Shoji H,Shimada T,et al. Expectations of next-generation power devices for home and consumer appliances[C]. Hiroshima,Japan:International Power Electronics Conference,2014:2058-2063.
[8] 严仰光,秦海鸿,龚春英,等.多电飞机与电力电子[J].南京航空航天大学学报,2014,46(1):11-18.
[9] 漆宇,李彦涌,胡家喜,等.SiC功率器件应用现状及发展趋势[J].大功率变流技术,2016,2016(5):1-6.
[10] 盛况,郭清.碳化硅电力电子器件在电网中的应用展望[J].南方电网技术,2016,10(3):87-90.

[11] 但昭学,郑泰山.第三代半导体器件在新能源汽车(EV/HEV)上的应用[J].机电工程技术,2016,45
(2):41-45.

[12] 盛况,郭清,于坤山,等.中低压碳化硅材料、器件及其在电动汽车充电设备中的应用示范[J].浙江大学
学报(理学版),2016,43(6):631-635.

[13] 朱梓悦,秦海鸿,董耀文,等.宽禁带半导体器件研究现状与展望[J].电气工程学报,2016,11(1):1-11.

[14] 沈征,何东,帅智康,等.碳化硅电力半导体器件在现代电力系统中的应用前景[J].南方电网技术,2016,
10(5):94-101.

[15] 秦海鸿,严仰光.多电飞机的电气系统[M].北京:北京航空航天大学出版社,2016.

[16] 秦海鸿,荀倩,聂新,等.SiC器件在航空二次电源中的应用[C].上海:第七届中国高校电力电子与电力
传动学术年会,2013:815-819.

[17] 赵斌,秦海鸿,谢昊天,等.SiC肖特基二极管在航空二次电源中的应用[C].北京:首届全国航空、机电、
人体与环境工程学术会议,2013:504-508.

[18] 王学梅.宽禁带碳化硅器件在电动汽车中的研究与应用[J].中国电机工程学报,2014,34(3):371-379.

[19] 盛况,郭清,张军明,等.碳化硅电力电子器件在电力系统的应用展望[J].中国电机工程学报,2012,32
(30):1-7.

[20] Hamada Kimimori,Nagao Masaru,Ajioka Masaki,et al. SiC Emerging power device technology for next-
generation electrically powered environmentally friendly vehicles[J]. IEEE Transcations on Electron
Devices,2015,62(2):278-285.

[21] Wang Zhiqiang,Shi Xiaojie,Tolbert L M. A high temperature silicon carbide mosfet power module with
integrated silicon-on-insulator-based gate drive[J]. IEEE Transactions on Power Electronics, 2015, 30
(3):1432-1445.

[22] 赵斌,秦海鸿,文教普,等.商用碳化硅电力电子器件及其应用研究进展[C].合肥:中国电工技术学会电
力电子学会第十三届学术年会,2012:889-894.

[23] Zhao Bin,Qin Haihong,Wen Jiaopu,et al. Characteristics,applications and challenges of SiC power
devices for future power electronic system[C]. Herbin,China:IPEMC,2012:23-29.

[24] Qin Haihong,Zhao Bin,Nie Xin,et al. Overview of SiC power devices and its applications in power
electronic converters[C]. Melbourne,Australia:Proceedings of Industrial Electronics and Applications,
2013:466-471.

[25] 张有润.4H-SiC BJT功率器件新结构与特性研究[D].成都:电子科技大学,2010.

[26] Wang Jun. Design,characterization,modeling and analysis of high voltage silicon carbide power devices
[D]. Raleigh,North Carolina State,USA:North Carolina State University,2010.

[27] Basic gate driver board for discrete MOSFETs[EB/OL]. http://www. wolfspeed. com/crd001.

[28] Ozpineci Burak. System impact of silicon carbide power electronics on hybrid electric vehicle applications
[D]. Knoxville:The University of Tennessee,2002.

[29] http://www. infineon. com/products/power.

[30] http://www. ixys. com/.

[31] http://www. rohm. com. cn/web/china/.

[32] http://www. vishay. com/company/brands/semiconductors/.

[33] http://www. pwrx. com/.

[34] http://www. ir. com. cn/.

[35] http://www. st. com/.

[36] www. genesemi. com.

[37] www. apei. net.

[38] www. infineon. com/Silicon Carbide JFET IJW120R100T1.

[39] Hull B A,Sumakeris J J,O'Loughlin M J,et al. Performance and stability of large-area 4H‐SiC 10-kV junction barrier schottky rectifiers[J]. IEEE Transactions on Electron Devices,2008,55(8):1864-1870.

[40] Jiang Dong,Burgos Rolando,Wang Fei,et al. Temperature-dependent characteristics of SiC devices:performance evaluation and loss calculation[J]. IEEE Transactions on Power Electronics,2012,27(2):1013-1024.

[41] DiMarino C,Zheng Chen,Boroyevich D,et al. Characterization and comparison of 1. 2kV SiC power semiconductor devices[C]. Lille,France:European Conference on Power Electronics and Applications,2013:1-10.

[42] Das M K,Capell C,Grider D E,et al. 10kV,120A SiC half H-bridge power MOSFET modules suitable for high frequency, medium voltage applications[C]. Phoenix,USA:IEEE Energy Conversion Congress and Exposition,2011:2689-2692.

[43] Imaizumi Masayuki,Miura Naruhisa. Characteristics of 600,1200,and 3300V planar SiC-MOSFETs for energy conversion applications[J]. IEEE Transactions on Electron Devices,2015,62(2):390-395.

[44] Jiang D,Burgos R,Wang F,et al. Temperature-dependent characteristics of SiC devices: performance evaluation and loss calculation[J]. IEEE Transactions on Power Electronics,2012,27(2):1013-1024.

[45] Vazquez A,Rodriguez A,Sebastian J,et al. Dynamic behavior analysis and characterization of a cascode rectifier based on a normally-on Si JFET[C]. Pittsburgh,USA:Energy Conversion Congress and Exposition,2014:1589-1596.

[46] Jiang D,Burgos R,Wang F,et al. Dynamic behavior analysis and characterization of a cascode rectifier based on a normally-on SiC JFET[C]. Pittsburgh,USA:IEEE Energy Conversion Congress & Exposition,2014:1589-1596.

[47] Miyake Hiroki,Okuda Takafumi,Niwa Hiroki,et al. 21kV SiC BJTs with space-modulated junction termination extension[J]. IEEE Electron Device Letters,2012,33(11):1598-1600.

[48] Fukuda K,Okamoto D,Harada S,et al. Development of ultrahigh voltage SiC power devices[C]. Hiroshima,Japan:IEEE Internationa Power Electronics Conference,2014:3440-3446.

[49] Sei-Hyung Ryu,Capell C,Cheng Lin,et al. High performance, ultra high voltage 4H-SiC IGBTs[C]. Raleigh,USA:Energy Conversion Congress and Exposition,2012:3603-3608.

[50] Rezaei M A,Wang Gangyao,Huang A Q,et al. Static and dynamic characterization of a >13kV SiC p-ETO device[C]. Waikoloa,USA:International Symposium on Power Semiconductor Devices & IC's,2014:354-357.

[51] Mojab A,Mazumder S K,Cheng L,et al. 15-kV single-bias all-optical ETO thyristor[C]. Waikoloa,USA:International Symposium on Power Semiconductor Devices & IC's,2014:313-316.

[52] Palmour J W. Silicon carbide power device development for industrial markets[C]. San Francisco:International Electron Devices Meeting,2014:1. 1. 1-1. 1. 8.

[53] 王俊,李清辉,邓林峰,等. 高压 SiC 晶闸管在 UHVDC 的应用前景[C]. 北京:中国高校电力电子与电力传动学术年会,2015.

[54] 王俊,张渊,李宗鉴,等. SiC GTO 晶闸管技术现状及发展[J]. 大功率变流技术,2016(5):7-12.

[55] 美国能源部建立下一代宽禁带电力电子器件创新研究所[EB/OL]. http://roll. sohu. com/20140123/n394052101. shtml.

[56] 中国宽禁带功率半导体产业联盟简介[EB]. http://www. cwbpsi. com/xinwenzixun/1485. html.

第 2 章　SiC 器件的原理与特性

SiC 与 Si 材料特性的差异,造成 SiC 器件与 Si 器件在特性上也有较多差异,本章主要针对 SiC 二极管、SiC MOSFET、SiC JFET、SiC SIT、SiC BJT、SiC IGBT、SiC GTO 和 SiC ETO 等典型 SiC 器件,阐述其基本特性与参数。

考虑到读者已掌握 Si 器件的一般知识,为避免内容烦冗,在阐述 SiC 器件的特性与参数时,一些与 Si 器件相同的特性与参数的定义将不再详细阐述,主要采用与相应 Si 器件对比的方式,突出 SiC 器件与 Si 器件的不同,从而揭示 SiC 器件的基本特性与参数。

2.1　SiC 二极管的特性与参数

SiC 功率二极管主要包括两种类型:SiC SBD 二极管和 SiC PiN 二极管。除了应用于一般场合的 SiC 二极管外,一些 SiC 器件生产商采用高温封装技术还研制了耐高温的 SiC 二极管。

2.1.1　中低压 SiC 肖特基二极管的特性与参数

基于 Si 半导体材料制作的肖特基二极管(简称 Si 肖特基二极管,Si SBD)虽然具有很多优势,但其反向阻断电压通常在 200 V 以下,限制了在高压场合的应用。而基于 SiC 半导体材料制作的肖特基二极管(简称 SiC 肖特基二极管,SiC SBD)能够显著提高反向阻断电压,理论上预计可超过 10 kV,目前商用 SiC 肖特基二极管的阻断电压水平也已经达到 1 700 V。在这一阻断电压等级,电力电子装置中目前通常采用 Si 基 PN 结快恢复二极管(Si FRD),因其反向恢复问题,限制了整机性能的进一步提高。

本节将通过对相近电压和电流定额的商业化 SiC SBD 与 Si FRD 进行对比,阐述 SiC SBD 的特性与参数。

1. SiC SBD 的特性与参数

(1) 通态特性及其参数

二极管导通时,其正向导通压降由两部分组成,即二极管的等效开启阈值电压和等效正向导通电阻的压降,其等效电路模型如图 2.1 所示。

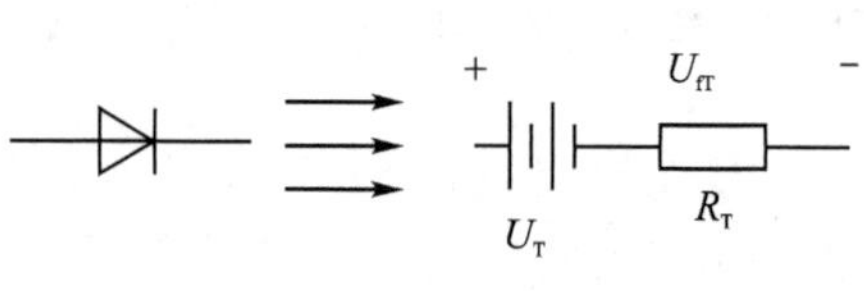

图 2.1　二极管导通压降简化等效模型

根据图 2.1 所示的等效模型,可知二极管导通压降的数学表达式为

$$U_{fT} = U_T + I_f \cdot R_T \tag{2-1}$$

$$U_{\mathrm{T}} = U_{\mathrm{T0}} + k_{U_{\mathrm{T}}} \cdot T_{\mathrm{j}} \qquad\qquad (2-2)$$

$$R_{\mathrm{T}} = R_{\mathrm{T0}} + k_{R_{\mathrm{T1}}} \cdot T_{\mathrm{j}} + k_{R_{\mathrm{T2}}} \cdot T_{\mathrm{j}}^2 \qquad (2-3)$$

式中，U_{fT} 为二极管的正向导通压降，U_{T} 为二极管的等效开启阈值电压，I_{f} 为流过二极管的正向电流，R_{T} 为二极管的等效正向电阻，T_{j} 为器件的结温；其中，U_{T} 和 R_{T} 都与器件的结温有关，U_{T0} 和 R_{T0} 分别是二者对应的初始值，$k_{U_{\mathrm{T}}}$ 是 U_{T} 的温度系数，$k_{R_{\mathrm{T1}}}$ 和 $k_{R_{\mathrm{T2}}}$ 分别是 R_{T} 的一次和二次温度系数。

1) 开启阈值电压

开启阈值电压 U_{T} 是指当二极管正向电流从零开始明显增加，进入稳定导通状态时，二极管所承受的正向电压，开启阈值电压随结温变化而变化。以 SiC 肖特基二极管 C3D10060A（600 V/10 A@壳温 $T_{\mathrm{C}}=150\ ℃$，TO-220 封装）和 Si 基快恢复二极管 MUR1560（600 V/15 A @$T_{\mathrm{C}}=145\ ℃$，TO-220 封装）为例，其伏安特性曲线分别如图 2.2 和图 2.3 所示。可见，在不同温度下，Si 基快恢复二极管的开启阈值电压均略低于 SiC 肖特基二极管，如 25 ℃时，MUR1560 的开启阈值电压约为 0.8 V，而 C3D10060 的开启阈值电压约为 0.9 V；175 ℃时，MUR1560 的开启阈值电压约为 0.6 V，而 C3D10060A 的开启阈值电压约为 0.75 V。MUR1560 和 C3D10060A 的开启阈值电压 U_{T} 的温度系数 $k_{U_{\mathrm{T}}}$ 均小于零，具有负温度系数，即随着结温的增大，开启阈值电压逐渐减小。

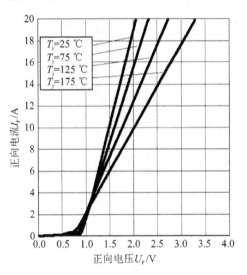

图 2.2　SiC SBD(C3D10060A)的正向导通特性曲线

为了充分说明 SiC 肖特基二极管与 Si 基快恢复二极管开启阈值电压的差异，表 2.1 列出了国际主要二极管生产商的典型 Si 基快恢复二极管与 SiC 肖特基二极管的开启阈值电压参数。可见，在 25 ℃时，Si 基快恢复二极管的开启阈值电压与 SiC 肖特基二极管相比并没有明显的单一性规律；但在高温时，Si 基快恢复二极管的开启阈值电压相对更低，即 Si 基快恢复二极管的开启阈值电压具有更大的负温度系数。

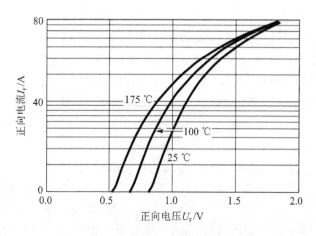

图 2.3 Si FRD(MUR1560)的正向导通特性曲线

表 2.1 主要二极管生产商的二极管开启阈值电压参数

生产商	器件型号	器件材料	定额参数	$U_T/V@25\ ℃$	$U_T/V@175\ ℃$
Wolfspeed	C3D10060A	SiC	600 V/10 A	0.9	0.65
Infineon	IDH10G65C5	SiC	650 V/10 A	0.85	0.7
Rohm	SCS110AG	SiC	600 V/10 A	0.87	0.7
Microsemi	APT10SCD65K	SiC	650 V/10 A	0.75	0.5
ST	STPSC1006	SiC	600 V/10 A	0.85	0.65
Fairchild	MUR1560	Si	600 V/15 A	0.8@1 A	0.5@1 A
IXYS	DSEP15-06A	Si	600 V/15 A	1.0	0.5
Infineon	IDP15E60	Si	600 V/15 A	0.75	0.45
ST	STTH15L06	Si	600 V/15 A	1.1	0.4

2）等效正向导通电阻

等效正向导通电阻是指功率二极管正向导通后，二极管内部的等效直流电阻，如图 2.1 中的 R_T 所示，在电流流过时两端产生压降。由图 2.2 可见，在某一温度下，当 SiC 肖特基二极管的正向电压达到开启阈值电压之后，等效导通电阻（曲线的斜率）基本保持恒定，即随着正向导通电流的增加，导通压降线性增大。正向导通电阻具有正温度系数，随着温度的增加，等效导通电阻逐渐增大（曲线斜率减小）。以 MUR1560 为例，Si 基快恢复二极管的典型导通特性曲线如图 2.3 所示，在温度上升时，曲线的斜率下降，但斜率的变化较小，即等效正向导通电阻随温度的变化较小。

表 2.2 列出了国际主要二极管生产商的典型 Si 基快恢复二极管和 SiC 肖特基二极管的等效导通电阻值，表中的数值根据数据手册中的典型导通特性曲线斜率计算而得。由表中数据可知，SiC 肖特基二极管的等效正向导通电阻值均略大于相同定额的 Si 基快恢复二极管，且随结温的变化表现出明显的正温度系数；而 Si 基快恢复二极管的等效正向导通电阻值的正温度系数较小，甚至某些器件表现出一定的负温度系数，如 DSEP15-06A。

表 2.2　主要二极管生产商的二极管等效导通电阻值参数

生产商	器件型号	器件材料	定额参数	R_T/mΩ@25 ℃	R_T/mΩ@175 ℃
Wolfspeed	C3D10060A	SiC	600 V/10 A	62.5	125
Infineon	IDH10G65C5	SiC	650 V/10 A	56.25	110
Rohm	SCS110AG	SiC	600 V/10 A	40	50
Microsemi	APT10SCD65K	SiC	650 V/10 A	60	100
ST	STPSC1006	SiC	600 V/10 A	41.25	85
Fairchild	MUR1560	Si	600 V/15 A	27.5	32.5
IXYS	DSEP15-06A	Si	600 V/15 A	43.75	37.5@150 ℃
Infineon	IDP15E60	Si	600 V/15 A	46.25	56.25@150 ℃
ST	STTH15L06	Si	600 V/15 A	25	31.25@150 ℃

3）正向压降

正向压降 U_{fT} 是指二极管在指定温度下，流过某一指定的稳态正向电流时对应的正向压降。从图 2.1 可以看出，U_{fT} 由开启阈值电压 U_T 和等效导通电阻 R_T 两端的压降共同组成。Si 肖特基二极管的正向压降与反向漏电流这两个重要的参数很难兼顾，要么正向压降小，反向漏电流大；要么反向漏电流小，正向压降大。受此限制，Si 肖特基二极管的电压等级通常在 200 V 以内，而 SiC 肖特基二极管可以同时兼顾器件的正向压降与反向漏电流。

对于相同的势垒高度，肖特基二极管的饱和电流要比 PN 结二极管的饱和电流大得多，即当流过相同大小的电流时，肖特基二极管的正向导通压降更低。但是由于肖特基二极管结构不存在因电导调制效应而导致的少子积累，因此，其正向导通特性相对 PN 结二极管较软（伏安特性斜率较小），表 2.2 中 Si 基快恢复二极管的等效导通电阻值均小于 SiC 肖特基二极管的等效导通电阻值也验证了其正向通态特性较软的特点。

如图 2.2 所示，在电流小于 2 A 时，SiC 肖特基二极管的正向压降具有较小的负温度系数，这是由于当温度升高时，SiC 肖特基二极管的开启阈值电压随之降低（负温度系数），而正向电流较小，等效导通电阻两端的压降相对开启阈值电压所占的比例较小。在电流大于 2 A 时，SiC 肖特基二极管的正向压降表现出显著的正温度系数。而 Si 基快恢复二极管的正向压降在整个电流范围内均表现为负温度系数，如图 2.3 所示，开启阈值电压对正向压降具有决定性作用。表 2.3 也列出了国际主要二极管生产商的典型 Si 基快恢复二极管与 SiC 肖特基二极管的正向压降值，从表中可以明显看出两种二极管的正向压降温度特性差异。表中数据表明，SiC 肖特基二极管的正向压降普遍都大于 Si 基快恢复二极管，且随着温度升高，其表现得更加明显，这与肖特基二极管结构不存在电导调制效应有关。

表 2.3　主要二极管生产商的二极管正向压降参数

生产商	器件型号	器件材料	定额参数	U_{fT}/V@10 A,25 ℃	U_{fT}/V@10 A,175 ℃
Wolfspeed	C3D10060A	SiC	600 V/10 A	1.5	2.0
Infineon	IDH10G65C5	SiC	650 V/10 A	1.5	1.9
Rohm	SCS110AG	SiC	600 V/10 A	1.5	1.6
Microsemi	APT10SCD65K	SiC	650 V/10 A	1.5	2.0

生产商	器件型号	器件材料	定额参数	U_{fT}/V@10 A,25 ℃	U_{fT}/V@10 A,175 ℃
ST	STPSC1006	SiC	600 V/10 A	1.38	1.55
Fairchild	MUR1560	Si	600 V/15 A	1.13	0.88
IXYS	DSEP15-06A	Si	600 V/15 A	1.9	1.25@150 ℃
Infineon	IDP15E60	Si	600 V/15 A	1.3	1.25@150 ℃
ST	STTH15L06	Si	600 V/15 A	1.45	0.85@150 ℃

当器件电压的定额提高时,由于结构的特点,Si 基快恢复二极管的开启阈值电压增大较多,而 SiC SBD 的开启阈值电压则变化较小,这一特性使得 SiC SBD 导通压降的劣势得到一定程度的改善。由于 SiC 肖特基二极管的导通特性具有正温度系数,而 Si 基快恢复二极管的导通特性具有负温度系数,因此定额相近的两种器件在特定温度下的导通特性曲线可能存在交点。以 C4D10120A(SiC SBD,1 200 V/14 A,DC@T_C=135 ℃)和 DESP12-12A(Si FRD,1 200 V/15 A,AC@T_C=125 ℃)为例,考虑电流降额,可以认为二者是相同定额的器件,其正向导通特性曲线分别如图 2.4 和图 2.5 所示。

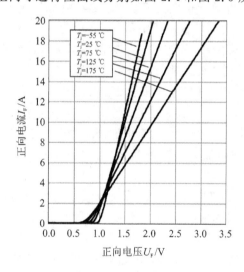

图 2.4　C4D10120A 的正向导通特性曲线

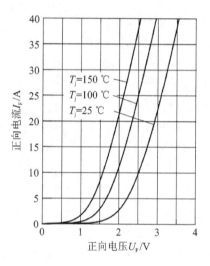

图 2.5　DSEP12-12A 的正向导通特性曲线

从图 2.4 和图 2.5 可以看出,在 25 ℃时,SiC SBD 的开启电压(0.9 V)低于 Si FRD 的开启电压(1.2 V);当电流为 10 A 时,SiC SBD 的正向压降为 1.5 V,而 Si FRD 的正向压降为2.5 V;在 150 ℃时,两种二极管的开启阈值电压近似相等,均为 0.6 V 左右,但当电流为 10 A时,SiC SBD 的正向压降为 1.9 V,而 Si FRD 的正向压降为 1.6 V。当高于一定电流值时,SiC SBD 的正向压降随温度的升高而增大,而 Si FRD 的正向压降随温度的升高而下降。在二极管应用于电路进行选型设计时,需要根据工作环境条件考虑这一差别。

SiC 肖特基二极管在其额定电流范围内,正向压降总体表现出正温度系数(除小电流时表现为较小的负温度系数),易于并联扩容;而 Si 基快恢复二极管由于其正向压降呈现负温度系数,因此不宜并联使用。

4）器件额定值定义

SiC SBD 与 Si 基快恢复二极管的额定电流定义并不相同,如 MUR1560 的额定电流为 15 A@ T_c=145 ℃,而 C3D10060A 的额定电流为 10 A@ T_c=150 ℃,两种二极管定义额定电流的壳温 T_c 并不相同,图 2.6 为 MUR1560 的电流降额曲线,可以看出在 T_c=150 ℃时,其直流电流定额下降为 13 A 左右,方波电流定额下降为 10 A 左右,因而可以认为与 C3D10060A 的电流定额相近。而标称额定电流为 10 A 的 Si 基快恢复二极管(如 MUR1060, 600 V/10 A@ T_c=25 ℃)在 T_c=150 ℃时考虑电流降额,其数据手册中给出的曲线表明器件已经完全丧失电流承载能力。因此,在上述比较中 Si 基快恢复二极管均选择了额定电流为 15 A 的器件。表 2.4 列出了国际主要二极管生产商的典型 Si 基快恢复二极管和 SiC 肖特基二极管的额定电流定义温度。

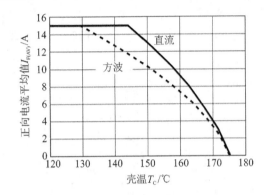

图 2.6　MUR1560 的电流降额曲线

表 2.4　主要二极管生产商的二极管额定电流定义温度

生产商	器件型号	器件材料	定额参数	定义 T_c/℃
Wolfspeed	C3D10060A	SiC	600 V/10 A	150
Infineon	IDH10G65C5	SiC	650 V/10 A	<140
Rohm	SCS110AG	SiC	600 V/10 A	150
Microsemi	APT10SCD65K	SiC	650 V/10 A	175[①]
ST	STPSC1006	SiC	600 V/10 A	115
Fairchild	MUR1560	Si	600 V/15 A	145
IXYS	DSEP15-06A	Si	600 V/15 A	140
Infineon	IDP15E60	Si	600 V/15 A	175[①]
ST	STTH15L06	Si	600 V/15 A	140

① 数据手册给出的测试条件是最大结温 T_{jmax}。

（2）阻态特性及其参数

二极管的 PN 结有一定的反向耐压能力,但当施加的反向电压过大时,反向电流将会急剧增大,破坏 PN 结反向截止的工作状态,造成二极管反向击穿,所以通常采用反向阻断电压和漏电流这两个参数来表征二极管的阻断特性。

1）反向阻断电压

二极管的反向阻断电压主要由 PN 结的反向空间电荷区的耐压决定,该耐压受温度的影响,这主要体现在不同温度下当二极管承受相同的反向电压时流过的漏电流不同。

Si 肖特基二极管由于不存在电导调制效应而具有相对较软的正向特性,同时其阻断特性也较软,因而带来的显著问题是反向漏电流偏大,阻断电压较低,通常应用在 200 V 以下的场合。但 SiC 半导体材料的临界雪崩击穿电场强度较高,能够显著减小漏电流,容易实现反向击穿电压超过 1 kV 的肖特基二极管。目前以 Wolfspeed、Rohm、Infineon 等公司为代表的 SiC 功率器件生产商已相继推出了 600 V、1 200 V、1 700 V 的 SiC 肖特基二极管商业化产品。而应用在这一电压等级的 Si 基功率二极管通常是 Si 基快恢复二极管或超快恢复的 Si 基 PN 结二极管。

2) 漏电流

图 2.7 为 C3D10060A(SiC SBD)的阻断特性曲线,图中 SiC 肖特基二极管的阻断特性相对较硬,在额定电压 600 V 以下的漏电流较小。图 2.8 为 MUR1560(Si FRD)的阻断特性曲线,可以看出,SiC 肖特基二极管和 Si 基快恢复二极管的阻断特性均表现出明显的正温度系数。

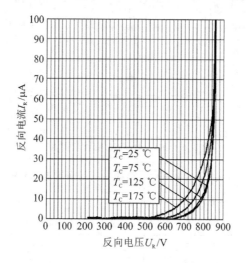

图 2.7　SiC SBD(C3D10060A)的阻断特性曲线

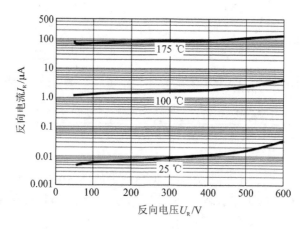

图 2.8　Si FRD(MUR1560)的阻断特性曲线

表 2.5 列出典型 Si 基快恢复二极管(MUR1560)和 SiC SBD(C3D10060A)的反向阻断电压、漏电流与温度的关系。相同温度下,随着二极管反向阻断电压的增大,二极管的漏电流增大;当阻断电压相同时,漏电流随着温度的升高而增大。与 Si 基快恢复二极管相比,在低结温下 SiC SBD 的漏电流水平与之相当或略高,但在高温下 SiC SBD 的漏电流比前者低得多,也即 SiC SBD 的阻断特性具有更优的热稳定性,更加适应高温工作环境。

表 2.5　典型二极管的反向阻断电压和漏电流与温度的关系

结温/℃	漏电流/μA			
	MUR1560(Si)		C3D10060A(SiC)	
	$U_R = 500$ V	$U_R = 600$ V	$U_R = 600$ V	$U_R = 700$ V
25	0.018	0.038	0.3	1.7
75	—	—	0.3	1.9
100	2.9	4.8	—	—
125	—	—	0.37	4.7
175	110	170	3	10

(3) 开通过程及其参数

Si 基 PN 结功率二极管在从关断状态到正向导通状态的过渡过程中,其正向电压会随着电流的上升出现一个过冲,然后逐渐趋于稳定,如图 2.9 所示。电压过冲的形成主要与两个因素有关:电导调制效应和内部寄生电感效应。SiC 肖特基二极管由于不存在电导调制效应,因此只受寄生电感的影响,通过工艺改进能够基本实现 SiC 肖特基二极管的零正向恢复电压。

(4) 关断过程及其参数

Si 基 PN 结二极管在从导通状态到阻断状态的过渡过程中,二极管并不能立即关断,而须经过一段短暂的时间才能重新获得反向阻断能力,进入截止状态,这个过程就是反向恢复过程,如图 2.10 所示。Si 基 PN 结二极管在关断之前有较大的反向电流出现,并伴有明显的反向电压过冲,这是电导调制效应作用的缘故,而 SiC SBD 的关断过程及特性与 Si 基 PN 结二极管的有所不同,具体分析如下。

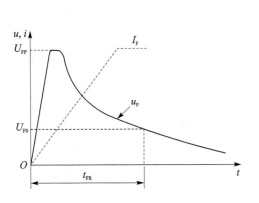

图 2.9　功率二极管导通时的电压过冲

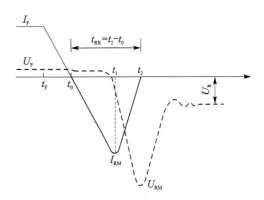

图 2.10　功率二极管关断过程的电流
(实线)和电压(虚线)波形

1) 反向恢复过程对比

SiC SBD 是单极型器件,主要为多子导电,没有过剩载流子复合的过程,也即没有电导调制效应。SiC SBD 理论上没有反向恢复过程,但实际器件由于不可避免地存在寄生电容,因此也会产生一定的反向电流尖峰。而 Si 基快恢复二极管是双极型器件,存在电导调制效应,故而反向恢复时间较长;同时由于反向恢复时的电流变化率 di/dt 较大,故而在线路中的杂散电感上产生很大的电压尖峰。图 2.11 为相同功率等级(600 V/10 A)的 SiC 肖特基二极管与 Si 基 PN 结快恢复二极管的反向恢复曲线对比,可以明显看出,SiC 肖特基二极管的反向电流尖峰较小,反向恢复时间较短,由此导致的反向恢复损耗也比 Si 基 PN 结快恢复二极管小得多,几乎可以忽略。

2) 反向恢复过程与温度的关系

除了反向恢复过程很短以外,SiC SBD 的反向恢复特性几乎不随温度变化,而 Si FRD 的反向恢复电流尖峰和反向恢复时间均随温度的升高而恶化,如图 2.11 所示。表 2.6 列出了不同温度下的反向恢复时间与电流尖峰的数值对比。

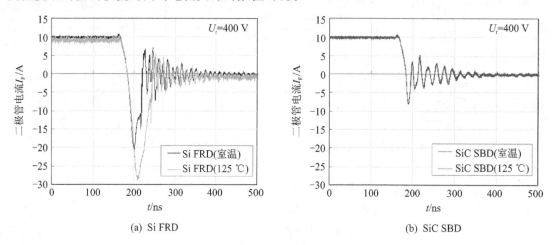

(a) Si FRD　　　　　　(b) SiC SBD

图 2.11　二极管反向恢复特性与温度的关系

表 2.6　二极管在不同温度下的反向恢复时间与电流尖峰

结温/℃	反向恢复时间 t_{rr}/ns		反向恢复电流尖峰 I_{rr}/A		反向恢复电荷 Q_{rr}/nC	
	SiC SBD	Si FRD	SiC SBD	Si FRD	SiC SBD	Si FRD
25	25	48	1.6	4.4	20	105.6
50	25	65	1.6	5.2	20	169
100	25	88	1.6	6.8	20	299.2
150	25	113	1.6	9.2	20	519.8

3) 反向恢复过程与正向导通电流的关系

SiC SBD 的反向恢复特性也几乎不随正向电流变化,而 Si FRD 的反向恢复电流尖峰和反向恢复时间均随正向电流的增加而恶化,如图 2.12 所示。

由于 SiC SBD 具有的优越的反向恢复特性,使得在将其应用到 PFC、逆变器等开关电路中时,可以在不改变电路拓扑和工作方式的情况下,有效解决 Si 基 PN 结快恢复二极管反向

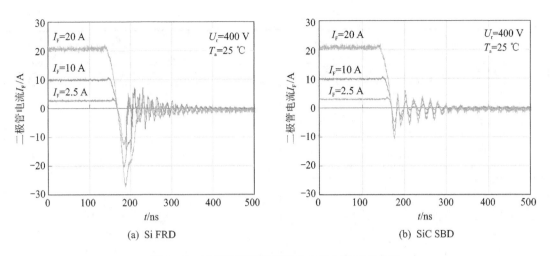

图 2.12　二极管反向恢复特性与正向电流的关系

恢复电流给电路带来的许多问题,大大改善电路性能。

2. SiC SBD 的特性与参数对比

为了进一步说明 SiC SBD 的特性及产品现状,本节选取几家知名的器件制造商,以其生产制造的二极管为例进行特性与参数上的对比。在表 2.7 的对比中,选取额定电压为 600 V 或 650 V,额定电流相近的 Si 基快恢复二极管(FRD)和 SiC SBD。

表 2.7　国外主要器件制造商的二极管产品对比

类　型	Si FRD			SiC SBD		
公　司	IXYS	Infineon	Rohm	Wolfspeed	Infineon	Rohm
型　号	DSEP8－06B	IDP20C65D2	RFN10TF6S	C3D10060A	IDH10G65C5	SCS310AP
额定电压/V	600	650	600	600	650	650
额定电流/A@25 ℃	20	20	20	30	20	15
额定电流/A@125 ℃	10	10	10	10	10	10
正向压降/V@25 ℃	2.67	1.60	1.25	1.5	1.5	1.35
正向压降/V@150 ℃	1.85	1.65	1.1	2.0	1.8	1.44
结-壳热阻/(℃·W^{-1})	2.5	2.2	3.5	1.1	1.0	1.5
反向恢复时间/ns@25 ℃	25 $di_F/dt=$ 200 A/μs	50 $di_F/dt=$ 350 A/μs	30 $i_F=0.5A,$ $i_R=1$ A	—	—	—
反向恢复时间/ns(高温)	60@100 ℃ $di_F/dt=$ 200 A/μs	54@150 ℃ $di_F/dt=$ 350 A/μs	—	—	—	—
反向恢复电流/A@25 ℃	1.5	4.3	—	—	—	—

续表 2.7

类　型	Si FRD			SiC SBD		
公　司	IXYS	Infineon	Rohm	Wolfspeed	Infineon	Rohm
型　号	DSEP8 - 06B	IDP20C65D2	RFN10TF6S	C3D10060A	IDH10G65C5	SCS310AP
反向恢复电流/A(高温)	2.5@100 ℃	5.0@125 ℃	—	—	—	—
最大反向漏电流/μA@25 ℃	60	40	10	50	180	50
最大反向漏电流/μA@175 ℃	250	250	60	200	1250	200
浪涌电流承受能力/A@25 ℃	50@45 ℃	60	100	90	82	82
浪涌电流承受能力/A@150 ℃	—	—	—	71@110 ℃	71	69
总容性电荷/nC	75	160	37.5	24	15	24

　　图 2.13 和图 2.14 分别为 25 ℃和 150 ℃时各公司二极管的正向导通特性对比。IXYS 公司的 Si 基快恢复二极管在 25 ℃时的正向压降较大,但在 150 ℃时与其他公司差距不大。Rohm 公司的 Si 基快恢复二极管在 25 ℃及 150 ℃时的正向压降均较小。Si 基快恢复二极管正向导通压降的温度系数为负,温度越高,正向导通压降越小;而 SiC SBD 正向导通压降的温度系数为正,温度越高,正向导通压降越大。

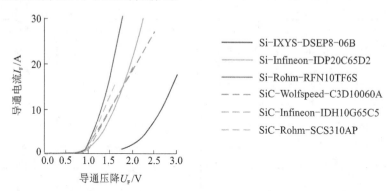

图 2.13　25 ℃时不同公司的二极管正向导通特性对比

　　图 2.15 和图 2.16 分别是开关频率为 200 kHz 和 1 MHz 时 Si 基快恢复二极管和 SiC SBD 的总损耗计算结果对比,计算时所取的条件为:结温 $T_j = 150$ ℃,反向电压 $U_R = 400$ V,占空比 $D = 0.5$,负载电流分别为 2.5 A、5 A、7.5 A、10 A。当开关频率为 200 kHz 时,SiC SBD 的总损耗与 Si 基快恢复二极管相比优势并不明显,甚至还不如 Rohm 公司的 Si 基快恢复二极管 RFN10TF6S,这是因为 SiC SBD 的导通压降比 Si 基快恢复二极管的大,此时导通损耗占总损耗的比重较大。而当开关频率为 1 MHz 时,SiC SBD 的总损耗就明显小于 IXYS 公司和 Infineon 公司的 Si 基快恢复二极管了。而由于 Rohm 公司的 Si 基快恢复二极管 RFN10TF6S 采用了新的工艺,反向恢复损耗非常小,且又有正向压降小的优势,因此总损耗

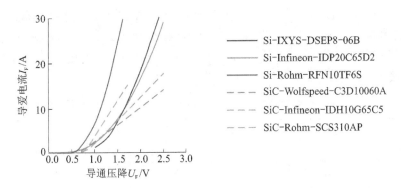

图 2.14　150 ℃时不同公司的二极管正向导通特性对比

与 SiC SBD 相当。

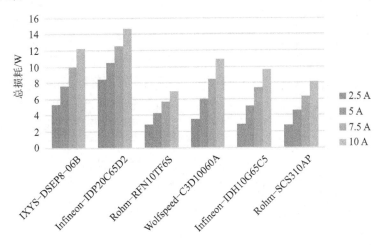

图 2.15　开关频率为 200 kHz 时 Si 基快恢复二极管和 SiC SBD 的总损耗对比

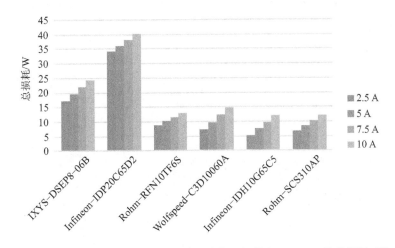

图 2.16　开关频率为 1 MHz 时 Si 基快恢复二极管和 SiC SBD 的总损耗对比

表 2.8 列出 Wolfspeed 公司不同代 SiC SBD 的产品特性与参数对比。由于 Wolfspeed 公

司第五代 SiC SBD 仅有额定电流为 50 A 的型号,因此表中只对比了额定电流为 10 A 的目前常用的第三代和第四代 SiC SBD。第三代 SiC SBD 有额定电压为 600 V、650 V 和 1 700 V 的商用产品,而第四代 SiC SBD 目前只有额定电压为 1 200 V 的商用产品,这里选取 600 V/10 A 的第三代 SiC SBD 与 1 200 V/10 A 的第四代 SiC SBD 进行对比。

表 2.8　Wolfspeed 公司不同代 SiC SBD 的产品特性与参数对比

类　型	SiC SBD	
型　号	C3D10060A	C4D10120A
额定电压/V	600	1 200
额定电流/A@25 ℃	30	33
额定电流/A@125 ℃	10	10
正向压降/V@25 ℃	1.5	1.5
正向压降/V@175 ℃	2.0	2.2
结-壳热阻/($℃ \cdot W^{-1}$)	1.1	0.9
最大反向漏电流/μA@25 ℃	50	250
最大反向漏电流/μA@175 ℃	200	350
浪涌电流承受能力/A@25 ℃	90	71
浪涌电流承受能力/A@110 ℃	71	59.5
总容性电荷/nC	24	52
总结电容/pF @U_R=0 V, f=1 MHz	460.5	754
总结电容/pF @U_R=400 V, f=1 MHz	40	45

　　图 2.17 为 Wolfspeed 公司不同代 SiC SBD 在 25 ℃ 和 175 ℃ 时的正向导通特性对比。二者在 25 ℃ 时的特性基本一致,而第四代 SiC SBD 的温度系数稍大,在 175 ℃ 时的导通压降略高于第三代 SiC SBD。

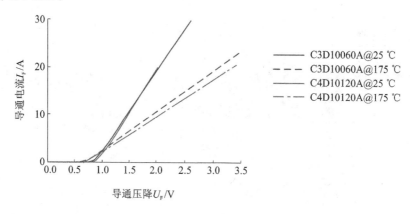

图 2.17　25 ℃ 和 175 ℃ 时 Wolfspeed 公司不同代 SiC SBD 的正向导通特性对比

　　图 2.18 和图 2.19 分别为 Wolfspeed 公司第三代 650 V SiC SBD、第四代 1 200 V SiC

SBD 与 Si 基超快恢复二极管的反向恢复特性对比,关断前的正向电流设为 8 A。由图中可见,SiC SBD 只有由于结电容充放电引起的较小反向恢复电流,峰值仅为 2～3 A,而 Si 基超快恢复二极管的反向恢复电流峰值可达 10～20 A;但因为 SiC SBD 的结电容相对较小,故其在反向恢复期间存在较高频率的振荡。

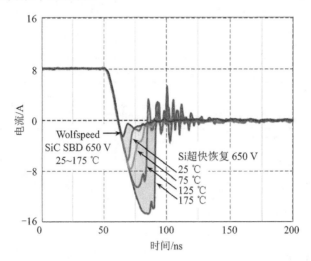

图 2.18 Wolfspeed 公司第三代 650 V SiC SBD 与其他 Si 基超快恢复二极管反向恢复特性对比

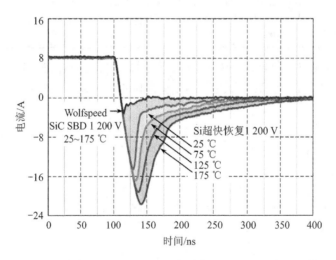

图 2.19 Wolfspeed 公司第四代 1 200 V SiC SBD 与其他 Si 基超快恢复二极管反向恢复特性对比

表 2.9 列出 Rohm 公司不同代 SiC SBD 的产品特性与参数对比。

表 2.9 Rohm 公司不同代 SiC SBD 的产品特性与参数对比

类 型	SiC SBD		
型 号	SCS110AG	SCS210AG	SCS310AP
代 数	第 1 代	第 2 代	第 3 代
额定电压/V	600	650	650
额定电流/A@25 ℃	15.5	15.5	22.5

续表 2.9

类　型	SiC SBD		
型　号	SCS110AG	SCS210AG	SCS310AP
代　数	第 1 代	第 2 代	第 3 代
额定电流/A@135 ℃	10	10	10
正向压降/V@25 ℃	1.5	1.35	1.35
正向压降/V@150 ℃	1.82	1.55	1.44
结-壳热阻/(℃·W^{-1})	1.8	1.9	2.1
反向漏电流典型值/μA@25 ℃	2	2	0.03
反向漏电流最大值/μA@25 ℃	200	200	50
反向漏电流/μA@125 ℃	3.5	13	0.31
浪涌电流承受能力/A@25 ℃	40	40	82
浪涌电流承受能力/A@150 ℃	—	31	69
结电容/pF	430	365	490
总结电容/pF @U_R=1 V,f=1 MHz	430	365	500
总结电容/pF @U_R=400 V,f=1 MHz	47	37	46

图 2.20 为 Rohm 公司三代 SiC SBD 在结温为 150 ℃时的正向导通特性对比。与第 1 代和第 2 代 SiC SBD 相比,第 3 代 SiC SBD 的正向压降更小,浪涌电流承受能力更高。

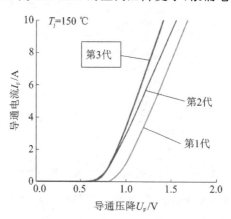

图 2.20　Rohm 公司三代 SiC SBD 的导通特性对比

表 2.10 列出 Infineon 公司不同代 SiC SBD 的产品特性与参数对比。

图 2.21 为 Infineon 公司三代 SiC SBD 在结温为 25 ℃和 175 ℃时的正向导通特性对比。与第 2 代 SiC SBD 相比,第 5 代 SiC SBD 的漏电流和结电容明显减小;与第 3 代 SiC SBD 相比,第 5 代 SiC SBD 的正向压降更小,浪涌电流承受能力更高。

表 2.10　Infineon 公司不同代 SiC SBD 的产品特性与参数对比

类　型	SiC SBD		
型　号	IDH10S60C	IDH10SG60C	IDH10G65C5
代　数	第 2 代	第 3 代	第 5 代
额定电压/V	600	600	650
额定电流/A@25 ℃	27.5	22.5	25
额定电流/A@140 ℃	10	10	10
正向压降/V@25 ℃	1.5	1.8	1.5
正向压降/V@150 ℃	1.7	2.2	1.8
结-壳热阻/(℃·W^{-1})	1.1	1.2	0.7
反向漏电流典型值/μA@25 ℃	1.4	0.8	0.5
反向漏电流最大值/μA@25 ℃	140	90	180
反向漏电流典型值/μA@150 ℃	5	3.3	2.0
反向漏电流最大值/μA@150 ℃	1 400	860	1 250
浪涌电流承受能力/A@25 ℃	84	51	82
浪涌电流承受能力/A@150 ℃	—	44	71
总结电容/pF @U_R=1 V, f=1 MHz	480	290	300
总结电容/pF @U_R=400 V, f=1 MHz	60	40	39

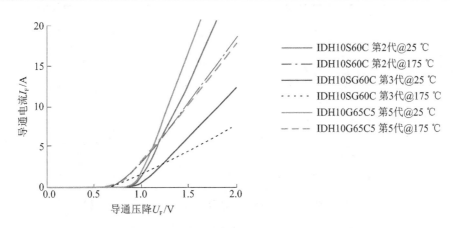

图 2.21　Infineon 公司三代 SiC SBD 在结温为 25 ℃ 和 175 ℃ 时的正向导通特性对比

3. Si/SiC 混合功率模块的特性与参数

由于 SiC SBD 比 Si 基 PN 结快恢复二极管的反向恢复特性大大改善,因此一些半导体器件公司把 SiC SBD 与 Si IGBT 封装在一起,制成反并 SiC SBD 的 Si IGBT 单管或模块,通常被称为"Si/SiC 混合功率器件/模块"。这里以日本富士电机公司开发的 1 700 V/400 A 二合一 Si/SiC 混合功率模块为例,通过与全 Si IGBT 模块的对比,阐述其优势。如图 2.22 所示,桥臂上、下管均由1个Si IGBT管芯和数个SiC SBD管芯并联而成,SiC SBD由日本富士电机与国家先进工业科学技术研究所合作研制,Si IGBT采用富士电机最新一代"V系列"IGBT管芯,封装尺寸为$80 \times 110 \times 30 \ mm^3$。

(a) 实物照片　　　　　　　　　　(b) 等效电路

图2.22　1 700 V/400 A 二合一 Si/SiC 混合模块

(1) 通态特性及其参数

图2.23为1 700 V/400 A Si/SiC混合模块与1 700 V/400 A全Si模块反并二极管的正向通态特性曲线。由于SiC SBD的漂移层更接近电阻特性,因此其正向压降斜率的线性度更高。在正向电流值较低时,SiC SBD的正向压降呈负温度系数;当正向电流大于某个值(这里约为75 A)时,SiC SBD的正向压降呈正温度系数。而对于Si基二极管,在正向电流值较大(约200 A)时,其正向压降仍呈负温度系数;只有在正向电流超过200 A后,其正向压降才表现为正温度系数。

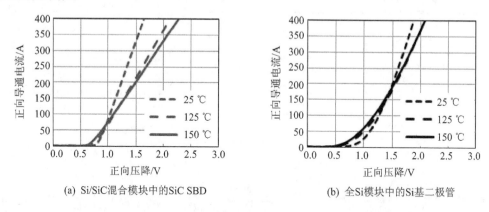

(a) Si/SiC混合模块中的SiC SBD　　　　　(b) 全Si模块中的Si基二极管

图2.23　Si/SiC 混合模块与全 Si 模块反并二极管的正向通态特性曲线

图2.24示出当正向导通电流$I_F = 400$ A时,Si/SiC混合模块与全Si模块反并二极管的正向导通压降随温度变化关系曲线对比。在正向电流为400 A时,两者正向压降均为正温度系数,且Si/SiC混合模块反并SiC SBD正向压降的温度系数高于全Si模块反并二极管。当温度低于110 ℃时,Si/SiC混合模块反并二极管的正向压降小于全Si模块反并二极管。因此Si/SiC混合模块便于并联扩容。

(2) 开关特性及其参数

图2.25为Si/SiC混合模块与全Si模块的开通特性波形对比。与全Si模块相比,Si/SiC

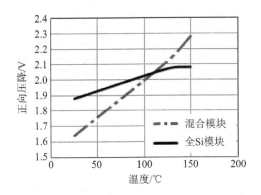

图 2.24　Si/SiC 混合模块与全 Si 模块反并二极管的正向导通压降与温度的关系曲线对比（$I_F = 400$ A）

混合模块在开通时的电流过冲较小,但存在明显的振荡。

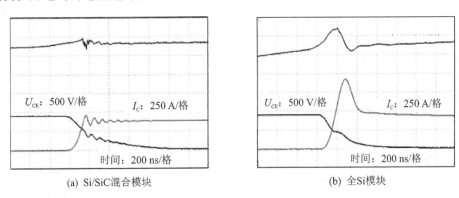

(a) Si/SiC混合模块　　　　　　　(b) 全Si模块

图 2.25　Si/SiC 混合模块与全 Si 模块的开通特性对比

　　图 2.26 示出 Si/SiC 混合模块与全 Si 模块的开通能量损耗对比。Si/SiC 混合模块的开通能量损耗小于全 Si 模块,且两者差距随着集电极电流的增加而增加。当集电极电流为 400 A 时,Si/SiC 混合模块的开通能量损耗比全 Si 模块的降低了 38%。

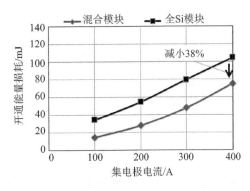

图 2.26　Si/SiC 混合模块与全 Si 模块的开通能量损耗对比

　　图 2.27 为 Si/SiC 混合模块与全 Si 模块反并二极管的反向恢复波形对比。Si/SiC 混合模块反并二极管的反向恢复电流远小于全 Si 模块反并二极管,但由于 SiC SBD 的结电容较大,与寄生电感相互作用,使得波形产生明显振荡。与全 Si 模块相比,Si/SiC 混合模块在低电流

情况下反向恢复电流的 $\mathrm{d}i/\mathrm{d}t$ 较高,结电容较大,这些因素与寄生电感相互作用产生了明显振荡。

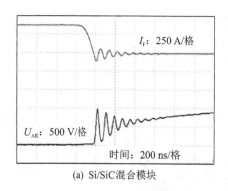

(a) Si/SiC 混合模块

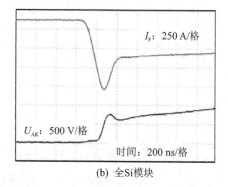

(b) 全 Si 模块

图 2.27　Si/SiC 混合模块与全 Si 模块二极管的反向恢复波形对比

图 2.28 示出 Si/SiC 混合模块反并二极管与全 Si 模块反并二极管的反向恢复损耗对比。当正向电流均为 400 A 时,Si/SiC 混合模块反并二极管关断时产生的反向恢复能量损耗比全 Si 模块反并二极管低 83%,反向恢复电流尖峰大大减小。

图 2.29 为 Si/SiC 混合模块与全 Si 模块的关断特性波形对比。Si/SiC 混合模块与全 Si 模块的关断波形非常相似,混合模块的关断电压尖峰(1 140 V)略小于全 Si 模块的(1 175 V),这主要是因为 Si/SiC 混合模块反并二极管的正向恢复电压峰值比全 Si 模块反并二极管的略小。

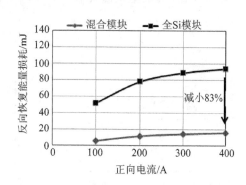

图 2.28　Si/SiC 混合模块反并二极管与全 Si 模块反并二极管的反向恢复损耗对比

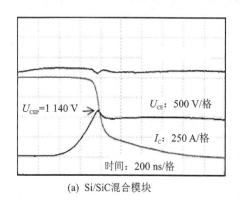

(a) Si/SiC 混合模块

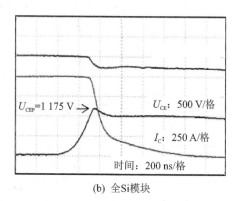

(b) 全 Si 模块

图 2.29　Si/SiC 混合模块与全 Si 模块的关断特性对比

图 2.30 示出 Si/SiC 混合模块与全 Si 模块的关断能量损耗对比。Si/SiC 混合模块在集电极电流为 400 A 时的关断能量损耗比全 Si 模块的低 8%。

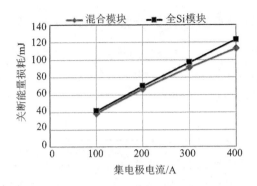

图 2.30　Si/SiC 混合模块与全 Si 模块的关断能量损耗对比

（3）功耗计算评估

在线电压为 690 V AC 的 PWM 逆变器中对两种功率模块的功耗进行计算对比。直流母线电压 $U_{DC}=900$ V，输出相电流 $I_O=230$ A，输出频率 $f_O=50$ Hz，功率因数 $\cos\varphi=0.9$，调制比 $\lambda=1.0$，三相采用 PWM 控制。图 2.31 为不同载波频率下的功耗计算结果。随着开关频率的增加，Si/SiC 混合模块的总损耗与全 Si 模块相比更低。当开关频率为 1 kHz 时，Si/SiC 混合模块的总损耗比全 Si 模块的低 8%；当开关频率为 10 kHz 时，Si/SiC 混合模块的总损耗比全 Si 模块的低 29%。因此，Si/SiC 混合模块在高开关频率条件下工作时更有优势。

此外，以开关频率等于 4 kHz 为例，在相同的功耗下，采用 Si/SiC 混合模块时的逆变器的输出电流能力比采用全 Si 模块时可以增加 20%，即在相同的体积下，系统的输出功率可以增加 20%，这是 Si/SiC 混合功率模块相比于全 Si 模块的另一优势。

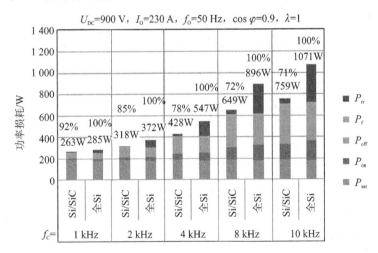

**图 2.31　分别采用 Si/SiC 混合模块与全 Si 模块作为
功率器件的逆变器功耗对比（只考虑功率器件损耗）**

这种内置 SiC SBD 的 Si/SiC 混合功率模块比传统全 Si 模块的开关性能更优，有利于提高变换器的效率，适用于风力发电和光伏发电等应用领域。很多半导体器件公司均已推出 Si IGBT 与 SiC SBD 集成在一起的 Si/SiC 混合功率器件、模块和功率单元组件。

2.1.2　高压 SiC 肖特基二极管的特性与参数

图 2.32 为 10 kV 4H-SiC SBD 二极管的结构示意图,在 3 英寸的 4H-SiC 衬底上生长了 N⁻ 外延层,厚 120 μm,掺杂浓度为 6×10^{14} cm⁻³,电阻率为 0.02 $\Omega \cdot$ cm。本节以其为例,阐述高压 SiC SBD 二极管的特性与参数。

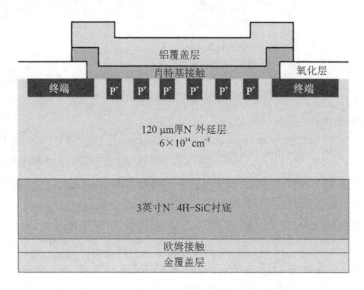

图 2.32　10 kV 4H-SiC SBD 二极管结构示意图

1. 通态特性

图 2.33 为 10 kV 4H-SiC SBD 二极管的伏安特性曲线,当温度从 25 ℃ 升高到 200 ℃ 时,开启阈值电压从 1.25 V 降至 1 V,呈负温度系数;而二极管的导通电阻从 200 mΩ 增至 680 mΩ,为正温度系数。相应地,当电流为 10 A 时,二极管正向导通压降从 3.25 V 增至 8.35 V。虽然 SiC SBD 二极管正向压降的温度系数较大,并且在温度较高时会显著增大功耗,但其正温度系数却非常有利于多个二极管并联扩容。

2. 阻态特性

图 2.34 为 10 kV 4H-SiC SBD 二极管的阻态特性曲线,在 25 ℃ 到 200 ℃ 范围内,SiC SBD 二极管的反向阻断特性类似于 Si 基 PN 结二极管,漏电流随着温度的上升而略微增加。在上述温度范围内,阻断电压加至 10 kV 时的漏电流仍小于 10 μA。

3. 反向恢复特性

图 2.35 为 10 kV 4H-SiC SBD 二极管的反向恢复特性曲线,测试条件对应:阻断前的正向电流为 10 A,反向偏置电压为 3 kV,电流下降速率为 30 A/μs。在 25 ℃ 时,二极管的反向恢复时间 t_{rr} 为 300 ns,反向尖峰电流 I_{RM} 为 1.9 A,反向恢复电荷为 445 nC。表 2.11 列出不同温度下的反向恢复特性参数。反向恢复时间、反向峰值电流和反向恢复电荷都与温度无关,其本质上是因结电容充电所致。

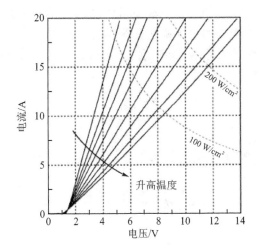

图 2.33　10 kV 4H - SiC SBD 二极管伏安特性曲线
（温度从 25 ℃升至 200 ℃,每隔 25 ℃测试）

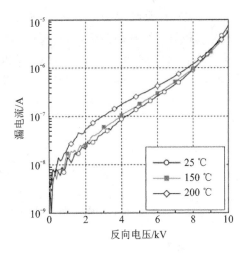

图 2.34　10 kV 4H - SiC SBD
二极管阻态特性曲线

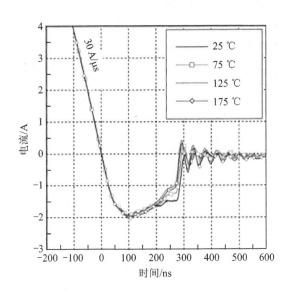

图 2.35　10 kV 4H - SiC SBD 二极管的反向恢复特性曲线

表 2.11　10 kV 4H - SiC SBD 二极管的反向恢复特性参数

温度/℃	反向恢复时间 t_{rr}/ns	最大反向恢复电流 $I_{RM(rec)}$/A	反向恢复存储电荷 Q_{rr}/nC
25	300	1.94	445
75	290	1.94	425
125	285	1.97	405
175	285	2.02	425

2.1.3　SiC PiN 二极管的特性与参数

在 10~20 kV 的高电压等级下,与 SiC SBD 及 SiC JBS 二极管相比,SiC PiN 二极管在导通压降、开关损耗及高温性能方面均表现出优势。本节以 Genesic 公司研制的 15 kV 4H - SiC PiN 二极管工程样品为例,对超高压 SiC PiN 二极管的主要特性及参数进行介绍。

目前,Genesic 公司开发的 SiC PiN 二极管工程样品的 N⁻ 外延层有 90 μm 和 130 μm 两种典型厚度。图 2.36 是 15 kV 4H - SiC PiN 二极管的外观图。

图 2.36　15 kV 4H - SiC PiN 二极管外观图

1. 通态特性

图 2.37 为 15 kV 4H - SiC PiN 二极管的正向导通伏安特性曲线,在 25 ℃到 225 ℃范围内,两种不同厚度 N⁻ 外延层的 SiC PiN 二极管的正向导通压降随着温度的升高而降低,呈现负温度系数。当正向电流为 1.0 A 时,90 μm 厚度 N⁻ 外延层的 SiC PiN 二极管在结温为 25 ℃时的正向导通压降为 4 V,在结温为 225 ℃时为 3.4 V;130 μm 厚度 N⁻ 外延层的 SiC PiN 二极管在结温为 25 ℃时的正向导通压降为 6.4 V,在结温为 225 ℃时为 4.3 V。

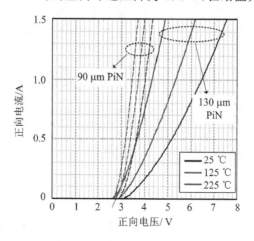

图 2.37　15 kV 4H - SiC PiN 二极管的正向导通伏安特性曲线

2. 阻态特性

图 2.38 为 15 kV 4H - SiC PiN 二极管的阻断特性曲线,其 N⁻ 外延层厚度为 130 μm,击穿电场强度为 115 V/μm,雪崩击穿电压为 15 kV,在未达到击穿电压时,其漏电流很小;在达到 15 kV 时,其漏电流也只有 0.5 μA。

3. 反向恢复特性

图 2.39 为 15 kV 4H - SiC PiN 二极管的反向恢复特性曲线,测试条件对应:阻断前的正向电流为 0.5 A,反向偏置电压为 15 kV,电流下降速率为 70 A/μs。在 25 ℃时,二极管的反

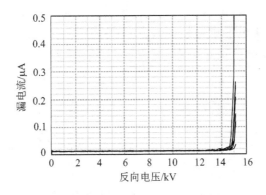

图 2.38　15 kV 4H - SiC PiN 二极管的阻断特性曲线

向恢复时间 t_{rr} 为 200 ns，反向峰值电流 I_{RM} 为 1.5 A，反向恢复电荷为 70 nC。随着温度升高，SiC PiN 二极管的反向恢复时间、反向峰值电流和反向恢复电荷均会增大。

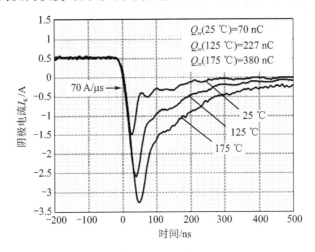

图 2.39　15 kV 4H - SiC PiN 二极管的反向恢复特性曲线

超高压 SiC PiN 二极管可与 10～15 kV SiC 可控开关器件相配合，作为反并联二极管或续流二极管使用，在电力系统超高压功率变换器中有着巨大的应用潜力；但在使用中要注意其与 SiC SBD 和 SiC JBS 二极管的通态特性和反向恢复特性的规律有所不同。

2.1.4　耐高温 SiC 肖特基二极管的特性与参数

SiC 肖特基二极管比 Si 基快恢复二极管具有更优的反向恢复特性，最先实现了商业化生产，目前在开关电源、光伏逆变、电机驱动器等功率变换器中已得到一定范围的应用，性能优势明显。但这些商业化 SiC SBD 受封装限制，仍无法适应石油开采、航空航天以及军事等领域的高温工作环境。GeneSiC 公司结合先进封装技术的研究，成功研制了耐高温的 SiC 肖特基二极管（简称"耐高温 SiC SBD"），目前已处于小批量工程试用阶段。本节以 GeneSiC 公司电压等级为 1 200 V 的耐高温 SiC SBD 为例阐述其主要特性与参数。

不同于常规 SiC SBD，GeneSiC 公司制造的耐高温 SiC SBD 的顶端通过铝或金进行金属化处理后，与键合线封装或全焊接封装相配合。目前 1 200 V 耐高温 SiC SBD 有 3 种不同的管芯大小,分别对应 1 A、5 A、20 A 的额定电流等级。当管芯采用不同的封装规格时,所得到的热特性也不相同,从而提供不同的电流定额。目前主要采用如图 2.40 所示的 TO‑257 引线封装和 SMB05/TO‑276 表面贴封装。

(a) TO-257引线封装　　　　(b) SMB05/TO-276表面贴封装

图 2.40　两种不同的高温 SiC SBD 封装结构

1. 通态特性

1 200 V/5 A 耐高温 SiC SBD 的正向导通特性曲线如图 2.41 所示,正向导通压降随温度的升高而增加,25 ℃时的导通压降为 2.18 V,250 ℃时升高为 3.6 V。

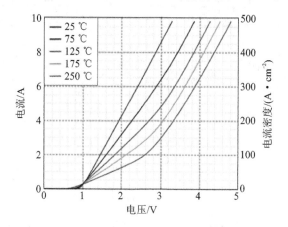

图 2.41　1 200 V/5 A 耐高温 SiC 肖特基二极管的正向导通特性曲线

2. 阻态特性

1 200 V/5 A 耐高温 SiC SBD 的阻态特性曲线如图 2.42 所示,在相同的阻断电压下,漏电流随温度的升高而变大,但总体上均较小。在 300 ℃时,仍具有较低的漏电流。

图 2.43 为耐高温 SiC SBD 与常规 SiC SBD 漏电流的对比情况,测试条件为:阻断电压为 1 200 V,结温为 175 ℃。可见耐高温 SiC SBD 比相同电压、电流定额的常规 SiC SBD 具有更小的漏电流。即使在 250~300 ℃高温下工作也没有过大的漏电流。

3. 结电容特性

理论上,SiC SBD 无反向恢复电流,但由于结电容的充放电,使得在关断时会出现较小的负向电流。通常采用近零偏置电压下结电容的测量值来对比分析器件的性能。图 2.44 为结电容与反偏电压的关系曲线,当偏置电压为 1 V 时,相比于常规 SiC SBD,耐高温 SiC SBD 的结电容降低了 9%。

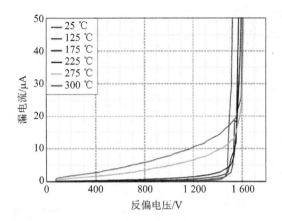

图 2.42　1 200 V/5 A 耐高温 SiC 肖特基二极管的阻态特性曲线

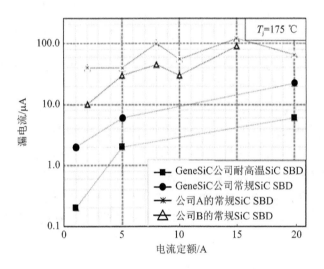

图 2.43　常规 SiC SBD 与耐高温 SiC SBD 的漏电流对比

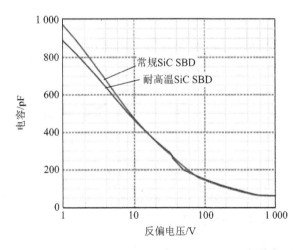

图 2.44　常规 SiC SBD 与耐高温 SiC SBD 的结电容特性比较

　　图 2.45 是额定电压为 1 200 V 的 SiC SBD 近零偏结电容对比情况,随着电流定额的增大,高温 SiC SBD 与常规 SiC SBD 相比,结电容的减小幅度更大,因而相对而言,开关速度更快,开关损耗更小。

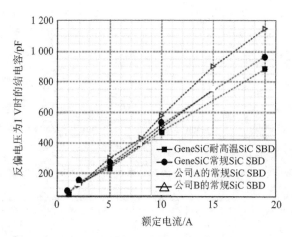

图 2.45　额定电压为 1 200 V 的 SiC SBD 在不同电流定额下的结电容参数对比

4. 开关特性

　　1 200 V 耐高温 SiC SBD 作为续流二极管,反并联在定额为 1 200 V/25 A 的 Si IGBT 两端,采用双脉冲测试电路来测试其开关特性。测试条件为:在耐高温 SiC SBD 两端加 960 V 反向电压,反向电流变化率 di/dt 设置为 50 A/μs 左右。图 2.46 为 25 ℃ 常温及 205 ℃ 高温下的关断电流波形。耐高温 SiC SBD 在 25 ℃ 和 205 ℃ 下的开关特性几乎无差别,反向电流峰值小于 0.5 A,这进一步说明耐高温 SiC SBD 为多子导电,具有较好的温度特性。

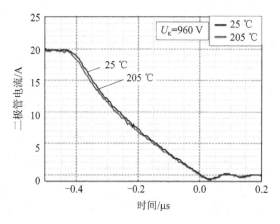

图 2.46　1 200 V/20 A 耐高温 SiC SBD 在 25 ℃ 和 205 ℃ 时的开关特性比较

　　除了封装好的 SiC 二极管管产品外,一些 SiC 器件生产商还提供未封装的 SiC 二极管芯片,用户可以根据应用场合要求自行设计封装。

2.1.5　SiC 二极管小结

　　对于几百伏至几千伏的电压等级,用 SiC SBD 代替现有功率电路中的 Si 基 PN 结快恢复二极管,因其反向恢复问题大大改善,故可望明显改善电路的开关性能。同时也应注意到 SiC SBD 导通压降呈正温度系数的特点,可利用多管并联降低等效压降或/和实现扩容,从而进一步扩大其应用优势。

对于中等电压等级(几千伏至 10 千伏),SiC SBD 具有正向压降呈正温度系数,反向恢复电流与温度无关的特点。

对于更高电压等级(>10 千伏),Si 基二极管受材料限制,无法制作出如此高耐压的大功率器件,此时 SiC PiN 二极管的优势非常明显,目前已有 15 kV 的 SiC PiN 二极管产品,随着 SiC 器件技术的成熟,其电压定额和电流定额将会进一步提高。

由于在石油开采、地热设备、电动汽车、多电飞机及军事领域中需要能够耐受高温环境的电力电子装置,因此,除了应用于一般场合的 SiC 二极管产品外,以 Genesic 公司和 APEI 公司为代表的 SiC 器件生产商正积极结合先进封装技术的研究,陆续推出不同定额的耐高温 SiC 二极管,以满足特殊场合的需要。

2.2　SiC MOSFET 的特性与参数

Si MOSFET 在低压电力电子装置中得到了广泛的应用,而碳化硅比硅具有更优的材料特性,这使得 SiC MOSFET 比 Si MOSFET 具有更高的耐压、更低的通态压降、更快的开关速度和更低的开关损耗,以及能够承受更高的工作温度。

如图 2.47 所示,在 600 V 以下,虽然可以制作 SiC MOSFET,但因其与 Si 基超结 MOSFET (CoolMOS)相比,优势并不明显,因此在这个电压等级以下,半导体器件生产商目前并未生产商用 SiC MOSFET 器件。在 600 V 以上,目前主要采用 CoolMOS 和 Si 基绝缘栅双极型晶体管(Si IGBT)。在电压等级为 600～900 V 的中小功率场合,目前通常采用 CoolMOS。与 CoolMOS 相比,SiC MOSFET 的优势在于芯片面积小(可以实现小型封装)、体二极管的反向

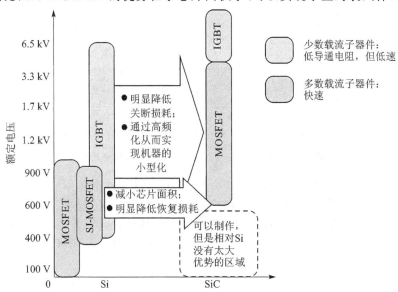

图 2.47　不同电压等级下 Si 与 SiC 器件的适用范围

恢复损耗小。在更高电压等级的中大功率场合,目前通常采用 Si IGBT。IGBT 通过电导调制效应,向漂移层内注入作为少数载流子的空穴,其导通电阻比 MOSFET 要小,但同时由于少数载流子的集聚,在关断时会产生拖尾电流,造成较大的开关损耗。

SiC 器件漂移层的阻抗比 Si 器件的小,不需要进行电导调制就能实现高耐压和低阻抗;而且理论上 MOSFET 不产生拖尾电流,所以当用 SiC MOSFET 替代 Si IGBT 时,能够明显降低开关损耗,减小散热器的体积和重量。另外,SiC MOSFET 能够在 Si IGBT 不能工作的高频下工作,从而进一步降低电抗元件的体积和重量,有利于整机实现更高的功率密度。

目前可提供 SiC MOSFET 商用器件的公司主要有 Wolfspeed、Rohm、Microsemi、ST、Infineon 等公司。Wolfspeed 等公司对 SiC MOSFET 的研究已覆盖 900 V～15 kV 电压等级。图 2.48 为 900 V～15 kV SiC 基功率 MOSFET 的截面示意图,图中对导通电阻的组成进行了标示。SiC MOSFET 的导通电阻 $R_{DS(on)}$ 主要包括沟道电阻 R_{CH}、JFET 电阻 R_J、漂移层电阻 R_{drift} 和衬底电阻 R_{sub},源极和漏极背面区域的接触电阻 R_C 较小而予以忽略。在 900～1 700 V 电压等级,由于目前的沟道迁移率 μ_{eff} 较低,沟道电阻 R_{CH} 占主导地位,因此需要较高的驱动电压才能使其完全导通。随着电压等级的升高,SiC 体电阻占主导地位,因而对驱动电压要求不高。

目前,已有电压定额为 900 V、1 000 V、1 200 V、1 700 V 的 SiC MOSFET 商业化产品上市。

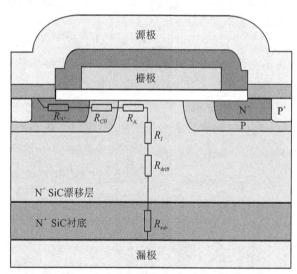

图 2.48   900 V～15 kV SiC MOSFET 截面示意图

如图 2.49 所示,尽管这几种电压等级的 SiC MOSFET 的反型沟道迁移率比 Si MOSFET 低得多,但是通过器件的优化设计,它们的比导通电阻 $R_{on(sp)}$ 仍较低。当电压等级上升到 3 300 V 或更高时,SiC MOSFET 的沟道电阻与 SiC 的体电阻相比就很小,因此,击穿电压等级越高,比导通电阻越接近 SiC MOSFET 的理论极限值。不同击穿电压等级的比导通电阻列于表 2.12。

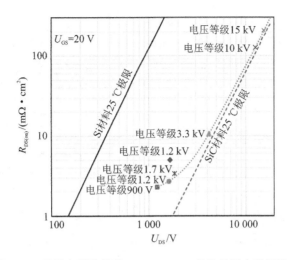

图 2.49 不同电压等级的 SiC MOSFET 的比导通电阻示意图

表 2.12 不同击穿电压等级 SiC MOSFET 的比导通电阻

击穿电压	900 V	1 200 V	1 700 V	3 300 V	10 kV	15 kV
$R_{on(sp)}/(m\Omega \cdot cm^2)$	2.3	2.7	3.38	10.6	123	208

2.2.1　900～1 700 V SiC MOSFET 的特性与参数

在 900～1 700 V 电压等级的 SiC MOSFET 中,1 200 V 电压等级的 SiC MOSFET 产品相对成熟,本节以这一等级的 SiC MOSFET(Wolfspeed 公司的 C2M0160120D)为例,对其特性及参数进行阐述。

1. 通态特性及其参数

(1) SiC MOSFET 的输出特性

SiC MOSFET、Si CoolMOS 和 Si IGBT 的典型输出特性如图 2.50 所示,图(a)为 Wolfspeed 公司的 C2M0160120D(1 200 V/19 A@T_C=25 ℃),图(b)为 Infineon 公司的 Si CoolMOS IPW90R120C3(900 V/15 A@ T_C=25 ℃),图(c)为 Infineon 公司的 Si IGBT IRG4PH30KDPbF(1 200 V/20 A@ T_C=25 ℃)。Si CoolMOS 在栅极电压较低时表现出明显的线性区和恒流区,而 SiC MOSFET 的输出特性曲线不存在明显的线性区和恒流区。Si CoolMOS 中的特性曲线在栅极电压达到 10 V 左右时几乎保持不变,而 SiC MOSFET 由于跨导值较小且具有短沟道效应,故其特性曲线在栅极电压达到 18 V 时仍会有明显的变化,为了保证器件能够充分导通,在驱动电路设计中要保证栅极电压足够大。

图 2.51 为三种器件的输出特性对比。SiC MOSFET 的导通压降比 Si CoolMOS 的导通压降低,因此导通损耗更小。SiC MOSFET 和 Si IGBT 的导通压降大小关系与负载电流的大小有关。在负载电流相对较小时,SiC MOSFET 的导通压降低于 Si IGBT 的导通压降;当负载电流增大到某一临界值后,SiC MOSFET 的导通压降高于 Si IGBT 的导通压降。当结温升高时,电流分界点也随之下降。

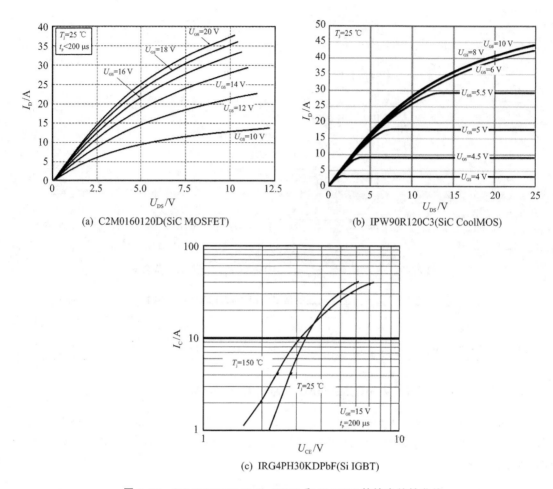

(a) C2M0160120D(SiC MOSFET)   (b) IPW90R120C3(SiC CoolMOS)

(c) IRG4PH30KDPbF(Si IGBT)

图 2.50   SiC MOSFET、Si CoolMOS 和 Si IGBT 的输出特性曲线

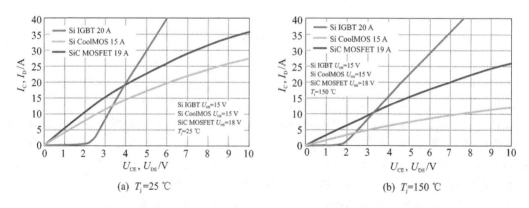

(a) $T_j=25\ ℃$ (b) $T_j=150\ ℃$

图 2.51   SiC MOSFET、Si CoolMOS 和 Si IGBT 的输出特性曲线对比

（2）SiC MOSFET 的主要通态参数

1）开启电压

开启电压 $U_{GS(th)}$ 又称阈值电压，是指功率 MOSFET 扩散沟道区反型使沟道导通所必需的栅源极电压。随着栅源极电压的增加，导电沟道逐渐变宽，故其沟道电阻逐渐减小，电流逐渐

增大。开启电压随着 MOSFET 的结温的升高而降低,具有负温度系数。图 2.52 为 SiC
MOSFET、Si CoolMOS 和 Si IGBT 的转移特性曲线,图(a)为 Wolfspeed 公司的 SiC MOSFET,
图(b)为 Infineon 公司的 Si CoolMOS,图(c)为 Infineon 公司的 Si IGBT。常温时,SiC MOSFET
的开启电压在 2.6 V 左右,当结温升高时,开启电压略有下降,表现为较小的负温度系数。而
在常温时,Si CoolMOS 的开启电压为 3.5 V 左右,Si IGBT 的开启电压为 5 V 左右,均高于
SiC MOSFET;当结温在 $-40\sim+125$ ℃ 范围变化时,Si CoolMOS 的开启电压变化范围为3~
4 V,Si IGBT 的开启电压变化范围为 4~5 V,这说明 SiC MOSFET 的栅极更容易受到电压
振铃的影响而出现误导通现象,这些振铃通常由电路中的寄生参数引起。SiC MOSFET 的栅
极开启电压低这一特点要求在驱动电路的设计中需要特别考虑增加防止误导通措施,以提高
栅极的安全裕量,保证可靠工作。

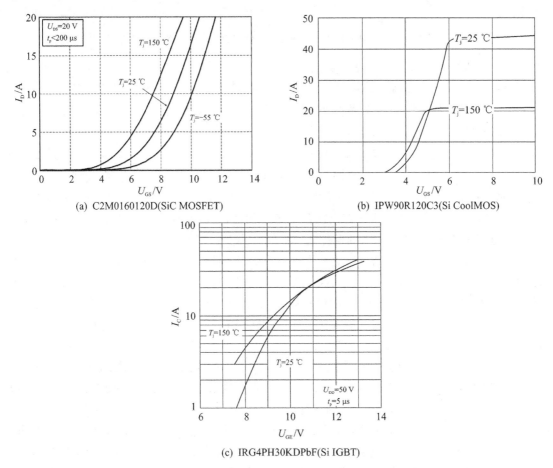

(a) C2M0160120D(SiC MOSFET)　　　　　　　(b) IPW90R120C3(Si CoolMOS)

(c) IRG4PH30KDPbF(Si IGBT)

图 2.52　SiC MOSFET、Si CoolMOS 和 Si IGBT 的转移特性曲线

2) 跨　导

功率 MOSFET 的跨导 g_s 定义为漏极电流对栅源极电压的变化率,是栅源极电压的线性
函数。图 2.53 对比了 SiC MOSFET、Si CoolMOS 和 Si IGBT 的转移特性,可以看到 Si IGBT 的
跨导最高,其次是 Si CoolMOS,SiC MOSFET 的跨导最低。低跨导意味着处理相同的电流时需
要更高的栅极驱动电压。SiC MOSFET 较小的跨导使得从线性区到恒流区的过渡出现在一个很

宽的漏极电流范围内;同时,短沟道效应使得输出阻抗减小,增加了恒流区漏极电流 I_D 的斜率。

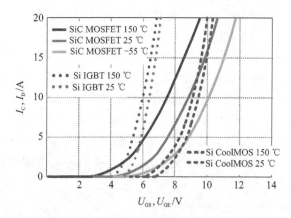

图 2.53　SiC MOSFET、Si CoolMOS 和 Si IGBT 的转移特性对比

3) 通态电阻

功率 MOSFET 的通态电阻 $R_{DS(on)}$ 是决定其稳态特性的重要参数。对于高压 Si 基功率 MOSFET,根据其器件结构,可以将功率 MOSFET 的通态电阻 $R_{DS(on)}$ 表示成漏源极击穿电压 $U_{(BR)DSS}$ 的函数,即

$$R_{DS(on)} = 8.3 \times 10^{-7} \cdot U_{(BR)DSS}^{a} / A_{chip} \qquad (2-4)$$

式中,A_{chip} 为芯片面积(mm^2);a 为漏源极击穿电压系数,通常取为 2~3。由式(2-4)可知,Si 基功率 MOSFET 的通态电阻由漏源极击穿电压和芯片面积共同决定,当芯片面积不变时,MOSFET 的通态电阻随漏源极击穿电压呈指数规律增长,因此 Si 基功率 MOSFET 通常应用于 1 kV 电压等级内,以避免过大的器件通态损耗。

SiC MOSFET 通态特性的突出优势之一就是在实现较高阻断电压的同时仍具有较低的通态电阻 $R_{DS(on)}$。以 C2M0160120D(SiC MOSFET)为例,其器件手册中给出的通态电阻典型值为 160 mΩ,与之具有相近定额的 IPW90R120C3(900 V/15 A Si CoolMOS),其通态电阻典型值为 280 mΩ,尽管两者有定额的差异,但 SiC MOSFET 的通态电阻仍具有明显的优势。SPW20N60S5(Si CoolMOS,600 V/20 A@ T_C=25 ℃)的电流定额与 C2M0160120D 的相近,漏源极击穿电压仅有后者的一半,其通态电阻典型值为 160 mΩ,与 SiC MOSFET 的相同,而漏源极击穿电压的差异会使通态电阻的差异进一步呈指数增大。SiC MOSFET 的这一优势使得制造高压大功率的 MOSFET 成为可能。

对于功率 MOSFET,栅极驱动电压越高,通态电阻越低。但从图 2.50(b)可以看出,Si CoolMOS 在栅极驱动电压达到 10 V 以上时通态电阻的变化已经很小,因此在实际应用中,考虑栅极极限电压的限制,通常栅极驱动电压设置在 12~15 V 范围;而图 2.50(a)中 SiC MOSFET 的栅极电压即使达到 16 V,如果继续增大栅极驱动电压,仍能显著减小通态电阻值,因而在不超过栅极极限电压的情况下,应尽可能设置更高的驱动电压,以获得更低的通态电阻值,充分发挥 SiC MOSFET 的优势。

图 2.54 为 SiC MOSFET 通态电阻与温度的关系曲线,通态电阻表现出正温度系数,有助于实现并联器件自动均流,因而易于并联应用。同时,由于 SiC 半导体材料的热稳定性,当温度从 25 ℃增加到 125 ℃时,SiC MOSFET 的导通电阻增加了 64%,而对于相近电压和电流等

级的 Si CoolMOS,其导通电阻将增加近 120%,高温下的通态损耗大大增加,系统的效率明显
降低。不仅如此,SiC MOSFET 通态电阻的低正温度系数特性还对变换器系统的热设计过程
具有显著的影响,比 Si CoolMOS 尺寸更小的 SiC MOSFET 可以工作在更高的环境温度下,
降低了器件对散热的要求。

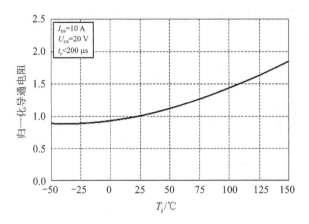

图 2.54　SiC MOSFET 的通态电阻与温度关系曲线

(3) SiC MOSFET 的反向导通特性

与 Si CoolMOS 相似,SiC MOSFET 也存在寄生体二极管。由于 SiC 的带隙是 Si 的3 倍,
所以 SiC MOSFET 的寄生体二极管的开启电压高,为 3 V 左右,正向压降也较高。SiC MOSFET
的寄生体二极管虽然是 PN 二极管,但是由于少数载流子寿命较短,所以基本上没有出现少数
载流子的积聚效应,与 Si IGBT 反并的 Si FRD 相比,其反向恢复损耗可以减小到 Si FRD 的
几分之一到几十分之一。表 2.13 为 SiC MOSFET、Si CoolMOS 的体二极管与 Si IGBT 反并
的 Si FRD 的特性对比。常温下,SiC MOSFET 体二极管的正向导通压降为 3.3 V,比
Si CoolMOS 的体二极管的正向导通压降高 2 倍以上,其体二极管反向恢复特性参数均远小
于 Si CoolMOS 的体二极管,反向恢复电流尖峰小,但相对于 SiC 肖特基二极管,其反向恢复
特性仍有些差异。

表 2.13　SiC MOSFET、Si CoolMOS 和 Si IGBT 的体二极管特性对比(@25 ℃)

器件型号	U_{f}/V	t_{rr}/ns	Q_{rr}/nC	I_{rm}/A
C2M0160120D (SiC MOSFET)	3.3	23	105	9
IPW90R120C3 (Si CoolMOS)	0.85	510	11 000	41
IRG4PH30KDPbF[1] (Si IGBT)	3.4	50	130	4.4

① Si IGBT 的反并二极管 FRD 的特性。

Si IGBT 的自身沟道并无反向导通电流能力,其反向导通特性即为反并联 Si FRD 的导通
特性。Si CoolMOS 和 SiC MOSFET 的沟道存在反向导通电流能力,因此对于这两种器件,其
反向导通特性并不等同于体二极管的导通特性,根据栅极驱动电压的不同,其反向导通特性也

存在区别。

图 2.55 为不同器件的反向导通特性对比,其中对 SiC MOSFET 和 Si CoolMOS 取 $U_{GS}=$ 0 V 的曲线进行了对比。当导通相同的反向电流时,Si CoolMOS 的反向导通压降最小。Si IGBT 与 SiC MOSFET 的反向压降大小关系与反向电流的大小有关,在反向电流较小时,SiC MOSFET 的反向压降比 Si IGBT 的大;在反向电流超过某一临界值后,Si IGBT 的反向压降比 SiC MOSFET 的大。

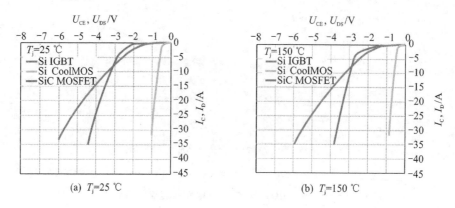

图 2.55　SiC MOSFET、Si CoolMOS 和 Si IGBT 的反向导通特性对比

图 2.56 为 SiC MOSFET 在不同驱动负压($U_{GS}\leqslant 0$ V)下的反向导通特性,此时对应 SiC

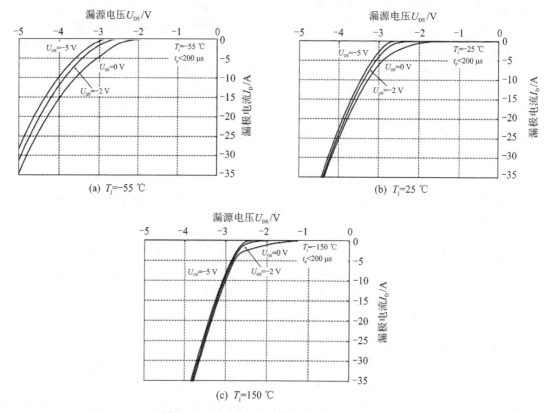

图 2.56　SiC MOSFET 在不同驱动负压($U_{GS}\leqslant 0$ V)下的反向导通曲线

MOSFET 体二极管的反向导通。当栅极驱动电压 U_{GS} 分别为 -5 V、-2 V 和 0 V 时,SiC MOSFET 的反向导通特性略有不同,栅极驱动电压越负,当导通相同的反向电流时,反向压降越大,这意味着损耗更大。随着温度的升高,在相同的栅极驱动电压下,对于导通相同的电流,反向压降有所下降,且在不同栅极负压下,反向导通压降的差别变小。

图 2.57 为 SiC MOSFET 在不同驱动正压($U_{GS} \geqslant 0$ V)下的反向导通特性,此时是 SiC MOSFET 的沟道和体二极管同时导通。当栅极驱动电压 U_{GS} 分别为 0 V、5 V、10 V、15 V 和 20 V 时,SiC MOSFET 的反向导通特性有着明显的不同,栅极驱动电压越大,当导通相同的反向电流时,反向压降越小,导通损耗越小。在相同的栅极驱动电压下,随着温度的升高,对于导通相同的电流,反向压降逐渐升高。

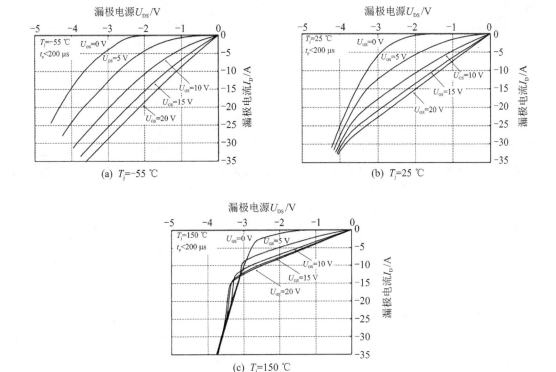

图 2.57　SiC MOSFET 在不同驱动正压($U_{GS} \geqslant 0$ V)下的反向导通曲线

在 MOSFET 应用于一些感性负载电路中时,会出现体二极管续流导通的现象,体二极管过高的导通压降会带来额外的续流损耗;不仅如此,在桥臂电路中,当体二极管电流换流到互补导通的 MOSFET 中时,体二极管产生较大的反向恢复电流尖峰,这一电流尖峰与负载电流叠加共同组成互补导通的 MOSFET 的开通电流尖峰,从而降低了 MOSFET 工作的可靠性,同时大幅增加了 MOSFET 的开通损耗。

较高的正向导通电压和较差的反向恢复特性都会大幅降低变换器的效率和可靠性,因此,当 SiC MOSFET 需要反向续流时,可以不使用内部寄生的体二极管,而在器件外部反并联 SiC 肖特基二极管以实现更高的效率和可靠性。在 SiC MOSFET 漏源极直接反并联 SiC 肖特基二极管后,因为体二极管的正向导通电压相对更高,所以在通常情况下体二极管不会导通。然而外并二极管会增加元件数和变换器的复杂性,这对功率密度和可靠性不利。特别是对于三相电机驱动器常用的三相逆变桥,要额外增加六只功率二极管。此时考虑利用 SiC MOSFET 的沟道可以双向流通电流的特点,只在很短的桥臂死区时间内,让体二极管导通续流,而在剩余时间内采用类似同步整流的控制方式,栅极施加正压使得沟道导通续流,因沟道压降远小于体二极管的压降,大部分电流从沟道流过,从而减小续流导通损耗,有利于提高系统效率。

Rohm 公司在 2012 年推出两款 SiC MOSFET 产品,其型号为 SCH2080KE 和 SCT2080KE,二者的区别在于 SCH2080KE 内部集成封装了相同定额的 SiC 肖特基二极管,提高了反向恢复性能,降低了作为续流二极管时的导通电压。之后 Wolfspeed 等公司也推出相近定额内置 SiC SBD 的 SiC MOSFET 产品。

因此在使用 SiC MOSFET 时,对于体二极管导通问题的处理,要根据不同应用场合的要求,合理选择,使得体二极管导通时间最短,降低电路功耗,最大限度地保证系统的性能。

2. 阻态特性及其参数

漏源击穿电压 $U_{(BR)DSS}$ 是 MOSFET 重要的阻态特性参数。对于 Si 基功率 MOSFET,其通态电阻随击穿电压的增大而迅速增大,MOSFET 的通态损耗显著增加,因而 Si 基功率 MOSFET 的漏源极击穿电压通常在 1 kV 以下,以保持良好的器件特性。SiC 半导体材料的临界雪崩击穿电场强度比 Si 材料高 10 倍,因而能够制造出通态电阻低但耐压值更高的 SiC MOSFET。目前商业化的 SiC MOSFET 产品的耐压值已经达到了 1 700 V,而相关文献报道,10 kV 电压等级的 SiC MOSFET 也正处于工程样品试验阶段,一旦研制成功,将成为在目前广泛采用 Si IGBT 和 Si SCR 等器件的中高压大功率应用场合,如电力系统中的高压直流输电系统、静止无功补偿系统和中高压电机驱动等场合的有力竞争器件。

3. 开关特性及其参数

SiC MOSFET 的开关特性主要与非线性寄生电容有关,同时,栅极驱动电路的性能也对 MOSFET 的开关过程起着关键性的作用。功率 MOSFET 存在多种寄生电容:栅源极电容 C_{GS} 和栅漏极电容 C_{GD} 是与 MOSFET 结构有关的电容,漏源极电容 C_{DS} 是与 PN 结有关的电容。这些电容对功率 MOSFET 的开关动作瞬态过程具有明显的影响。通常将上述电容换算成更能体现 MOSFET 特性的输入电容 C_{iss}、输出电容 C_{oss} 和密勒电容 C_{rss},列于表 2.14 中。从表 2.14 中列出的数据可以看出,SiC MOSFET 的寄生电容容值都远小于相近电压和电流等级的 Si CoolMOS 和 Si IGBT。根据 MOSFET 的开关过程可知,寄生电容值越小,MOSFET 的开关速度越快,开关转换过程的时间越短,从而缩减开关过程中漏极电流与漏源极电压的交叠区域,即减小 MOSFET 的开关损耗。表 2.15 列出了 SiC MOSFET、Si CoolMOS 和 Si IGBT 的典型开关时间,其中 C2M0160120D 的测试条件为 $U_{DD}=800$ V,$I_D=10$ A,$U_{GS}=-5/20$ V,$R_{G(ext)}=2.5$ Ω,$R_L=80$ Ω;IPW90R120C3 的测试条件为 $U_{DD}=400$ V,$I_D=9.2$ A,$U_{GS}=10$ V,$R_G=23.1$ Ω;IRG4PH30KDPbF 的测试条件为 $U_{DD}=800$ V,$I_C=10$ A,$U_{GE}=15$ V,$R_G=23$ Ω。可见 SiC MOSFET 具有更短的开关时间和更快的开关速度。

表 2.14　SiC MOSFET、Si CoolMOS 和 Si IGBT 的寄生电容比较

器件类型	器件型号	C_{iss}/pF	C_{oss}/pF	C_{rss}/pF
SiC MOSFET	C2M0160120D	525	47	4
Si CoolMOS	IPW90R120C3	2 400	120	71
Si IGBT	IRG4PH30KDPbF	800	60	14

表 2.15　SiC MOSFET、Si CoolMOS 和 Si IGBT 的典型开关时间比较

器件类型	器件型号	$t_{d(on)}$/ns	t_r/ns	$t_{d(off)}$/ns	t_f/ns
SiC MOSFET	C2M0160120D	9	11	16	10
Si CoolMOS	IPW90R120C3	70	20	400	25
Si IGBT	IRG4PH30KDPbF	39	84	220	90

　　SiC MOSFET 的快速开关特性也带来一些实际设计中需要考虑的问题。由于 Si IGBT 存在拖尾电流，从而提供了一定程度的关断缓冲，减轻了电压过冲和振荡。作为单极型器件，SiC MOSFET 没有拖尾电流，所以不可避免地会产生一定的漏源电压过冲和寄生振荡；不仅如此，SiC MOSFET 的低跨导和低开启电压使得栅极对噪声电压的抗干扰能力降低。SiC MOSFET 的典型等效开关特性参数模型如图 2.58 所示。

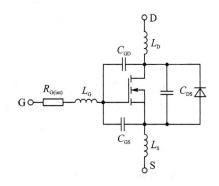

图 2.58　SiC MOSFET 的典型等效开关特性参数模型

　　SiC MOSFET 的高速开关动作使得漏极电压变化率 du/dt 很大，而较大的漏极电压变化会通过电路中的栅漏极寄生电容而耦合至栅极，并通过栅极电阻和寄生电感连接至源极而形成回路。这一过程将在栅极产生电压尖峰，干扰正常的栅极驱动电压。由于 SiC MOSFET 的开启电压更低，因此更容易被误触发导通。若为了抑制栅极电压变化率，人为降低 SiC MOSFET 的开关速度，则不利于 SiC MOSFET 发挥其高开关速度和高频工作的优势。在实际电路中必须要妥善解决这一问题，保证电路可靠工作。

4. 栅极驱动特性及其参数

　　图 2.59 为 SiC MOSFET 的典型栅极充电特性曲线，可以看出 SiC MOSFET 因密勒电容 C_{rss} 较小，并不像 Si CoolMOS 那样存在明显的密勒平台。由于 SiC MOSFET 的通态电阻与驱动电压的关系与 Si CoolMOS 的有较大不同（见图 2.60），因此 SiC MOSFET 需要设置较高的驱动正压以获得较低的通态电阻。同时，由于栅极开启电压较低，因此需要增加防止误触发导通的措施来增加栅极的安全裕量，这通常采用负压关断的方法；但对于桥臂电路，由于上、下管在开关动作期间存在较强耦合关系而易产生串扰问题，因此在选择驱动方案时，需注意抑制寄生参数引起的桥臂串扰问题。

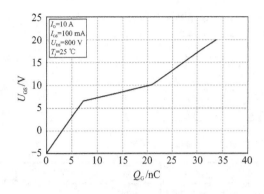

图 2.59　SiC MOSFET 的典型栅极
充电特性曲线(25 ℃)

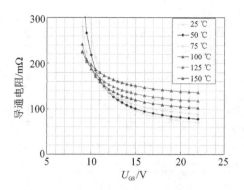

图 2.60　SiC MOSFET 的通态
电阻与驱动电压的关系

在给 SiC MOSFET 的栅极长时间施加直流负偏压时,SiC MOSFET 会发生开启电压阈值降低的情况。为了避免开启电压阈值明显降低,目前商业化 SiC MOSFET 的栅极极限电压普遍限制在 $-10\sim +25$ V 范围以内。折中考虑 SiC MOSFET 的导通电阻和栅极可靠性,数据手册中推荐的驱动电压电平为 -2 V/$+20$ V,而 Si CoolMOS 的常用驱动电压电平为 0 V/$+15$ V,Si IGBT 的常用驱动电压电平为 0 V/$+15$ V。栅极电压摆幅 U_{GPP} 的平方与栅极输入电容 C_{iss} 的乘积能够反映栅极驱动损耗的大小,其计算结果如表 2.16 所列,可见虽然 SiC MOSFET 的栅极电压摆幅更大,但由于输入电容小得多,因此栅极驱动损耗并未增大。

目前商业化 SiC MOSFET 的栅极内阻一般均比 Si MOSFET 的大些,表 2.17 对比了不同器件的栅极寄生电阻,这在设计驱动电路、选择驱动电阻等参数时要加以注意。

表 2.16　栅极充电能量对比

参　数	C2M0160120D (SiC MOSFET)	IPW90R120C3 (Si CoolMOS)	RG4PH30KDPbF (Si IGBT)
C_{iss}/pF	525	2 400	800
U_{GPP}/V	22	15	15
$U_{GPP}^2 \times C_{iss}/\mu\text{J}$	0.254	0.54	0.18

表 2.17　栅极寄生电阻对比

参　数	C2M0160120D (SiC MOSFET)	IPW90R120C3 (Si CoolMOS)	RG4PH30KDPbF (Si IGBT)
栅极内部电阻 $R_{G(int)}/\Omega$	6.5	1.3	—

900 V、1 000 V 和 1 700 V 耐压的 SiC MOSFET 的特性规律与 1 200 V 的 SiC MOSFET 类似,这里扼要阐述 900 V、1 000 V 和 1 700 V 的 SiC MOSFET 的一些特点。

900 V SiC MOSFET 是 Wolfspeed 公司推出的第三代 SiC MOSFET 功率器件,其电压等级与最高耐压的 Si 超结 MOSFET 相当,表 2.18 列出 900 V/15 A SiC MOSFET 与 600 V/12 A GaN HEMT、600 V/13 A Si 超结 MOSFET 的主要参数对比。25 ℃时,900 V/15 A 的 SiC MOSFET 的 $R_{DS(on)}$ 约为 600 V 超结 MOSFET 和 Cascode GaN HEMT 的一半。150 ℃

时,900 V/15 A 的 SiC MOSFET 的 $R_{DS(on)}$ 是 600 V Si 超结 MOSFET 的 1/4;175 ℃ 时,900 V/15 A 的 SiC MOSFET 的 $R_{DS(on)}$ 是 600 V Cascode GaN HEMT 的 1/3。此外,900 V 的 SiC MOSFET 的漏电流比 600 V 的 Cascode GaN HEMT 和 Si 超结 MOSFET 低得多。

与 1 200 V 和 1 700 V 的第 2 代 SiC MOSFET(C2M 系列)相比,Wolfspeed 公司对 900 V 和 1 000 V 的 SiC MOSFET 的栅极进行了改进,在驱动电压为 15 V 时沟道就可以完全导通,降低了对驱动电压的要求。图 2.61 给出三种功率器件的归一化导通电阻随温度变化的曲线。

表 2.18　900 V SiC MOSFET 与 600 V Cascode GaN HEMT、Si 超结 MOSFET 的主要参数比较

参　数	900 V/15 A SiC MOSFET	600 V/12 A Cascode GaN HEMT	600 V/13 A Si 超结 MOSFET
导通电阻 $R_{DS(on)}$/mΩ(25 ℃)	78	150	150
导通电阻 $R_{DS(on)}$/mΩ(150 ℃)	100	—	400
导通电阻 $R_{DS(on)}$/mΩ(175 ℃)	108	330	—
漏电流 I_{DSS}(25 ℃,U_{DS}=600 V)	50 nA	2.5 μA	1 μA
漏电流 I_{DSS}(150 ℃,U_{DS}=600 V)	50 nA	20 μA	10 μA

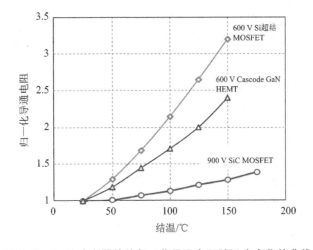

图 2.61　三种功率器件的归一化导通电阻随温度变化的曲线

1 700 V 的 SiC MOSFET 比相近定额的 Si MOSFET 的性能更优。表 2.19 列出两种 MOSFET 的主要参数对比。1 700 V 的 SiC MOSFET 的导通电阻和输入电容均比 1 500 V Si MOSFET 的小得多,有利于提高开关频率,降低损耗。目前低电流定额的 1 700 V SiC MOSFET 器件的栅极寄生电阻值较大,以 Wolfspeed 公司型号为 C2M1000170D 的 1 700 V SiC MOSFET 为例,其栅极寄生电阻高达 24.8 Ω,限制了实际可以获得的开关速度,从而也限制了变换器的开关频率。若新一代 1 700 V SiC MOSFET 器件大幅度减小了栅极寄生电阻,则必须优化设计驱动电路,限制过高的 du/dt,防止器件因误导通而引起故障。

表 2.19 两种 MOSFET 的主要参数对比

型 号	阻断电压/ V	通态电流/ A@25 ℃	导通电阻/ Ω@25 ℃	输入电容/ pF	结温/℃	阈值电压/ V	栅极寄生电阻/ Ω
C2M1000170D	1 700	5	0.95	192	>150	2.4	24.8
STW4N150	1 500	4	5	1 300	150	4	3

除了 Wolfspeed 公司外，Rohm 公司也是商用 SiC MOSFET 器件的主要生产商之一。与 Wolfspeed 公司所采用的平面结构的 SiC MOSFET 不同，Rohm 公司推出了双沟槽结构的 SiC MOSFET。与平面结构的 SiC MOSFET 和一般的单沟槽结构的 SiC MOSFET 相比，该新型双沟槽结构的 SiC MOSFET 可以在很大程度上缓和栅极沟槽底部电场集中的缺陷，确保器件长期工作的可靠性；且其导通电阻和结电容都明显减小，这样也降低了器件的功率损耗。

表 2.20 列出 Rohm 公司平面结构和双沟槽结构的 1 200 V SiC MOSFET 的参数对比，两种结构的 SiC MOSFET 在保持芯片面积相同的情况下，双沟槽结构的 SiC MOSFET 的导通电阻明显减小，开关性能也有所提升。

表 2.20 Rohm 公司第 2 代和第 3 代 1 200 V SiC MOSFET 产品的参数对比

代 次		第 2 代 DMOS	第 3 代 UMOS
器件型号		SCT2080KE	SCT3040KL
封 装		TO - 247	TO - 247
T_{jmax}/℃		175	175
P_d/W$(T_C=25$ ℃$)$		262	262
I_d/A$(T_C=25$ ℃$)$		40	55
U_{GS}/V		$-6\sim22$	$-4\sim22$
$R_{DS(on)}$/Ω	$T_j=25$ ℃	80	40
	$T_j=125$ ℃	125	62
E_{on}/μJ	$U_{DD}=800$ V	760	550
E_{off}/μJ	$I_D=20$ A	120	90
$C_{iss}/C_{oss}/C_{rss}$(pF)		2 080/77/16	1 337/76/27
Q_G/nC		106	75
$R_{G(int)}$/Ω		6.3	7

此外，Infineon 公司也推出采用沟槽结构的 Cool SiC MOSFET，其具有栅氧层稳定性强、跨导高、栅极门槛电压高（典型值为 4 V）和短路承受能力强等特点，其在 15 V 驱动电压下即可使沟道完全导通，从而可与现有高速 Si IGBT 常用的 +15 V/-5 V 驱动电压相兼容，以便于用户使用。目前已有少数型号产品投放商用市场。

2.2.2 高压 SiC MOSFET 的特性与参数

与双极型器件不同，SiC MOSFET 没有电流拖尾问题，因此开关损耗较小。为了适应高压大容量电力电子装置的要求，Wolfspeed 等公司率先研制出耐压为 10 kV 和 15 kV 的 SiC MOSFET 样品。采用高压双脉冲电路对其开关特性进行了测试，测试条件为：对应 10 kV

SiC MOSFET 的双脉冲测试电路的直流母线电压从 5 kV 变化到 10 kV,对应 15 kV SiC MOSFET 的双脉冲测试电路的直流母线电压从 5 kV 变化到 14 kV。图 2.62 和图 2.63 分别为 10 kV 和 15 kV SiC MOSFET 的开关能量损耗测试结果。两种不同电压定额的高压 SiC MOSFET 表现出相似的规律,即开通能量损耗均随直流母线电压和负载电流的增大而增加,关断能量损耗仅随直流母线电压的增大而增加,与负载电流关系不大。开关能量损耗的典型值为:室温下,10 kV SiC MOSFET 在直流母线电压为 10 kV、负载电流为 10 A 时的总开关能量损耗为 17 mJ,15 kV SiC MOSFET 在直流母线电压为 14 kV、负载电流为 10 A 时的总开关能量损耗为 27.5 mJ。

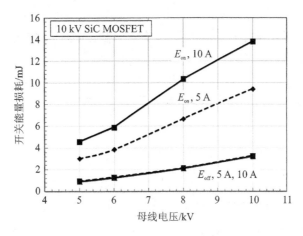

图 2.62　25 ℃下 10 kV SiC MOSFET 的开关能量损耗与母线电压的关系

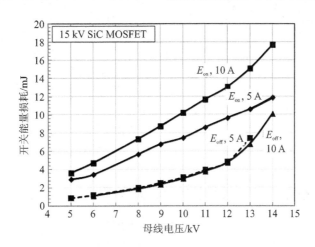

图 2.63　25 ℃下 15 kV SiC MOSFET 的开关能量损耗与母线电压的关系

由于 SiC 材料的性能优势和单极型器件的特点,10 kV 及更高电压等级的 SiC MOSFET 比高压 Si 基功率器件的高频开关性能更好。表 2.21 列出 10 kV 和 15 kV SiC MOSFET 与高压 Si IGBT 的主要参数比较。SiC MOSFET 的开关能量损耗降为 6.5 kV Si IGBT 的 1/30 以下。图 2.64 为 10 kV 和 15 kV SiC MOSFET 及 6.5 kV Si IGBT 最大功率处理能力与开关频率之间的制约关系。受开关损耗限制,Si IGBT 的开关频率不宜超过几千赫兹,但 SiC MOSFET 却可以工作在几十千赫兹的开关频率下,损耗更小,阻断电压能力更高。在开关频率为几千赫兹范围内,10 kV 和 15 kV 的 SiC MOSFET 可以处理更高的功率。

表 2.21 10 kV 和 15 kV SiC MOSFET 与高压 Si IGBT 的主要参数比较

器　件	T_{jmax}/℃	额定电流/A	管芯面积/mm²	$U_{\mathrm{DS(on)}}$/V (T_{jmax},I_{nom})	E_{on}/mJ	E_{off}/mJ
6.5 kV Si IGBT	125	25	13.6×13.6	5.4	200 @3.6 kV,25 A	130 @3.6 kV,25 A
10 kV/10A SiC MOSFET	150	10	8.1×8.1	10.2	5.9 @6 kV,10 A	1.3 @6 kV,10 A
15 kV/10 A SiC MOSFET	150	10	8×8	16.3	8.9 @8 kV,10 A	1.9 @8 kV,10 A

　　为了进一步验证高压 SiC MOSFET 的性能,将 15 kV SiC MOSFET 应用于 Boost 变换器中,分别测得硬开关和软开关下变换器效率与输出电压的关系,如图 2.65 所示。当开关频率为 40 kHz,硬开关工作时,效率在 92%～93% 之间;当开关频率为 40 kHz,软开关工作时,效率在 97.3%～98.3% 之间;当开关频率为 20 kHz,软开关工作时,效率在 98.3%～98.6% 之间。这些测试结果表明,高压 SiC MOSFET 在大功率高频场合优势明显,可大大降低功率变换装置的体积、重量和复杂程度。

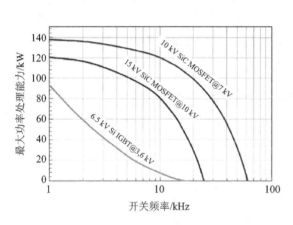

图 2.64　10 kV 和 15 kV SiC MOSFET 及 6.5 kV Si IGBT 最大功率处理能力与开关频率之间的关系

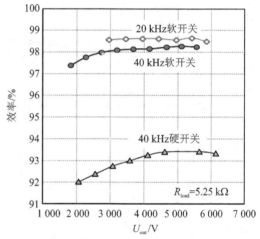

图 2.65　采用 15 kV SiC MOSFET 的升压变换器的效率与输出电压的关系

2.2.3　SiC MOSFET 模块的特性与参数

　　目前,已有多家 SiC 器件生产商可提供 900 V、1 200 V 和 1 700 V 电压等级的 SiC MOSFET 单管,但是其电流定额相对较小,不能适应大功率应用的需求。因此,这些厂家采用多个管芯并联制成大电流定额的 SiC MOSFET 模块。2012 年 11 月,Wolfspeed 公司成功开发了全 SiC MOSFET 半桥模块(型号为 CAS100H12AM1,定额为 1 200 V/100 A)。该模块的外形尺寸为 90 mm×50 mm×25 mm,每个开关由 5 个第 1 代 SiC MOSFET(CPMF - 1200 - S080B,1 200 V/80 mΩ)和 5 个第 2 代 SiC 肖特基二极管(CPW2 - 1200 - S010B,1 200 V/10 A)构成。该全 SiC 模块未采用铜基板而采用铝碳化硅(AlSiC)基板以减轻重量,同时具有更好的散热效果。模块中的功率半导体与基板之间采用氮化硅(Si₃N₄)材料,具有更好的功率循环能力。此后,Wolfspeed 公司又陆续推出了 CAS120M12BM2、CAS300M12BM2、

CAS300M17BM2 等型号的 SiC 模块。除了 Wolfspeed 公司,已生产 SiC MOSFET 模块的公司还有 Rohm、Microsemi、Infineon、GE、Powerex、Mitsubishi、Fuji、Toshiba、Semikron 等公司。目前,商业化的 SiC MOSFET 模块的最高电压等级可达 1 700 V,常温下的最大电流等级可达 638 A。

本节以 Wolfspeed 公司的 CAS120M12BM2 型全 SiC MOSFET 模块为例介绍全 SiC MOSFET 模块的特性和参数,其实物图如图 2.66(a)所示,外形尺寸为 106 mm×62 mm×30 mm。模块的等效电路如图 2.66(b)所示,该 SiC MOSFET 模块是一个半桥结构,其内部集成了 SiC 肖特基二极管,电压定额为 1 200 V,当 $T_{\mathrm{C}}=25\ ℃$ 时,漏极连续电流可达 193 A,具体的参数和特性如下所述。

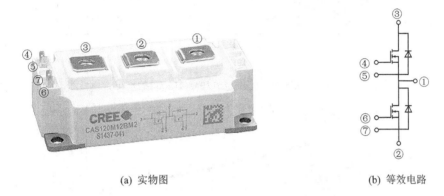

(a) 实物图　　　　　　　　　　　　　　　　(b) 等效电路

图 2.66　全 SiC MOSFET 模块(CAS120M12BM2)的实物图和等效电路

1. 1 200 V SiC MOSFET 模块的特性与参数

(1) 通态特性及其参数

1) 正向输出特性

SiC MOSFET 模块(型号为 CAS120M12BM2)的典型输出特性如图 2.67 所示。与 Si MOSFET 不同,在 SiC MOSFET 模块的输出特性中,从线性区到恒流区的界定并不像 Si MOSFET 那么明显,这主要是由于 SiC MOSFET 模块的跨导值较小。同时这也使得从线性区到恒流区的漏极电流的变化范围很大,即使驱动电压达到 18 V,其输出特性曲线的变化仍然较为明显,这意味着要想保证模块能充分导通,就需要栅极电压足够大,而考虑到栅极绝缘层的可靠工作,栅极电压又不能太大,故应合理选择栅极驱动电压的大小。SiC MOSFET 模块的栅源极电压的正负极限值分别为 +25 V 和 -10 V。考虑到器件自身的特性及一定的安全裕量,栅源极正负驱动电压一般取 +20 V 和 -5 V。

正向导通时的主要通态参数如下:

a. 开启电压

开启电压 $U_{\mathrm{GS(th)}}$ 是结温的函数,具有负温度系数,即结温越高,开启电压越低,二者之间的关系曲线如图 2.68 所示。在 $U_{\mathrm{DS}}=10\ \mathrm{V}$,$I_{\mathrm{D}}=6\ \mathrm{mA}$ 的情况下,当结温 $T_{\mathrm{j}}=25\ ℃$ 时,该 SiC MOSFET 模块的开启电压约为 2.6 V;当结温上升为 $T_{\mathrm{j}}=150\ ℃$ 时,该 SiC MOSFET 模块的开启电压降为 1.9 V 左右。

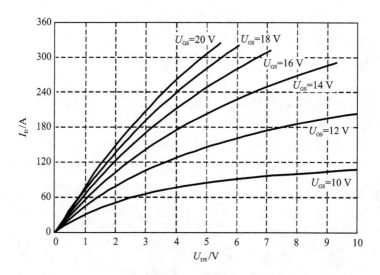

图 2.67 SiC MOSFET 模块(CAS120M12BM2)的输出特性曲线

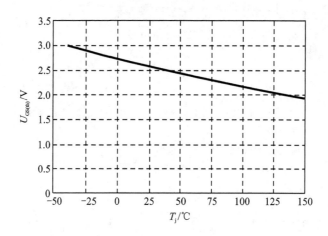

图 2.68 SiC MOSFET 模块的开启电压与结温的关系曲线

b. 跨 导

图 2.69 为 SiC MOSFET 模块的转移特性曲线。由前述可知,相比于 Si MOSFET,SiC MOSFET 的跨导较小,这意味着要想达到相同的漏极电流,SiC MOSFET 需要更高的栅源极电压。另外,较小的跨导和短沟道效应使得从线性区到恒流区的漏极电流的变化范围很大,因此在设计去饱和过流保护等保护电路时必须充分考虑这一点。

c. 通态电阻

相比于 Si MOSFET,SiC MOSFET 的一个突出优势在于,在保持较高的阻断电压的同时仍具有较小的通态电阻。通态电阻 $R_{DS(on)}$ 的大小与栅源极电压 U_{GS} 和结温 T_j 有关,在不同的栅源极电压下,SiC MOSFET 模块的通态电阻与结温的关系曲线如图 2.70 所示。当栅源极电压 U_{GS}=14 V 时,通态电阻 $R_{DS(on)}$ 并不是结温 T_j 的单调函数,而是随着结温的增大而先减小后增大,在结温 T_j=50 ℃时,$R_{DS(on)}$ 取得最小值 20 mΩ。随着栅源极电压继续增大,通态电阻 $R_{DS(on)}$ 与结温 T_j 逐渐趋向于单调函数,并且具有正温度系数,这有利于器件的并联。另外,在同一结温下,栅源极电压越大,通态电阻越小,且通态电阻的减小程度越来越小。结合以

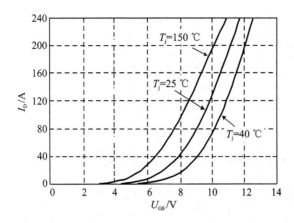

图 2.69　SiC MOSFET 模块的转移特性曲线

上两点,且考虑一定的安全裕量,驱动电路的正向驱动电压取 20 V 左右为宜。

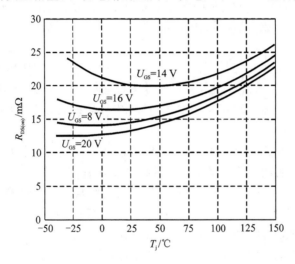

图 2.70　SiC MOSFET 模块的通态电阻与结温的关系曲线

2) 反向输出特性

在 SiC 模块内部,有的器件生产商内置了反并 SiC SBD,有的没有内置 SiC SBD。Wolfspeed 公司的 SiC 模块一般都内置了 SiC SBD,在栅源电压为负压($U_{GS} \leqslant 0$)时,沟道截止,器件可通过 SiC SBD 和体二极管反向导通。由于 SiC SBD 的导通压降比体二极管的导通压降小得多,因此反向导通电流主要由反并 SiC SBD 承担。因为 SiC SBD 的反向恢复电流几乎为零,所以可以极大减小反向恢复电流所带来的不利影响。内置 SiC 肖特基二极管的主要通态参数如下:

a. 开启电压

图 2.71 为 SiC MOSFET 模块内 SiC 肖特基二极管的通态特性曲线,其开启电压为 0.8 V 左右。另外,由图 2.71 可见,当通态电流小于 300 A 时,内部集成 SiC 肖特基二极管的通态特性曲线几乎没有变化,不受栅极负压大小($U_{GS} \leqslant 0$)的影响,其开启电压不变。

b. 等效正向导通电阻

由图 2.71 可见,在 SiC 肖特基二极管的正向电压达到开启电压后,等效导通电阻(曲线的

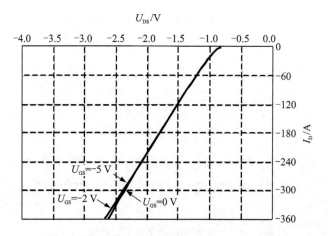

图 2.71 SiC MOSFET 模块内置 SiC 肖特基二极管的通态特性曲线

斜率)基本保持恒定($R_T = 5\ \text{m}\,\Omega$),即随着正向导通电流的增加,导通压降线性增大。另外,正向导通电阻具有正温度系数,随着温度的增加,等效导通电阻逐渐增大(曲线斜率减小)。

c. 正向压降

正向压降 U_{FT} 由开启阈值电压 U_T 和等效导通电阻 R_T 两端的压降共同组成。相比 Si 肖特基二极管,SiC 肖特基二极管可以同时兼顾器件的正向压降与反向漏电流,即正向压降和漏电流都很小。在正向电流为 120 A 时,SiC MOSFET 模块内的 SiC 肖特基二极管的正向压降仅为 1.5 V。

图 2.72 为 SiC MOSFET 模块的反向输出特性曲线。当栅源极电压 $U_{GS} = 0$ V 时,SiC MOSFET 关断,体二极管的导通压降比 SiC 肖特基二极管的大得多,此时反向电流基本流过 SiC 肖特基二极管,SiC MOSFET 模块的第三象限的曲线与 SiC 肖特基二极管的通态特性曲线基本相同。但是,随着栅源极电压逐渐升高,SiC MOSFET 逐渐开通,沟道电阻逐渐减小,电流流通路径开始由 SiC 肖特基二极管转向 SiC MOSFET,由沟道和 SiC 肖特基二极管共同承担反向电流。当反向电流较小时,沟道电阻的压降比 SiC 肖特基二极管的压降小,因此大部分电流流过沟道;而当反向电流增大时,沟道电阻的压降与 SiC 肖特基二极管的压降越来越接近;当反向电流超过某一临界值后,沟道电阻的压降会比 SiC 肖特基二极管的压降大。由于当

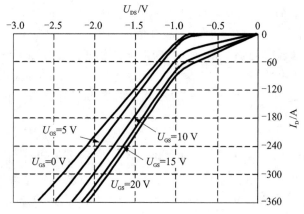

图 2.72 SiC MOSFET 模块的反向输出特性曲线

漏极电流较大时,SiC 肖特基二极管与 SiC MOSFET 的沟道共同分担电流,因此当 SiC MOSFET 的正反向流过相同的电流时,真正流过沟道的电流并不相等,当反向流过电流时,真正流过沟道的电流会比正向电流小,因此 SiC MOSFET 模块的反向导通压降会小于其正向导通压降(例如当 $U_{GS} = 20$ V,$I_D = 120$ A 时,$U_{DS\_forward} = 1.5$ V,$U_{DS\_reverse} = 1.1$ V),这是 SiC MOSFET 模块的反向输出特性与正向输出特性的主要不同之处。

（2）开关特性及其参数

SiC MOSFET 模块的开关特性与其寄生电容有关,其典型等效开关特性参数模型如图 2.58 所示。图 2.73 为其寄生电容与漏源极电压的关系曲线。随着漏源极电压的增大,输入电容几乎不变,而密勒电容和输出电容都有所减小。当漏源极电压达到 600 V 时,各寄生电容的大小几乎不再变化。在 $U_{DS} = 1$ kV 时,$C_{iss} = 6\ 300$ pF,$C_{oss} = 880$ pF,$C_{rss} = 37$ pF。

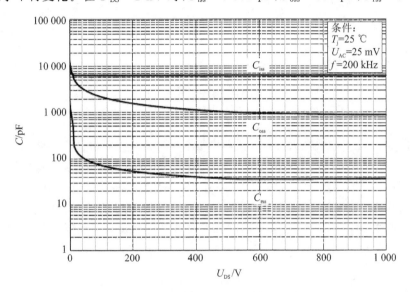

图 2.73　SiC MOSFET 模块的寄生电容与漏源极电压的关系曲线

（3）栅极驱动特性及其参数

图 2.74 为 SiC MOSFET 模块的栅极充电特性曲线。SiC MOSFET 并不像 Si MOSFET 那样存在明显的密勒平台,这与 SiC MOSFET 的密勒电容 C_{rss} 较小有关。如前所述,SiC MOSFET 需要设置较高的正向驱动电压以获得较低的通态电阻,同时,由于栅极开启电压较低,且开关管工作时产生的损耗导致器件发热,结温升高,从而进一步降低了开启电压。开关管两端 du/dt 的变化会通过密勒电容 C_{rss} 产生密勒电流,该密勒电流会给栅源极电容 C_{GS} 充电,迫使栅源极电压升高,从而使开关管部分导通,增大损耗,在半桥模块电路中,严重时可能会导致模块桥臂直通的危险。因此需要增加防止误触发导通的措施来保证模块安全工作。

在给 SiC MOSFET 模块的栅极长时间施加直流负偏压时,SiC MOSFET 模块会发生栅源阈值电压降低的情况。SiC MOSFET 模块的栅极正负极限电压分别为 +25 V 和 -10 V,为了避免栅源阈值电压出现明显降低,同时考虑一定的安全裕量,驱动电路的负向驱动电压不宜低于 -5 V。

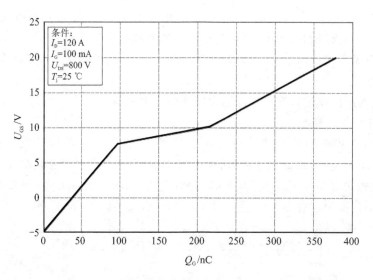

图 2.74　SiC MOSFET 模块的典型栅极充电特性曲线

2. 高压 SiC MOSFET 模块的特性与参数

高压 SiC MOSFET 模块在大容量变换器中很有吸引力,Powerex、GE 等公司采用 Wolfspeed 公司的 10 kV SiC MOSFET 器件和 SiC JBS 二极管封装制成 10 kV/120 A 模块。

图 2.75 是 Powerex 公司 10 kV/120 A SiC MOSFET 半桥模块的内部结构图。该模块中的每个开关管由 12 个 SiC MOSFET 和 6 个 SiC JBS 二极管组成。为了抑制由 SiC MOSFET 体二极管导通所带来的不利影响,每个 SiC MOSFET 均串联了一个低压 Si 肖特基二极管后再反并 SiC JBS 二极管。

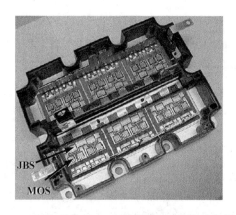

图 2.75　10 kV/120 A SiC MOSFET 半桥模块的内部结构图

图 2.76 是该 SiC MOSFET 模块的导通特性曲线。由于 SiC MOSFET 串联了 Si 肖特基二极管,因此每个开关管的管压降存在 0.3 V 左右的偏置电压。当驱动电压 U_{GS} 为 20 V、正向电流 I_D 为 100 A 时,导通压降为 5 V 左右。

图 2.77 是该 SiC MOSFET 模块在 125 ℃时的高温反偏特性曲线。在阻断电压为 5 kV 时,其在 2 000 小时内,漏电流稳定维持在 0.8 μA 左右;在 2 000 小时后,阻断电压增加至 6 kV,漏电流增加到 1.6 μA 左右,在其后的 5 000 小时内,漏电流值几乎不变。当阻断电压增

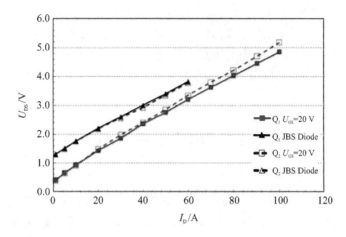

图 2.76　10 kV/120 A SiC MOSFET 模块的导通特性曲线

加到 10 kV 时,该 SiC MOSFET 模块依然能维持较低的漏电流。

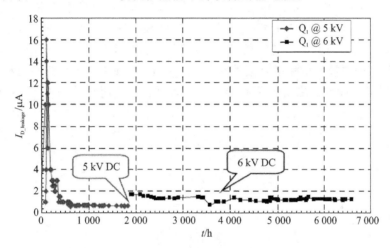

图 2.77　10 kV/120 A SiC MOSFET 模块在 125 ℃ 时的高温反偏特性曲线

图 2.78 是该 SiC MOSFET 模块的开关特性曲线。当直流母线电压为 5 kV、负载电流为

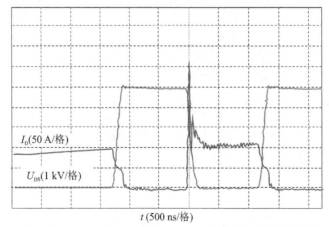

图 2.78　10 kV/120 A SiC MOSFET 模块的开关特性曲线

100 A 时,该 SiC MOSFET 模块的开通时间和关断时间均小于 200 ns。

在基于该高压 SiC MOSFET 制成的 1 MVA 固态功率电站(Solid State Power Substation,SSPS)中,高压变压器的工作频率可达 20 kHz,其尺寸和重量比传统的工频电力变压器大大降低,温升也明显降低,这体现出高压 SiC MOSFET 模块在高压大容量场合的应用优势。

2.3　SiC JFET 的特性与参数

根据栅压为零时的沟道状态,SiC JFET 分为耗尽型(常通型)和增强型(常断型)两大类。耗尽型 SiC JFET 在栅极不加驱动电压时,沟道处于导通状态,只有在栅极施加一定的负压时才能使其阻断;增强型 SiC JFET 在栅极不加驱动电压时,沟道处于截止状态,需加一定的正向电压才能使其沟道导通。

Semisouth 公司基于其垂直沟道结构的专利技术最先研制出耗尽型和增强型的 SiC JFET,其截面图如图 2.79 所示。导通时形成垂直沟道,具有很高的电流密度。这种独特的设计加上器件栅极阈值电压变化的精确控制,可控制 SiC JFET 是耗尽型还是增强型。SiC JFET 器件结合了 MOSFET 和 BJT 的特点,其等效电路模型如图 2.80 所示,与 BJT 器件的相似之处在于,其栅源极和栅漏极之间均有等效二极管;与 MOSFET 器件的相似之处在于,其栅源极、栅漏极和漏源极之间分别有非线性电容,图 2.79 所示结构的 SiC JFET 漏源极之间没有 PN 结(有些 SiC 器件公司生产的 SiC JFET 产品在漏源极间有 PN 结),故其没有体二极管。除了 Semisouth 公司外,SiCED、USCi、Infineon 等公司也推出了商用 SiC JFET 器件。

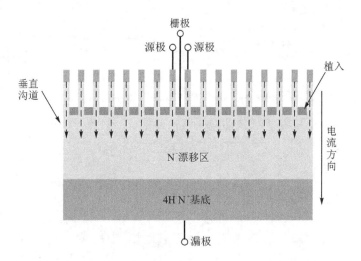

图 2.79　Semisouth 公司的垂直沟道 SiC JFET 的截面图

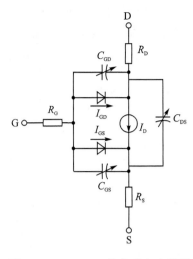

图 2.80　SiC JFET 的等效电路模型

2.3.1　耗尽型 SiC JFET 的特性与参数

本节以 SiCED 公司的 1 200 V/20 A 耗尽型 SiC JFET 为例,对其特性和参数进行阐述。

图 2.81 为耗尽型 SiC JFET 的截面图,当不加驱动电压时,SiC JFET 即可双向导通。如果加上一定的负压,沟道就会截止。耗尽型 SiC JFET 在 P^+ 和 N 区之间的 PN 结可看作是体二极管。

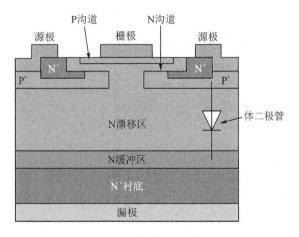

图 2.81　SiCED 公司的耗尽型 SiC JFET 的截面图

1. 通态特性及其参数

由图 2.81 可见,正向电流(由漏极流向源极,D—S)和反向电流(由源极流向漏极,S—D)的通路并不一样。当电流由源极流向漏极时,电流不仅通过导电沟道,还同时流过体内的 PN 结二极管,从而降低了导通电阻。图 2.82 为 SiC JFET 的输出特性曲线,这些曲线都是在 $U_{GS}=0$ 的条件下测得的,从 25 ℃到 200 ℃每隔 25 ℃测量一次。输出特性曲线在两个导通方向上基本都是线性的,这说明 SiC JFET 在两个方向导通时都可以等效为电阻。通过计算可得到等效电阻的大小,如图 2.83 所示。需要注意的是,正向导通时对应的等效电阻 R_{DS} 和反向导通时对应的等效电阻 R_{SD} 是不同的,但 R_{DS} 和 R_{SD} 均随温度的升高而增大,呈正温度系数。

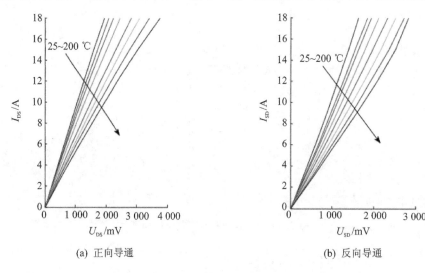

(a) 正向导通　　　　　　　　　　　　　(b) 反向导通

图 2.82　耗尽型 SiC JFET 的输出特性曲线

　　SiC 肖特基二极管在不同温度下的导通特性如图 2.84 所示。如前所述,当二极管导通时,可以等效成一个随温度变化的电压源 u_T 和一个电阻 R_T 的串联。当温度升高时,电阻 R_T 增大,而 u_T 会减小。当导通电流超过某一值(图 2.84 中约为 2 A)时,通态压降呈正温度系数。

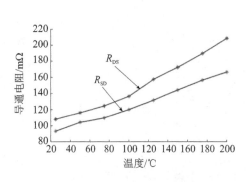

**图 2.83　SiC JFET 在不同电流导通方向上的
等效导通电阻与温度的关系**

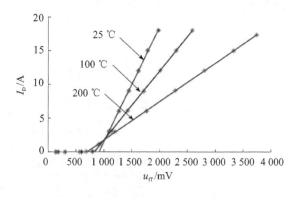

图 2.84　SiC 肖特基二极管的导通特性

　　根据以上的导通特性分析,SiC JFET 导通时的损耗可以用 R_{DS} 或 R_{SD} 上的损耗来表示。当电流方向为从漏极到源极时,可直接用 R_{DS} 表示。当电流方向为从源极到漏极时,根据是否外并 SiC 肖特基二极管分为两种情况:如果开关管没有反并 SiC 肖特基二极管,就可以等效成 R_{SD};如果反并了 SiC 肖特基二极管,由源极到漏极的电流通路就可等效成 R_{SD} 和一个 SiC 肖特基二极管的并联,如图 2.85 所示。

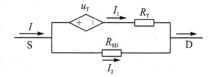

**图 2.85　带反并 SiC 肖特基
二极管的 SiC JFET 在源极向
漏极导通电流时的等效电路**

在 SiC JFET 反并 SiC 肖特基二极管时,当电流小于反并二极管的门槛值(u_T/R_{SD})时,反并二极管处于截止状态,电流只流过 R_{SD};当电流大于反并二极管的门槛值(u_T/R_{SD})时,电流将同时流过 R_{SD} 和反并二极管,此时的电流关系为

$$\begin{cases} I_1 R_T + u_T = I_2 R_{SD} \\ I_1 + I_2 = I \end{cases} \tag{2-5}$$

由式(2-5)可以进一步计算出电流从源极流向漏极时 SiC JFET 上的电压降和功率损耗,即

$$\begin{cases} U = \dfrac{u_T R_{SD} + I R_T R_{SD}}{R_T + R_{SD}} \\ P = \dfrac{u_T R_{SD} I + I^2 R_T R_{SD}}{R_T + R_{SD}} \end{cases} \tag{2-6}$$

不同电流导通方向上 SiC JFET 的导通损耗计算方法列于表 2.22。

表 2.22　SiC JFET 的导通损耗计算方法

有无反并二极管		无反并二极管	有反并二极管
电流方向	从漏极流向源极	$I^2 R_{DS}$	$I^2 R_{DS}$
	从源极流向漏极	$I^2 R_{SD}$	$P = I^2 R_{SD},\quad I \leqslant \dfrac{u_T}{R_{SD}}$ $P = \dfrac{u_T R_{SD} I + I^2 R_T R_{SD}}{R_T + R_{SD}},\quad I > \dfrac{u_T}{R_{SD}}$

2. 开关特性及其参数

SiC JFET 的开关特性可由图 2.86 所示的双脉冲电路测试得到。该电路将两个 SiC JFET 功率管接在同一桥臂上,可以实现开关之间的转换。

直流母线输入电压 U_{in} 设定为 600 V,栅极驱动电阻设定为 20 Ω,电感电流分别为 5 A、7 A、11 A、13 A、15 A,当温度设定为 25 ℃、100 ℃、200 ℃时,对不加反并 SiC 肖特基二极管和加反并 SiC 肖特基二极管的 SiC JFET 开关特性进行了全面测试,测试结果如图 2.87 所示。

图 2.87(a)是在没有反并 SiC 肖特基二极管,电感电流为 15 A,温度分别设定为 25 ℃、100 ℃、200 ℃时测得的 SiC JFET 开通波形。当温度为 200 ℃时,电流的过冲比 25 ℃时的高很多。相应地,温度为 200 ℃时的开通损耗比 25 ℃时的大得多。图 2.87(b)是在没有反并 SiC 肖特基二极管,电感电流为 15 A,温度分别设定为 25 ℃、100 ℃、200 ℃时测得的 SiC JFET 的关断波形。温度越高,SiC JFET 的关断时间越短。在 200 ℃时,SiC JFET 的关断时间比 25 ℃时的短 50 ns,因此,温度越高,JFET 的关断损耗越小。

图 2.87(c)是在反并 SiC 肖特基二极管,电感电流为 15 A,温度分别设定为 25 ℃、100 ℃、200 ℃时测得的 SiC JFET 开通波形。因有 SiC 肖特基二极管与 SiC JFET 反并联,所以在死区时间内,大部分电流流过反并的 SiC 肖特基二极管,这部分电流没有反向恢复,只有少部分通过体二极管的电流才会有反向恢复。当 SiC JFET 开通时,电流的过冲明显减小,温度越高,开通电流过冲降低得越明显。以 200 ℃为例,在不加反并 SiC 肖特基二极管的情况下,电流过冲约为 16 A;而在反并 SiC 肖特基二极管的情况下,电流过冲仅为 8 A,后者仅有前

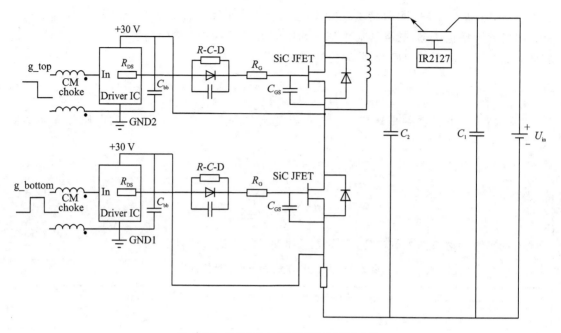

图 2.86 SiC JFET 桥式双脉冲测试电路

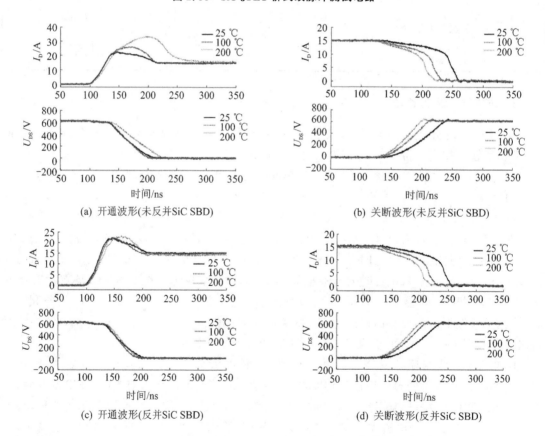

(a) 开通波形(未反并SiC SBD)

(b) 关断波形(未反并SiC SBD)

(c) 开通波形(反并SiC SBD)

(d) 关断波形(反并SiC SBD)

图 2.87 SiC JFET 桥臂电路的开关波形(栅极驱动电阻为 20 Ω)

者的一半。因此,在反并 SiC 肖特基二极管时,SiC JFET 的开通损耗将大大减小。图 2.87(d)是在反并 SiC 肖特基二极管时 SiC JFET 的关断波形,与图 2.87(b)的关断波形类似,温度越高,SiC JFET 的关断时间越短。

对于同一桥臂上的两个 SiC JFET 而言,其中某一 SiC JFET 的开通特性是和与其互补开关的二极管有关的。这里的二极管可能是互补的 SiC JFET 的体二极管(未反并 SiC 肖特基二极管),也可能是体二极管与 SiC 肖特基二极管相并联。SiC JFET 的体二极管反向恢复特性差,尤其在高温条件下,严重的反向恢复电流会使 SiC JFET 开通时出现较大的电流过冲,而当外部反并 SiC 肖特基二极管时,这种情况会得到改善,但是 SiC JFET 的体二极管仍会有少部分的反向恢复电流,使开通的 SiC JFET 出现电流过冲。

两种不同情况下 SiC JFET 的关断波形相似,当温度升高时,关断时间均会缩短。这对于高温应用中降低关断损耗是有利的。图 2.87 中的所有波形都是在负载电流为 15 A 的条件下测得的,当负载电流减小时,关断特性曲线形状变化不大,电流过冲的大小主要与结电容中储存的能量有关,与电流定额基本无关,但转换时间会随负载电流的减小而减小。

3. 栅极驱动对开关特性的影响

SiC JFET 的开关速度会随着栅极驱动电阻的减小而明显加快,但这会带来开通电流过冲大大增加的问题。

图 2.88 是在无反并 SiC 肖特基二极管,栅极驱动电阻 $R_G = 10\ \Omega$,温度分别设定为25 ℃、100 ℃、200 ℃时测得的 SiC JFET 的开关波形。当温度为 200 ℃时,SiC JFET 的开通电流过冲达到了 45 A(而负载电流仅为 15 A),这会造成很大的开通损耗,同时会造成严重的电磁干扰。由图 2.88(a)与图 2.87(a)相比可知,当栅极驱动电阻由 20 Ω 减小为 10 Ω 时,电流过冲增加了一倍。由图 2.88(b)与图 2.87(b)相比可知,当栅极驱动电阻减小时,SiC JFET 的关断时间会相应缩短。但是考虑到开通时电流的过冲,在无反并 SiC 肖特基二极管的情况下,用减小栅极驱动电阻来加快 SiC JFET 关断速度的方法并不可取。

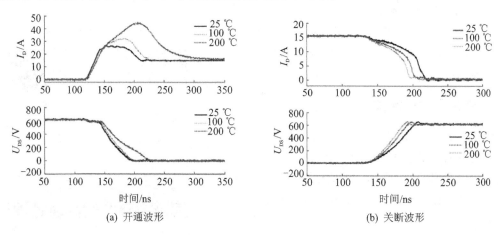

(a) 开通波形　　　　　　　　　　　　　　　　　(b) 关断波形

图 2.88　无反并 SiC 肖特基二极管时 SiC JFET 桥臂电路的开关波形(栅极驱动电阻 $R_G = 10\ \Omega$)

图 2.89 是在桥臂电路中,SiC JFET 两端反并 SiC 肖特基二极管,将栅极驱动电阻减小到10 Ω,温度分别设定为 25 ℃、100 ℃、200 ℃时测得的 SiC JFET 的开关波形。与图 2.88 进行

对比可知,当温度为 200 ℃时,SiC JFET 的开通电流过冲明显减小。与无反并 SiC 肖特基二极管的情况相比,当反并 SiC 肖特基二极管时,减小栅极驱动电阻可以有效加快开关速度,且不会使开通电流过冲过大。

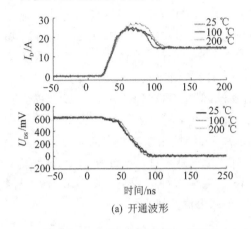

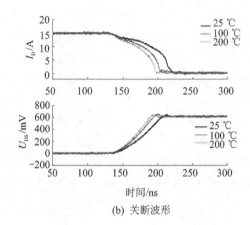

(a) 开通波形　　　　　　　　　　　　　　　　(b) 关断波形

图 2.89　反并 SiC 肖特基二极管时 SiC JFET 桥臂电路的开关波形(栅极驱动电阻 R_G = 10 Ω)

SiC JFET 的栅极驱动电阻为 10 Ω 与栅极驱动电阻为 20 Ω 的关断特性曲线相似,关断时间都随温度的升高而减少。

需要特别说明的是,SiCED 公司与其他 SiC JFET 器件公司(Infineon、USCi、Semisouth 公司)所生产的耗尽型 SiC JFET 在沟道结构和特性上并不完全相同。一些 SiC 器件公司所生产的耗尽型 SiC JFET 器件并没有如图 2.81 所示的体二极管,因此具体使用时要根据不同公司器件结构与特性的具体特点区别对待,以免以偏概全。

2.3.2　增强型 SiC JFET 的特性与参数

本节以美国 Semisouh 公司的增强型 SiC JFET SJEP120R125(1 200 V/125 mΩ)为例,对其特性和参数进行阐述。

图 2.90 为增强型 SiC JFET 的截面图,采用垂直沟道结构,具有较高的沟道密度和较低的导通电阻,无寄生体二极管。

1. 通态特性及其参数

增强型 SiC JFET 具有双向导通特性,图 2.91 为不同导通方向上的 JFET 沟道状态。图 2.91(a)对应流过正向电流时的沟道示意图,从近漏极区向源极区的沟道宽度逐渐扩展。图 2.91(b)对应流过反向电流时的沟道示意图,当 $U_{GS} > U_{GS(th)}$ 时,沟道一直存在。当 $U_{GS} < U_{GS(th)}$ 时,源极区夹断,但只要 U_{SD} 大于一定值,漏极区就仍有电流通路。

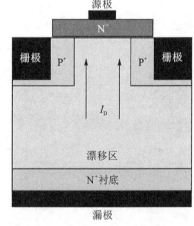

图 2.90　增强型 SiC JFET 的截面图

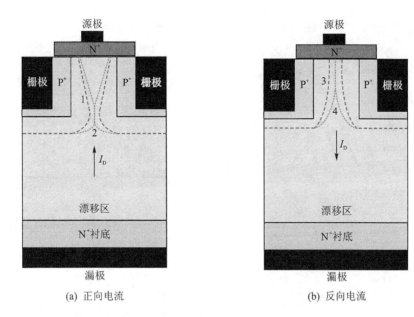

(a) 正向电流　　　　　　　　　　　　(b) 反向电流

图 2.91　不同导通电流方向上的 SiC JFET 沟道状态

（1）SiC JFET 的正向导通特性

图 2.92 为 SiC JFET 的正向导通特性，栅极门槛电压较低，典型值仅为 1 V 左右。栅极驱动电压越高，沟道电阻越小，通流能力越强。沟道电阻 $R_{DS(on)}$ 呈正温度系数。正向导通电流随着漏源极电压的增大而趋于饱和。

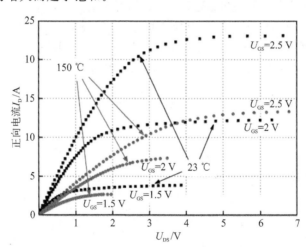

图 2.92　SiC JFET 的正向导通特性

（2）SiC JFET 的反向导通特性

图 2.93 为 SiC JFET 在常温和高温下的反向导通特性。在 SiC JFET 器件的栅极和源极之间施加稳定的偏置电压 U_{GS}，并在漏极和源极之间加反向电压，可以得到该器件的反向导通特性。该增强型 JFET 器件的 $U_{GS(th)}$ 大约为 1 V。

当沟道电流从源极流向漏极时，U_{GD} 要高于 U_{GS}，这使得靠近漏极的沟道的打开程度始终比源极的宽，如图 2.91(b) 所示。因此，SiC JFET 在反向导通时并不会出现类似正向导通时

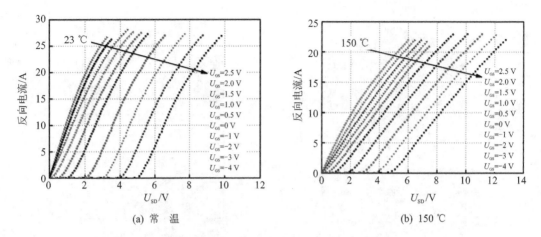

(a) 常温　　　　　　　　　　　　　　　(b) 150 ℃

图 2.93　常温和高温下 SiC JFET 的反向导通特性

的沟道电流饱和现象。

按照栅源电压 U_{GS} 的不同,反向导通特性分为两种情况:

① $U_{GS} > U_{GS(th)}$。沟道呈现电阻特性,且沟道电阻随着 U_{GS} 的减小而增大。

② $U_{GS} < U_{GS(th)}$。若 $U_{GD} > U_{GS(th)}$,也即 $U_{SD} > U_{GS(th)} - U_{GS}$ 时,沟道仍可反向导通,呈现类似二极管的特性。随着栅极电压 U_{GS} 与门槛电压的差距增大,沟道的"开启电压"越大。

对比正向导通特性和反向导通特性可见,当 $U_{GS} = 2.5$ V 时,常温下,沟道正向导通电阻为 95 mΩ,反向导通电阻为 85 mΩ;当 $U_{GS} = 150$ ℃时,正向和反向导通电阻分别为 250 mΩ 和 190 mΩ。SiC JFET 在正栅压下反向导通时的导通损耗比正向导通时的导通损耗更低。图 2.94 为 SiC JFET 加正栅压反向导通时的反向导通特性与 SiC SBD 的导通特性对比。由图 2.94 可见,当在桥臂电路中使用时,与反并二极管续流方案相比,利用 SiC JFET 加正栅压负向导通时的低导通电阻特性,并按照同步整流方式工作,必然可以减小续流阶段的导通损耗。

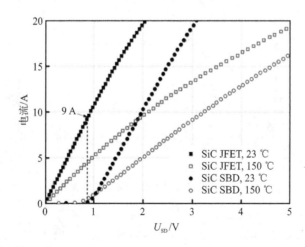

图 2.94　加正栅压时 SiC JFET 的反向导通特性与 SiC SBD 的导通特性的对比

在实际的桥臂电路中,为了防止桥臂直通,上下管之间会留有一定死区。在死区时间内,续流管不加正栅压。当栅压为零时,SiC JFET 的反向导通特性与二极管的导通特性对比如图 2.95 所示,二者的压降相当。但由于增强型 SiC JFET 的栅极门槛电压很低,为了防止因桥臂串扰而引起的误导通,往往会设置栅极负压。而从图 2.93 可知,当栅源极间加负压时会使得 SiC JFET 的沟道反向导通压降变大,增大死区内的导通损耗。在设计变换器时,要从整体指标出发考虑 SiC JFET 是否需要外并 SiC SBD。

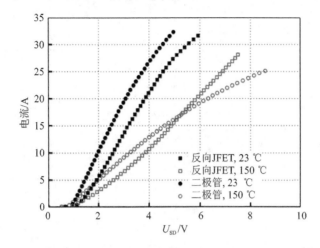

图 2.95　栅压为零时 SiC JFET 的反向导通特性与 SiC SBD 的导通特性的对比

2. 阻态特性及其参数

当 $U_{GS}=0$ V,增强型 SiC JFET SJEP120R125 在漏源极间加偏压时,测试所得的漏电流如图 2.96 所示,其随温度的升高而增大。当在漏源极间加 1 200 V 的偏压、结温设为 175 ℃时,也仅有 100 μA 的漏电流。

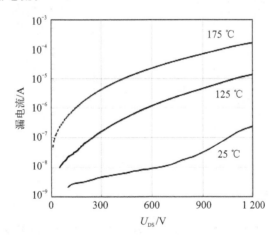

图 2.96　增强型 SiC JFET 的漏电流测试曲线

3. 开关特性及其参数

与 SiC MOSFET 和耗尽型 SiC JFET 相似,增强型 SiC JFET 的结电容也较小,因此具有快速开关能力。这里着重阐述 SiC JFET 的"反向恢复特性"。

与外部反并 SiC SBD 类似,在 SiC JFET 反向导通结束后,其结电容也存在充电过程,会产生类似二极管的"反向恢复过程"。采用图 2.97 所示的双脉冲桥臂测试电路,以 Q_2 作为续流管,考察其"反向恢复"对 Q_1 开关过程的影响,同时对比反并 SiC SBD 时的开关波形。

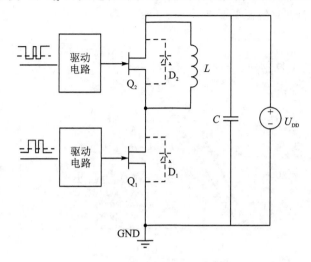

图 2.97　双脉冲桥臂测试电路

图 2.98 和图 2.99 分别为不加/加反并 SiC SBD 时,Q_1 的关断和开通波形。在外并和不外并 SiC SBD 时,SiC JFET 的开关特性并无明显变化,因此从"反向恢复特性"看,可以不用反并 SiC SBD。

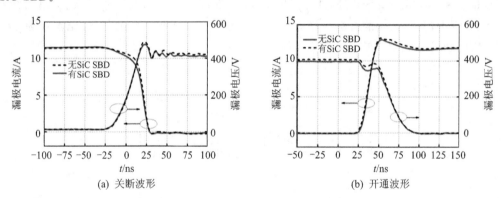

(a) 关断波形　　　　　　　　　　(b) 开通波形

图 2.98　常温下 SiC JFET 的开关波形

4. 栅极驱动特性及其参数

增强型 SiC JFET 在较小的栅极正压下沟道即可完全导通,其正驱动电压典型值仅需 2.5~3 V,并给栅极提供一定的维持电流。为了加快开关过程,需在开关瞬间给栅极提供较大的脉冲电流。同时由于栅极门槛电压较低(典型值为 1 V 左右),因此需要采用防止误导通的措施。在桥臂电路中,为了减小死区内的损耗,要优化选择栅极负压的大小,并结合考虑电路的复杂程度和成本来确定是否需要反并 SiC SBD。

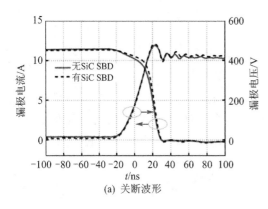

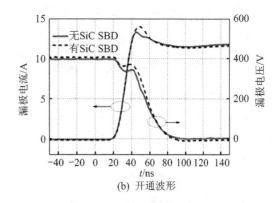

(a) 关断波形　　　　　　　　　　(b) 开通波形

图 2.99　高温(150 ℃)下 SiC JFET 的开关波形

2.3.3　Cascode SiC JFET 的特性与参数

与增强型 SiC JFET 器件相比,耗尽型 SiC JFET 器件通常具有更低的导通电阻和更小的结电容,因此,在高电压等级应用场合下,应用耗尽型 SiC JFET 器件可以获得更高的效率。但在常用的电压型功率变换器中,耗尽型器件在不加栅压时为常通状态,不便于使用,故从安全可靠使用的角度考虑,一般要求功率开关器件为常断状态。

耗尽型 SiC JFET 可与低压 Si MOSFET 级联组成 Cascode SiC JFET,等效电路如图 2.100 所示,图(a)为耗尽型 SiC JFET 与低压 N 型 Si MOSFET 的级联结构,N 型 Si MOSFET 的漏极与耗尽型 SiC JFET 的源极相连,N 型 Si MOSFET 的源极与耗尽型 SiC JFET 的栅极相连。驱动信号加在 Si MOSFET 的栅源极之间,通过控制 Si MOSFET 的通断来间接控制 SiC JFET 的通断。这种级联结构是 USCi 公司主推的方案;图(b)为耗尽型 SiC JFET 与低压 P 型 Si MOSFET 的级联结构,P 型 Si MOSFET 的源极与 SiC JFET 的源极相连,SiC JFET 的栅极通过二极管连到 Si MOSFET 的漏极,这种级联结构是 Infineon 公司主推的方案。为了便于区分,把级联 P 型 Si MOSFET 的这种 Cascode SiC JFET 称为"直接驱动 Cascode SiC JFET"。

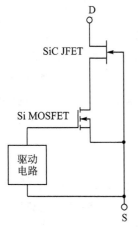

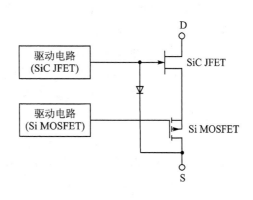

(a) Cascode SiC JFET(级联N型Si MOSFET)　　　(b) 直接驱动Cascode SiC JFET(级联P型Si MOSFET)

图 2.100　两种类型的 Cascode SiC JFET 结构

以下主要对级联 N 型 Si MOSFET 的 Cascode SiC JFET 的工作原理及其特性和参数进行阐述。

1. Cascode SiC JFET 的工作原理

耗尽型 SiC JFET 与低压 N 型 Si MOSFET 级联后构成 Cascode SiC JFET,即成为增强型器件。通过控制 Si MOSFET 的开关状态即可控制整个器件的通/断。根据栅源驱动电压 U_{GS} 和漏源电压 U_{DS} 的不同,Cascode SiC JFET 的稳态工作状态可分为以下四种情况:

① 正向导通模态:$U_{GS} > U_{GS(th)\_Si}$,$U_{DS} > 0$;

② 反向导通模态:$U_{DS} < 0$;

③ 反向恢复模态:$U_{GS} = 0$,$U_{DS} \geqslant 0$,$I_{DS} < 0$;

④ 正向阻断模态:$U_{GS} = 0$,$U_{DS} > 0$。

(1) 正向导通模态

当 Cascode SiC JFET 的栅源电压大于 Si MOSFET 的栅极阈值电压时,Si MOSFET 处于导通状态,器件的工作状况如图 2.101 所示。由于 $U_{SD\_Si} = U_{GS\_SiC} > U_{GS(th)\_SiC}$,故而耗尽型 SiC JFET 也处于导通状态。此时,Cascode SiC JFET 漏源极之间的压降为 $U_{DS} = I_D(R_{DS(on)\_Si} + R_{DS(on)\_SiC})$。

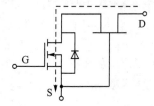

图 2.101　Cascode SiC JFET
处于正向导通模态

(2) 反向导通模态

1) 低压 Si MOSFET 体二极管导通($U_{GS} = 0$,$U_{DS} < 0$)

当 Cascode SiC JFET 的栅源电压 U_{GS} 为零时,低压 Si MOSFET 的沟道处于关断状态。当器件漏源两端的电压为负时,Si MOSFET 的体二极管就会导通。此时耗尽型 SiC JFET 栅源两端的电压等于 Si MOSFET 体二极管的导通压降 U_F,即 $U_{GS\_SiC} = U_F > U_{GS(th)\_SiC}$。因此,耗尽型 SiC JFET 处于导通状态,如图 2.102(a)所示,电流 I_F 流过 Si MOSFET 的体二极管和 SiC JFET 的沟道,器件两端的压降为 $U_{SD} = U_F + I_F \times R_{SD(on)\_SiC}$。

2) 低压 Si MOSFET 沟道导通($U_{GS} > U_{GS(th)\_Si}$,$U_{DS} < 0$)

由于低压 Si MOSFET 的体二极管需要承受一定的偏压才能导通,因此在负载较小时就会有较大的压降,导致 Cascode SiC JFET 的反向导通压降较大。为此,可通过在 Cascode SiC JFET 栅源极之间施加正向驱动电压,使低压 Si MOSFET 的沟道反向导通来解决,如图 2.102(b)所示。Si MOSFET 的沟道导通电阻很小,沟道压降 $U_{SD\_Si} < U_F$,电流 I_D 全部流过 Si MOSFET 的沟道。此时,Cascode SiC JFET 漏源极之间的电压为 $U_{SD} = I_{SD} \times (R_{SD(on)\_SiC} + R_{SD(on)\_Si})$。

(3) 反向恢复模态

由于 Cascode SiC JFET 内部包含了低压 Si MOSFET,因此当低压 Si MOSFET 的体二极管与 SiC JFET 的沟道导通(反向导通)时,并在 Cascode SiC JFET 的漏源极之间加上正压之后,就会使低压 Si MOSFET 的体二极管反向恢复,整体对外表现为 Cascode SiC JFET 的"体二极管"反向恢复。

一般而言,高压 Si MOSFET 的体二极管在导通时会储存大量的少数载流子,因此,在加

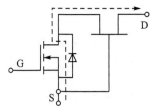

　(a) 低压Si MOSFET体二极管导通

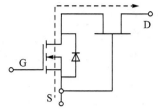
　(b) 低压Si MOSFET沟道导通

图 2.102　Cascode SiC JFET 的反向导通模态

正压使其关断时,会产生很大的反向恢复电流。而在 Cascode SiC JFET 中,由于 Si MOSFET

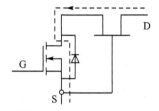

一般都是低压器件(30 V 左右),其体二极管导通时储存的少数载流子很少,因此,整个 Cascode SiC JFET 器件的"体二极管"表现出来的反向恢复电流很小。

图 2.103　Cascode SiC JFET 的反向恢复模态

　　当 Si MOSFET 的体二极管反向恢复时,由于 Si MOSFET 两端的电压较小,故 SiC JFET 沟道处于导通状态,电流流过 SiC JFET 沟道和 Si MOSFET 体二极管。在 Si MOSFET 的体二极管反向恢复结束后,电流通过 SiC JFET 沟道给电容 C_{DS_Si} 充电,如图 2.103 所示,当 $U_{DS\_Si} > -U_{GS(th)\_SiC}$ 时,SiC JFET 完全关断。

　　(4) 正向阻断模态

　　1) 低压 Si MOSFET 关断,SiC JFET 导通($U_{GS} = 0, 0 < U_{DS} < -U_{GS(th)\_SiC}$)

　　Cascode SiC JFET 的栅源电压为零,低压 Si MOSFET 处于关断状态。此时,流过 Si MOSFET 和 SiC JFET 的电流为零,即 $I_D = 0$。由于 $U_{DS\_Si} < -U_{GS(th)\_SiC}$,因此耗尽型 SiC JFET 处于导通状态。低压 Si MOSFET 的漏源极间电压等于整个器件漏源极间的电压,即 $U_{DS\_Si} = U_{DS}$。

　　2) 低压 Si MOSFET 关断,SiC JFET 关断($U_{GS} = 0, 0 < -U_{GS(th)\_SiC} < U_{DS}$)

　　由于 Cascode SiC JFET 的栅源电压为零,因此低压 Si MOSFET 保持关断状态。随着器件漏源极间的电压 U_{DS} 增大,当 $U_{DS} > -U_{GS(th)\_SiC}$ 时,耗尽型 SiC JFET 的驱动电压 U_{GS_SiC} 低于其阈值电压 $U_{GS(th)\_SiC}$,此时,耗尽型 SiC JFET 处于关断状态。Cascode SiC JFET 中低压 Si MOSFET 和耗尽型 SiC JFET 共同承受漏源电压 U_{DS},即 $U_{DS} = U_{DS\_Si} + U_{DS\_SiC}$。

2. Cascode SiC JFET 器件的特性与参数

　　下面以 USCi 公司的 UJC1206K(1 200 V/60 mΩ)为例,对 Cascode SiC JFET 的特性与参数进行阐述。

　　(1) 通态特性及其参数

　　Cascode SiC JFET 的输出特性如图 2.104 所示,与 Si MOSFET 相似,在稳态导通时可以分为三个工作状态:

　　1) 正向导通特性

　　正向导通时,SiC JFET 和 Si MOSFET 的沟道流过正向电流。正向压降随着温度的升高

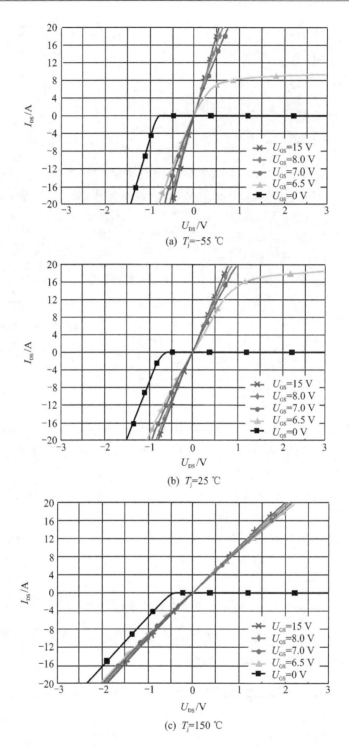

图 2.104　1 200 V/60 mΩ Cascode SiC JFET 的输出特性曲线

而升高。

2）反向导通特性-1

反向导通有两种情况。其中一种情况是 SiC JFET 沟道流过反向电流，Si MOSFET 沟道不导通,其体二极管反向导通。反向压降是 SiC JFET 沟道压降与 Si MOSFET 体二极管压降之和。由于体二极管压降呈负温度系数,SiC JFET 沟道压降呈正温度系数,因此,其组合之后的反向导通压降随温度变化的规律与电流大小有关。在反向电流较小时,随着温度的升高,体二极管的压降占主要地位,总的反向导通压降呈负温度系数;随着反向电流的增大,当超过某一负载电流后,SiC JFET 沟道的压降占主要地位,总的反向导通压降呈正温度系数。

3) 反向导通特性-2

反向导通的另一种情况是 SiC JFET 和 Si MOSFET 的沟道流过反向电流。反向压降随着温度的升高而升高。在桥臂电路中,当需要 Cascode SiC JFET 续流导通时,若采用同步整流工作方式,即栅极加正压使其沟道反向导通,则可显著减小续流导通损耗。

当栅源电压 $U_{GS} = 15$ V 时,Cascode SiC JFET 的导通电阻随温度变化的曲线如图 2.105 所示,其导通电阻呈正温度系数。

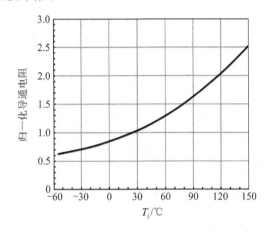

图 2.105　Cascode SiC JFET 的导通电阻随温度变化曲线

Cascode SiC JFET 的栅极阈值电压就是其内部 Si MOSFET 的阈值电压,当器件的结温 $T_j = -55$ ℃时,$U_{GS(th)}$ 约为 5.8 V;当 $T_j = 25$ ℃时,$U_{GS(th)}$ 约为 5.2 V;当 $T_j = 150$ ℃时,阈值电压 $U_{GS(th)}$ 约为 4.5 V,由于栅极阈值电压大,因此关断后误导通的可能性小。

(2) 阻态特性及其参数

漏源击穿电压 $U_{(BR)DSS}$ 是功率开关管重要的阻态特性参数。当 1 200 V Cascode SiC JFET 在栅源极电压 $U_{GS} = 0$ V、$U_{DS} = 1 200$ V 条件下测试时,其常温下的漏电流仅有 95 μA,在 150 ℃时升高为 240 μA。

(3) 开关特性及其参数

这里的开关过程分析以感性负载为例,分析 Cascode SiC JFET 的理想开关过程。

Cascode SiC JFET 器件的理想开通过程如图 2.106(a)所示,可分为以下几个阶段:

① $t_0 \sim t_1$ 阶段:驱动电压给 Si MOSFET 栅源极寄生电容充电,U_{GS_Si} 逐渐上升,由于 U_{GS_Si} 小于其栅源阈值电压,因此 Si MOSFET 处于关断状态。

② $t_1 \sim t_2$ 阶段:t_1 时刻,U_{GS_Si} 上升至 Si MOSFET 的栅源阈值电压 U_{TH_Si},Si MOSFET 的沟道逐渐打开,Si MOSFET 漏源极寄生电容 C_{DS_Si} 开始放电,漏源电压逐渐降低,耗尽型 SiC JFET 的栅源电压 U_{GS_SiC} 逐渐升高,但由于此时耗尽型 SiC JFET 尚未导通,因此流过整个器件的电流 I_D 仍为零。由于 Cascode SiC JFET 器件两端的电压仍为直流母线电压,因此

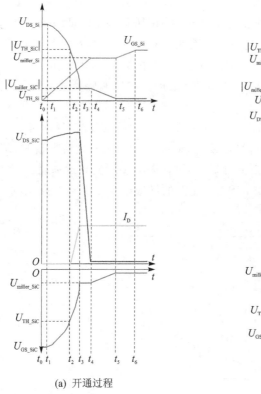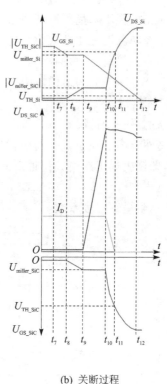

(a) 开通过程   (b) 关断过程

图 2.106   Cascode SiC JFET 的开通和关断过程

耗尽型 SiC JFET 的漏源电压 U_{DS_SiC} 会缓慢增大。

③ $t_2 \sim t_3$ 阶段：t_2 时刻，U_{GS_SiC} 达到耗尽型 SiC JFET 栅极阈值电压 U_{TH_SiC}，耗尽型 SiC JFET 沟道开始导通，流过整个器件的电流开始增加。C_{DS_Si} 继续放电，U_{DS_Si} 继续下降，耗尽型 SiC JFET 的漏源电压 U_{DS_SiC} 继续缓慢上升。t_3 时刻，U_{GS_SiC} 上升至密勒平台，沟道电流 I_D 增大至负载电流，此后保持不变。

④ $t_3 \sim t_4$ 阶段：t_3 时刻，耗尽型 SiC JFET 的栅源电压达到密勒平台电压 U_{miller_SiC}，SiC JFET 的漏源电压 U_{DS_SiC} 迅速下降。t_4 时刻，U_{DS_SiC} 下降阶段结束，SiC JFET 密勒平台结束。

⑤ $t_4 \sim t_5$ 阶段：t_4 时刻，U_{GS_Si} 开始出现密勒平台，U_{DS_Si} 继续下降，U_{GS_SiC} 继续上升，直至 t_5 时刻，U_{DS_Si} 降至饱和导通压降，Si MOSFET 密勒平台结束。

⑥ $t_5 \sim t_6$ 阶段：U_{GS_Si} 电压逐渐上升至驱动电源电压，Cascode SiC JFET 开通过程结束。

Cascode SiC JFET 器件的理想关断过程如图 2.106(b)所示，可分为以下几个阶段：

① $t_7 \sim t_8$ 阶段：t_7 时刻，驱动电压变为低电平，Si MOSFET 的栅源极电压 U_{GS_Si} 开始下降。

② $t_8 \sim t_9$ 阶段：t_8 时刻，U_{GS_Si} 下降至密勒平台电压 U_{miller_Si}，Si MOSFET 的漏源电压 U_{DS_Si} 开始上升，耗尽型 SiC JFET 的栅源电压 U_{GS_SiC} 逐渐降低。

③ $t_9 \sim t_{10}$ 阶段：t_9 时刻，Si MOSFET 密勒平台结束，U_{GS_Si} 继续下降。耗尽型 SiC JFET 的栅源电压降至密勒平台电压 U_{miller_SiC}，其漏源电压 U_{DS_SiC} 迅速上升。t_{10} 时刻，U_{DS_SiC} 上升阶段结束，SiC JFET 密勒平台结束。

④ $t_{10} \sim t_{11}$ 阶段：t_{10} 时刻，U_{GS_Si} 和 U_{GS_SiC} 继续下降，沟道电流 I_D 迅速降低，耗尽型 SiC JFET 沟道逐渐关闭。

⑤ $t_{11} \sim t_{12}$ 阶段：t_{11} 时刻，U_{GS_SiC} 降至耗尽型 SiC JFET 栅极阈值电压 U_{TH_SiC}，耗尽型 SiC JFET 沟道完全关闭，电流 I_D 减小至零。在 $t_{10} \sim t_{12}$ 时间段内，U_{DS_Si} 逐渐上升，由于 Cascode SiC JFET 整个器件两端的电压被钳位为直流输入电压，因此在这个过程中 U_{DS_SiC} 略有下降；t_{12} 时刻，U_{DS_Si} 升至雪崩击穿电压，U_{DS_Si} 和 U_{GS_SiC} 基本保持不变，Cascode SiC JFET 关断过程结束。

（4）反向恢复特性及其参数

采用如图 2.107 所示的双脉冲电路对 Cascode SiC JFET 的反向恢复特性进行测试，测试结果如图 2.108 所示，在 25 ℃时的反向恢复电荷值为 140.9 nC，在 125 ℃时的反向恢复电荷值为 149 nC。可见，当温度增加 100 ℃时，Cascode SiC JFET 的反向恢复电荷增加量不超过 10%。在 125 ℃时，由于反向恢复电荷引起的开关能量损耗为 70 μJ，因此当开关频率为 100 kHz 时，对应的反向恢复损耗为 7 W。

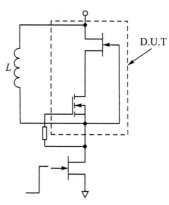

图 2.107　Cascode SiC JFET 的反向恢复特性测试电路图

为便于对比，保持测试条件不变，对 1 200 V/80 mΩ SiC MOSFET 进行了体二极管反向恢复特性测试，结果如图 2.109 所示，在 25 ℃时，SiC MOSFET 体二极管的反向恢复电荷为 130 nC；在 125 ℃时的反向恢复电荷为 381 nC，几乎是 25 ℃时的 3 倍。在 125 ℃时，因为由反向恢复电荷引起的开关能量损耗为 144 μJ，所以当开关频率为 100 kHz 时，对应的反向恢复损耗为 14.4 W。

对比可见，Cascode SiC JFET 的反向恢复电荷是由其内部低压 Si MOSFET 体二极管产生的，其反向恢复电荷的温度系数和高温性能优于与 SiC JFET 具有相同耐压的 SiC MOSFET 的体二极管。

3. Si MOSFET 的选取

在 Cascode SiC JFET 中 Si MOSFET 起着重要的作用，因此要合理选取与 SiC JFET 级联的 Si MOSFET。一般通过筛选其雪崩击穿能力、导通电阻和反向恢复电荷等参数来选取 Si MOSFET，其中 SiC JFET 在开通过程中满足以下关系：

$$(U_{GPJ} - I_D \cdot R_{DS(on)})/R_{G\_J} = C_{GD\_J} \cdot du/dt \tag{2-7}$$

式中，U_{GPJ} 表示 SiC JFET 的密勒平台电压，R_{G_J} 表示 SiC JFET 的栅极电阻，C_{GD_J} 表示 SiC JFET 的栅漏极间的寄生电容。

SiC JFET 在关断过程中满足以下关系：

$$(BU_{(MOSFET)} - U_{GPJ})/R_{G\_J} = C_{GD\_J} \cdot du/dt \tag{2-8}$$

式中，$BU_{(MOSFET)}$ 表示 Si MOSFET 的雪崩击穿电压。

在选择 Si MOSFET 时，导通电阻一般遵循以下原则："Si MOSFET 的导通电阻 $R_{DS(on)}$ 的值不超过 SiC JFET 和 Si MOSFET 导通电阻值之和的 10%"。由于 $R_{DS(on)}$ 与 Q_{RR} 成反比，因此一旦 $R_{DS(on)}$ 确定，在符合要求的 Si MOSFET 器件中选取 Q_{RR} 最小且雪崩能力最强的器件为宜。

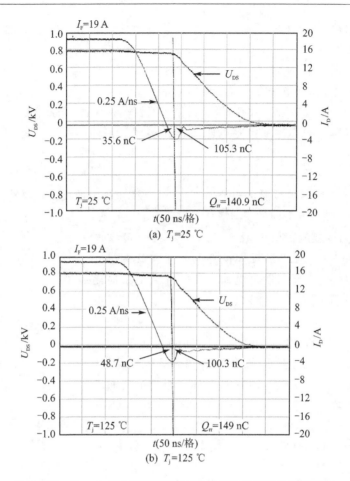

图 2.108　Cascode SiC JFET 的体二极管反向恢复特性测试结果

　　这里选取了三种不同型号的 Si MOSFET,对其级联在 Cascode SiC JFET 中的反向恢复性能进行了评估对比,波形如图 2.110 所示,其中,FDD6796A 和 AO472A 的反向恢复电流较小,适用于 Cascode 结构,而对于 STD75N3LLH6,由于其 I_{RM} 和振荡过大,因此不宜使用。

　　表 2.23 是结温为 25 ℃时由 SiC JFET 和 Si MOSFET 组成的 Cascode SiC JFET 与 SiC MOSFET 及 Si IGBT 的反向恢复特性参数对比表。表 2.24 是结温为 125 ℃时的反向恢复性能参数对比。表中在计算损耗时考虑了导通电流为 20 A、占空比为 100% 时的导通损耗。I_{RM}、t_a、t_b、t_{rr}、Q_{rr} 的定义如图 2.111 所示。

表 2.23　Cascode SiC JFET 与 SiC MOSFET 及 Si IGBT 的反向恢复特性参数对比表(常温)

参数 器件	$T_j = 25\ ℃$						
	$di/dt/(\mathrm{A \cdot ns^{-1}})$	$P_{c(20\ A)}/W$	$I_{RM(pk)}/A$	t_a/ns	t_b/ns	t_{rr}/ns	Q_{rr}/nC
Cascode SiC JFET (1.2 kV, 45 mΩ+5 mΩ)	0.25	20	3.0	18.6	17.4	36	141
SiC MOSFET (1.2 kV, 98 mΩ)	0.25	39	2.5	13.6	12.8	26.4	130
IGBT Co-pak (1.2 kV, 30 A/25 ℃)	0.25	41	5.0	22.8	28.2	51	504

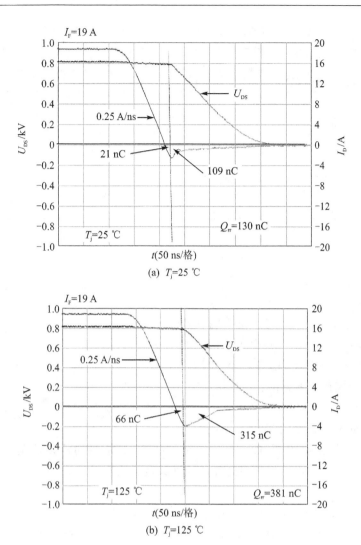

(a) T_j=25 ℃

图 2.109   SiC MOSFET 体二极管的反向恢复特性测试结果

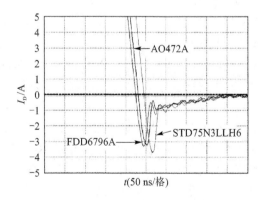

图 2.110   Cascode SiC JFET 中采用不同 Si MOSFET 时的反向恢复性能比较曲线

表 2.24　Cascode SiC JFET 与 SiC MOSFET 及 Si IGBT 的反向恢复特性参数对比表(高温)

参数\器件	$T_j=125$ ℃						
	$di/dt/(\mathrm{A \cdot ns^{-1}})$	$P_{c(20\,A)}/\mathrm{W}$	$I_{RM(pk)}/\mathrm{A}$	t_a/ns	t_b/ns	t_{rr}/ns	Q_{rr}/nC
Cascode SiC JFET (1.2 kV, 45 mΩ+5 mΩ)	0.25	36	3.2	22.2	13	35.2	153.1
SiC MOSFET (1.2 kV, 98 mΩ)	0.25	68	4.0	19.4	86	105.4	381
IGBT Co-pak (1.2 kV, 30 A/25 ℃)	0.25	50	8.0	34.8	102	136.8	863

4. 小　结

作为组合开关器件,Cascode SiC JFET 不仅具有 Si MOSFET 的优点(可靠的 MOS 栅和易实现的栅极驱动),还具有 SiC JFET 的优点(高压、高速、高温工作性能),这使得 Cascode SiC JFET 比 SiC MOSFET 和超结 Si MOSFET 更有优势。具体表现在以下方面:

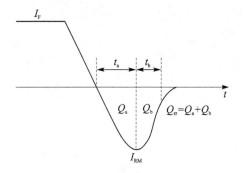

图 2.111　反向恢复参数定义示意图

1) 易于驱动

与 SiC MOSFET 相比,驱动 Cascode SiC JFET 只需要 12 V 的驱动电源和 Si IGBT/Si MOSFET 常用的栅极驱动电路即可,而 SiC MOSFET 通常需要 18~20 V 的栅极电压才能使其沟道完全导通。

2) 栅极电荷小

由于 Cascode SiC JFET 的栅极电压取决于低压 Si MOSFET,而低压 Si MOSFET 的栅极电荷很小,所以在相同额定电流下,Cascode SiC JFET 比 SiC MOSFET 和超结 Si MOSFET 的栅极电荷小得多。例如,1 200 V/45 mΩ 的 Cascode SiC JFET(UJC1206K)在 U_{GS} 取为 0/12 V、U_{DS} 为 800 V 时,总的栅极电荷量为 45 nC;而 1 200 V/45 mΩ 的 SiC MOSFET(C2M0040120D)在 U_{GS} 为 0/20 V、U_{DS} 为 800 V 时,总的栅极电荷量为 105 nC。650 V/45 mΩ 的 Cascode SiC JFET(UJC06506K)在 U_{GS} 为 0/12 V、U_{DS} 为 400 V 时,总的栅极电荷量为 45 nC;而 650 V/45 mΩ 的 Si 超结 MOSFET(IPB65R045C7)的栅极总电荷量为 110 nC,这充分说明 Cascode SiC JFET 中的栅极电荷较小,使得驱动损耗更小。

3) 阈值电压高

Cascode SiC JFET 的栅极阈值电压取决于 Si MOSFET,150 ℃结温时 Cascode SiC JFET 的栅源阈值电压为 3.5 V,而 SiC MOSFET 的仅为 2 V。另外,SiC JFET 的漏极和 Si MOSFET 的栅极在物理和电气上是隔离的,这使得 Cascode SiC JFET 表现出来的密勒电容 C_{GD} 很小,因此 $C_{GD} \cdot du/dt$ 的值也很小,从而降低了误导通的可能性。

4) 体二极管特性优良

Cascode SiC JFET 的另一个优点是其体二极管特性优良,其内部低压 Si MOSFET 的体二极管的压降比 SiC JFET 体二极管的压降小得多,与 Si 超结 MOSFET 相当。Cascode SiC

JFET"体二极管"的反向恢复特性优于 SiC MOSFET 和 Si 超结 MOSFET 的体二极管。

2.3.4　中压 SiC JFET 的特性与参数

为了适应中高压电力电子装置要求,需要更高耐压的 SiC JFET 器件。以美国 USCi 公司为代表的 SiC JFET 器件生产商提出了两种典型方案:一种是采用增强型 SiC JFET 结构(见图 2.112),另一种是采用低压 Si MOSFET 与多个耗尽型 SiC JFET 组成超级联(Super Cascode)结构(见图 2.113)。

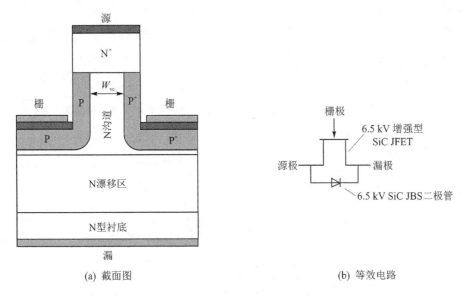

(a) 截面图　　　　　　　　　　　　　　　(b) 等效电路

图 2.112　6.5 kV 增强型 SiC JFET 的截面图和等效电路

增强型 SiC JFET 与 SiC JBS 二极管封装在一起,可作为双向开关使用,图 2.112(b) 为 6.5 kV 增强型 SiC JFET 功率器件的等效电路。6 kV 超级联 SiC JFET 将 1 个低压 Si MOSFET 与 5 个 1.2 kV 耗尽型 SiC JFET 级联,每个 SiC JFET 两端反并一个雪崩二极管,将 SiC JFET 的电压钳位在 1.2 kV 以内,图 2.113 为其等效电路示意图。

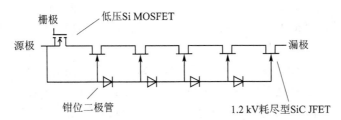

图 2.113　6 kV 超级联结构 SiC JFET 的等效电路示意图

1. 6.5 kV 增强型 SiC JFET 的特性与参数

图 2.114(a)和(b)分别为 6.5 kV 增强型 SiC JFET 的正向导通特性曲线和阻态特性曲线。在驱动电压 $U_{GS}=3$ V 时,导通电阻 $R_{DS(on)}$ 为 350 mΩ 左右;在驱动电压 U_{GS} 为零时,当 SiC JFET 两端加 6.5 kV 阻断电压时,其漏电流约为 500 μA。图 2.115 为该 SiC JFET 的转

移特性曲线,栅极阈值电压约为 1.7 V。

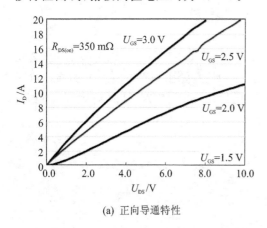
(a) 正向导通特性

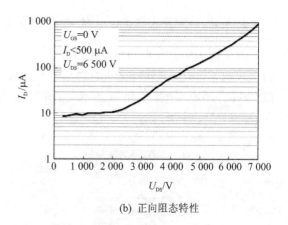
(b) 正向阻态特性

图 2.114　6.5 kV 增强型 SiC JFET 的正向导通特性和阻态特性曲线

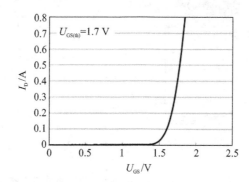

图 2.115　6.5 kV 增强型 SiC JFET 的转移特性曲线

2. 6 kV 超级联 SiC JFET 的特性与参数

如图 2.113 所示,在 6 kV 超级联 SiC JFET 中,当栅源极加上驱动电压后,低压 Si MOSFET 开通,5 个耗尽型 SiC JFET 处于导通状态,Cascode SiC JFET 的导通电阻是低压 Si MOSFET 的导通电阻和 5 个耗尽型 SiC JFET 的导通电阻之和。图 2.116 为其导通特性曲线,当栅源极电压为 10 V 时,导通电阻 $R_{DS(on)}$ 约为 226 mΩ。

当 Si MOSFET 关断时,第 1 个 SiC JFET 源栅极之间的偏置电压逐渐增加,直到超过 SiC JFET 栅极阈值电压的绝对值,使其关断。第 1 个 SiC JFET 的漏极电位继续增加直到第 1 个钳位二极管发生雪崩击穿,提升第 2 个 SiC JFET 的栅极电位至预定电压,其他 3 个 SiC JFET 也紧接着一一关断。

图 2.117 为 6 kV 超级联 SiC JFET 的阻态特性曲线。与 6.5 kV 增强型 SiC JFET 不同的是,在低电压(2～3 kV)时,由于雪崩二极管产生偏置电流,故 6 kV 超级联 SiC JFET 的漏电流更大些。

3. 两种中压等级 SiC JFET 对比

采用双脉冲测试电路对 6.5 kV 增强型 SiC JFET 和 6 kV 超级联 SiC JFET 的开关特性

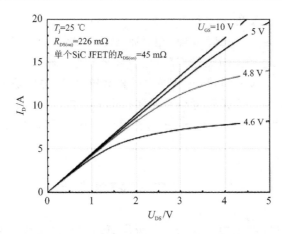

图 2.116　6 kV 超级联 SiC JFET 的导通特性曲线

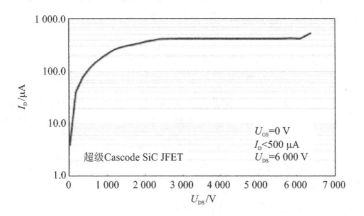

图 2.117　6 kV 超级联 SiC JFET 的阻态特性曲线

进行对比测试,测试中直流母线电压设置为 3 kV,感性负载电流设置为 11 A。如图 2.118 所

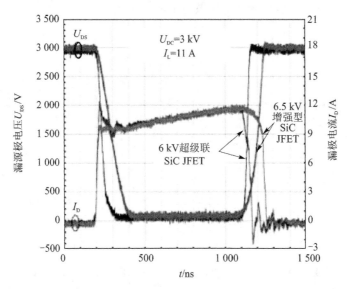

图 2.118　6.5 kV 增强型 SiC JFET 和 6 kV 超级联 SiC JFET 的开关特性对比波形

示,6.5 kV 增强型 SiC JFET 的开通和关断时间分别为 150 ns 和 100 ns,对应的开通和关断能量损耗分别为 2.7 mJ 和 1.5 mJ。6 kV 超级联 SiC JFET 的开通和关断时间更短,分别是 67 ns 和 35 ns,相应的开通和关断能量损耗也更小,分别是 1.25 mJ 和 0.5 mJ。增强型 SiC JFET 的开通和关断速度比 Cascode SiC JFET 的相对较慢,这主要是由于开关期间栅极驱动回路的电流能力有限,限制了栅源极电容和栅漏极电容充放电的速度,而 Cascode SiC JFET 有更大的偏置电流来给其栅源电容和栅漏电容充放电,因此充放电速度更快,可以更快速地开通和关断。

2.4　SiC SIT 的特性与参数

静电感应晶体管(SIT)在结构上就是一种短沟道结型场效应晶体管,不过它采用的是两个主电极不共面的竖直导电方式。SiC SIT 有埋栅和表面栅两种基本形式。尽管从原理上 SiC SIT 可以分为耗尽型和增强型两种,但目前主要以耗尽型为主,在栅极未施加控制时,器件表现为通态。

2006 年,日本产业技术综合研究所(AIST)电力电子研究中心采用挖槽加外延的埋层技术制成了一种全埋栅 SIT,命名为 BGSIT。图 2.119 是这种器件的元胞结构示意图和电子显微镜图,由于这种结构对栅、源电极对准的精度要求不高,因而元胞尺寸可以大大缩小。但是由于 SiC 晶体中的杂质扩散率非常小,所以采用传统的扩散工艺难以制造很小的埋栅结构。SiC BGSIT 的制造需要采用专门的工艺,一般包括 5 步:

① N⁻ 漂移层和 P⁺ 栅极层在高 N⁺ 浓度的 4H－SiC 衬底上外延生长,形成外延层;

② 通过干法刻蚀,在 P⁺ 栅极层上刻蚀出沟道;

③ 在沟道结构上,外延生长出 N⁻ 沟道结构;

④ 注入磷离子形成 N⁺ 源极区域,在 1 600 ℃高温下活化;

⑤ 焊接栅极、漏极、源极的电极,完成器件。

图 2.119(b)为 SiC BGSIT 在电子显微镜下的扫描图。

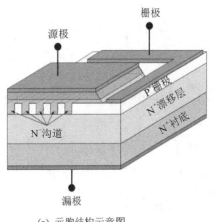

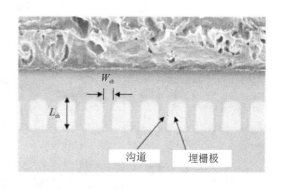

(a) 元胞结构示意图　　　　　　　　　　　　　(b) 电子显微镜图

图 2.119　SiC BGSIT 的元胞结构示意图和电子显微镜图

如图 2.120 所示,使用高温焊料将埋栅型 SiC SIT 安装在 AlN DBC 基底上,SiC SIT 的有效区域为 6.76 mm²,其源极和栅极电极分别通过铝线连接到引线端子上。最后,使用在250 ℃下具有良好物理和化学稳定性的耐高温纳米杂化有机硅树脂材料对器件进行密封。用这种方法制成的 SiC BGSIT 定额为 1 200 V/35 A,下面以其为例,讨论 SiC BGSIT 的特性与参数。

图 2.120　使用 DBC 结构的 SiC BGSIT 封装示意图

2.4.1　导通特性及其参数

图 2.121 为 SiC BGSIT 栅源电压 U_{GS} 在 0～+2.5 V 范围变化时的导通特性曲线。U_{GS}=+2.5 V 是 SiC BGSIT 栅源极间 PN 结扩散电压的最高值,对应的导通电阻 $R_{DS(on)}$ 为 26 mΩ,而其有效面积为 6.76 mm²,可以计算出其比导通电阻为 1.8 mΩ·cm²,这是目前 1 200 V 电压等级 SiC 功率开关器件中最低的。这款 SiC BGSIT 的额定电流为 35 A,功率密度为 200 W/cm²。由图 2.121 可知当漏源电压 U_{GS}=+2.5 V 时,其饱和漏极电流达到了 130 A,对应的电流密度达到了 2 000 A/cm²,这种高饱和电流密度主要是因为 SiC SIT 拥有特殊的沟道结构,即沟道长度较短,而沟道宽度较宽。

图 2.122 为在栅源电压 U_{GS}=+2.5 V 时,温度从室温变化到 200 ℃时的导通电阻变化情况。导通电阻与温度的 2.3 次方成正比,室温时导通电阻为 26 mΩ,200 ℃时为 74 mΩ。

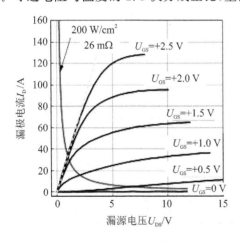

图 2.121　SiC BGSIT 的导通特性曲线

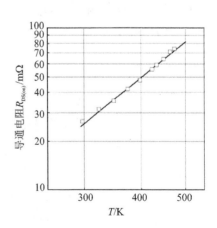

图 2.122　SiC BGSIT 的导通电阻随温度变化曲线

2.4.2　阻态特性及其参数

图 2.123 为 SiC BGSIT 栅极电压 U_{GS} 在 0～−2.5 V 范围变化时的阻态特性曲线。SiC

BGSIT 在 $U_{GS}=-2.5$ V 时,沟道完全阻断,其稳定的雪崩击穿电压为 1 200 V,可以得出其阻断增益,即击穿电压 U_{BR} 和夹断电压 $U_{pinch-off}$ 的比值高达 480。如此高的阻断增益得益于采用了特别的外延生长技术,并且器件中没有任何晶体缺陷问题。

　　图 2.124 为不同温度下 SiC BGSIT 的漏电流随漏源电压变化的曲线。其室温下的漏电流小于 10^{-7} A。漏源极所加电压设定为 1 000 V,当温度从室温上升到 200 ℃时,其漏电流仅增长了一个数量级。

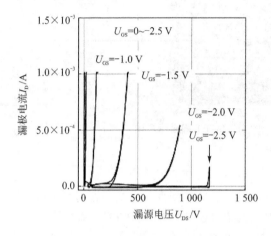

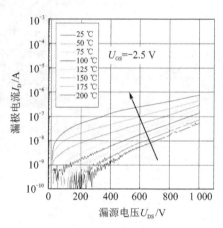

图 2.123　SiC BGSIT 的阻态特性曲线　　　　图 2.124　不同温度下 SiC BGSIT
　　　　　　　　　　　　　　　　　　　　　　　　漏电流随漏源电压变化曲线

2.4.3　开关特性及其参数

　　图 2.125 为室温下 SiC BGSIT 的开关特性测试曲线。测试电路为双脉冲电路,电感值为 2 mH,二极管选用 Infineon 公司的型号为 D15S120 的 SiC SBD。直流源电压和负载电流分别设置为 600 V 和 32 A。由图 2.125 可见,在以上测试条件下,SiC BGSIT 开关动作时的电压上升时间 t_r 为 52 ns,下降时间 t_f 为 58 ns。实验中所采用的栅极电阻较小,仅为 1 Ω,开关动作时会出现明显的振荡现象。

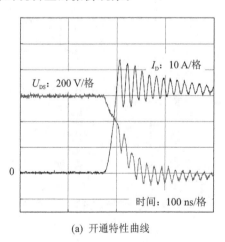

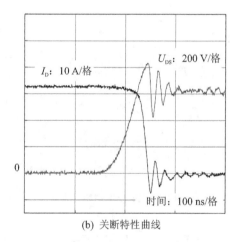

(a) 开通特性曲线　　　　　　　　　　　　　(b) 关断特性曲线

图 2.125　SiC BGSIT 的开关特性曲线

2.5　SiC BJT 的特性与参数

由于 Si BJT 存在驱动复杂、二次击穿等问题,已逐渐淡出电力电子变换器的应用场合。随着 SiC 器件研究热潮的掀起,SiC BJT 表现出优异的性能。SiC BJT 的电流增益高于 Si BJT,不存在传统 Si BJT 的二次击穿问题,其反向偏置安全工作区呈矩形,具有很低的导通压降,开关速度快,工作频率可达数十兆赫兹。

2.5.1　1.2 kV SiC BJT 的特性与参数

这里以 GeneSiC 公司的 1.2 kV SiC BJT(定额为 1 200 V/7 A)为例对特性进行阐述。为了便于说明其特点,选取了目前业界最好水平的三种相同电压等级的 Si IGBT(NPT1：1 200 V/14 A@125 ℃硅非穿通型 IGBT；NPT2：1 200 V/10 A@150 ℃硅非穿通型 IGBT；TFS：1 200 V/15 A@175 ℃硅 TrenchStop IGBT,这三种 IGBT 的封装内部都集成了反并联的快恢复二极管)与之进行对比。

1. 通态特性及其参数

SiC BJT 的典型输出特性如图 2.126 所示,SiC BJT 的集射偏置电压接近于零,饱和区不明显,在饱和区不同基极电流下的 $I-U$ 曲线并不重合。这两个特点表明 SiC BJT 在漂移区中缺乏电荷存储,这与传统的 Si BJT 有较大差异。SiC BJT 的这种固有特性使其在不同温度下都可以获得较快的开关速度,开关速度受温度影响较小。

在相同的温度下,SiC BJT 的通态压降比 Si IGBT 的低,在 25 ℃时其压降为 1.5 V,在 125 ℃时为 2.5 V(集电极电流为 7 A)。与多数载流子器件的特性相似,SiC BJT 的导通压降呈正温度系数,这使其易于并联扩容。如图 2.127 所示,1 200 V/7 A 定额的 SiC BJT 在 25 ℃工作温度下的导通电阻值为 235 mΩ(基极电流为 400 mA),在 250 ℃温度时的导通电阻值为 660 mΩ。当结温从 25 ℃增加到 250 ℃时,最大电流增益从 72 下降到 39,呈负温度系数。

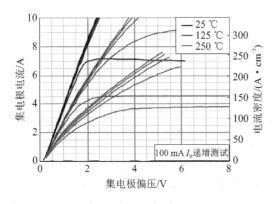

图 2.126　SiC BJT 的输出特性曲线

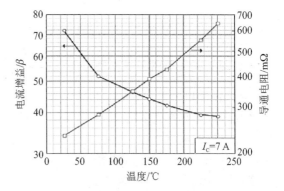

图 2.127　SiC BJT 电流增益与
导通电阻随温度变化曲线

2. 阻态特性及其参数

SiC BJT 的阻态特性如图 2.128 所示。SiC BJT 的额定阻断电压为 1 200 V,在 325 ℃高

温时,漏电流仍较小,小于 100 μA。图 2.129 给出 SiC BJT 与 Si IGBT 在不同温度情况下测得的漏电流。Si IGBT 在超过 175 ℃ 结温后的漏电流太大,不能正常工作,而 SiC BJT 则可达 325 ℃,但受现有封装技术的限制,测试时未再进一步增加工作温度。与 Si IGBT 相比,SiC BJT 的漏电流随温度增加的速率较低。

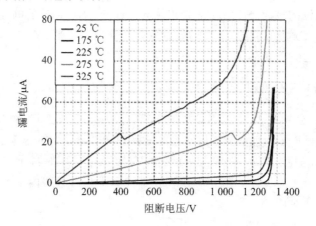

图 2.128　SiC BJT 基极开路的阻态特性曲线

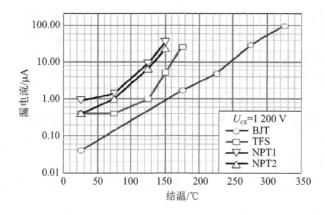

图 2.129　SiC BJT 与 Si IGBT 的漏电流与温度关系曲线对比

3. 基极控制特性及其参数

SiC BJT 既可以工作于基极电流控制模式,也可以工作于基极电压控制模式。图 2.130 给出 SiC BJT 在基极电压控制模式下测得的输出特性,在基极电压 $U_{BE} = 4$ V 时,SiC BJT 可以获得 7 A 的额定电流。这一驱动电压值比驱动相同电压等级 SiC MOSFET 所需的典型电压值 20 V 小得多。图 2.131 给出 SiC BJT 在不同温度下的转移特性。当温度为 25 ℃ 时,7 A 电流处的小信号跨导为 7.4 S;当温度为 125 ℃ 时,跨导降为 7.1 S。在 25 ℃ 时,基极门槛电压为 2.8 V;在 250 ℃ 时,门槛电压降为 2.4 V。图 2.131 的转移特性在更高电流下出现饱和现象是因为对用于测试的波形记录器的基极驱动电路的功率进行了限制。

4. 开关特性及其参数

采用双脉冲电路对 SiC BJT 和 Si IGBT 的开关特性进行对比测试。这里开关能量损耗是

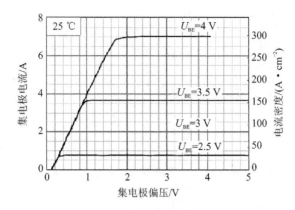

图 2.130　SiC BJT 在基极电压控制模式下的输出特性曲线

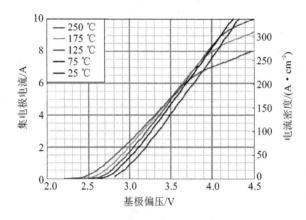

图 2.131　不同温度下 SiC BJT 的转移特性曲线

指功率器件开通或关断一次所对应的能量。图 2.132 和图 2.133 分别为开通过程和关断过程中不同器件组合下的开关能量损耗测试结果。SiC BJT 的开通时间和关断时间表现出良好的温度稳定性,在 25~250 ℃范围内,开通时间保持在 12 ns 左右,关断时间保持在 14 ns 左右,与其他器件组合相比,SiC BJT 的开关能量损耗低很多。

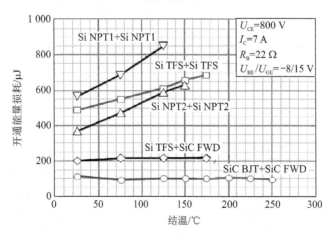

图 2.132　SiC BJT 与 Si IGBT 的开通能量损耗对比

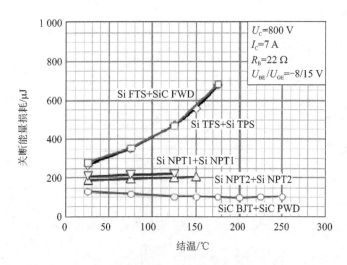

图 2.133　SiC BJT 与 Si IGBT 的关断能量损耗对比

图 2.134 给出所有器件组合在 $f_s=100$ kHz、占空比 $D=0.7$ 时的损耗对比结果。SiC BJT 在 250 ℃时的基极驱动损耗、导通损耗和开关损耗分别为 5.25 W、26.65 W 和 20 W。虽然 SiC BJT 的驱动损耗比 Si IGBT 的驱动损耗高得多,但其对总损耗的影响较小。采用全 SiC 器件组合(SiC BJT 与 SiC Doide)比全 Si 器件组合(Si IGBT 与 Si Doide)的损耗至少降低了 50%。

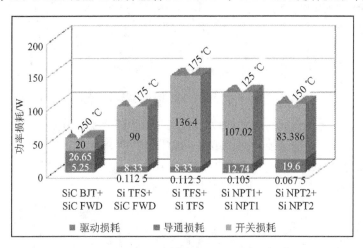

图 2.134　SiC BJT 和 Si IGBT 在各自最大工作温度下的器件损耗比较

5. 安全工作范围

(1) 反向偏置安全工作区

传统的 Si BJT 因存在二次击穿问题,故限制了高压工作时的最大电流。然而 SiC BJT 具有接近理想矩形的反向偏置安全工作区。图 2.135 和图 2.136 给出两种极端情况下关断安全工作区的测试结果。图 2.135 对应额定集射极偏置电压(800 V)和 3 倍额定集电极电流(22 A);图 2.136 对应额定电流 7 A 和更高的集射极偏置电压 1 250 V。可见,SiC BJT 在超高的集电极电流和集射极电压偏置下仍能安全关断,这同时也可推断出 SiC BJT 具有理想的矩形反偏安全工作范围。

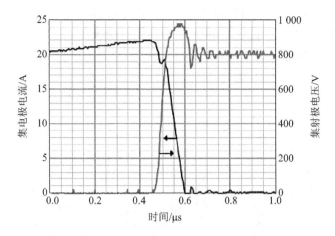

图 2.135　SiC BJT 在大电流(22 A)下关断时的波形

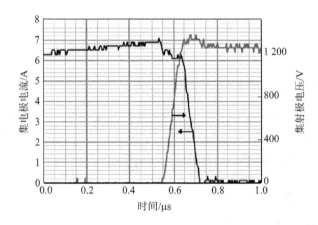

图 2.136　SiC BJT 在高电压(1 250 V)下关断时的波形

（2）短路安全工作区

SiC BJT 的短路能力测试和雪崩特性测试结果如图 2.137 和图 2.138 所示。SiC BJT 在集射极电压为 800 V、基极电流为 0.2 A 时切换到短路状态,短路电流达到 13 A,持续了

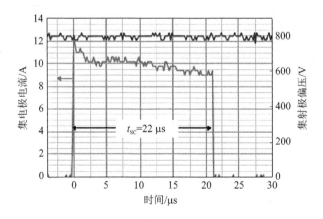

图 2.137　SiC BJT 承受短路时的电压、电流波形

22 μs。这比 SiC MOSFET 通常能够承受的 10 μs 典型短路时间长得多。在这样的短路条件下，SiC BJT 持续短路直到 25 μs 时才损坏。当额定电流为 7 A 的 SiC BJT 在 7 A 电流和 1 mH 电感下进行钳位开关转换工作时，单脉冲雪崩能量 E_{AS} 达到 20.4 mJ。

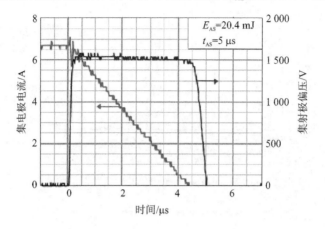

图 2.138　SiC BJT 的单脉冲雪崩能量波形

2.5.2　高压 SiC BJT 的特性与参数

除了 1.2 kV SiC BJT 外，GeneSiC 公司还针对中高压功率变换应用场合开发了 10 kV SiC BJT 器件，包括 SiC BJT 单管和达林顿管。这里以管芯面积为 2.7 mm² 的 SiC BJT 单管，以及管芯面积为 28 mm² 的 SiC BJT 单管和达林顿管为例阐述高压 SiC BJT 的主要特性与参数。

1. 通态特性及其参数

SiC BJT 的输出特性如图 2.139 所示。图 2.139(a)是管芯面积为 2.7 mm² 的 SiC BJT 单管的输出曲线，饱和区的通态比电阻 $R_{on,sp}$ 为 110 mΩ·cm²，比集电极区的漂移电阻计算值 (94 mΩ·cm²)略大些。SiC BJT 单管表现出多子导电输出特性，不同基极电流下的饱和区几

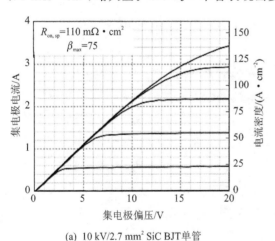

(a) 10 kV/2.7 mm² SiC BJT单管

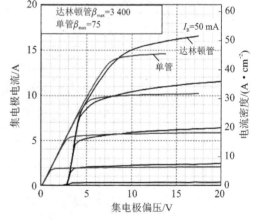

(b) 10 kV/28 mm² SiC BJT单管和达林顿管

图 2.139　10 kV SiC BJT 的输出特性曲线

乎重叠在一起,没有准饱和过渡区。电流增益典型值为 75。图 2.139(b)是管芯面积为 28 mm² 的 SiC BJT 单管和达林顿管的输出特性,可见 SiC BJT 达林顿管有明显的饱和区和准饱和过渡区,电流增益典型值高达 3 400。饱和区的通态比电阻 $R_{on,sp}$ 为 44.8 mΩ·cm²,比单管的通态比电阻减小了 69% 左右。

2. 阻态特性及其参数

如图 2.140 所示为 10 kV SiC BJT 的阻态特性测试曲线。当阻断电压为 10～10.5 kV 时,所对应的漏电流测试值为 1～10 μA。

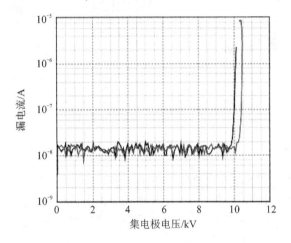

图 2.140　SiC BJT 阻态特性测试曲线

3. 开关特性及其参数

采用 8 kV/10 A SiC JBS 二极管作为 SiC BJT 的续流二极管,构成双脉冲电路,对 10 kV/28 mm² SiC BJT 单管的开关特性进行测试。SiC BJT 装在可调温的金属板上,金属板温度设为 150 ℃,则直流母线电压为 5 kV 时的测试结果如图 2.141 所示。

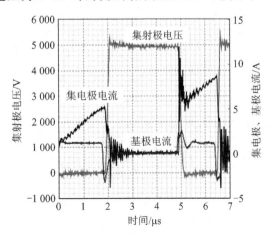

图 2.141　10 kV/28 mm² SiC BJT 的开关波形(T_a＝150 ℃,U_{in}＝5 kV)

图 2.142 为开通波形局部放大图,基极驱动电流峰值为 2.5 A 左右,SiC BJT 的开通速度

很快,集电极电流上升时间小于 30 ns,集电极电压下降时间小于 200 ns。在 SiC BJT 的开通瞬间,由于 SiC JBS 二极管结电容充电,使得集电极电流峰值达到 15 A。另外,测试电路引入的寄生参数与功率器件的寄生参数产生了明显的振荡。通过波形积分运算可得开通能量损耗 E_{on} 为 4.2 mJ。

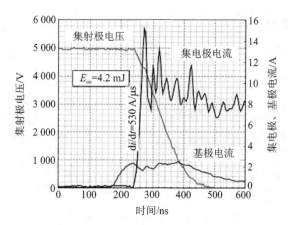

图 2.142　10 kV/28 mm² SiC BJT 的开通波形局部放大图

　　图 2.143 为 SiC BJT 的关断波形局部放大图。由图 2.143 可知,基极负向驱动电流峰值为 −3 A,集电极电压上升时间约为 100 ns,集电极电流下降时间为 150 ns 左右,没有电流拖尾现象。这说明在集电极区域只有多子存在,而没有少子存储。关断能量损耗 E_{off} 为 1.6 mJ。

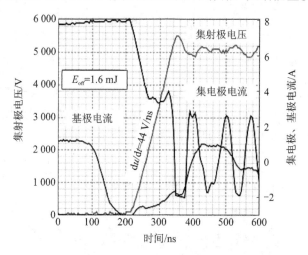

图 2.143　10 kV/28 mm² SiC BJT 的关断波形局部放大图

　　表 2.25 对 10 kV/28 mm² SiC BJT 与 6.5 kV Si IGBT 的开关损耗进行了对比。SiC BJT 的开通能量损耗是 Si IGBT 的 1/19,关断能量损耗是 Si IGBT 的 1/25。

表 2.25　SiC BJT 与 Si IGBT 开关能量损耗对比

器　件	电压等级/kV	I_C/A	温度/℃	E_{on}/mJ	E_{off}/mJ
SiC BJT(GeneSiC 公司)	10	8	150	4.2	1.6
Si IGBT(ABB 公司)	6.5	10	125	80	40

4. 可靠性

(1) 短路安全工作区

图 2.144 给出 10 kV/2.7 mm^2 SiC BJT 的短路能力测试结果。SiC BJT 在集射极电压偏置为 4 500 V、基极电流为 20 mA 时切换到短路状态,短路电流 I_{SC} 为 1 A,当可调金属板温度在 25～125 ℃范围内变化时,SiC BJT 均可持续 20 μs。这一时间远超过 SiC MOSFET 的短路承受时间。如图 2.144(b)所示,在可调金属板温度设为 125 ℃时,集电极电压偏置由 1 400 V 变为 4 500 V,短路电流 I_{SC} 保持不变。这进一步证明了 SiC BJT 不同于 SiC MOSFET,其输出特性不受短沟道效应的影响。

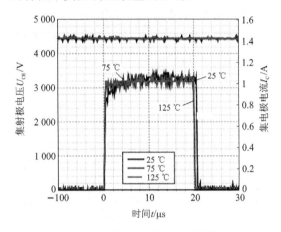

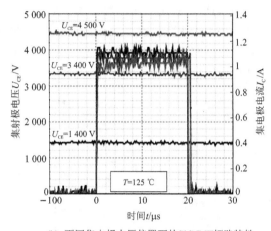

(a) 不同温度下的短路开关特性　　　　　(b) 不同集电极电压偏置下的SiC BJT短路特性

图 2.144　10 kV/2.7 mm^2 SiC BJT 的短路特性曲线

(2) 长时间高压偏置下的漏电流稳定性

图 2.145 给出 10 kV/2.7 mm^2 SiC BJT 在长时间高压偏置下的漏电流测试结果。SiC BJT 在集电极电压偏置为 5 kV、可调金属板温度设为 125 ℃的条件下连续工作了 162 h 后,又在 175 ℃条件下连续工作了 72 h,漏电流测试结果仍为 1 μA 左右,表现出很好的稳定性。

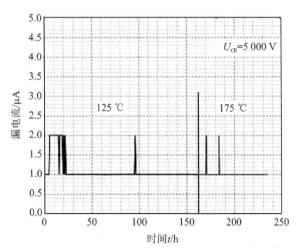

图 2.145　10 kV/2.7 mm^2 SiC BJT 长时间高压偏置下的漏电流测试结果

2.5.3　耐高温 SiC BJT 的特性与参数

为了适应恶劣的工作环境,GeneSiC 公司开发了耐高温的 SiC BJT 器件。这里以 1 200 V/3 mm² SiC BJT 为例介绍耐高温 SiC BJT 的主要特性与参数。

1. 输出特性及其参数

图 2.146 给出在不同温度下 1 200 V/3 mm² SiC BJT 的输出特性曲线,由图 2.146 可知,SiC BJT 的导通电阻呈正温度系数,易于并联扩容。当温度在 25～300 ℃范围内时,SiC BJT 的输出特性曲线缺少明显的准饱和区,其工作特性与单极型器件的相似,可认为工作在"单极型"模式,这与 Si BJT 的特性有着明显的不同;且在这一温度范围内,SiC BJT 的开关速度与温度的关系不大。但是当温度达到 400～500 ℃时,如图 2.146(c)所示,SiC BJT 的输出特性曲线中出现明显的饱和区和准饱和区,这意味着随着温度的升高,SiC BJT 由"单极型"工作模式转化为"双极型"工作模式。

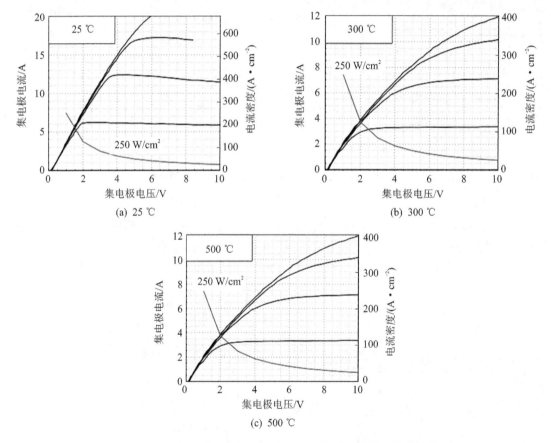

图 2.146　1 200 V/3 mm² SiC BJT 在不同温度下的输出特性曲线

图 2.147 为电流增益 β 随温度变化的曲线。在 25～300 ℃范围内,由于基极区域中 P 型受主原子的增加,电流增益表现为负温度系数。当温度高于 300 ℃后,由于载流子的寿命随着温度的升高而上升,电流增益表现为较小的正温度系数。

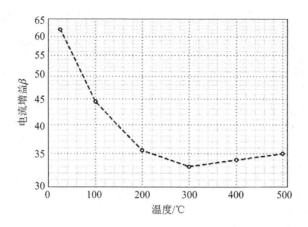

图 2.147　电流增益 β 与温度的关系曲线

2. 阻态特性及其参数

图 2.148 为 1 200 V/3 mm² SiC BJT 在不同温度下的阻态特性曲线。由图 2.148 可知，即使温度高达 325 ℃，阻断 1 200 V 电压时的漏电流仍小于 100 μA。

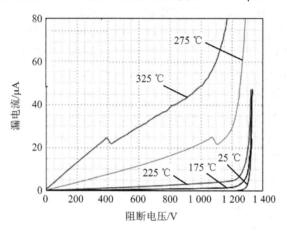

图 2.148　1 200 V/3 mm² SiC BJT 的阻态特性曲线

3. 开关特性及其参数

图 2.149 为 1 200 V/3 mm² SiC BJT 在感性负载条件下测量的开关波形。开通时基极电流峰值为 4.5 A，集电极电流上升时间为 12 ns。在关断过程中，基极电流峰值为 −1 A，集电极电流下降时间为 13 ns。当温度在 25～250 ℃ 范围内变化时，开关波形和开关时间无明显变化。

以 GeneSiC 公司为代表的业界公司应用先进封装技术制作的 SiC BJT 具有 250 ℃ 以上的高温工作能力和优越的电气性能，这种晶体管应用于功率电子电路，可以显著提高整机的效率，缩小系统尺寸，减少元件数，减轻散热负担，有很大的发展潜力，很可能会改变 1 000 伏至几千伏功率器件的应用格局。

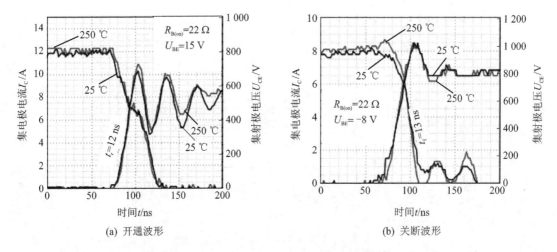

(a) 开通波形　　　　　　　　　　　　(b) 关断波形

图 2.149　1 200 V/3 mm² SiC BJT 的开关波形

2.5.4　SiC BJT 模块的特性与参数

为了满足高功率负载的需求,GeneSiC 公司在其研制的 SiC BJT 单管的基础上,利用管芯并联技术制成了 SiC BJT 功率模块。这类模块的兼容性好,可与 Si MOSFET、Si IGBT 模块的驱动芯片兼容,具有损耗低和体积小等优点,可用于地下石油钻井、地热仪器、混合动力汽车、开关电源、功率因数校正、感应加热、不间断电源和电机驱动等场合。

这里以 1.2 kV SiC BJT 功率模块(型号为 GA100SICP12 - 227,常温下定额为 1 200 V/200 A,以下简称 SiC BJT 模块)为例阐述其主要电气特性。

如图 2.150 所示为 SiC BJT 模块的外形照片和电路符号,该模块由多个 SiC BJT 管芯并联,并内置反并联 SiC SBD 制成,从而构成可双向流通电流的功率模块。该模块外部有四个接线端子,分别为基极(B)、集电极(C)、发射极(E)和反并二极管正极(BR)。

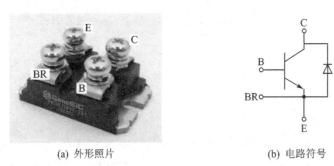

(a) 外形照片　　　　　　　　　　　(b) 电路符号

图 2.150　SiC BJT 模块的外形照片和电路符号

1. 通态特性及其参数

图 2.151 为 SiC BJT 模块的输出特性曲线。在不同温度条件下该模块都能快速开通,且集射极间的饱和导通压降较小。当温度为 25 ℃时,集电极电流为 100 A 时的饱和压降约为 1.15 V,电流增益约为 104;当温度为 150 ℃时,集电极电流为 100 A 时的饱和压降约为 1.8 V,电流增益约为 55;当温度为 175 ℃时,集电极电流为 100 A 时的饱和压降约为 2.3 V,

电流增益约为 50。比较图 2.151(a)～(c)可见,电流增益随着温度的升高而降低,导通电阻随着温度的升高而增加,具有正温度系数,易于并联扩容。

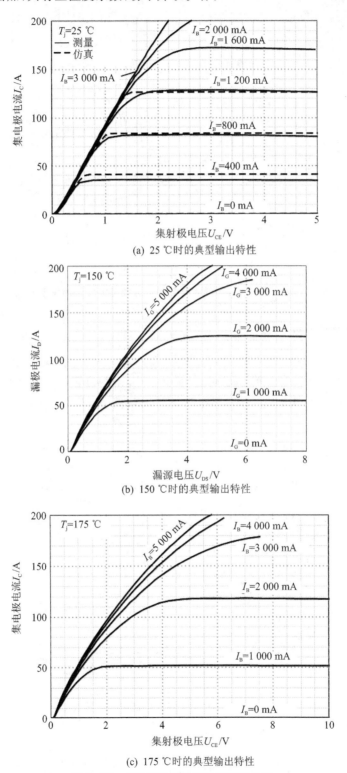

(a) 25 ℃时的典型输出特性

(b) 150 ℃时的典型输出特性

(c) 175 ℃时的典型输出特性

图 2.151　SiC BJT 模块的输出特性曲线

    图 2.152 为 SiC BJT 模块的电流增益和导通电阻标幺值随壳温变化的关系曲线。由图可见，导通电阻随温度的升高而升高，在 175 ℃时的导通电阻是 25 ℃时的 1.95 倍。电流增益随壳温的升高而降低，25 ℃时的电流增益约为 105，175 ℃时的电流增益降低为 58 左右。

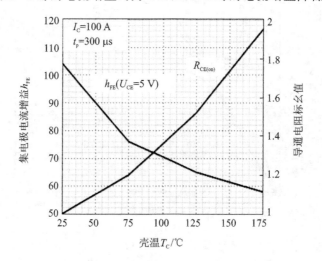

图 2.152   电流增益和导通电阻标幺值随壳温变化的关系曲线

2. 阻态特性及其参数

    图 2.153 为 SiC BJT 模块的阻态特性曲线。SiC BJT 模块的额定阻断电压为 1 200 V，当温度从 25 ℃升高到 125 ℃时，集电极电流的变化较小；当温度再继续升高时，集电极电流随着温度的升高而明显变大；在 175 ℃时，集电极电流仍较低，小于 100 μA。可见，SiC BJT 模块有较好的阻断特性。

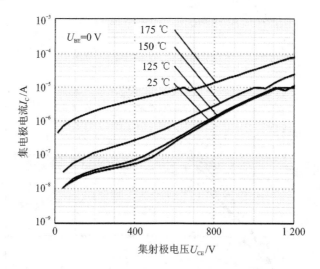

图 2.153   SiC BJT 模块的阻态特性曲线

3. 开关特性及其参数

图 2.154(a)为 SiC BJT 模块的开通时间和开通能量损耗随结温变化的关系曲线,集射极电压的下降时间 t_f 几乎与温度无关,开通能量损耗 E_{on} 随温度升高而略有下降,集射极电压的下降时间 t_f 的典型值为 45 ns,开通能量损耗的典型值处于 1 000～1 100 μJ 之间。图 2.154(b)为 SiC BJT 模块的关断时间和关断能量损耗随结温变化的关系曲线,集射极电压的上升时间和关断能量损耗均随温度的升高而略有下降,集射极电压的上升时间 t_r 的典型值为 19 ns,关断能量损耗 E_{off} 随温度的升高略有下降,关断能量损耗的典型值处于 320～360 μJ 之间。

SiC BJT 模块集成了 SiC BJT 和 SiC SBD,内部集成的 SiC SBD 具有导通压降低、浪涌电流承受能力强、漏电流小和无反向恢复特性等优势,SiC BJT 和 SiC SBD 的结合表现出独特的良好性能,可以承受大于 10 μs 的重复短路电流,非常适用于感性负载。而且,SiC BJT 模块的体积小,使用灵活方便,对冷却系统要求小。

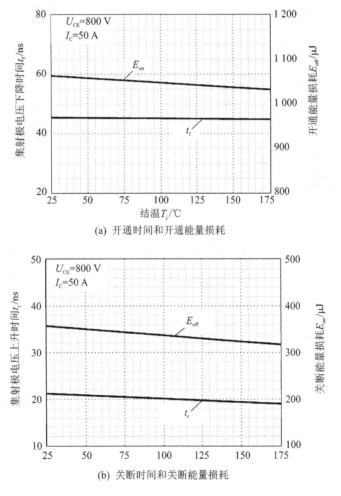

(a) 开通时间和开通能量损耗

(b) 关断时间和关断能量损耗

图 2.154　SiC BJT 模块的开关时间、开关能量损耗与结温的关系曲线

2.6 SiC IGBT 的特性与参数

由于 IGBT 具有的简单的栅极驱动方式和较大的电流处理能力,使得其在 Si 基功率器件的中压应用领域中成为了主流选择。目前商用 Si IGBT 模块的最高耐压仅为 6.5 kV,而采用 SiC 材料制作的 SiC IGBT 器件可具有更高的耐压能力。

Wolfspeed 公司和 Powerex 公司联合研制了 15 kV/20 A 的 N 沟道 SiC IGBT 模块,由 15 kV/20 A SiC IGBT 与两个相串联的 SiC JBS 二极管(每个耐压 10 kV,两个串联等效耐压 20 kV)反并联而成,如图 2.155(a)所示。该模块还集成了用于过流保护的电流采样电阻以及提供温度信息的热敏电阻。SiC IGBT 的元胞结构示意图如图 2.155(b)所示,N 缓冲区的厚度和 N⁻ 漂移区的厚度分别为 2 μm 和 140 μm。

(a) 内部结构

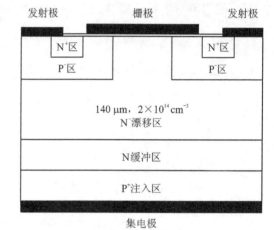

(b) 元胞结构

图 2.155 15 kV/20 A SiC IGBT 模块的内部结构和元胞结构示意图

下面以 15 kV/20 A SiC IGBT 为例进行特性阐述。

1. 通态特性

SiC IGBT 的典型输出特性如图 2.156 所示,通态压降呈正温度系数,易于并联扩容。

2. 阻态特性

如图 2.157 所示为 SiC IGBT 的正向阻断特性。常温下,在阻断电压为 12 kV 时,漏电流小于 140 μA,功率损耗大约为 1.8 W,几乎可以忽略;当温度升高至 150 ℃时,漏电流略有增大,仅为 155 μA 左右。

3. 开关特性

(1) 开通特性

如图 2.158 所示是在直流母线电压为 11 kV、感性负载电流为 5 A 条件下测得的开通瞬态波形。在 SiC IGBT 开通转换期间,最初的 du/dt 和电流尖峰很大。由于 IGBT 较低的耗

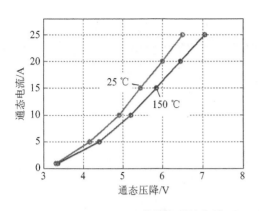

图 2.156　SiC IGBT 的输出特性曲线

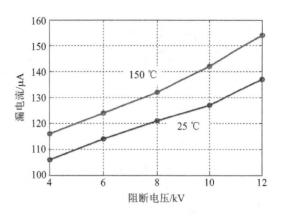

图 2.157　SiC IGBT 的正向阻态特性曲线

尽层电容导致其 du/dt 很高,使得在反并二极管的结电容上形成很高的电流尖峰。图中显示的电流尖峰高达 39 A。一旦在 SiC IGBT 上所承受的电压降到 6 kV 左右,由于其扩散电容较大,du/dt 则会显著降低。

在开通过程中,在电流尖峰之后出现的电流振荡是由杂散电感和寄生电容(包括二极管寄生电容和电感的寄生电容)谐振引起的。为了限制耗尽层电容的放电速率,在开通过程中需采用较大的栅极电阻。在 11 kV 时,为了限制电流尖峰小于 40 A,开通过程中的栅极驱动电阻 $R_{G(on)}$ 选择为 200 Ω。但这么高的栅极电阻会进一步减缓扩散电容的放电过程,增加开通过程的持续时间。在 11 kV/5 A 测试条件下的开通损耗高达 52 mJ。

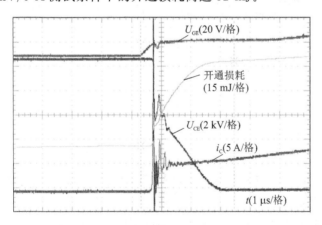

图 2.158　SiC IGBT 的开通瞬态波形($R_{G(on)}=200$ Ω)

(2) 关断特性

如图 2.159 所示是在直流母线电压为 11 kV、感性负载电流为 10 A 条件下测得的 SiC IGBT 关断瞬态波形,关断过程中的栅极电阻 $R_{G(off)}$ 取为 10 Ω。关断过程约为 650 ns,电流拖尾时间可忽略。与理想感性负载关断过程中集电极电流仅在集射极电压上升至直流母线电压时才开始下降不同,SiC IGBT 在实际关断过程中,在集射极电压达到直流母线电压之前,集电极电流就开始缓慢下降。当 SiC IGBT 集射极电压达到直流母线电压 11 kV 时,由于 SiC IGBT 的寄生电容 C_{CE} 以及二极管寄生电容的作用,电流出现突然的跌落。关断过程中的能量损耗约为 18 mJ。电流的振荡是由 du/dt 的变化与二极管寄生电容相互作用引起的。

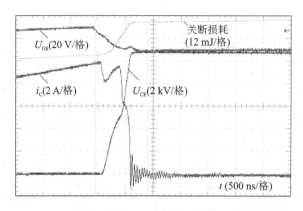

图 2.159　SiC IGBT 的关断瞬态波形($R_{G(off)} = 10\ \Omega$)

（3）开关能量损耗

图 2.160（a）给出 SiC IGBT 的开关能量损耗与直流母线电压的关系曲线。开通能量损耗近似与直流母线电压的平方成正比，关断能量损耗基本上与直流母线电压成正比。图 2.160（b）给出直流母线电压为 11 kV 时开关能量损耗与负载电流的关系曲线。当负载电流从 3 A 增加到 5 A 时，开通能量损耗增加了 40% 左右，而关断能量损耗随负载电流的增大变化很小。

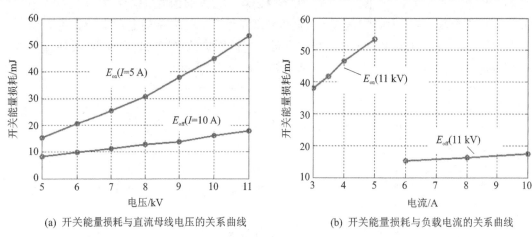

(a) 开关能量损耗与直流母线电压的关系曲线　　　　　(b) 开关能量损耗与负载电流的关系曲线

图 2.160　SiC IGBT 的开关能量损耗与直流母线电压、负载电流的关系曲线

（4）不同温度下的开关特性

如图 2.161 所示是在直流母线电压为 8 kV、负载电流为 10 A 测试条件下，不同温度时的关断瞬态实验波形。当温度从 25 ℃升高到 150 ℃时，关断电压和电流的瞬态过程的持续时间都显著加长，关断损耗约增加了 3.2 倍。关断损耗随温度显著增加的原因有两点：一是缓冲层载流子寿命的增加，二是因从背面掺杂的载流子数目增加所导致的漂移层载流子数目的增加。如图 2.162 所示，开通能量损耗在温度升高的过程中几乎保持恒定，这主要是因为开通过程对应的驱动电阻 $R_{G(on)}$ 取得较大（用于抑制电流尖峰），温度对开通过程的影响与此大电阻的影响相比几乎可以忽略。

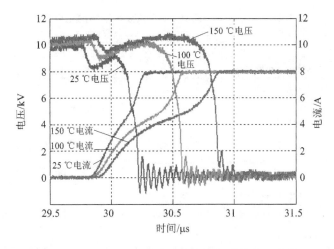

图 2.161　SiC IGBT 的关断过程与温度的关系曲线

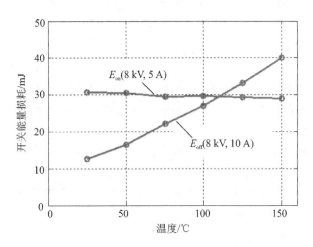

图 2.162　SiC IGBT 的开关能量损耗与温度的关系曲线

4. SiC IGBT 的频率限制

在实际功率变换器的应用中,SiC IGBT 的功率损耗(取决于工作电流及开关频率)受到从结到环境的传热能力的限制。在同样的功耗下,较低的热阻有利于降低结温。结与环境之间的热阻主要受模块封装、热界面材料和散热手段的影响。

受限于现有封装材料,15 kV SiC IGBT 实际能承受的最大结温仍为 150 ℃,结功耗受最大工作结温和结与环境间的热阻的限制。表 2.26 是用于评估 SiC IGBT 频率限制的主要参数。功率变换器的实际工作电压设置为 10 kV,是该 SiC IGBT 最大阻断电压(15 kV)的66%。在不同电流密度下分别采用液冷和风冷作为散热手段对 SiC IGBT 的极限开关频率的能力进行了评估。

表 2.26 用于评估 SiC IGBT 开关频率限制的主要参数

参　数	数　值
IGBT 额定阻断电压/kV	15
实际工作电压/kV	10
实际工作电流/A	5($15\ \text{A/cm}^2$) 10($30\ \text{A/cm}^2$)
有效面积/cm^2	0.32
最大工作结温/℃	150
结与环境间的热阻(液冷)/(℃·W^{-1})	0.54
结与环境间的热阻(风冷)/(℃·W^{-1})	0.65
环境温度 T_A/℃	35

在一定的开关频率下,SiC IGBT 的功耗随结温的升高而增加。结温的升高进一步使功耗增加,而功耗的增加又会使结温升高,这是一个正反馈过程,直至 SiC IGBT 的结温最终稳定在功耗曲线与热阻线的交点上。

如图 2.163 所示为 10 kV/5 A 测试条件下,采用液冷散热方式时的开关频率限制曲线。由于开关频率为 6.2 kHz 时的功耗曲线与热阻曲线的交点对应于 150 ℃(最大工作结温),因此这一测试条件下的极限开关频率为 6.2 kHz。类似的方法可以得到 10 kV/10 A 测试条件下采用液冷散热方式时的极限开关频率为 3.9 kHz,如图 2.164 所示。在 10 kV/5 A 测试条件下采用风冷散热方式时的极限开关频率为 5.1 kHz,如图 2.165 所示。在 10 kV/10 A 测试条件下采用风冷散热方式的极限开关频率为 3.2 kHz,如图 2.166 所示。表 2.27 列出了各种情况下的极限开关频率结果。散热方式从液冷变化到风冷,功耗密度仅从 660 W/cm^2 减小到 550 W/cm^2,这说明仅靠改进散热手段来减小 SiC IGBT 从结到环境的热阻,其效果并不明显,应当重视先进封装材料和封装技术的研制,以充分发挥 SiC IGBT 的优势。

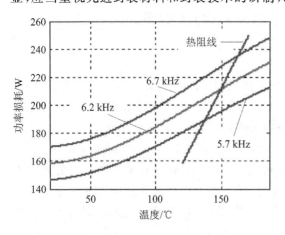

图 2.163 10 kV/5 A 测试条件下液冷时的开关频率限制

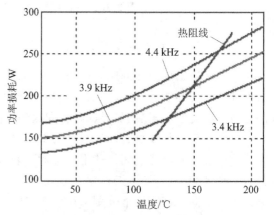

图 2.164 10 kV/10 A 测试条件下液冷时的开关频率限制

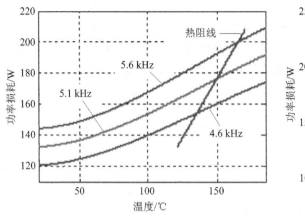

图 2.165　10 kV/5 A 测试条件下
风冷时的开关频率限制

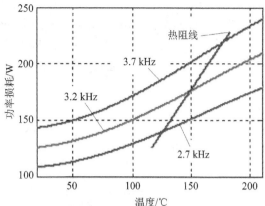

图 2.166　10 kV/10 A 测试条件下
风冷时的开关频率限制

表 2.27　15 kV SiC IGBT 的极限开关频率分析

参　数	数　值
10 kV/5 A 时的开关频率极限/kHz	6.2(液冷) 5.1(风冷)
10 kV/10 A 时的开关频率极限/kHz	3.9(液冷) 3.2(风冷)
功耗密度/(W·cm^{-2})	660(液冷) 550(风冷)
最大工作结温/℃	150
环境温度/℃	35

2.7　SiC 晶闸管的特性与参数

在高压大容量变流器中,目前仍普遍采用 Si 基晶闸管,但其电压阻断能力和耐 du/dt 和 di/dt 的能力已逼近硅材料所能达到的物理极限。此外,由于 Si 基晶闸管的结温限制,需要配置复杂的冷却装置,因此,为了适应未来电力系统及大功率脉冲功率装置的要求,需要研制超高压电力电子半导体器件。目前,对超高压器件的研究主要集中在碳化硅可关断晶闸管(SiC GTO)和碳化硅发射极关断晶闸管(SiC ETO)上。

2.7.1　SiC GTO 的特性与参数

这里以 Wolfspeed 公司的 9 kV 耐压 SiC GTO 为例介绍其特性与参数。如图 2.167 所示为 9 kV SiC GTO 的截面图。SiC GTO 按如下步骤设计:首先,在 N$^+$ 型 4H-SiC 衬底上进行外延生长。第一外延层厚度为 2.5 μm,作为 P 型缓冲层,其掺杂浓度为 5×10^{17} cm^{-3}。随后,外延生长厚度为 90 μm、掺杂浓度为小于 2×10^{14} cm^{-3} 的 P$^-$ 层。再外延生长厚度为

$2~\mu m$、掺杂浓度约为 $2\times10^{17}~cm^{-3}$ 的基极层。最后,外延生长厚度为 $2~\mu m$ 的重掺杂 P^+ 层作为阳极。在外延生长 4 层不同掺杂浓度、不同厚度的 $4H-SiC$ 后,将阳极光刻制备成一个梯形台面结构。阳极、门极和背面采用 Ni 金属退火形成欧姆接触。芯片正面和背面淀积 Ti/Ni/Au 合金,最后,芯片正面淀积聚酰亚胺形成保护层和阳极、门极的接触电极。

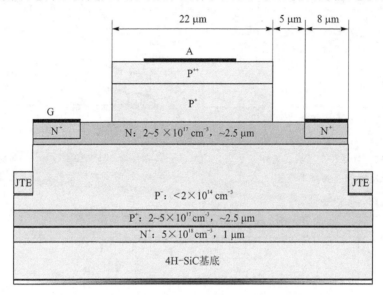

图 2.167　9 kV SiC 晶闸管的截面图

　　图 2.168 为 $1~cm^2$ 的 SiC GTO 实物图,门极分布七个铜片均匀流过门极电流。在脉冲功率应用场合,SiC GTO 的电流密度很高,一般大于 $10~kA/cm^2$,因此封装时要尽量减小寄生电感。在图 2.168(b)中的 $7\times7~mm^2$ 的 SiC GTO 中采用了 ThinPak 集成封装技术,以陶瓷盖代替铜引线大大降低了封装的寄生阻抗。

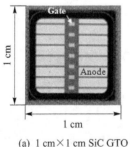
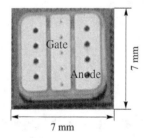

(a) $1~cm\times1~cm$ SiC GTO　　　　(b) 采用了 ThinPak 集成封装技术的
　　　　　　　　　　　　　　　　$7~mm\times7~mm$ 的 SiC GTO

图 2.168　SiC GTO 实物图

1. 通态特性及其参数

　　SiC GTO 的正向导通特性如图 2.169 所示。当结温为 25 ℃、门极驱动电流为 50 mA、电流密度为 $100~A/cm^2$ 时,SiC GTO 的正向压降为 3.7 V。在电流密度大于 $300~A/cm^2$ 时,其导通电阻呈正温度系数,因此,在电流密度通常为 $10\sim20~kA/cm^2$ 的脉冲功率场合下,SiC GTO 可并联扩容。

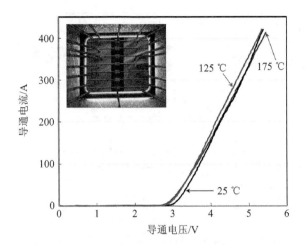

图 2.169　SiC GTO 的正向导通特性

2. 阻态特性及其参数

图 2.170 为 1 cm² 的 SiC GTO 在不同温度下的阻态特性。当阻断电压为 9 kV 时,漏电流小于 1 μA。由于碰撞电离程度随温度的升高而减小,因此在 75 ℃ 和 125 ℃ 下的漏电流有所减小。但在 175 ℃ 下由于封装原因引入了额外的漏电流,致使器件的漏电流有所升高。

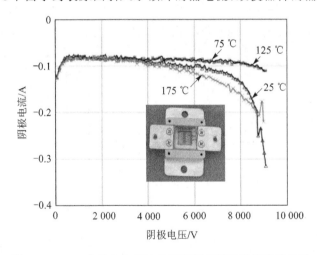

图 2.170　1 cm² 的 SiC GTO 在不同温度下的阻态特性曲线

为了便于对比,图 2.171 示出面积为 12.4 mm×12.4 mm、定额为 1.6 kV/165 A 的商用 Si SCR 在不同温度下的阻态特性。对比可见,SiC GTO 的漏电流明显减小。随着温度的升高,Si SCR 的漏电流随之变大,并足以使器件触发开通。如图 2.171 所示,在 150 ℃ 时,当 Si SCR 的反向阻断电压达到 600 V 时,器件就会自动触发开通。与之相比,SiC GTO 在 300 ℃ 时也不会出现因漏电流而产生的自动开通现象。尤其在脉冲功率应用场合的高电流尖峰下,管芯会持续受热,温度会一直升高,Si SCR 不能适应这种场合;而 SiC GTO 的耐高温工作特性使其适合于射击轨道炮等需要脉冲功率的场合。

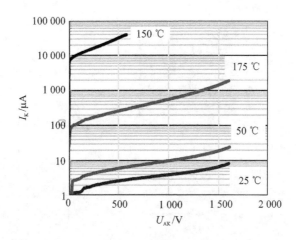

**图 2.171　12.4 mm×12.4 mm 商用 1.6 kV/165 A 的
Si SCR 在不同温度下的阻态特性曲线**

3. 开通特性及其参数

SiC GTO 开通特性的测试电路如图 2.172 所示。在施加了门极驱动信号之后,从阳极到阴极的电流开始上升之前的这段时间为开通延迟时间。开通延迟时间与门极电流、阳极-阴极电流、电压和工作温度有关。图 2.173 为不同门极电流下的开通延迟时间。当门极电流小于 0.1 A 时,开通延迟时间大于 4 000 ns;当门极电流为 1.5 A 时,开通延迟时间明显减小,降为 120 ns。这一延迟时间主要是由 SiC GTO 内部双晶体管之间的反馈环路效应引起的。

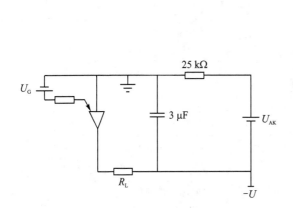

图 2.172　SiC GTO 开通特性的测试电路

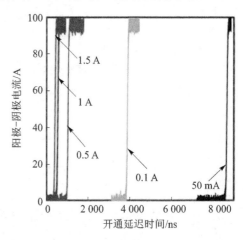

图 2.173　不同门极电流下的开通延迟时间

4. 脉冲功率特性及其参数

采用图 2.174 所示的脉冲电流测试电路对 SiC GTO 的脉冲电流进行测试,测试结果如图 2.175 所示。脉冲电流峰值达到 12.8 kA,这相当于流过 SiC GTO 和二极管 D_1 的电流密度达到 12.8 kA/cm^2。由于测试电路所用的元件将最大电流限制在 12.8 kA,而此时 SiC GTO 是完全可以承受的,因此,SiC GTO 可承受的电流密度上限高于 12.8 kA/cm^2。

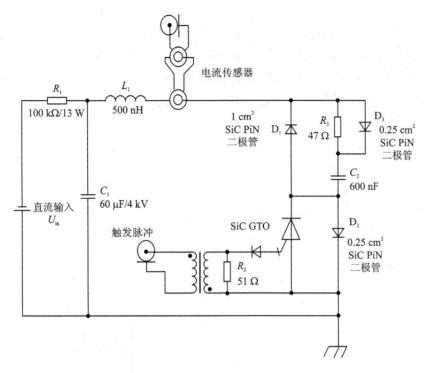

图 2.174　SiC GTO 的脉冲电流测试电路

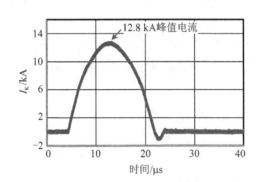

图 2.175　SiC GTO 的脉冲电流测试结果

2.7.2　SiC ETO 的特性与参数

为了提高 SiC GTO 的均匀关断性能、无吸收关断能力和拓宽安全工作区,研究人员设计研制了 SiC ETO。本小节以 15 kV SiC p-ETO 为例对其特性和参数进行阐述。

SiC ETO 是利用了 SiC 晶闸管的高阻断电压和大电流导通能力,以及 Si MOSFET 的易控制特性制成的 MOS 栅极控制型晶闸管,具有通态压降低、开关速度快、开关损耗小、安全工作区宽等特点。

1. SiC ETO 的特性与参数

图 2.176 为 SiC p-ETO 的电气符号和等效电路图,SiC ETO 是由 SiC GTO 和 Si MOSFET

组成的三端子器件。GTO 的上部分 PNP 晶体管和下部分 NPN 晶体管分别连接阳极(A)和阴极(K),上部分 PNP 晶体管的基极连接总的门极(G)。SiC GTO 和 Si MOSFET 之间的距离非常短,以减小杂散电感。阳极采用 100 V/50 A 硅基 P 沟道 MOSFET(IXTH50P10)作为 SiC GTO 阳极的开关 Q_e。阳极和门极之间连接 100 V/75 A 硅基 N 沟道 MOSFETN (IXTH75N10)作为总的门极开关 Q_g。Q_e 和 ETO 门极之间串联电阻 R_e,GTO 基极和 ETO 门极之间用电阻 R_g 连接。

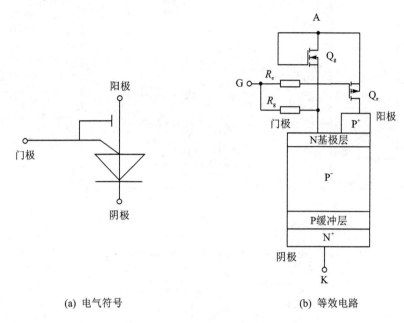

(a) 电气符号　　　　　　　　(b) 等效电路

图 2.176　SiC p‑ETO 的电气符号和等效电路

(1) 通态特性及其参数

SiC ETO 由 SiC GTO 和 Si MOSFET 组成,Si MOSFET 的导通特性不再赘述,这里给出门极电流为 0.2 A 时的 SiC p‑GTO 的通态特性。如图 2.177 所示,由于随着温度的升高,载流子寿命有所提高,故 SiC GTO 的正向导通能力有所增强。

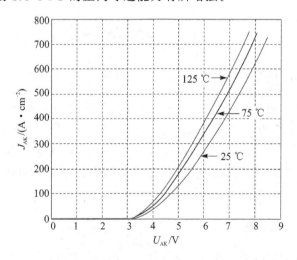

图 2.177　SiC p‑GTO 的通态特性曲线

SiC p - GTO 的正向压降和比导通电阻列于表 2.28,它们均呈负温度系数。尽管 SiC p - GTO 的压降呈负温度系数,但因与其串联的 Si MOSFET 的压降呈正温度系数,所以总体上 SiC p - ETO 的压降仍呈正温度系数,有利于其并联使用。

表 2.28　SiC p - GTO 的通态特性参数

温　度	$U_F(J_{AK}=100\ \mathrm{A/cm^2})$/V	$R_{\mathrm{on,diff}}$/(mΩ · cm²)
20 ℃	4.78	4.08
200 ℃	4.30	3.45

(2) 开关特性及其参数

SiC p - GTO 的开通特性测试结果如图 2.178 所示。在开通瞬间,阳极和门极为正电压,阴极为负电压,Q_e 开通,Q_g 关断。大电流脉冲注入 GTO 的基区,GTO 内固有的 PNP 和 NPN 晶体管迅速擎住,ETO 的阳极电压迅速下降。GTO 的结构、门极电流的幅值以及上升速率决定了 ETO 是否能够均匀开通。与 GTO 相比,ETO 可由驱动电路分散设置参数来调整开通 $\mathrm{d}i/\mathrm{d}t$,从而显著改善所要求提供的门极开通电流的能力,缩短开通时间,提高开通 $\mathrm{d}i/\mathrm{d}t$ 的额定值。

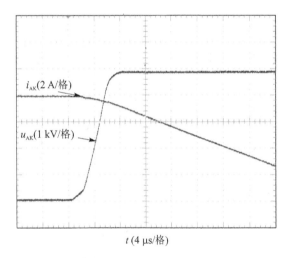

$t(4\ \mu s$/格)

图 2.178　SiC p - ETO 的开通波形

SiC p - GTO 的关断特性的测试结果如图 2.179 所示。在正常强迫关断的瞬间,Q_e 关断,Q_g 开通。GTO 的阳极电流将在 Q_e 关断后、阴极电压升高前,立即转换到门极通道。这样,SiC GTO 的擎住机理被破坏,在单位增益的关断条件(即硬驱动关断条件)下,整个关断过程类似于一个基极开路的 NPN 晶体管关断过程,ETO 被关断。这意味着在关断过程中可以避免发生晶闸管闩锁和拖尾电流,使得器件能快速关断。因此,SiC ETO 具有很宽的反偏安全工作区和无吸收关断能力。由于 SiC GTO 大的门极电流,快速将存储的电荷移出,所以关断速度也大大提高。

如图 2.180 和图 2.181 所示,SiC p - ETO 关断期间的能量损耗与温度、阳极电流和关断前的直流母线电压有关。两图表明关断能量损耗与关断电流呈线性关系。图 2.180 表明关断能量损耗随器件温度的升高而增加,因此温度升高会导致关断能量损耗的增加,所以在设计断路器或者在其他应用中应充分考虑温度的影响。

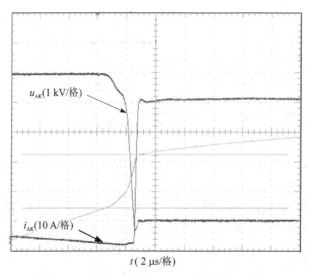

图 2.179　SiC p - ETO 的关断波形

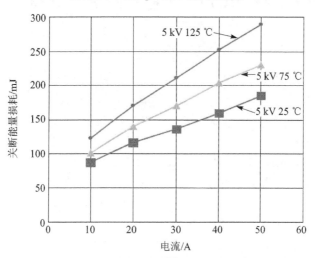

图 2.180　不同温度下关断能量损耗与电流的关系

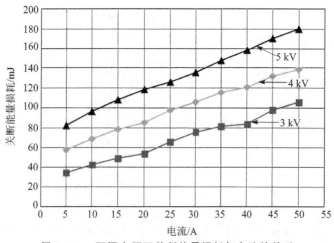

图 2.181　不同电压下关断能量损耗与电流的关系

温度对 SiC ETO 关断波形的影响如图 2.182 所示,关断时的存储时间随着温度的上升而增加,下降时间几乎不变,总的关断时间随着温度的上升而增加,导致关断能量损耗增加。与 SiC GTO 相比,SiC ETO 的存储时间明显缩短,所以,SiC ETO 器件之间存储时间绝对值的差别比 SiC GTO 的小得多,SiC ETO 的并联相对容易些。

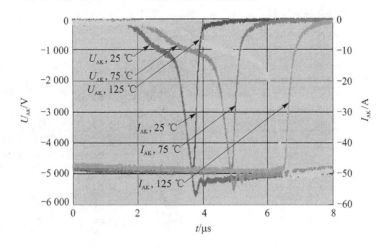

图 2.182　温度对 SiC ETO 关断波形的影响

图 2.183 为不同电压、电流情况下关断时的阳极-阴极电压。实验表明 SiC ETO 可以在高达几千赫兹的频率下工作,这说明 SiC ETO 可以在关断能量为 $0.8\ \mathrm{MW/cm^2}$ 的情况下安全关断,比 Si 器件所能承受的关断能量高 4 倍多。

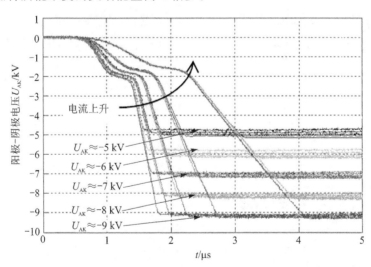

图 2.183　25 ℃ 下 SiC ETO 在不同电压(5～8 kV)和不同电流(10～50 A)下关断时的 U_{AK}

以上测试结果表明,SiC ETO 可以降低对吸收电路的要求。但仍需要注意的是,在 SiC ETO 关断过程中的线路杂散电感中存储的能量会导致器件两端的电压升高,若仅靠 SiC ETO 自身吸收这部分能量,则很可能会因线路中的电感储能过高而导致 SiC ETO 两端的电压过高,迫使其雪崩击穿。因此 SiC ETO 在作为断路器使用时,最好并联压敏电阻等过压吸收元件,才能完全消耗线路杂散电感存储的能量,保证安全可靠工作。

与 Si GTO 相比，SiC p - ETO 的正向压降低、阻断电压高、关断电流大，在高压场合使用时仅需要较少数量的器件串联，这不仅能增加系统可靠性，还能有效降低导通损耗，非常适合用于制作高压断路器。

图 2.184 为采用两个 15 kV SiC p - ETO 和两个 15 kV SiC PiN 二极管制作的单相双向固态断路器。由于 SiC ETO 的耐压高，且两个 SiC ETO 采用共阴极结构，故驱动电路只需采用一个隔离电源供电，所用元件数量少，简化了电路设计。

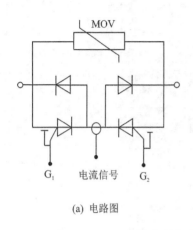

(a) 电路图

(b) 实物图

图 2.184 采用 SiC p - ETO 制作的固态断路器

2. 光控 SiC ETO 的特性与参数

高压 SiC MOSFET、SiC IGBT、SiC GTO 和 SiC ETO 都有一个共性的问题，即需要多个偏置才能使其正常工作。通过光纤传递开关信号并具有自触发机制的光控 ETO 仅需要功率偏置，它易于串联，省去了复杂的浮地驱动，适用于高压电路。

如图 2.185 所示为光控 SiC ETO 的电路原理图。普通电控 SiC ETO 中的硅基 P 沟道 MOSFET 由光控晶体管（OTPT）代替，SiC GTO 也采用光控触发。

当光控 SiC ETO 需要开通时，光控 ETO 中的 OTPT 由一束激光控制导通，SiC GTO 由另一束激光触发导通。一旦 SiC ETO 开通，就可以去除 SiC GTO 的激光束，但是 OTPT 的激光束必须继续保持，直至 SiC ETO 导通态结束。

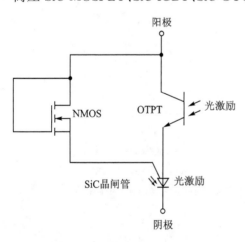

图 2.185 光控 SiC ETO 的电路原理图

当光控 SiC ETO 需要关断时，光控 ETO 中的 OTPT 关断，OTPT 两端的电压上升，使得硅基 N 沟道 MOSFET 自动开通，SiC GTO 阳极电流流入门级，使其在单位关断增益的情况下被强迫关断。

图 2.186 为 15 kV SiC ETO 中的 15 kV SiC GTO 的结构示意图，P⁻ 型外延漂移层的厚

度大于 120 μm，漂移层掺杂浓度小于 2×10^{14} cm^{-3}，采用斜底边式结构增加 SiC GTO 的击穿电压，从而在击穿电压大于 15 kV 时漏电流仍极小。

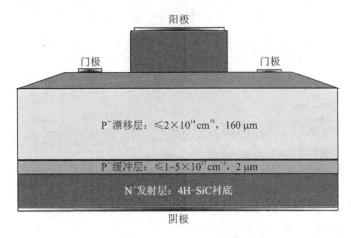

图 2.186　15 kV SiC GTO 的结构示意图

如图 2.187 所示，为了触发主 SiC GTO 晶闸管，采用具有相同外延层结构的辅晶闸管与主晶闸管并联，激光产生的电流被送到主晶闸管的门级，以触发 SiC GTO 使其导通。

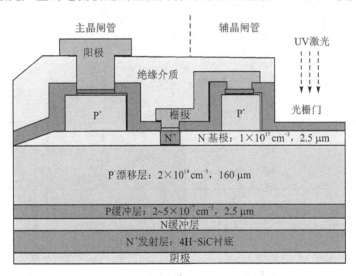

图 2.187　辅晶闸管与主晶闸管并联示意图

OPTP 的剖面图如图 2.188 所示。这种光控开关的导通电阻可由不同波长和功率强度的激光控制，这里的激光波长为 808 nm，光纤功率为 7 W。当光纤功率为 5 W 时，OTPT 的导通压降小于 0.2 V。

当 OTPT 处在黑暗环境时，P 型基极层作为阻断层，只有很小的漏电流通过 OTPT；当 OTPT 受光照时，P 型基极层发出空腔电子对，电子从射极流向集电极。P 型基极层的电导率与激光束的光强有关，光强越高，载流子浓度越大，正向导通压降越小。

当光控 SiC ETO 由导通状态过渡到关断状态时，容易出现较高的过冲电压。为此 N^{-} 漂移层通常设置得较厚以阻断高电压。一般来说，厚度为 7 μm、掺杂浓度为 10^{15} cm^{-3} 的漂移层

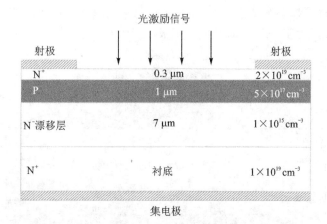

图 2.188　OPTP 的剖面图

可以阻断高达 70 V 的电压,然而仿真研究表明,OTPT 的击穿电压不仅与 N⁻ 漂移层的厚度和掺杂浓度有关,也是 P 型基极掺杂浓度的函数,因此在设计中要对 P 型基极层进行优化设计。

　　光控 SiC ETO 的开关特性如图 2.189 所示,图 2.189(a)为负载电压和 OTPT 光控信号

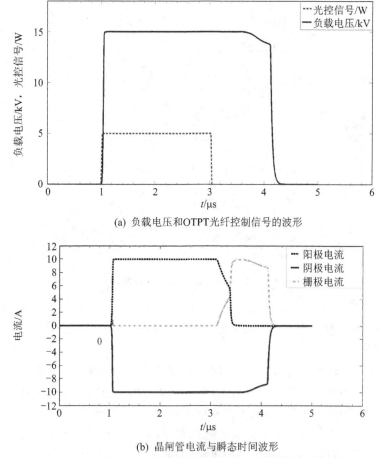

(a) 负载电压和OTPT光纤控制信号的波形

(b) 晶闸管电流与瞬态时间波形

图 2.189　光控 SiC ETO 的开关特性

的波形。OTPT 的光控信号与 SiC GTO 的光控信号同步,但是波长和光强度不同,当激发 SiC GTO 的光束波长为 266 nm 时,需要的光强度相对较小;当激发 OTPT 的光束波长为 808 nm 时,需要的光强度稍大些,功率约为 5 W。当 SiC ETO 导通时,SiC GTO 和 OTPT 两端的电压分别为 4.1 V 和 0.2 V,总导通压降为 4.3 V,小于总偏置电压 15 kV 的 0.03%。

当光控 SiC ETO 关断时,OTPT 的最大瞬态电压为 6 V 左右。图 2.189(b)为光控 SiC ETO 的电流与瞬态时间波形。SiC ETO 阴极电流的上升时间和下降时间分别为 27 ns 和 310 ns。从阳极到门极的电流换向过程平滑,SiC ETO 的关断延迟时间为阳极电流的下降时间加上门极电流的导通时间。关断延时约为 800 ns。

2.8　现阶段 SiC 器件的不足

虽然目前已有多种 SiC 功率器件,如 SiC 肖特基二极管、SiC JFET、SiC MOSFET 和 SiC BJT 均实现了商业化生产,但这些器件厂家提供的数据手册以及用于电路仿真分析的器件模型仍不够准确,不利于用户使用;而且器件的耐压、导通电阻、跨导和栅源阈值电压等重要参数的测试仍没有形成统一的标准,各厂家的定义不尽相同,且同一厂家、同型号产品在这些主要参数上仍存在较大的参数差异性;加上 SiC 器件成本较高,这些问题交织在一起阻碍了 SiC 器件大范围推广使用。

2.8.1　厂家数据手册的不足

1. 导通电阻的分散性

目前 SiC 功率器件厂家提供的数据手册仍不够准确,且器件的主要参数存在很大的分散性。

研究人员从两家主要的 SiC MOSFET 器件生产商挑选了上百个额定电压为 1 200 V 的 SiC MOSFET 开关器件,对其通态特性和开关特性进行了全面测试,并与生产商提供的数据手册进行了详细对比。

图 2.190 为用三种方法得出的 1 200 V/50 A SiC MOSFET 的导通电阻与结温的关系曲

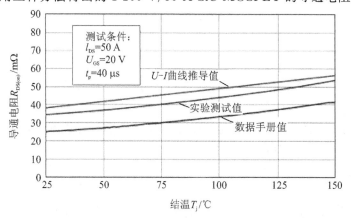

图 2.190　用三种方法得出的 SiC MOSFET 通态电阻 $R_{DS(on)}$ 与结温的关系曲线

线,测试条件的设置与工业界测试 Si MOSFET 的条件相同。实验测试、器件手册给出的 $R_{DS(on)}$ 均取多组数据中的最小值进行比较。由图 2.190 可见,三种方法得出的结果相差很大,几乎接近 1 倍的差距,其中器件手册给出的 $R_{DS(on)}$ 是三种方法中最小的,而从相同数据手册中给出的通态特性曲线推导出的 $R_{DS(on)}$ 却与数据表中给出的数值存在很大差异。这说明在 SiC MOSFET 的生产过程中,$R_{DS(on)}$ 存在很大的分散性,数据表中的 $R_{DS(on)}$ 很可能是生产商测得的最低值。若数据手册给出的 $R_{DS(on)}$ 的典型值为 25 mΩ,则这很可能只是其测得的最低值,当用户批量购买器件后,很可能会发现 $R_{DS(on)}$ 超过数据手册提供值的 1 倍,而已很成熟的 Si 基功率 MOSFET 不会有这么大的参数差异。

2. 跨　导

跨导通常用来评价功率器件的电流处理能力。对于 Si 基功率 MOSFET,在较小的 U_{GS} 和 U_{DS} 时,沟道处于饱和态,数据手册一般用饱和区的 g_{fs} 值来表示跨导,但是对于 SiC MOSFET,沟道几乎不会获得饱和态,因此很难确定跨导 g_{fs} 怎样取值。

图 2.191 给出 1 200 V/50 A SiC MOSFET 的跨导测试结果,包括线性区($U_{DS}=0.5$ V)和接近饱和区($U_{DS}=10$ V 和 20 V)的曲线,按照器件生产商的数据手册,当取 $U_{DS}=20$ V、$I_{DS}=50$ A 时,室温下的跨导值 $g_{fs}=23.6$ S,但其依据并不明确。

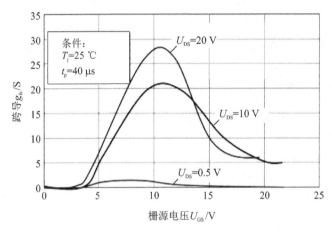

图 2.191　SiC MOSFET 的跨导测试结果

3. 栅极阈值电压 $U_{GS(th)}$

图 2.192 为栅极阈值电压 $U_{GS(th)}$ 与结温的关系曲线测试结果,分别用线性区外推法(Extrapolation in the Linear Region,ELR)和饱和区外推法(Extrapolation in the Saturation Region,ESR)获得。测得的栅极阈值电压 $U_{GS(th)}$ 与器件生产商数据手册中给出的值相差很大,而且也缺乏标准的栅极阈值电压获取方法。

4. 击穿电压 $U_{(BR)DSS}$

图 2.193 为所测得的击穿电压与结温的关系曲线,结合数据手册可得商用 SiC MOSFET 击穿电压的降额系数为 0.68,而 Si MOSFET 的降额系数通常为 0.85。Si MOSFET 是根据

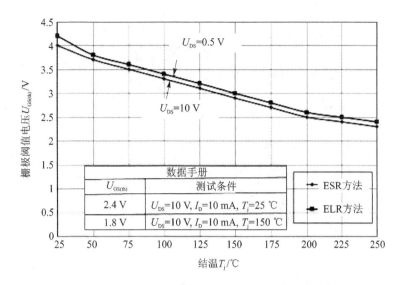

图 2.192　栅极阈值电压与结温的关系曲线测试结果

漂移区的雪崩击穿来确定击穿电压定额的,而 SiC MOSFET 由于空间电荷区的晶体缺陷密度高,使其漏电流较大,因此其定额是按照漏电流来确定的,比 Si MOSFET 的降额更为明显。

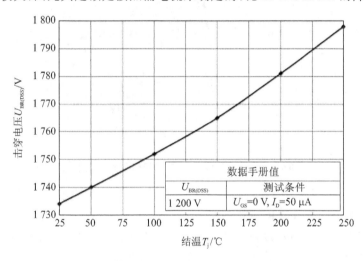

图 2.193　击穿电压与结温的测试结果

5. 体二极管特性

图 2.194 为 SiC MOSFET 体二极管的导通特性,与 Si MOSFET 不同的是,SiC MOSFET 体二极管的导通特性与栅源电压有很大关系,通过对二维器件的仿真可知,这种相关性是因为 SiC MOSFET 存在过多的栅氧层固定电荷和高密度 MOS 界面态,至少比 Si MOSFET 高两个数量级。

6. 可靠性

SiC MOSFET 的开关速度很快,漏源电压变化率 du/dt 是一个重要的参数,可用于评价

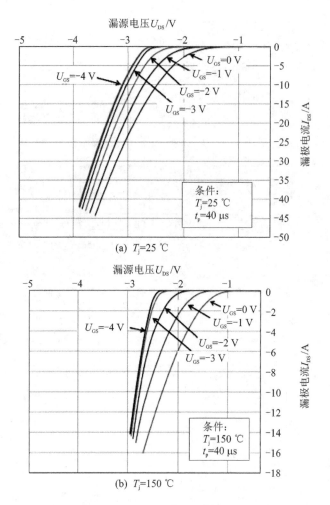

图 2.194　SiC MOSFET 体二极管的导通特性

其长期工作的可靠性,但很多 SiC MOSFET 生产商却未在器件数据手册中明确列出。Si MOSFET 漏源电压变化率 du/dt 的典型数据为:当 $T_j=150$ ℃时,du/dt 的额定值为 15 V/ns。而目前 SiC MOSFET 的与 du/dt 相关的实验数据很有限,只有个别文献曾提及"在使用 SiC 肖特基二极管时应限制 $du/dt<7$ V/ns($T_j=150$ ℃)"的建议。

　　另一个值得关注的可靠性参数是单脉冲雪崩能量 E_{AS},根据 Si MOSFET 和典型 SiC MOSFET 商用器件数据手册提供的信息,Si MOSFET 单脉冲雪崩能量的典型值为:当 $T_j=25$ ℃、负载电流为一半额定电流时,$E_{AS}=2$ J;SiC MOSFET 的典型值为:当 $T_j=25$ ℃、负载电流为一半额定电流时,$E_{AS}=1\sim2.2$ J。

　　图 2.195 为 Si MOSFET 和两种 SiC MOSFET 的安全工作区(Safe Operating Area, SOA),三种器件的耐压均为 1 200 V,额定电流相近。表 2.29 列出根据数据手册给出的安全工作区曲线而计算得到的结果,与 SiC 器件具有更优的材料特性所不同的是,现有商用 SiC MOSFET 的 SOA 值比相近定额的 Si MOSFET 的 SOA 值低。

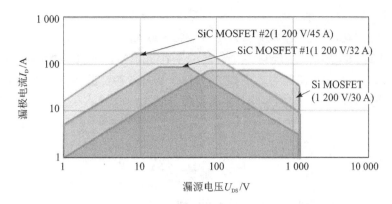

图 2.195　常温下三种功率器件的安全工作区测量曲线

表 2.29　1 200 V MOSFET 的 SOA 测量值

器件类型	SOA/kW
Si MOSFET	72
SiC MOSFET ♯ 1	53
SiC MOSFET ♯ 2	60

目前 SiC 器件生产商给出的数据手册还不够准确,器件参数的一致性也较差;而且对于 SiC 器件,与高速开关相关的可靠性数据不详,如雪崩能量和漏源电压变化率 du/dt 定额均缺乏明确说明,这在一定程度上阻碍了 SiC 器件大规模商业应用的进程。

2.8.2　价格因素

限制 SiC 器件广泛应用的另一个因素是成本相对较高。目前,SiC 晶圆的起始材料成本和制造成本均比 Si 晶圆高,且 SiC 晶圆的成品率更低,封装成本更高。SiC 晶体的生长温度(>2 000 ℃)比 Si 晶体的生长温度(<1 000 ℃)高得多,且为了获得商业化认可的 SiC 晶体生长速度,必须尽可能降低螺位错的次数,这些固有的材料合成限制会导致 SiC 衬底比 Si 衬底产生更高密度的晶体缺陷。SiC 晶体生长的复杂性和高制造成本使得 SiC 器件的起始材料价格比 Si 器件的更高。

为此,必须开发出低缺陷密度和高生产量衬底的制造工艺,使得 SiC 晶圆的质量和成本都能与现有 Si 器件的起始价格和质量相当。然而,目前 SiC 材料合成领域的研发投入仍不足,很难在短期内开发出成熟的制造工艺。因此,在短期内相同定额的 SiC 器件的价格不可能比 Si 器件的低。

SiC 器件较高的价格能否通过整机使效率和功率密度得到提高而进行平衡的问题,与应用场合、变换器类型和技术规格有关,应视具体情况而论。这些因素限制了 SiC 器件在一般工业和民用应用领域的大规模使用,因此,用 SiC 器件全面代替 Si 器件制作电力电子装置仍需要一个长期的过程。

2.8.3　其他因素

除了厂家数据手册的不足和价格因素限制碳化硅器件的大规模使用外,高温封装材料和短路承受能力也是限制因素。为了充分利用碳化硅器件的高结温能力，需要使封装达到 $1\,000\ \mathrm{W/cm^2}$ 的功率密度，并使温度承受能力达到 300 ℃ 甚至更高。然而，现有封装技术的功率密度仅能达到 $280\ \mathrm{W/cm^2}$，最高的允许温度不到 125 ℃。另外是短路能力的不足，目前市面上可售的 SiC 器件的短路能力均不如 Si 器件。从材料特性上看，SiC 材料比 Si 材料具有更宽的禁带和更高的热导率，这说明 SiC 器件在短路能力方面还有很大的提升空间，目前很多研究正在进行中。

2.9　小　结

本章讨论了各种 SiC 器件的原理与特性，包括二极管、MOSFET、JFET、SIT、BJT、IGBT 以及 GTO 等器件的导通、开关、阻态和驱动特性。对于 SiC 基二极管，主要阐述了肖特基二极管、PiN 二极管和耐高温肖特基二极管，通过与 Si 基二极管的对比，充分揭示了 SiC 二极管的特点。对于 SiC MOSFET，主要以目前最成熟的 1 200 V SiC MOSFET 器件为例，通过与 Si 器件的对比，揭示了其在栅极电压、导通电阻、结电容等方面的具体差异，并简要讨论了高压 SiC MOSFET 和功率模块。对于 SiC JFET，主要阐述了耗尽型、增强型、级联型等基本 SiC JFET 器件的特性与参数，并对中压 SiC JFET 器件的构成方式进行了讨论；然后又分别对 SiC SIT、SiC BJT、SiC IGBT 以及 SiC GTO 和 SiC ETO 进行了讨论；最后对现阶段 SiC 器件的不足进行了阐述。值得说明的是，目前所论述的特性与参数均基于对现有商用器件的总结而成，随着器件制造工艺的发展和器件水平的提升，器件的某些特性和参数可能会获得更大改善，从而致使本章有些内容或显得有些过时，或被证明欠准确，但其对碳化硅器件的基本特性与参数的分析思路和方法对于国内同行仍具有较大的参考价值。

扫描右侧二维码，可查看本章部分插图的彩色效果，规范的插图及其信息以正文中印刷为准。

第 2 章部分插图彩色效果

参考文献

[1] 赵斌. SiC 功率器件特性及其在 Buck 变换器中的应用研究[D]. 南京：南京航空航天大学，2014.

[2] C3D10060A，600V/10A silicon carbide schottky diode datasheet[EB/OL]. http://www. wolfspeed. com/c3d10060a.

[3] IDH10G65C5，650V/10A SiC schottky diode datasheet[EB/OL]. https://www. infineon. com/dgdl/ Infineon-IDH10G65C5-DS-v02_02-en. pdf? fileId＝db3a30433a047ba0013a06a8f03d0169.

[4] DSEP15-06A，600V/15A fast recovery diodes datasheet[EB/OL]. http://www. ixys. com/ProductPortfolio/ PowerDevices. aspx.

[5] SCS220AG，SiC schottky barrier diode datasheet[EB/OL]. http://www. rohm. com. cn/web/china/ products/product/SCS220AG.

[6] BAT46W-G,small signal schottky diode datasheet[EB/OL]. http://www. vishay. com/diodes/ss-schottky/above60/.

[7] CC410899C, Single & dual diode isolated module 100 amperes/up to 1800 volts datasheet[EB/OL]. http://www. pwrx. com/Result. aspx?c=91&s=20-0|30-30|40-0|50-0|60-0|.

[8] IDP15E60,600V/1200V ultra soft diode datasheet[EB/OL]. http://www. infineon. com/cms/en/product/transistor-and-diode/diode/silicon-power-diode/600v/1200v-ultra-soft-diode/channel. html? channel=ff80808112ab681d0112ab6a532404a8.

[9] STPSC1006,600V power schottky silicon carbide diode datasheet[EB/OL]. http://www. st. com/content/st_com/en/products/diodes-and-rectifiers/silicon-carbide-diodes/stpsc1006. html.

[10] BAS170WS-G, small signal schottky diode datasheet[EB/OL]. http://www. vishay. com/diodes/ss-schottky/sod323/.

[11] C3D10060A,600V/10A silicon carbide schottky diode datasheet[EB/OL]. http://www. wolfspeed. com/c3d10060a.

[12] Hull B A,Sumakeris J J,O'Loughlin M J,et al. Performance and stability of large-area 4H-SiC 10-kV junction barrier schottky rectifiers[J]. IEEE Transactions on Electron Devices,2008,55(8):1864-1870.

[13] Sundaresan S,Marripelly M,Arshavsky S,et al. 15kV SiC PiN diodes achieve 95% of avalanche limit and stable long-term operation[C]. Kanazawa,Japan:International Symposium on Power Semiconductor Devices and ICS,2013:175-177.

[14] Jiang Dong,Burgos Rolando,Wang Fei,et al. Temperature-dependent characteristics of SiC devices: performance evaluation and loss calculation[J]. IEEE Transactions on Power Electronics,2012,27(2): 1013-1024.

[15] Ning P,Wang F,Zhang D. A high density 250℃ junction temperature SiC power module development [J]. IEEE Journal of Emerging and Selected Topics in Power Electronics,2014,2(3):415-424.

[16] Singh R,Sundaresan S. 1200V SiC schottky rectifiers optimized for ≥250℃ operation with low junction capacitance[C]. Long Beach,USA:IEEE Applied Power Electronics Conference and Exposition, 2013: 226-228.

[17] Takaku T,Wang H,Matsuda N,et al. Development of 1700V hybrid module with Si-IGBT and SiC-SBD for high efficiency[C]. Seoul,Korea:International Conference on Power Electronics,2015:844-849.

[18] Pala Vipindas,Barkley Adam,Hull Brett,et al. 900V silicon carbide MOSFETs for breakthrough power supply design[C]. Cincinnati,USA:IEEE Energy Conversion Congress and Exposition,2015:4145-4150.

[19] IRG4PH30KDPbF,Si IGBT with ultrafast soft recovery diode[EB/OL]. http://www. infineon. com.

[20] C2M0160120D,1200V/160mΩ SiC MOSFET datasheet[EB/OL]. http://www. cree. com.

[21] IPW90R120C3,CoolMOS power transistor product datasheet[EB/OL]. http://www. infineon. com.

[22] 赵斌,秦海鸿,马策宇,等. SiC 功率器件的开关特性探究[J]. 电工电能新技术,2014,33(3):18-22.

[23] 秦海鸿,谢昊天,袁源,等. 碳化硅 MOSFET 的特性与参数研究[C]. 武汉:第八届中国高校电力电子与电力传动学术年会论文集,2014:35-41.

[24] 钟志远,秦海鸿,朱梓悦,等. 碳化硅 MOSFET 器件特性的研究[J]. 电气自动化,2015,37(3):44-45.

[25] DiMarino C,Zheng Chen,Boroyevich D,et al. Characterization and comparison of 1. 2kV SiC power semiconductor devices[C]. Lille,France:European Conference on Power Electronics and Applications, 2013: 1-10.

[26] Palmour J W,Cheng L,Pala V,et al. Silicon carbide power MOSFETs:breakthrough performance from 900V up to 15kV[C]. Hawaii,USA:IEEE International Symposium on Power Semiconductor Devices & IC's,2014:79-82.

[27] Palmour John W. Silicon carbide power device development for industrial markets[C]. San Francisco, USA:IEEE International Electron Devices Meeting,2014:1.1.1-1.1.8.

[28] Das M K,Capell C,Grider D E,et al. 10kV,120A SiC half H-bridge power MOSFET modules suitable for high frequency, medium voltage applications[C]. Phoenix,USA:IEEE Energy Conversion Congress and Exposition,2011:2689-2692.

[29] Jiang D,Burgos R,Wang F,et al. Temperature-dependent characteristics of SiC devices: performance evaluation and loss calculation[J]. IEEE Transactions on Power Electronics,2012,27(2):1013-1024.

[30] Funaki T,Kashyap A S,Mantoothet H A,et al. Characterization of SiC diodes in extremely high temperature ambient[C]. Dallas, USA: IEEE Applied Power Electronics Conference and Exposition, 2006: 441-447.

[31] Burgos R,Chen Z,Boroyevich D,et al. Design considerations of a fast 0Ω gate-drive circuit for 1.2kV SiC JFET devices in phase-leg configuration[C]. San Jose, USA:Energy Conversion Congress and Exposition,2009:2293-2300.

[32] Round S,Heldwein M,Kolar J,et al. A SiC JFET driver for a 5kW,150kHz three-phase PWM converter [C]. Denver, USA:Industry Applications Society Petroleum and Chemical Industry Conference,2005: 410-416.

[33] Cai Chaofeng,Zhou Weicheng,Sheng Kuang. Characteristics and application of normally-off SiC-JFETs in converters without antiparallel diodes[J]. IEEE Transactiongs on Power Electronics, 2013, 28(10): 4850-4860.

[34] 蔡超峰. 碳化硅 JFET 器件的逆向导通应用的研究[D]. 杭州:浙江大学,2013.

[35] 修强,董耀文,彭子和,等. 一种新型超级联碳化硅结型场效应管[J]. 电子器件,2018,41(05):1105-1109.

[36] Hostetler J L,Alexandrov P,Li X. 6.5kV SiC normally-off JFETs-technology status[C]. Knoxville, USA: IEEE Workshop on Wide Bandgap Power Devices and Applications,2014:143-146.

[37] Bhalla Anup,Li Xueqing,Bendel John. Switching behavior of USCi's SiC cascodes[EB/OL]. Laboe: Bodo's Power Systems,2015. http://www.bodospower.com/.

[38] United Silicon Carbide, Inc. Overview and user guide to united silicon carbide "normally on" xj series JFET[EB/OL]. Monmouth Junction: United Silicon Carbide Inc,2014. http://www.unitedsic.com/.

[39] Grady Matt O',Zhu Ke,Li Xueqing,et al. Paralleling SiC cascodes for high performance high power systems[EB/OL]. Laboe:Bodo's Power Systems,2015. http://www.bodospower.com.

[40] 张琳娇,杨建红,刘亚虎,等. 短漂移区静电感应晶体管的特性研究[J]. 半导体器件,2013,38(3): 194-198.

[41] Chen Gang,Lu Yang,Li Li,et al. Study of small signal of 4H-SiC static induction transistor[J]. Telkomnika-Indonesian Journal of Electrical Engineering,2013,5(11):2838-2844.

[42] Tanaka Y,Takatsuka A,Yatsuo T,et al. Development of semiconductor switches (SiC-BGSIT) applied for DC circuit breakers[C]. Matsue, Japan:Proceedings of the Electric Power Equipment-Switching Technology,2013:1-4.

[43] Tanaka Y,Takatsuka A,Yatsuo T,et al. 1200V,35A SiC BGSIT with improved blocking gain of 480[C]. Hirohima,Japan:International Symposium on Power Semiconductor Devices & ICs,2013:357-360.

[44] Yano K,Tanaka Y,Yatsuo T,et al. Short-circuit capaility of SiC buried-gate static induction transistors: basic mechanism and impacts of channel width on short-circuit performance[J]. IEEE Transactions on Electron Devices,2010,57(4):919-927.

[45] Sundaresan S G,Soe A M,Jeliazkov S,et al. Characterization of the stability of current gain and avalanche-mode operation of 4H-SiC BJTs[J]. IEEE Transactions on Electron Devices,2012,59(10):2795-2802.

[46] 张有润. 4H-SiC BJT 功率器件新结构与特性研究[D]. 成都:电子科技大学,2010.

[47] 黄一哲. 碳化硅双极性晶体管的建模及特性研究[D]. 杭州:浙江大学,2014.

[48] 袁源,王耀洲,谢畅,等. 一种新型的耐高温碳化硅超结晶体管[J]. 电子器件,2015,38(5):976-979.

[49] Sumdaresan S,Jeliazkov S,Grummel B,et al. 10kV SiC BJTs-static,switching and reliability characteristics[C]. Kanazawa,Japan:International Symposium on Power Semiconductor Devices & IC's,2013:303-306.

[50] Sundaresan Siddart,Ranbir Singh R,Johnson Wayne. Silicon carbide "super" junction transistors operating at 500℃[Z]. GeneSiC Semiconductor,2012.

[51] Madhusoodhanan S,Tripathi A,Patel D,et al. Solid-state transformer and MV grid tie applications enabled by 15kV SiC IGBTs and 10kV SiC MOSFETs based multilevel converters[J]. IEEE Transactions on Industry Applications,2015,51(4):3343-3360.

[52] Tripathi A K,Mainali K,Patel D C,et al. Design considerations of a 15-kV SiC IGBT-based medium-voltage high-frequency isolated DC-DC converter[J]. IEEE Transactions on Industry Applications,2015,51(4):3284-3294.

[53] Kadavelugu A,Bhattacharya S. Design considerations and development of gate driver for 15kV SiC IGBT[C]. FortWorth,USA:IEEE Applied Power Electronics Conference and Exposition,2014:1494-1501.

[54] Kadavelugu A,Bhattacharya S,Sei-Hyung Ryu,et al. Characterization of 15kV SiC n-IGBT and its application considerations for high power converters[C]. Denver,USA:IEEE Energy Conversion Congress and Exposition,2013:2528-2535.

[55] Kadavelugu A,Bhattacharya S,Sei-Hyung Ryu,et al. Experimental switching frequency limits of 15kV SiC N-IGBT module[C]. Hiroshima,Japan:IEEE International Power Electronics Conference,2014:3726-3733.

[56] Fukuda K,Okamoto D,Harada S,et al. Development of ultrahigh voltage SiC power devices[C]. Hiroshima,Japan:IEEE Internationa Power Electronics Conference,2014:3440-3446.

[57] Rezaei M A,Wang Gangyao,Huang A Q,et al. Static and dynamic characterization of a >13kV SiC p-ETO device[C]. Waikoloa,USA:International Symposium on Power Semiconductor Devices & IC's,2014:354-357.

[58] Mojab A,Mazumder S K,Cheng L,et al. 15-kV single-bias all-optical ETO thyristor[C]. Waikoloa,USA:International Symposium on Power Semiconductor Devices & IC's,2014:313-316.

[59] Palmour J W. Silicon carbide power device development for industrial markets[C]. San Francisco:International Electron Devices Meeting,2014:1.1.1-1.1.8.

[60] Agarwal A,Capell C,Zhang Q,et al. 9kV,1cm×1cm SiC super GTO technology development for pulse power[C]. Albuquerque, USA:IEEE Pulsed Power Conference,2009:264-269.

[61] 王俊,李清辉,邓林峰,等. 高压 SiC 晶闸管在 UHVDC 的应用前景[C]. 北京:中国高校电力电子与电力传动学术年会,2015.

[62] Liang L,Huang A Q,Sung W,et al. Turn-on capability of 22kV SiC emitter turn-off (ETO) Thyristor[C]. Columbus,USA:Wide Bandgap Power Devices and Applications,2015:192-195.

[63] Song X,Huang A Q,Lee M,et al. 22 kV SiC emitter turn-off (ETO) thyristor and its dynamic performance including SOA[C]. Hong Kong,China:International Symposium on Power Semiconductor Devices & IC's,2015:277-280.

[64] Song X,Huang A,Lee M C,et al. Theoretical and experimental study of 22-kV SiC emitter turn-off (ETO) thyristor[J]. IEEE Transactions on Power Electronics,2017,32(8):6381-6393.

[65] Shenai Krishna. Future prospects of wide bandgap semiconductor power switching devices[J]. IEEE Transactions on Electron Devices,2015,62(2):248-257.

第 3 章　SiC 器件驱动电路原理与设计

驱动电路对于功率器件的使用有着重要的作用,设计优良的驱动电路既可以保证功率器件安全工作,又可以使其发挥最大的性能。SiC 器件与 Si 器件相比,在材料、结构等方面有所不同,在器件特性上也存在一些差异,因此不能用现有的 Si 基功率器件的驱动电路来直接驱动 SiC 基功率器件,后者的驱动电路需专门设计。

3.1　SiC MOSFET 的驱动电路原理与设计

3.1.1　SiC MOSFET 的开关过程及对驱动电路的要求

SiC MOSFET 是采用 SiC 材料制成的功率场效应晶体管,图 3.1 是考虑了其寄生电容的等效电路。由此可见,驱动 SiC MOSFET 实际上等同于驱动一个容性网络。驱动电路的等效电路如图 3.2 所示。

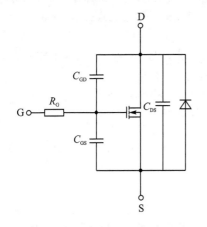

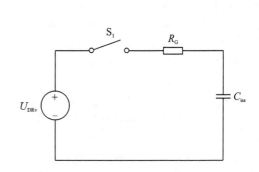

图 3.1　考虑极间寄生电容的等效电路　　　　图 3.2　驱动电路的等效电路

SiC MOSFET 的典型开关过程如图 3.3 所示,图中给出了开关过程中的驱动电压 U_{GS}、漏源电压 U_{DS} 和漏极电流 I_D 的波形图。

表 3.1 列出了几种典型的 Si MOSFET 和 SiC MOSFET 的主要电气参数对比情况。由表 3.1 可见,在电气性能方面,SiC MOSFET 比 Si MOSFET 具有更小的通态电阻和极间电容,在开关过程中栅极电容的充放电速度更快。但是,前者的栅极阈值电压却较低,使其因更容易受到干扰而发生误导通,而且其正/负向栅极电压极限值也相对较低,开关管工作时的栅极电压尖峰更容易使器件损坏,这些基本特性使 SiC MOSFET 的高频应用受到影响,因此需要根据具体的器件特性对其驱动电路的设计要求进行全面分析。

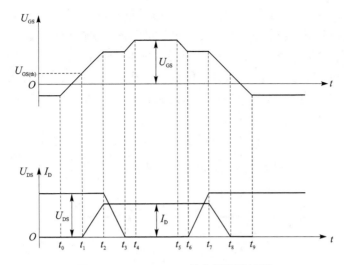

图 3.3　SiC MOSFET 的典型开关过程

表 3.1　Si 与 SiC MOSFET 的主要参数对比

型　号	U_{DS}/V	I_D/A	U_{GS}/V	$U_{GS(th)}$/V	$R_{DS(on)}$/Ω	C_{GS}/nF	C_{GD}/nF	C_{DS}/nF
IXTH26N60P (Si MOSFET)	600	26	±30	3.5	0.27	4 123	27	373
IPW90R340C (Si MOSFET)	900	15	±30	3.0	0.34	2 329	71	49
IXTH12N120 (Si MOSFET)	1 200	12	±30	4.0	1.40	3 295	105	175
CMF10120 (SiC MOSFET)	1 200	24	+25/−5	2.4	0.16	0.920 5	0.007 5	0.055 5
C2M0080120 (SiC MOSFET)	1 200	31	+25/−10	2.2	0.08	0.942 4	0.007 6	0.074 4

在进行 SiC MOSFET 驱动电路设计时,要考虑驱动电压、栅极回路寄生电感、栅极寄生内阻、驱动电路输出电压上升/下降时间、桥臂串扰抑制、驱动电路元件的 du/dt 限制、外部驱动电阻对开关特性的影响以及可靠保护等因素。

1. 驱动电压

SiC MOSFET 是压控型器件,在进行驱动电路设计时需要选择合适的驱动电压。

图 3.4 以意法半导体公司的 SCT30N120(1 200 V/45 A)为例,给出了 SiC MOSFET 的输出特性。与 Si MOSFET 有较大区别的是,当 SiC MOSFET 的驱动电压达到 20 V 左右时,其导通电阻 $R_{DS(on)}$ 才基本趋于稳定。因此为了减小导通电阻,SiC MOSFET 的驱动电压应尽可能高。但由于 SiC MOSFET 能承受的最高栅源电压只有 25 V,因此其栅源驱动正压一般取为 20 V 左右。有些保守设计留了更大裕量,设置驱动正压为 18 V,但这会使导通电阻略有增加。如图 3.4 所示,当 SiC MOSFET 的漏极电流为其额定电流 45 A 时,$U_{GS}=18$ V 所对应

的漏源电压比 $U_{GS}=20\ V$ 所对应的漏源电压大 25％左右,也即在额定电流下,$U_{GS}=18\ V$ 时的导通电阻比 $U_{GS}=20\ V$ 时的大 25％左右。SiC MOSFET 能承受的驱动负压最大值与驱动正压最大值不对称,第一代 SiC MOSFET 能承受的最大负压只有 $-5\sim-6\ V$,第二代 SiC MOSFET 可承受 $-10\ V$ 左右的最大负压,但该值与最大正压值仍存在较大差距。当驱动 SiC MOSFET 单管时,驱动电路并不一定需要设置关断负压,但从减小关断损耗或抑制桥臂电路串扰的角度出发,驱动电压设置关断负压是有必要的。

SiC MOSFET 正负驱动电压的摆幅值在 $22\sim28\ V$ 之间。由于驱动 SiC MOSFET 开关工作所需的栅极电荷较低,因此虽然其驱动电压摆幅值比 Si MOSFET 的稍大,但并不会对驱动损耗有较大影响。

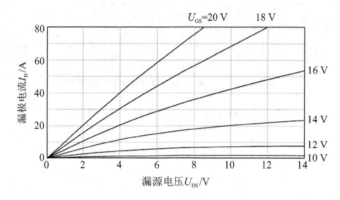

图 3.4　SiC MOSFET 的输出特性($T_{\mathrm{J}}=25\ ℃$)

2. 栅极回路寄生电感

为了尽可能降低 SiC MOSFET 的导通电阻,器件厂家几乎把栅氧层的场强增大到极限值,这种设计理念造成的后果是 SiC MOSFET 的栅压裕量系数(栅氧层击穿电压与标称栅压最大值之比)较低,表 3.2 为 Si 器件与 SiC MOSFET 的栅氧击穿电压对比情况。对于 Si 器件,栅极电压裕量系数为 3 左右,而对于 SiC MOSFET,栅极电压裕量系数均小于 2,最低只有 1.4 左右。

表 3.2　Si 器件与 SiC MOSFET 的栅氧击穿电压对比

器件类型	$U_{\mathrm{GS,max}}$(额定)/V	$U_{\mathrm{GS,breakthrough}}$(测试)/V	栅压裕量系数
Si MOSFET(公司 1)	+30	+87	2.9
Si IGBT(公司 2)	+20	+71	3.6
Si MOSFET(公司 3)	+20	+60	3.0
SiC MOSFET (公司 4 第 1 代)	+22	+32	1.5
SiC MOSFET(公司 5 第 1 代)	+25	+48	1.9
SiC MOSFET(公司 5 第 2 代)	+25	+34	1.4

当 Si IGBT 或 Si MOSFET 的栅极电压产生振荡时,仅仅会恶化开关性能,影响开关管的长期工作寿命;而当 SiC MOSFET 的栅极电压产生振荡时,则可能超过 SiC MOSFET 的栅源击穿电压,使栅氧层永久损坏。

　　如图 3.5 所示,考虑栅极寄生电感、栅极电容和驱动电阻后构成的驱动回路是典型的二阶电路,它满足

$$L_G = \frac{R_G^2 \cdot C_{GS}}{4 \cdot \xi^2} \tag{3-1}$$

式中,ξ 为栅极回路的阻尼系数,L_G 为栅极电感,C_{GS} 为栅极电容,R_G 为驱动电阻。在进行驱动电路参数设计时,若想保证栅极电压的安全裕量系数为 1.4,则对应的阻尼系数应为 0.3,同时考虑到 SiC MOSFET 器件的参数、公差及长期工作寿命,阻尼系数一般至少要大于 0.75。因此必须满足

$$L_{G,max} \leqslant \frac{R_G^2 \cdot C_{GS}}{2.25} \tag{3-2}$$

　　为了保证 SiC MOSFET 的高开关速度,R_G 一般取得较小,这就要求栅极回路的寄生电感尽可能小。

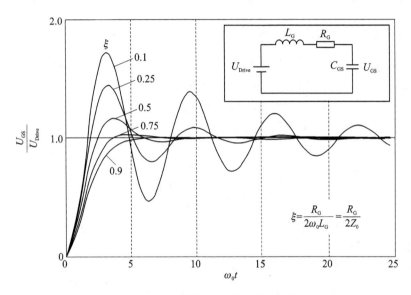

图 3.5　栅极驱动电路等效示意图和栅极电压波形分析

3. 栅极寄生内阻

　　SiC MOSFET 的开关速度主要受其栅漏电容(密勒电容)大小及驱动电路可提供的充/放电电流大小的限制。充/放电电流的大小与驱动电压 U_{Drive}、密勒平台电压 U_{Miller} 以及栅极电阻 R_G 有关。当开关管型号及驱动电压确定后,驱动电阻成为影响开关时间的关键因素。

　　当不外加驱动电阻时,栅极电阻只计及栅极寄生内阻,此时 SiC MOSFET 可获得的最短开通时间和关断时间为

$$t_{on(min)} = \frac{R_{G(int)} \cdot Q_{GD}}{U_{Drive+} - U_{Miller}} \tag{3-3}$$

$$t_{off(min)} = \frac{R_{G(int)} \cdot Q_{GD}}{U_{Miller} - U_{Drive-}} \tag{3-4}$$

式中,$R_{G(int)}$ 为栅极内阻,Q_{GD} 为栅漏电容电荷,U_{Miller} 为密勒平台电压,U_{Drive+} 为驱动正压,

U_{Drive-} 为驱动负压。

表 3.3 以几家典型的 SiC MOSFET 生产商为例,列出其商用产品可获得的最短开关时间数据。

表 3.3 几种典型的 SiC MOSFET 的最短开关时间对比

公 司	型 号	$R_{G(int)}/\Omega$	Q_{GD}/nC	$U_{GS(max)}/V$	U_{Miller}/V	t_{on}/ns	t_{off}/ns
Wolfspeed	CPM2 - 1200 - 0025B	1.1	50	−10/+25	∼9	3.4	2.9
Wolfspeed	CPM2 - 1200 - 0160B	6.5	14	−10/+25	∼9	5.7	4.8
Rohm	SCT2080KE	6.3	31	−6/+22	9.7	15.9	12.4
Rohm	SCT2450KE	25	9	−6/+22	10.5	19.6	13.6
ST	SCT30N120	5	40	−10/+25	∼9	12.5	10.5
ST	SCT20N120	7	12	−10/+25	∼9	5.1	4.3

4. 驱动电路输出电压上升/下降时间

只有栅极驱动芯片输出电压的上升/下降时间小于栅极电压达到密勒平台电压的时间,才能在进入密勒平台过程中给 SiC MOSFET 的栅漏极电容及时充/放电,使 SiC MOSFET 的沟道可以正常开通或关断。驱动芯片的上升时间 t_{rise} 应满足关系式

$$\frac{U_{Miller} - U_{Drive-}}{U_{Drive+}} = \frac{1}{Y} \cdot (e^{-Y} + Y - 1) \tag{3-5}$$

其中

$$Y = \frac{t_{rise} \cdot (U_{Miller} - U_{Drive-})}{R_G \cdot Q_{DS}} \tag{3-6}$$

式中,U_{Miller} 为密勒平台电压,定义为进入密勒平台时的电压;U_{Drive-} 和 U_{Drive+} 分别为驱动电压的负压和正压,Q_{DS} 为栅源电容电荷。

式(3-5)和式(3-6)构成超越方程,需迭代求解。

以 Wolfspeed 公司型号为 CPM2 - 1200 - 0025B 的 SiC MOSFET 为例,经计算可得,驱动芯片的输出电压上升时间不宜超过 6.4 ns。在选择驱动芯片时,可考虑例如 IXYS 公司的驱动芯片 IXDD614,其上升/下降时间只有 2.5 ns,能满足这一要求。

在为 SiC MOSFET 选择驱动芯片时,应尽量选择电压上升/下降时间短的驱动芯片。

5. 桥臂串扰抑制

桥臂电路中开关管在高速开关动作时,上下管之间的串扰会变得比较严重。当开关管栅极串扰电压超过栅极阈值电压时,会使本应处于关断状态的开关管误导通,引发桥臂直通问题。

以桥臂电路下管开通瞬间为例,当下管开通时,上管栅极电压为低电平或负压,上管漏源极间电压迅速上升,产生很高的 dU_{DS}/dt,此电压变化率会与栅漏电容 C_{GD} 相互作用形成密勒电流,该电流通过栅极电阻与栅源极寄生电容分流,在栅源极间引起正向串扰电压。如果上管栅源极串扰电压超过其栅极阈值电压,则上管将会发生误导通,瞬间会有较大电流流过桥臂上下管,两只开关管的损耗显著增加,严重时会损坏功率管。

相似地,在下管关断瞬态过程中,上管的栅源极会感应出负向串扰电压,负向串扰电压不

会导致直通问题,但如果它的幅值超过了器件允许的最大负栅极偏压,则同样会导致开关管失效。在上管开通和关断瞬态过程中,下管也会产生类似的串扰问题。

　　Si 基高速开关器件(如 Si CoolMOS、Si IGBT)均有不同程度的桥臂串扰问题,由于 SiC MOSFET 的栅极阈值电压和负压承受能力均较低,且开关速度更快,因而更易受到桥臂串扰的影响。如图 3.6 所示为密勒电容引起桥臂串扰的等效电路示意图。当上管漏源极电压迅速上升时,从栅漏电容 C_{GD} 上流过的密勒电流大小为

$$i_t = C_{GD} \cdot dU_{DS}/dt \tag{3-7}$$

此密勒电流被栅极电阻和栅源极寄生电容 C_{GS} 分流,其中,流过栅极电阻的电流为 i_1,流过栅源极寄生电容 C_{GS} 的电流为 i_2,并满足

$$i_t = i_1 + i_2 \tag{3-8}$$

因此,上管栅源极间串扰电压的大小可根据 i_1 和栅极电阻计算得到,即

$$\Delta U_{GS} = (R_{DRV} + R_{off\_HS} + R_{G(int)}) \cdot i_1 \tag{3-9}$$

式中,R_{DRV} 是驱动芯片内阻,R_{off_HS} 是上管驱动关断回路电阻,$R_{G(int)}$ 是功率管栅极寄生内阻。当上管栅源极间电压的大小超过其栅极阈值电压时,上管会发生误导通,产生桥臂直通现象。因此,在 SiC MOSFET 构成的桥臂电路中,要采取有效措施抑制桥臂串扰,以保证器件和电路可靠工作。

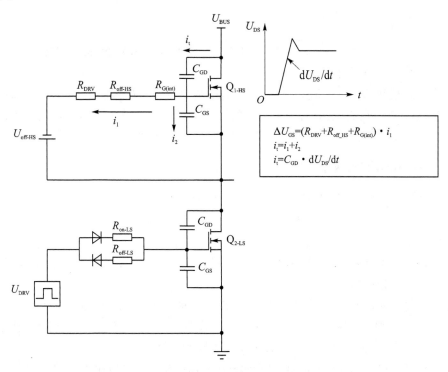

图 3.6　密勒电容引起桥臂串扰的等效电路示意图

6. 驱动电路元件的 du/dt 限制

　　在高速开关驱动电路中,无论是驱动芯片、驱动电路隔离供电电源,还是散热器,均存在寄生耦合电容,这些寄生电容与快速变化的电压(SiC MOSFET 的漏源电压变化率 du/dt 可达

±50 V/ns)相互作用,会产生干扰电流,在低功率控制和逻辑电路中产生不希望出现的电压
降,影响电路性能,引起逻辑电路的误动作,造成电路故障。在高速 SiC MOSFET 的驱动电路
设计中,要特别注意这一问题。

图 3.7 为桥臂电路中存在的主要寄
生耦合电容,包括驱动电路中的信号耦
合电容、驱动隔离变压器原副边耦合电
容,以及散热器与底板间的电容等。

对于 SiC MOSFET 桥臂来说,桥臂
中点的电压在母线电压与地之间高频切
换,开关周期最短只有 4 ns,相当于开关
频率为 250 MHz。这一高频交流信号会
在图 3.7 中的这些耦合电容上产生较大
的共模电流,因此必须通过 Y 电容来提
供较小的阻抗回路,分流这样的共模电
流,以避免产生严重的 EMI 问题。在这

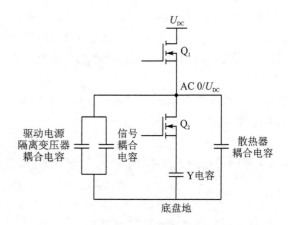

图 3.7　桥臂电路中的寄生耦合电容示意图

些耦合电容中,容易被忽略的是散热器与底板间的耦合电容 C_{cooler}。C_{cooler} 的大小为

$$C_{\text{cooler}} = \varepsilon_0 \cdot \varepsilon_r \cdot \frac{A}{d} \tag{3-10}$$

式中,ε_0 为空气介电常数,$\varepsilon_0 = 8.85 \times 10^{-12}$ F/m;ε_r 为相对介电常数;A 为高频交流区域相对
的面积;d 为 DCB 板的厚度。

散热器与底板间的寄生电流必须尽可能小,电流路径必须尽可能短,使得这一寄生电流基
本上可以通过 Y 电容短路,从而对开关过程的影响可以忽略。但驱动回路寄生电容产生的电
流会在信号隔离单元和信号输入部分产生干扰,因此需要特别注意。

7. 外部驱动电阻的合理选择

在选择栅极驱动电阻时,要同时兼顾开关过程中的电压、电流尖峰以及开关能量损耗,因
此需要折中考虑。为了便于说明,这里先阐述关断过程,再讨论开通过程。

(1) 关断过程

SiC MOSFET 没有拖尾电流,因此关断能量损耗 E_{off} 主要是由漏源电压在上升过程中和
漏极电流在下降过程中的交叠引起的。

与开通损耗不同(开通损耗与拓扑结构和所用二极管有关,例如,在 CCM 工作模式下的
Boost 变换器中,采用肖特基二极管或快恢复二极管时的 SiC MOSFET 的开通损耗会有较大
差异),SiC MOSFET 的关断损耗仅取决于器件本身和驱动电路。

降低关断能量损耗 E_{off} 一般可采用两种方法:减小栅极驱动电阻 R_G,关断时采用负向驱
动电压。

图 3.8 是驱动电阻 R_G 分别为 1 Ω 和 10 Ω 时的典型关断波形。当驱动电阻较小时,漏源
电压过冲(漏源峰值电压超过 U_{DC})会有所增大。对于 SCT30N120 而言,当栅极驱动电阻变化
时,电压过冲的变化并不明显。当栅极驱动电阻从 10 Ω 降低到 1 Ω 时,SiC MOSFET 的漏源
电压过冲仅增加 50 V,因此即使栅极驱动电阻 R_G 取 1 Ω,仍能保证 20% 的电压裕量。

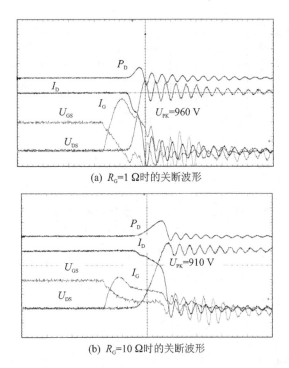

(a) $R_G=1\ \Omega$ 时的关断波形

(b) $R_G=10\ \Omega$ 时的关断波形

图 3.8　不同驱动电阻值时的关断波形（$U_{DC}=800\ V, I_D=20\ A, U_{GS}=-2\sim20\ V, T_j=25\ ℃$）

图 3.9 为 SiC MOSFET（SCT30N120）的关断能量损耗 E_{off} 与栅极驱动电阻 R_G 的关系曲线。由图可见,关断能量损耗随驱动电阻值的增大呈线性规律增大。图 3.10 为关断能量损耗与驱动负压的关系曲线。可见,采用负向驱动电压关断 SiC MOSFET 能够降低关断能量损耗,其原因主要是因为采用驱动负压后,增大了栅极驱动电阻 R_G 上的压降,也即增大了关断时的驱动电流,因而加快了栅极电荷的抽离速度。栅极电阻取 $1\sim10\ \Omega$ 之间的典型值,当驱动电压从 0 V 下降到 -5 V 时,关断损耗降低 $35\%\sim40\%$。

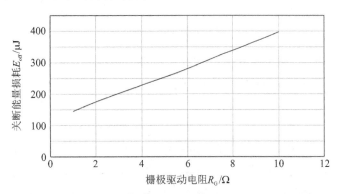

图 3.9　SiC MOSFET（SCT30N120）的关断能量损耗 E_{off} 与栅极驱动电阻 R_G 的关系曲线
（$U_{DC}=800\ V, I_D=20\ A, U_{GS}=-2\sim20\ V, T_j=25\ ℃$）

（2）开通过程

降低栅极驱动电阻 R_G 同样可以加快 SiC MOSFET 的开通速度,但其改善效果没有关断特性明显。图 3.11 为 SiC MOSFET 的开通能量损耗 E_{on} 与栅极驱动电阻 R_G 的关系曲线,

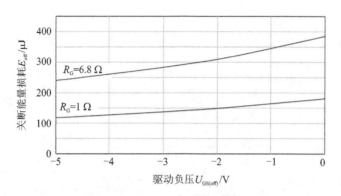

图 3.10　SiC MOSFET(SCT30N120)的关断能量损耗与驱动负压的关系曲线
($U_{DC}=800$ V,$I_D=20$ A,$T_j=25$ ℃)

当栅极驱动电阻 R_G 从 10 Ω 降低到 1 Ω 时,其开通能量损耗降低约 40%。但在选择驱动电阻时,同时应注意到随着驱动电阻阻值的降低,$\mathrm{d}i/\mathrm{d}t$ 会越来越高,造成严重的电磁干扰。因此,需要合理选择栅极驱动电阻的大小。

由于驱动电阻对 SiC MOSFET 关断过程和开通过程的影响规律不同,因而在设计驱动电路时应区分驱动开通回路和驱动关断回路,并分别设置相应的驱动电阻,其设置方式可参照图 3.6 中的下桥臂驱动电路。

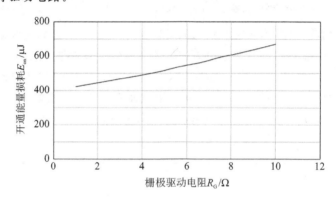

图 3.11　开通能量损耗 E_{on} 与栅极驱动电阻 R_G 的关系曲线
($U_{DC}=800$ V,$I_D=20$ A,$U_{GS}=-2\sim20$ V ,$T_j=25$ ℃)

8. 保　护

用 SiC MOSFET 作为功率器件制作的功率变换器,在工作过程中可能会发生过流或短路故障,因此,在设计 SiC MOSFET 的驱动电路,尤其是模块驱动电路时,必须采用可靠的短路保护措施。一种常用的短路保护电路是类似去饱和的方案,通过检测 $U_{DS(sat)}$ 进行监测保护。当电路正常工作时,漏极与源极之间的电压为饱和值 $U_{DS(sat)}$;但当 SiC MOSFET 过载或短路时,其漏源极电压升高。如果 $U_{DS(sat)}$ 测量电路检测到 $U_{DS(sat)}$ 超过了预先设定的参考电压,则测量电路就会判断 SiC MOSFET 出现了过流/短路故障,并因此发出关断功率器件的指令或/和向主控单元报错。由于 SiC MOSFET 的正向脉冲电流和短路维持时间均远小于 Si IGBT 的,因此消隐时间和参考电压的设置都需要有所减小。

除了过流/短路保护外,仍应设置关断过压保护和过温保护等功能,以确保功率器件和电路安全可靠地工作。

综上所述,除了满足 MOSFET 的一般驱动要求外,SiC MOSFET 的驱动电路还需满足以下基本要求:

① 驱动脉冲的上升沿和下降沿要陡峭,以便获得较快的上升、下降速度。

② 驱动电路能够提供较大的驱动电流,以便可以对栅极电容快速充放电。

③ 设置合适的驱动电压。SiC MOSFET 需要较高的正向驱动电压(+20 V)以保证较低的导通电阻,其负向驱动电压的大小需要根据应用需求来选择,选择范围一般为 $-2\sim-6$ V。

④ 在 SiC MOSFET 的桥臂电路中,为了防止器件关断时出现误导通,要采用合适的抗串扰/干扰电压措施。

⑤ 驱动电路的元件要有足够高的 du/dt 承受能力,寄生耦合电容应尽可能小,必要时要采用相关的抑制措施。

⑥ 驱动回路要尽量靠近主回路,并且所包围的面积要尽可能小,以减小回路引起的寄生效应,降低干扰。

⑦ 驱动电路应能具有适当的保护功能,如低压锁存保护、过流/短路保护、过温保护及驱动电压钳位保护等,以保证 SiC MOSFET 功率管及相关电路可靠工作。

但要注意的是,SiC MOSFET 器件技术还在不断发展和成熟,不同厂家推出的 SiC MOSFET 的特性参数会有所差异,同一厂家推出的不同代 SiC MOSFET 的驱动电压和短路承受能力等参数也会存在差异,因此,在针对具体型号的功率器件设计驱动电路时,要充分了解器件参数的差异,以免以偏概全。

3.1.2　单管变换器中 SiC MOSFET 的驱动电路

由 2.2 节已知,当典型的 SiC MOSFET(如型号为 CMF10120)的驱动电压在 $0\sim20$ V 范围内变化时,导通电阻会随着驱动电压的升高而减小,25 ℃时在驱动电压达到 18 V 以后,导通电阻的降低速度开始减慢,驱动电压达到 20 V 时的导通电阻最小。

Si MOSFET 功率器件的驱动电压高电平一般设置为 12 V 或 15 V,低电平通常设置为 0 V 或 -5 V。但因 SiC MOSFET 的负压极限值低,虽然为了防止误导通通常也需要设置负压,但负压值需根据器件要求有所限制。SiC MOSFET 对驱动电压及驱动快速性的要求也与 Si MOSFET 的有较大不同,不能直接用现有 Si MOSFET 功率器件的驱动电路来直接驱动 SiC MOSFET。

美国 Wolfspeed 公司和日本 Rohm 公司均推出了针对 SiC MOSFET 的驱动电路样板设计。如图 3.12 所示为 Wolfspeed 公司针对 SiC MOSFET 单管提供的典型驱动电路样板,其中,ACPL - 4800 为光耦芯片,IXDN409SI 为驱动芯片,RP - 1212D 和 RP - 1205C 是模块电源。

Wolfspeed 公司推荐的这款驱动电路采用的驱动芯片是 IXYS 公司的 IXDN409SI,可提供 9 A 的峰值驱动电流。正向驱动电压($+U_{CC}$)设置为 20 V,关断负压($-U_{EE}$)设置为 -2 V,该驱动电路适合单管变换器使用。相关文献给出的一些参考驱动电路,均是基于这一基本驱动电路设计思想进行变形或改进而得的。

Wolfspeed 公司、Rohm 公司和相关文献给出的 SiC MOSFET 的驱动电路对于单管功率电路尚可;但对于桥臂电路,因 SiC MOSFET 的开关速度较快,桥臂上下管之间存在较为严重

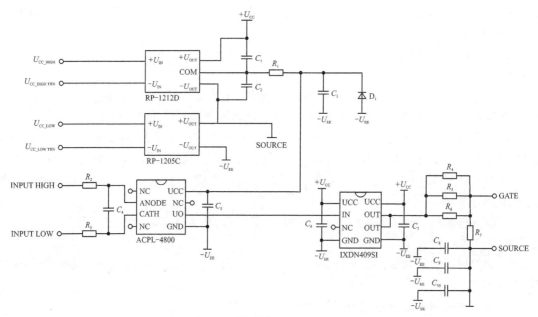

(a) 原理图

正面

反面

(b) 样板照片

图 3.12 Wolfspeed 公司的 SiC MOSFET 单管驱动电路样板

的相互影响,通常称为"桥臂串扰",因此,目前抑制桥臂串扰的最有效方法还是从驱动电路入手,寻找有效的抑制方法。为了便于理解,这里先对桥臂串扰机理进行扼要说明。

3.1.3 桥式变换器中 SiC MOSFET 的驱动电路

1. 桥臂电路串扰机理分析

与 Si 器件相比,SiC MOSFET 的栅极电压极限和栅极阈值电压都相对较低,Wolfspeed 公司的 SiC MOSFET CMF10120 在 25 ℃时的栅极阈值电压为 2.4 V,而与之定额相近的 Rohm 公司的 SiC MOSFET SCT2450KE 在 25 ℃时的栅极阈值电压为 2.8 V,栅极电压很容易受到漏源极电压变化率的影响而产生振荡,特别是在桥臂电路中,上下管之间会产生串扰,进而引发直通问题,因此 SiC MOSFET 的驱动电路需要具有串扰电压抑制功能,以保证器件可靠工作。

　　另外,由于 SiC MOSFET 的极间电容值比 Si MOSFET 的低,开关速度快,漏源电压变化率相对较高,因此会使桥臂电路上下管之间的串扰变得更加严重,开关管误导通的可能性更大。

　　为了研究桥臂串扰产生的机理,下面以 SiC 基桥式变换器某一桥臂的下管开通、关断为例对桥臂串扰机理进行分析。假设电流流出桥臂中点时为正方向,流进桥臂中点时为负方向。图 3.13(a)是相电流为负、下管开通情况下产生桥臂串扰时的原理图,其中 S_H、S_L 分别为桥臂上管和下管,C_{GD_H}、C_{GS_H} 和 C_{DS_H} 分别为上管栅漏极、栅源极和漏源极的寄生电容,D_H 为上管体二极管,R_{G_H} 为上管驱动电阻,U_{DR_H} 为上管驱动电压,U_{GS_H} 为上管栅源极电压;C_{GD_L}、C_{GS_L} 和 C_{DS_L} 分别为下管栅漏极、栅源极和漏源极的寄生电容,D_L 为下管体二极管,R_{G_L} 为下管驱动电阻,U_{DR_L} 为下管驱动电压,U_{GS_L} 为下管栅源极电压。

　　在下管开通前,两功率管 S_H、S_L 处于死区时间内,相电流为负,上管通过其体二极管 D_H 续流,上管 S_H 漏源极间的电压近似为零,如图 3.13(a)所示。图 3.13(b)给出了下管 S_L 开通瞬间的原理图,在下管 S_L 开通瞬间,上管 S_H 处于关断状态,其漏源极间的电压瞬间升高。由于漏源极的电压变化率会作用在密勒电容 C_{GD_H} 上,形成密勒电流,因此该电流流过上管 S_H 的驱动电阻 R_{G_H} 时引起正向栅极串扰电压。如图 3.14 所示,该串扰电压可能会超过上管栅极阈值电压,从而引起上管部分导通,增加功率器件的损耗,甚至造成桥臂直通,威胁电路安全工作。

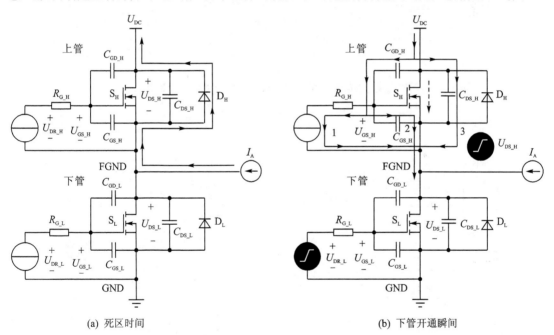

(a) 死区时间　　　　　　　　　　　　　　(b) 下管开通瞬间

图 3.13　相电流为负、下管开通过程中产生桥臂串扰的原理图

　　与下管开通的类似分析可得下管关断情况下的桥臂串扰产生情况。图 3.15(a)是相电流为负、下管导通时的工作原理图。图 3.15(b)是下管 S_L 关断瞬间的原理图,在下管 S_L 关断过程中,在上管 S_H 的栅源极间引起负向栅极串扰电压 U_{GS_H},如图 3.16 所示。此时,虽然该负向栅源极串扰电压 U_{GS_L} 不会引起桥臂直通问题,但如果它的负向峰值电压值超过开关管自身能够承受的最大允许栅源极负偏压,那么就有可能损坏器件,降低电路工作的可靠性。同样,在上管 S_H 开通和关断瞬态过程中,也会使下管 S_L 产生类似的串扰。

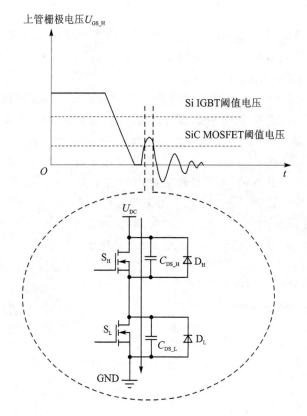

图 3.14 正向串扰引起的桥臂开关误导通原理示意图

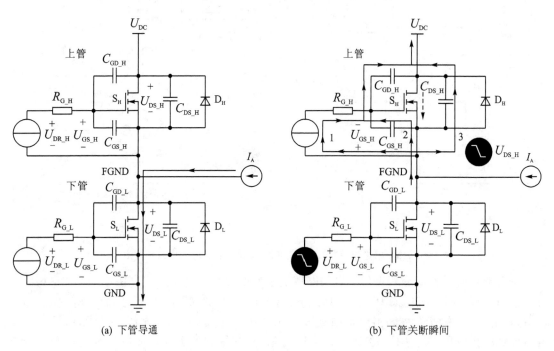

(a) 下管导通   (b) 下管关断瞬间

图 3.15 相电流为负、下管关断过程中产生桥臂串扰的原理图

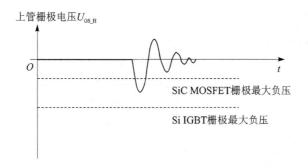

图 3.16　负向串扰电压示意图

由于 Si 基功率器件的栅源阈值电压相对较高,且在工作过程中对开关速度有所制约,所以在传统的 Si 基变换器中,桥臂串扰问题并不明显。但是目前商用 SiC 基功率器件的栅源阈值电压普遍较低,所以这种由桥臂串扰引起的误导通问题显得特别严重,Si MOSFET 和 SiC MOSFET 的阈值电压典型值比较见 3.1.1 小节的表 3.1。

在下管开通和关断过程中,上管的等效电路如图 3.17 所示,图中的栅极电阻 $R_{\_H}$ 为外部驱动电阻 R_{G_H} 和内部寄生电阻 $R_{G(int)\_H}$ 之和。

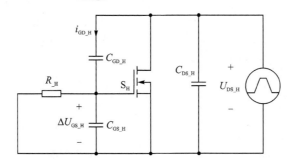

图 3.17　上管串扰电压的等效分析电路图

栅极电阻 $R_{\_H}$ 与栅源极寄生电容 C_{GS} 并联,密勒电流对该并联回路充电,使开关管栅源极两端产生串扰电压,根据基尔霍夫定律可得

$$i_{GD\_H} = \frac{u_{GS\_H}}{R_{\_H}} + C_{GS\_H} \frac{du_{GS\_H}}{dt} \tag{3-11}$$

式中,$R_{\_H}$ 为外部驱动电阻 R_{G_H} 与内部寄生电阻 $R_{G(int)\_H}$ 之和。

因此,开关管栅源极串扰电压的大小为

$$\Delta U_{GS\_H}(t) = a \cdot R_{\_H} C_{GD\_H} \left[1 - e^{\left(-\frac{t}{R_{\_H} C_{iss\_H}} \right)} \right] \tag{3-12}$$

式中,a 是开关管的漏源极间电压变化率 du_{DS_H}/dt,当电压变化率为正时产生正向串扰电压,当电压变化率为负时产生负向串扰电压;C_{GD_H} 和 C_{iss_H} 分别表示上管的密勒电容和输入电容。

在开关瞬态过程中,串扰电压随着时间 t 的增大而增大,因此在开关管的漏源极间电压变化结束时,串扰电压达到最大值,假设漏源极间电压线性变化,即电压变化率近似恒定,则栅源极间的最大串扰电压值为

$$\Delta U_{GS\_H(max)} = a \cdot R_{\_H} C_{GD\_H} \left[1 - e^{\left(-\frac{U_{DC}}{a \cdot R_{\_H} C_{iss\_H}} \right)} \right] \tag{3-13}$$

式中,U_{DC} 为直流母线输入电压。

从式(3-13)中可以看出,C_{GD_H}、C_{iss_H} 和 U_{DC} 的大小由所选器件和工作条件决定,所以串扰电压的最大值主要受驱动电阻和漏源极间电压变化率的影响。以型号为 CMF10120 的 SiC MOSFET 为例,其相关电气参数如表 3.4 所列,在输入电压 U_{DC} 为 500 V 时,图 3.18 和图 3.19 分别给出了栅极驱动电阻(漏源极间电压变化率取 20 V/ns)和漏源极间电压变化率(栅极驱动电阻取 10 Ω)对栅源极串扰电压的影响,从图 3.18 和图 3.19 可以看出:

① 在漏源极间电压变化率为 20 V/ns 的情况下,若驱动电阻大于 9.2 Ω,则栅源极串扰电压会超过 CMF10120 的栅极阈值电压(2.4 V),导致桥臂上下管直通;

② 在驱动电阻为 10 Ω 时,若漏源极间电压变化率大于 19 V/ns,则栅源极串扰电压会超过其栅极阈值电压,出现直通问题。

表 3.4　CMF10120 的相关电气参数

参　量	C_{GD}/pF	C_{GS}/pF	$U_{GS(th)}$/V	$U_{GS\_max(-)}$/V	$R_{G(int)}$/Ω
数　值	7.5	921	2.4	−5	13.6

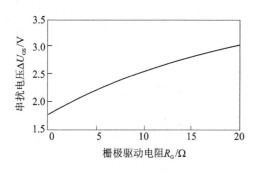

图 3.18　串扰电压与栅极驱动电阻的关系　　　图 3.19　串扰电压与漏源极间电压变化率的关系

SiC MOSFET 的寄生电容较小,因而在相同驱动电压和栅极驱动电阻的条件下,可以具有较快的开关速度,从而减小开关损耗。为了探究栅极驱动电阻与开关管漏源极间电压变化率的关系,采用双脉冲实验测试的方法,对不同栅极驱动电阻下的开关速度进行测试。在输入电压为 500 V、漏极电流为 10 A 的条件下,CMF10120 的漏源极间电压变化率与栅极驱动电阻的关系如表 3.5 所列,其关系曲线如图 3.20 所示。

表 3.5　漏源极间电压变化率与栅极驱动电阻的关系

I_D/A	10				
R_G/Ω	5	10	15	20	25
${\rm d}u/{\rm d}t_r$/(V·ns^{-1})	23.8	21.1	18.5	16.7	15.2
${\rm d}u/{\rm d}t_f$/(V·ns^{-1})	14.7	13.6	12.9	11.6	11.2

根据测得的不同驱动电阻下的开关速度,通过曲线拟合方法得到其数值关系为

$$a_r = -0.43R_G + 25.5 \tag{3-14}$$

$$a_f = -0.18R_G + 15.5 \tag{3-15}$$

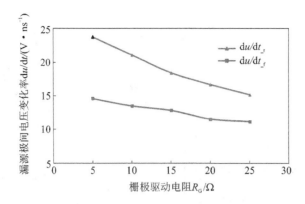

图 3.20　漏源极间电压变化率与栅极驱动电阻的关系曲线

式中，a_r 是开关管开通时，同一桥臂上另一只开关管漏源极间电压变化率 $du/dt_{\_r}$；a_r 是开关管关断时，同一桥臂上另一只开关管漏源极间电压变化率 $du/dt_{\_f}$；R_G 为栅极外部驱动电阻。

CMF10120 的栅极寄生电阻为 13.6 Ω，根据漏源极间电压变化率与驱动电阻的关系，可以得出串扰电压与驱动电阻的关系为

$$\Delta U_{GS\_H(+)} = (-0.43R_{G\_H} + 25.5) \cdot 10^9 \cdot (13.6 + R_{G\_H}) \cdot C_{GD\_H} \cdot$$
$$\left[1 - e^{\frac{U_{DC}}{(-0.43R_{G\_H} + 25.5) \cdot 10^9 \cdot (13.6 + R_{G\_H}) \cdot C_{iss\_H}}} \right] \tag{3-16}$$

$$\Delta U_{GS\_H(-)} = (-0.18R_{G\_H} + 15.5) \cdot 10^9 \cdot (13.6 + R_{G\_H}) \cdot C_{GD\_H} \cdot$$
$$\left[1 - e^{\frac{U_{DC}}{(-0.18R_{G\_H} + 15.5) \cdot 10^9 \cdot (13.6 + R_{G\_H}) \cdot C_{iss\_H}}} \right] \tag{3-17}$$

因此，在输入电压为 500 V 的情况下，CMF10120 的串扰电压与驱动电阻的关系如图 3.21 所示。图 3.21(a) 给出了正向串扰电压曲线，当驱动电阻在 0～25 Ω 范围内变化时，虽然增加驱动电阻会使漏源极间电压变化率降低，但由于 CMF10120 的栅极内部寄生电阻较大，栅极电阻增加对串扰电压影响的程度大于电压变化率降低对串扰电压影响的程度，最终使得串扰电压整体表现为随着驱动电阻的增加而增加。由于 CMF10120 在 25 ℃ 时的栅极阈值电压为 2.4 V，栅极能承受的最大负向电压为 −5 V，所以在输入电压为 500 V、栅极关断电压为 0 V 的情况下，当驱动电阻大于 9.9 Ω 时将会发生开关管误导通问题，正向串扰电压在驱动电阻为 20 Ω 时达到最大值 2.5 V。此外，CMF10120 的栅极阈值电压具有负温度系数，器件结温达到 100 ℃ 时的栅极阈值电压会降低到 2 V，而外部驱动电阻即使为零，串扰电压也会达到 2 V，因此会严重限制 SiC 器件的使用，需要使用负压进行关断。

图 3.21(b) 给出了负向串扰电压曲线，因为驱动电阻增加的幅度大于开关速度降低的幅度，所以负向串扰电压随驱动电阻的增加而不断增大，当驱动电阻为 25 Ω 时，负向串扰电压达到负向最大值 −2.2 V，在关断电压设为 0 V 的情况下，这一负向串扰电压在栅极可承受的电压范围之内。

为了发挥 SiC MOSFET 开关损耗小的性能优势，需要加快开关速度，因而会增大漏源极间的电压变化率，使串扰问题变得更加严重。极限情况下，假设电压变化率无穷大，则串扰电

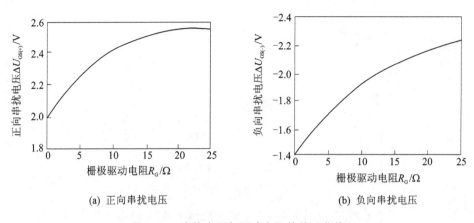

(a) 正向串扰电压　　　　　　　　　　　　(b) 负向串扰电压

图 3.21　串扰电压与驱动电阻的关系曲线

压的极限值为

$$U_{\mathrm{GS\_H}}\bigg|_{\frac{\mathrm{d}u}{\mathrm{d}t}=\infty}=\frac{C_{\mathrm{GD\_H}}U_{\mathrm{DC}}}{C_{\mathrm{GS\_H}}+C_{\mathrm{GD\_H}}}=\frac{U_{\mathrm{DC}}}{1+C_{\mathrm{GS\_H}}/C_{\mathrm{GD\_H}}}\tag{3-18}$$

式(3-18)表明,型号为 CMF10120 的 SiC MOSFET 在直流母线电压为 297 V 时,串扰电压的极限值就会达到该开关管的栅极阈值电压(2.4 V),存在桥臂直通的危险,从而限制了 SiC MOSFET 的高压应用,影响其性能优势的发挥。

根据串扰电压的极限值表达式(3-18)可知,从减小串扰电压的角度考虑,在保证开关管驱动效果的前提下,选择栅源极寄生电容与栅漏极寄生电容比值较大的开关管有利于减小栅极串扰电压,表 3.6 给出了几种不同型号的 SiC MOSFET 的主要电气参数,可以看出 CMF20120 的栅源极与栅漏极寄生电容比值最大,其对串扰电压的抑制能力最好。在器件已经选定的情况下,采用在开关管栅源极间并联电容等方法适当增加开关管的栅源极等效电容,也可以达到抑制串扰电压的目的。

表 3.6　不同型号的 SiC MOSFET 的参数对比

参　量	CMF10120	CMF20120	C2M0080120	SCH2080
漏源电压 U_{DS}/V	1 200	1 200	1 200	1 200
漏极电流 I_{D}/A	24	42	31.6	40
栅源极寄生电容 C_{GS}/pF	920.5	1 902	943.5	1 830
栅漏极寄生电容 C_{GD}/pF	7.5	13	6.5	20
栅源电容与栅漏电容之比 $C_{\mathrm{GS}}/C_{\mathrm{GD}}$	122.7	146.3	145.2	91.5

2. 抑制串扰的驱动电路原理分析

为了保证 SiC MOSFET 安全可靠地工作,需要对桥臂上下管之间的串扰进行抑制,常用的串扰抑制方法包括无源抑制和有源抑制。无源抑制方法包括在栅源极间直接并联电容(见图 3.22)、增加驱动负偏压(见图 3.23)等。但是在栅源极间直接并联电容的方法会减慢开关速度,增大开关损耗,限制碳化硅器件性能优势的发挥。增加负偏压的方法对正向串扰电压有一定的抑制作用,但同时会加剧负向串扰电压的影响,使负向电压尖峰更容易超过其负向栅极电压极限值,导致器件的寿命衰退甚至失效,所以无源抑制方法的两个措施在抑制串扰电压的同时,都存在一定的局限性。

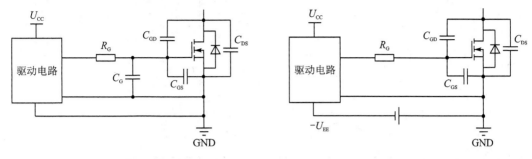

图 3.22　栅源极间直接并联电容(无源抑制方法)　　图 3.23　增加驱动负偏压(无源抑制方法)

有源抑制方法的典型电路如图 3.24 所示,主要通过在栅极增加辅助晶体管或 MOSFET,在主开关管关断时将栅极电压钳位到地或者负压,从而在不影响开关性能的前提下,实现对串扰电压的抑制。但是对于 SiC MOSFET,由于栅源电容和栅漏电容的比例关系与 Si MOSFET 有所不同,因而直接用传统的有源抑制方法仍有不妥,为此必须在桥臂电路开关转换瞬间减小栅源极间的等效阻抗,从而使密勒电流产生的串扰电压降至最低,但同时又不能影响开关管的开关速度。

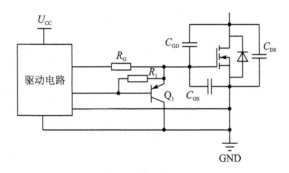

图 3.24　有源抑制方法的典型电路

如图 3.25 所示为一种新型有源串扰抑制驱动电路,该驱动电路与传统驱动电路的区别是在栅源极两端并接了由辅助开关管 S_a 和辅助电容 C_a 串联而成的辅助支路,S_{a_H}、S_{a_L} 分别是桥臂上管、下管的辅助开关管,C_{a_H}、C_{a_L} 分别是桥臂上管、下管的辅助电容。在主开关管关断之后开通辅助开关管,使辅助电容并联到主开关管的栅源极之间,为漏源极因电压变化而产生的密勒电流提供一个低阻抗回路,从而抑制串扰电压。电路的工作模态如图 3.26 所示,主管和辅管的开关时序如图 3.27 所示。

各模态的工作情况如下:

模态 $1[t_0 \sim t_1]$:t_0 时刻,上、下管都处于关断状态,如图 3.26(a)所示,上、下管驱动电路的负电压通过辅助开关管 S_{a_L} 和 S_{a_H} 的体二极管和驱动电阻 R_{G_H} 和 R_{G_L} 给辅助电容 C_{a_H} 和 C_{a_L} 充电,在 t_1 时刻,两个辅助电容的电压达到稳定。充电时间常数取决于驱动电阻值和辅助电容值的乘积。

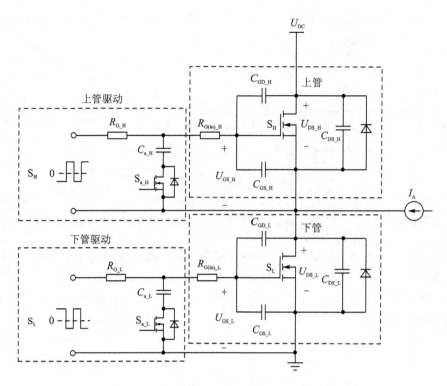

图 3.25 新型有源串扰抑制驱动电路原理图

模式 2 $[t_1 \sim t_2]$：t_1 时刻，辅助开关管 S_{a_L} 和 S_{a_H} 仍保持关断，等待主电路上电，如图 3.26(b)所示。在 t_2 时刻，下管开始开通。

模式 3 $[t_2 \sim t_3]$：t_2 时刻，下管开通，如图 3.26(c)所示。因为辅助开关管的寄生电容值比其串联的电容值小几个数量级，所以可以忽略辅助 MOSFET 管的寄生电容的影响。在下管 S_L 开通的瞬间，S_{a_H} 开通，辅助电容 C_{a_H} 直接连接到上管的栅源极之间。该辅助电容值相比开关管 S_H 的寄生电容值大得多，给下管开通瞬间因串扰产生的上管密勒电流提供了低阻抗回路，从而使上管栅源极串扰电压大大降低，抑制了串扰。t_3 时刻，下管开通过程完成。

模式 4 $[t_3 \sim t_4]$：t_3 时刻，所有开关管的开关状态保持不变，上管 S_H 的驱动负压通过驱动电阻给辅助电容 C_{a_H} 和 C_{GS_H} 放电使其保持驱动负压，如图 3.26(d)所示。在 t_4 时刻，下管 S_L 开始关断。

模式 5 $[t_4 \sim t_5]$：t_4 时刻，下管 S_L 关断。由于辅助开关管 S_{a_L} 仍然保持关断，所以下管 S_L 关断时不会产生影响。与此同时，密勒电流将从由上管辅助开关管寄生二极管和电容形成的低阻抗回路流过，上管栅源极产生的负压将会降至最小，从而抑制下管关断时负向串扰电压对上管的损害，如图 3.26(e)所示。

模式 6 $[t_5 \sim t_6]$：t_5 时刻，上管辅助开关管关断，C_{a_H} 与上管栅源极断开，驱动负压通过驱动电阻给 C_{GS_H} 充电，使其维持在驱动负压，如图 3.26(f)所示。

上管开通、关断瞬态的串扰电压抑制原理与下管的分析类似，这里不再赘述。

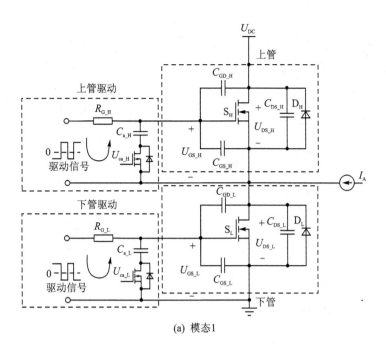

(a) 模态1

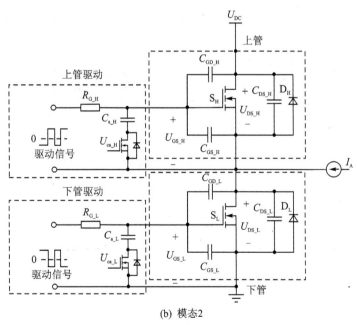

(b) 模态2

图 3.26　串扰抑制驱动电路的工作模态

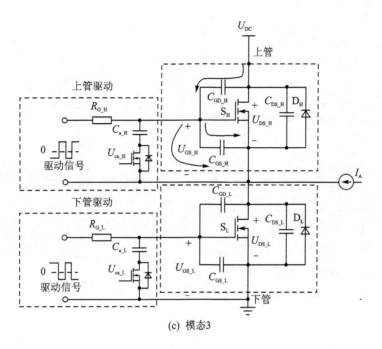

(c) 模态3

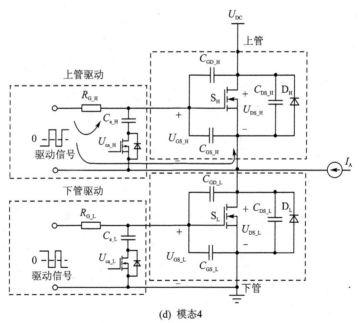

(d) 模态4

图 3.26 串扰抑制驱动电路的工作模态(续)

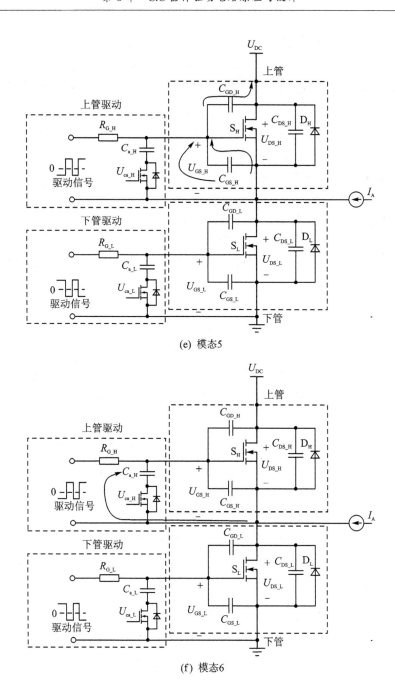

(e) 模态5

(f) 模态6

图 3.26　串扰抑制驱动电路的工作模态(续)

3. 串扰抑制驱动电路关键参数的选择

在基本驱动电路的基础上增加了辅助开关管和辅助电容后,可以得出此时上管栅极串扰电压 ΔU_{GS_H} 的表达式为

$$\Delta U_{\mathrm{GS\_H}} = \frac{C_{\mathrm{GD\_H}} U_{\mathrm{DC}}}{A} + a \cdot \left(\frac{C_{\mathrm{a\_H}}}{A}\right)^2 \cdot$$

$$R_{\mathrm{G(int)\_H}} \cdot C_{\mathrm{GD\_H}} \left(1 - \mathrm{e}^{\frac{-AU_{\mathrm{DC}}}{a \cdot C_{\mathrm{a\_H}} R_{\mathrm{G(int)\_H}} C_{\mathrm{iss\_H}}}}\right)$$

$$(3-19)$$

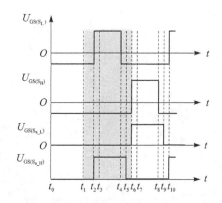

图 3.27   主管和辅管的开关时序图

式中,a 是开关管漏源极间的电压变化率,A 为辅助电容 C_{a} 和输入电容 C_{iss} 之和。

在下管开通瞬间,上管栅源极正向串扰电压上升;在下管关断瞬间,上管栅源极负向串扰电压下降,其波形如图 3.28 所示。图中,$U_{\mathrm{GS(th)}}$ 为功率管栅极阈值电压,$U_{\mathrm{GS\_H(+)}}$ 为正向串扰电压峰值,U_{2_H} 为驱动负偏置电压,$U_{\mathrm{GS\_H(-)}}$ 为产生的负向串扰电压峰值,$U_{\mathrm{GS\_max(-)}}$ 为开关管允许的最大负向栅源电压值。

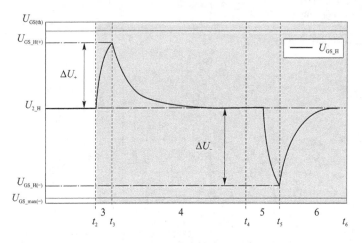

图 3.28   开关瞬态串扰电压示意图

下管开通和关断瞬间分别会对上管产生正向和负向串扰电压,在上管关断电压的基础上形成电压峰值,其幅值分别为

$$U_{\mathrm{GS\_H(+)}} = U_{2\_\mathrm{H}} + \Delta U_{\mathrm{GS\_H(+)}} = U_{2\_\mathrm{H}} + \frac{C_{\mathrm{GD\_H}} U_{\mathrm{DC}}}{A} + a_{\mathrm{r}} \cdot \left(\frac{C_{\mathrm{a\_H}}}{A}\right)^2 \cdot$$

$$R_{\mathrm{G(int)\_H}} \cdot C_{\mathrm{GD\_H}} \left(1 - \mathrm{e}^{\frac{-AU_{\mathrm{DC}}}{a_{\mathrm{r}} C_{\mathrm{a\_H}} R_{\mathrm{G(int)\_H}} C_{\mathrm{iss\_H}}}}\right) \qquad (3-20)$$

$$U_{\mathrm{GS\_H(-)}} = U_{2\_\mathrm{H}} - \Delta U_{\mathrm{GS\_H(-)}} = U_{2\_\mathrm{H}} - \frac{C_{\mathrm{GD\_H}} U_{\mathrm{DC}}}{A} - a_{\mathrm{f}} \cdot \left(\frac{C_{\mathrm{a\_H}}}{A}\right)^2 \cdot$$

$$R_{\mathrm{G(in)\_H}} \cdot C_{\mathrm{GD\_H}} \left(1 - \mathrm{e}^{\frac{-AU_{\mathrm{DC}}}{a_{\mathrm{f}} C_{\mathrm{a\_H}} R_{\mathrm{G(int)\_H}} C_{\mathrm{iss\_H}}}}\right) \qquad (3-21)$$

式中,U_{2_H} 为上管关断时的驱动负偏置电压。

为了保证开关管可靠工作,正向串扰电压的峰值不能超过开关管的栅极阈值电压,负向串扰电压的峰值不能超过栅极负向电压的极限值,因此正负向串扰电压和栅极驱动关断负向偏置电压需要满足以下关系

$$\Delta U_{GS\_H(+)} + \Delta U_{GS\_H(-)} \leqslant U_{GS(th)\_H} - U_{GS\_max(-)} \qquad (3-22)$$

$$U_{2\_H} \leqslant U_{GS(th)\_H} - \Delta U_{GS\_H(+)} \qquad (3-23)$$

$$U_{2\_H} \geqslant U_{GS\_max(-)} + \Delta U_{GS\_H(-)} \qquad (3-24)$$

以 Wolfspeed 公司型号为 CMF10120 的 SiC MOSFET 为例,在输入电压为 500 V、驱动电阻为 10 Ω 的情况下,正负向串扰电压之和与辅助电容的关系曲线如图 3.29 所示。由于 CMF10120 的栅极阈值电压为 2.4 V,栅极能承受的最大负向电压为 -5 V,所以正向、负向串扰电压之和应该小于 7.4 V,即辅助电容值应大于 58 pF;同时从图 3.29 中可以看出,当辅助电容超过 10 nF 之后,串扰电压曲线趋于平缓,若再继续增大辅助电容,则对串扰电压的抑制作用已较微弱,所以辅助电容宜选择为 58 pF 至 10 nF 之间。

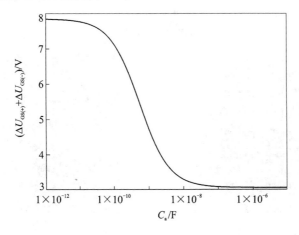

图 3.29　正负向串扰电压之和与辅助电容的关系曲线

栅极关断负向偏置电压与辅助电容的关系曲线如图 3.30 所示,图中的实线为其上限值,虚线为其下限值,负向偏置电压的取值应该小于其上限值,大于其下限值,所以栅极负向偏置电压的选择范围为 0~-3 V。

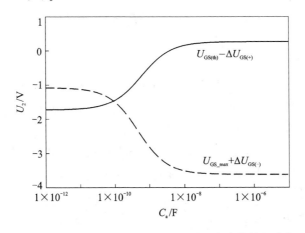

图 3.30　栅极关断负向偏置电压与辅助电容的关系曲线

4. 串扰抑制驱动电路测试

基于以上原理分析,设计制作了串扰抑制驱动电路。实际驱动电路以 Rohm 公司专用的集成驱动芯片 BM6104FV 为核心,图 3.31 为其原理框图和实物照片。

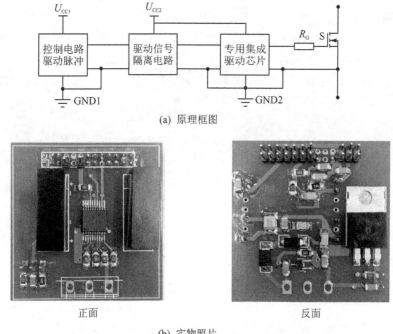

(a) 原理框图

正面　　　　　　　　　　　　　　反面

(b) 实物照片

图 3.31　SiC MOSFET 串扰抑制驱动电路

为了对比说明,分别对不加串扰抑制的驱动电路和加了串扰抑制的驱动电路进行测试。测试时,设定桥臂电路的直流输入电压为 500 V,栅极驱动电阻分别取为 5 Ω、10 Ω、15 Ω、20 Ω 和 25 Ω。

(1) 未采用串扰抑制驱动电路

图 3.32 给出了不加串扰抑制时,驱动电阻为 10 Ω 时桥臂上管串扰电压测试波形,图中 U_{DS}、I_{DS}、U_{GS} 分别为上管的漏源极电压、漏极电流和驱动电压,从图中可以看出,由漏源极电压变化引起的正向、负向串扰电压分别为 1.7 V、−1.4 V。

图 3.33 给出了不同驱动电阻下的测试结果,从图中可以看出,随着驱动电阻的增加,正、负向串扰电压均呈现增大的趋势,25 Ω 时的串扰电压分别为 2.2 V、−1.9 V,正向串扰电压已经接近栅极阈值电压(2.4 V)。

(2) 采用串扰抑制驱动电路

采用串扰抑制电路后,当由 SiC MOSFET 的漏源极间电压变化引起的密勒电流对驱动回路充电时,串扰抑制电路可以在这段时间内为开关管栅极提供低阻抗回路,使正向、负向串扰电压呈现减小的趋势。图 3.34 给出串扰抑制驱动电路在驱动电阻为 10 Ω 时的上管串扰电压测试波形,正向、负向串扰电压分别为 0.8 V、−0.6 V,与不加串扰抑制电路相比,串扰电压明

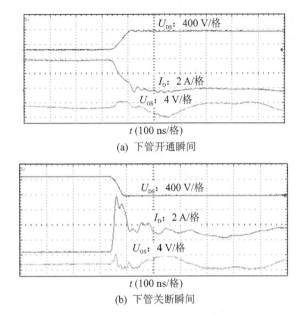

(a) 下管开通瞬间

(b) 下管关断瞬间

图 3.32　基本驱动电路的上管串扰电压测试波形

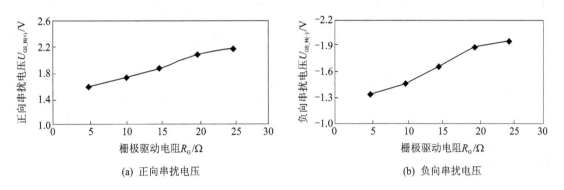

(a) 正向串扰电压

(b) 负向串扰电压

图 3.33　未加串扰抑制驱动电路在不同驱动电阻下的测试结果

显减小,分别降低了 53% 和 57%,实现了对串扰电压的有效抑制。不同驱动电阻下的串扰抑制驱动电路测试结果如图 3.35 所示。

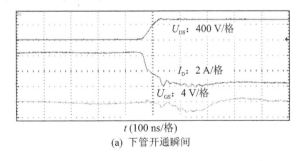

(a) 下管开通瞬间

图 3.34　串扰抑制驱动电路的上管串扰电压测试波形

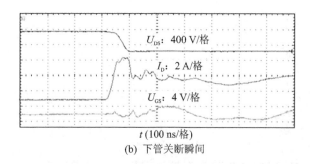

(b) 下管关断瞬间

图 3.34 串扰抑制驱动电路的上管串扰电压测试波形(续)

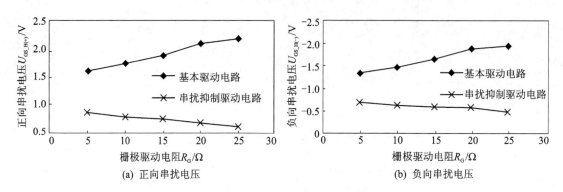

(a) 正向串扰电压

(b) 负向串扰电压

图 3.35 不同驱动电阻下的串扰抑制驱动电路测试结果

进一步地,对串扰抑制驱动电路的高频工作能力进行测试。当环境温度为 21 ℃ 左右,开关频率分别设置为 150 kHz、200 kHz 和 300 kHz 时,分别在自然散热和风冷散热的条件下(风扇为 DP200A 型,转速为 3 000 r/min),驱动板最热测试点的温度变化曲线如图 3.36 所示。在自然冷却条件下,串扰抑制驱动电路可在 200 kHz 下长期工作,在通风情况下可在 300 kHz 甚至更高的频率下长期工作。

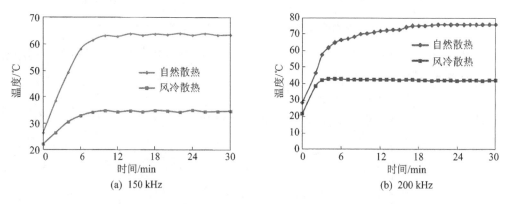

(a) 150 kHz

(b) 200 kHz

图 3.36 串扰抑制驱动电路高频工作温度测试结果

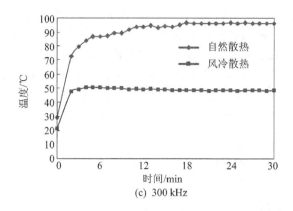

(c) 300 kHz

图 3.36　串扰抑制驱动电路高频工作温度测试结果(续)

3.2　SiC JFET 的驱动电路原理与设计

SiC JFET 器件通常包括耗尽型(常通型)、增强型(常断型)和级联型(Cascode)等类型,驱动电路的设计要求和特点各有不同,以下分别加以阐述。

3.2.1　耗尽型 SiC JFET 的驱动电路原理与设计

耗尽型 SiC JFET 的驱动电路设计要考虑以下问题:

① 由于耗尽型 SiC JFET 在不加栅极电压时处于导通状态,故栅极需加一定负压才能使开关管关断;

② 在桥臂电路中工作时,由于桥臂中点的电压变化率 du/dt 较高,易引起上下管之间的串扰,因此驱动电路应能抑制串扰问题。

图 3.37 为两种典型的驱动电路设计原理示意图。图(a)通过采用较大的栅极电阻 R_{G2} 和

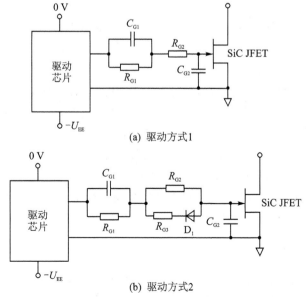

(a) 驱动方式1

(b) 驱动方式2

图 3.37　耗尽型 SiC JFET 的两种典型驱动电路

较大的栅极电容 C_{G2} 降低了开关速度,从而使由 SiC JFET 栅漏电容两端电压变化产生的位移电流变小,降低了关断期间的栅极电压尖峰。图(b)采用开通和关断驱动回路分别设计的方法,在关断时栅极电荷从二极管支路释放,开关速度比驱动方式 1 稍有提高。

图 3.37 所示的驱动方式在单管变换器中得到验证,但仍无法在桥臂电路中可靠使用。与 SiC MOSFET 相似,需要针对桥臂串扰问题对 SiC JFET 的驱动电路进行专门设计。图 3.38 给出一种适用于耗尽型 SiC JFET 桥臂电路的驱动电路。该电路在图 3.37 的基础上增加了由 R_1、C_1 和 Q_1 组成的动态吸收电路。采用比 R_{G1} 阻值小的 R_{G2},一方面可以加速关断器件,另一方面可以降低结电容电流在驱动电阻上引起的电压变化峰值。动态吸收支路的主要作用是吸收由 ${\rm d}u/{\rm d}t$ 引起的容性电流,抑制桥臂串扰问题。

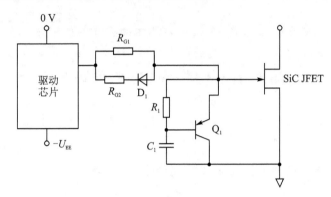

图 3.38　带动态吸收电路的耗尽型 SiC JFET 驱动电路

3.2.2　增强型 SiC JFET 的驱动电路原理与设计

增强型 SiC JFET 的驱动电路综合了 MOSFET 和 BJT 的主要驱动要求,但所需要的电压/电流幅值与 MOSFET 和 BJT 的有所不同。增强型 SiC JFET 的驱动电路需满足以下要求:

① 能够提供足够大的电流给栅极电容快速充放电,以实现较快的开关速度。

② 能够给栅极提供正向偏置电压和驱动电流,以维持其栅源寄生二极管导通,同时在不影响 JFET 导通电流的情况下使驱动损耗尽可能小。

③ 在 SiC JFET 关断时有较强的抗干扰能力,以防止误导通现象发生。

虽然增强型 SiC JFET 的导通需要栅极有维持的电流,但它并非电流型控制器件。栅源极间的二极管特性如图 3.39 所示,其推荐工作点在图 3.39 伏安曲线上较低的位置。在稳态工作期间,当栅极电压超过 3 V 时,SiC JFET 的正向导通增益不再有明显增加,故栅极电压高于 3 V 只会使栅极驱动电流不必要地增大,增加驱动损耗。

根据增强型 SiC JFET 的驱动要求,目前一般采用两种驱动方案:① AC 耦合(电容耦合)驱动电路;② DC 耦合两级驱动电路。

1. AC 耦合驱动电路

AC 耦合驱动电路如图 3.40 所示,可在 Si MOSFET 或 Si IGBT 所用驱动电路上稍做改动,在驱动芯片和 SiC JFET 之间接上稳态驱动电阻 R_G 和动态阻容网络 C_G - R_{CG}。在 SiC

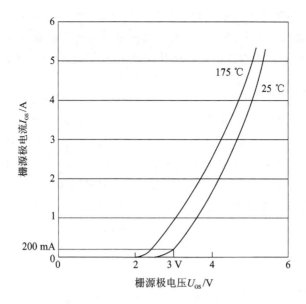

图 3.39　栅源二极管典型的正向特性

JFET 开关动作期间，$C_G - R_{CG}$ 支路起加快栅极电容充放电作用，加速其开关动作；在维持 SiC JFET 栅极稳态驱动电流期间，R_G 支路起限流作用。

（1）驱动电阻 R_G 的选择

在 SiC JFET 开通之后，维持其稳态导通的栅极电流为

$$I_G = \frac{U_O - U_{GS}}{R_G} \qquad (3-25)$$

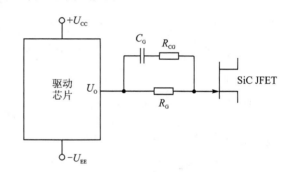

图 3.40　AC 耦合驱动电路

式中，U_O 为驱动芯片的正输出电压，U_{GS} 为 SiC JFET 导通时的栅源极电压值，I_G、U_{GS} 的取值根据 SiC JFET 厂家给出的数据手册要求确定，协调选择 U_O 和 R_G 可设置满足要求的 I_G。一般情况下，为了防止栅极过驱动，U_{GS} 的偏置值不超过 3 V。

（2）加速电容 C_G 的选择

加速电容 C_G 主要根据 SiC JFET 的栅极电荷 Q_G 选择，因电路寄生参数会对 C_G 的选择造成影响，因此考虑到电路设计中寄生参数的差异，通常按以下范围给出 C_G 的选择：

$$\frac{2Q_G}{U_{CC} - U_{GS}} \leqslant C_G \leqslant \frac{4Q_G}{U_{CC} - U_{GS}} \qquad (3-26)$$

电路设计人员可结合其具体电路设计要求在式(3-26)的范围内进一步优化取值。

此外，通常会为加速电容 C_G 串联一个小电阻 R_{CG}（1~5 Ω），以提供阻尼来减小栅极的振荡。

交流耦合驱动电路的结构简单，在现有 Si MOSFET 或 Si IGBT 的驱动电路上稍加改动即可。然而由于在不同开关频率或占空比时，RC 的充电时间常数对开关速度的影响不同，且

在高频或大占空比时,很可能加速电容在下一开关周期到来时还未能完全放电,进而导致其开关速度变慢,因此,需要寻求不受开关频率和占空比限制的优化驱动方案。直流耦合两级驱动方案是一种不受开关频率和占空比限制的优化驱动方案,下面将对其进行阐述。

2. DC 耦合两级驱动电路

DC 耦合两级驱动电路的结构示意图如图 3.41 所示。前级 PWM 控制信号输入至驱动电路,一路 PWM 控制信号通过脉冲发生器产生一个与其同步的较窄脉宽信号,以驱动开关管 S_1,并提供较大的峰值电流给栅极电容快速充电;另一路 PWM 控制信号驱动开关管 S_2,提供维持 SiC JFET 导通所需的稳态栅极电流,输入 PWM 控制信号经反向处理后驱动开关管 S_3,通过较小的电阻 R_3 给栅极快速放电。

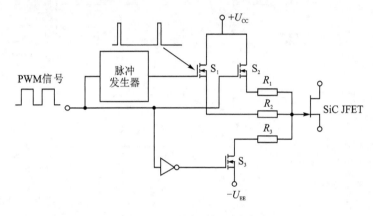

图 3.41　DC 耦合两级驱动电路

驱动电阻 R_1 的阻值需要根据驱动开通峰值电流的要求来计算选取,R_2 的阻值需要根据器件导通所需要维持的栅极电流的最大值来计算选取,选取方法与 AC 耦合驱动电路中选取 R_G 的方法类似。R_3 用于防止 SiC JFET 关断时栅极产生过大的电流和振荡,一般取 $1\ \Omega$ 左右的电阻。

如图 3.41 所示的两级驱动电路思路的具体实现方式可以有很多种,可以用图 3.41 中的分立 MOSFET,也可以用多个驱动芯片,或者用 1 个双路输出的驱动芯片。

图 3.42 为采用 IXYS 公司的双路输出驱动芯片 IXD1502 构成的两级驱动电路,在 SiC JFET 开通时,驱动芯片的 A 输出通道及 D_{on}-R_{on} 支路提供驱动峰值电流,以加速开通过程。在 SiC JFET 关断时,驱动芯片的 B 输出通道通过 D_{off}-R_{off} 支路给栅极放电,使之关断。

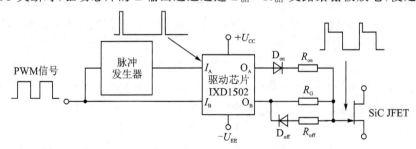

图 3.42　基于双路输出驱动芯片的两级驱动电路

在实际制作驱动电路时,应根据所需驱动芯片的供电电压、驱动峰值电流、驱动稳态维持电流等要求选择合适的驱动方式和具体的电路参数。

3.2.3　Cascode SiC JFET 的驱动电路原理与设计

根据 Cascode SiC JFET 的结构特点,一般可采用以下三种驱动方案。

1. 驱动方案原理与分析

（1）基本栅极驱动电路

图 3.43 为 Cascode SiC JFET 基本栅极驱动电路的等效电路图,Cascode SiC JFET 采用 TO-247-3L 封装。L_{SD} 是 SiC JFET 的源极与 Si MOSFET 的漏极之间连线引入的寄生电感,该电感可通过在 SiC JFET 管芯的源极上直接叠加上 Si MOSFET 管芯来加以消除,但目前该项技术尚在研究中,仍未发展成熟。L_{S1} 是 Si MOSFET 的源极引线的寄生电感,L_{S2} 是源极封装寄生电感。L_{SD}、L_{S1} 和 L_{S2} 都处在同一个功率回路内,迅速变化的电流会与其相互作用使得开关管在关断过程中产生较大的电压尖峰,从而影响 Cascode SiC JFET 的开关性能。L_{SD}、L_{S1} 和 L_{J_G} 都在 SiC JFET 的栅极回路(回路 1)中,为了防止振荡,可加入适当阻值的电阻。在开通期间,电流从 Cascode SiC JFET 的漏极流向源极,在 L_{SD}、L_{S1} 和 L_{S2} 上产生正向电压,L_{S1} 和 L_{S2} 上的电压给 Si MOSFET 的栅极引入负压偏置,L_{SD} 上的电压给 SiC JFET 的栅极也引入负压偏置,这将降低 Cascode SiC JFET 的开通速度,增大开通损耗。另外,由于 L_{S1} 和 L_{S2} 也存在于栅极回路(回路 2)中,因此开关瞬态期间 L_{S1} 和 L_{S2} 产生的振荡和

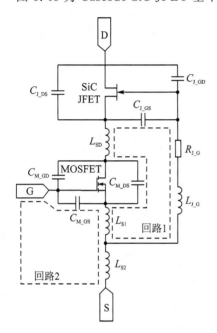

图 3.43　Cascode SiC JFET 的基本栅极驱动电路图(TO-247-3L 封装)

过冲会影响栅极驱动电路或控制电路正常工作,严重时甚至造成栅极驱动回路故障。

（2）开尔文栅极驱动电路

图 3.44 为开尔文栅极驱动电路的等效电路图,Cascode SiC JFET 采用 TO-247-4L 封装。驱动电路接在 Si MOSFET 的栅极 G 和源极引线 SS 之间,L_{S1} 和 L_{S2} 不在 Si MOSFET 的栅极回路中,因此不再影响栅极回路的工作。

L_{SD}、L_{S1} 和 L_{S2} 位于同一个功率回路中,它们将在开通过程中限制 di/dt 的大小。但是在关断过程中,di/dt 并不受这些寄生电感的限制,因为 Cascode SiC JFET 的跨导较高,di/dt 的值会很大,与寄生电感相互作用将会在回路 1 中激起较大振荡。R_{J_G} 是 SiC JFET 的栅极内部电阻,L_{J_G} 是 SiC JFET 的栅极引线寄生电感,在回路 1 中 R_{J_G} 是一个阻尼元件,增大 R_{J_G} 可以减小回路中的振荡,但会使开关过程变慢,产生更大的开关损耗。

（3）双栅极驱动电路

双栅极驱动是指 SiC JFET 和 Si MOSFET 均有驱动控制。如图 3.45 所示,在双栅极驱动电路中,输出 1(U_{IN_JG})和输出 2(U_{IN_MG})分别加在 SiC JFET 的栅极和 Si MOSFET 的栅极上,使得 SiC JFET 和 Si MOSFET 能够分别被驱动控制。由于双栅极驱动电路中多出一个 SiC JFET 的栅极引脚,所以与开尔文栅极驱动电路类似,也需要 4 引脚的封装。

图 3.46 为双栅极驱动电路的控制逻辑图,在导通状态,两个驱动输出 U_{IN_JG} 和 U_{IN_MG} 均为高电平,其中 U_{IN_JG} 的典型值为 0 V,U_{IN_MG} 可取 $+12\sim+15$ V,使得 SiC JFET 和 Si MOSFET 均保持导通状态;在关断状态,驱动输出 U_{IN_MG} 变为低电平,驱动输出 U_{IN_JG} 仍为高电平,其中 U_{IN_MG} 可取 $-5\sim0$ V 之间的电压值,U_{IN_JG} 的典型值为 0 V。虽然此时 Cascode SiC JFET 为关断状态,但仍允许反向电流流过。

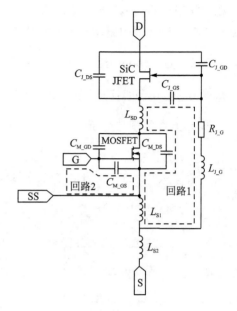

图 3.44   Cascode SiC JFET 的开尔文栅极驱动电路图(TO - 247 - 4L 封装)

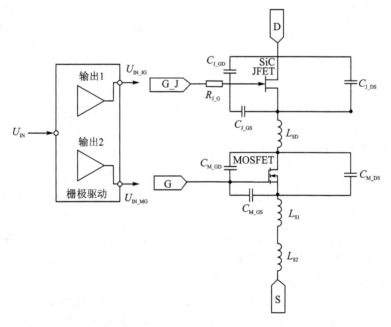

图 3.45   Cascode SiC JFET 的双栅极驱动电路图(TO - 247 - 4L 封装)

为了使 Cascode SiC JFET 关断,先将 U_{IN_JG} 降至负压(-15 V)来关断 SiC JFET。一旦 SiC JFET 关断,Cascode SiC JFET 也将处于关断状态。Cascode SiC JFET 在关断瞬态时,MOSFET 仍为导通状态,因此不会产生电压尖峰,这意味着双栅极驱动电路中的关断状态仅取决于 SiC JFET,因此可以通过调整 SiC JFET 的栅极电阻来控制 Cascode SiC JFET 的关断

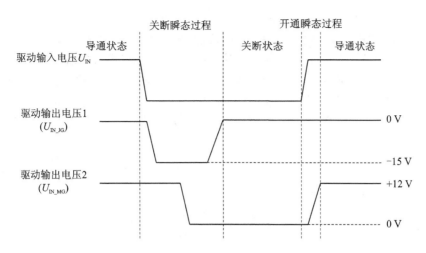

图 3.46　Cascode SiC JFET 的双栅极驱动电路的控制逻辑图

过程。在 Cascode SiC JFET 完全关断后,驱动输出 U_{IN_MG} 由高电平转换为低电平($-5 \sim 0$ V)将 Si MOSFET 关断,然后将驱动输出 U_{IN_JG} 升至高电平使耗尽型 SiC JFET 的沟道打开,以使 Cascode SiC JFET 能够允许反向电流流过。为了使 Cascode SiC JFET 开通,在保持驱动输出 U_{IN_JG} 为高电平的情况下,将驱动输出 U_{IN_MG} 由低电平转换为高电平即可使 Si MOSFET 开通。

　　由此可见,双栅极驱动电路使用两个驱动输出分别控制 Cascode SiC JFET 的开通和关断过程,减小了 Si MOSFET 发生雪崩击穿的可能性,避免了图 3.43 和图 3.44 中谐振回路的影响,使得 Cascode SiC JFET 的关断过程更加可控。

2. 驱动电路设计与实验对比分析

　　为了对三种驱动方案进行对比,按照 4 引脚(TO‐247‐4L)的封装要求设计了一个特殊的 PCB 板,该 PCB 板采用适合 SiC JFET 管芯的软金属进行冲模,采用铝制材料制作封装引线。如图 3.47 所示,三种不同的驱动电路方案均能在该 PCB 板上实现。

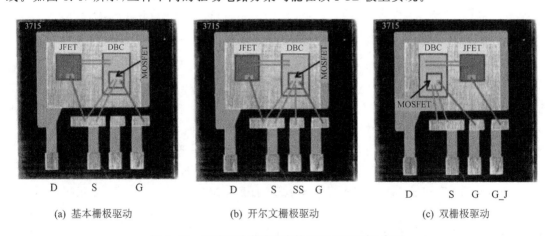

(a) 基本栅极驱动　　　　　(b) 开尔文栅极驱动　　　　　(c) 双栅极驱动

图 3.47　三种驱动电路方案的 PCB 板设计示意图

分别采用基本栅极驱动电路和开尔文栅极驱动电路,在感性负载双脉冲电路中对Cascode

SiC JFET 的开关波形进行测试。测试中,直流母线电压设置为 800 V,续流二极管采用 UJ2D1210T(1.2 kV/10 A),驱动开通支路电阻取为 1.1 Ω,驱动关断支路电阻取为 47 Ω。图 3.48 为两种驱动方案的开通波形对比。从图中可见,无论是在大负载电流还是小负载电流条件下,开尔文栅极驱动电路的栅极电压 U_{GS} 的波形振荡都较小。基本栅极驱动电路的栅极电压振荡较为明显,开通损耗较大。在 30 A 负载电流条件下,基本栅极驱动控制下的开关管开通能量损耗为 800 μJ,而开尔文栅极驱动控制下的开关管开通能量损耗为 700 μJ,比基本栅极驱动减少了约 12%。

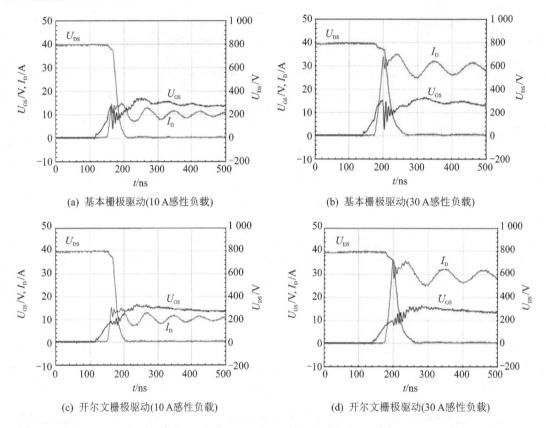

(a) 基本栅极驱动(10 A感性负载)　　(b) 基本栅极驱动(30 A感性负载)

(c) 开尔文栅极驱动(10 A感性负载)　　(d) 开尔文栅极驱动(30 A感性负载)

图 3.48　1 200 V Cascode SiC JFET 在基本栅极驱动和开尔文栅极驱动下的开通波形

图 3.49 是分别采用基本栅极驱动和开尔文栅极驱动的 Cascode SiC JFET 关断波形对比。采用开尔文栅极驱动时的栅极电压 U_{GS} 在大/小负载电流两种条件下的振荡仍然较小,但漏源电压 U_{DS} 和漏极电流 I_D 似乎受驱动电路的影响不大。由于驱动电阻取值较大,因此采用这两种栅极驱动方案下的关断损耗相近。以 30 A 负载电流为例,采用基本栅极驱动控制下的开关管关断损耗为 476 μJ,采用开尔文栅极驱动控制下的开关管关断损耗为 472 μJ。

采用 1 个 TO-247 封装的 1.2 kV/50 mΩ 耗尽型 SiC JFET 和 1 个 DPAK 封装的 25 V/5 mΩ Si MOSFET 构成 1 个分立式 Cascode SiC JFET,组成如图 3.50 所示的双栅极驱动电路用于测试。其中,R_{GM} 为 Si MOSFET 的栅极驱动电阻,R_{GJ} 为 SiC JFET 的栅极驱动电阻,R_2 和 D_1 构成的支路将 SiC JFET 的栅极与地相连,以使 Cascode SiC JFET 在开机启动以及栅极驱动故障时处于常断状态。D_1 可以在 SiC JFET 处于关断瞬态,即栅极电压为负压时,阻断从 R_2 流向 SiC JFET 栅极的电流。

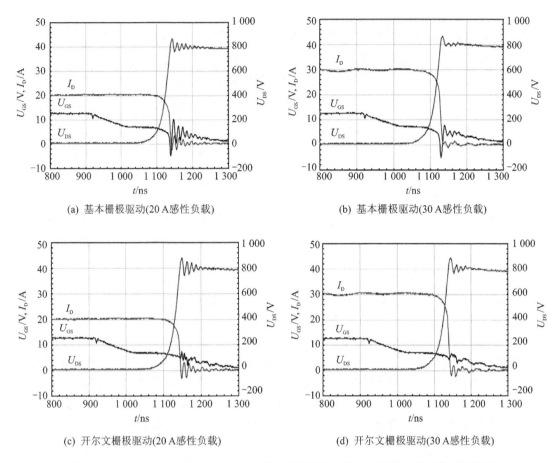

(a) 基本栅极驱动(20 A感性负载)　　　(b) 基本栅极驱动(30 A感性负载)

(c) 开尔文栅极驱动(20 A感性负载)　　　(d) 开尔文栅极驱动(30 A感性负载)

图 3.49　1 200 V Cascode SiC JFET 在基本栅极驱动和开尔文栅极驱动下的关断波形

在开关特性波形测试中,主要电路参数设置为:直流母线电压 $U_{DC}=600$ V,感性负载电流 $I_L=22$ A,$R_{G\_J}=0$ Ω,$R_{G\_M}=2.3$ Ω。图 3.51 为开关特性测试波形。在 SiC JFET 关断瞬态($t=1\ 100\sim1\ 200$ ns),由于 Si MOSFET 的栅极电压维持在 $+15$ V,所以 Si MOSFET 仍处于导通状态;在 $t=1\ 300$ ns 时,Cascode SiC JFET 完全进入关断状态且漏极电流为零,此时,Si MOSFET 的电流也为零,不会产生振荡和雪崩,处于关断状态。在 Si MOSFET 关断后,SiC JFET 的栅极电压在 $t=1\ 440$ ns 时被拉升至 0 V,使 SiC JFET 沟道打开,能够允许 Cascode SiC JFET 流过反向电流。

基本栅极驱动和开尔文栅极驱动均通过调整 Si MOSFET 的栅极电阻 R_{G_M} 来控

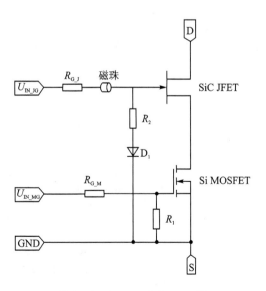

图 3.50　Cascode SiC JFET 的双栅极驱动等效电路图

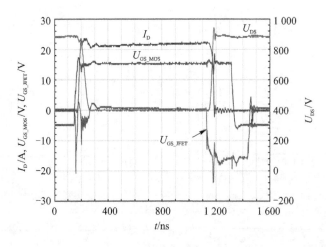

图 3.51 1 200 V Cascode SiC JFET 在双栅极驱动控制下的开关特性波形

制 Cascode SiC JFET 的关断速度,而双栅极驱动是通过调整 SiC JFET 的栅极电阻 R_{G_J} 来控制关断速度。图 3.52 是采用不同驱动方案时关断 du/dt 和 di/dt 与驱动电阻的关系对比曲线。当 Cascode SiC JFET 采用双栅极驱动时,当 R_{G_J} 从 0 Ω 增加到 5 Ω,关断 du/dt 从 28 V/ns 降至 11 V/ns 时,关断 di/dt 从 2 000 A/μs 减小至 800 A/μs;当 Cascode SiC JFET 采用基本栅极驱动时,当 R_{G_M} 从 0 Ω 增加到 70 Ω,关断 du/dt 从 57 V/ns 降至 27 V/ns 时,关断 di/dt 从 7 400 A/μs 减小至 3 100 A/μs。这说明双栅极驱动可以更有效地控制关断时的 di/dt 和 du/dt,改善电路的 EMI 性能。

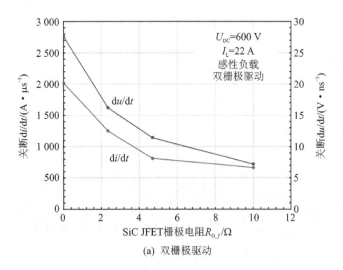

(a) 双栅极驱动

图 3.52 采用不同驱动方案时 Cascode SiC JFET 的关断 di/dt 和 du/dt 与驱动电阻的关系对比曲线

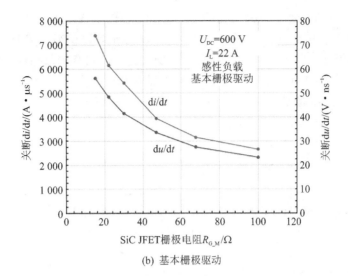

(b) 基本栅极驱动

**图 3.52　采用不同驱动方案时 Cascode SiC JFET 的
关断 di/dt 和 du/dt 与驱动电阻的关系对比曲线(续)**

3.2.4　直接驱动 SiC JFET 的驱动电路原理与设计

常用的 Cascode SiC JFET 的结构如图 3.53 所示,N 型 Si MOSFET 的漏极与耗尽型 SiC JFET 的源极相连,N 型 Si MOSFET 的源极与耗尽型 SiC JFET 的栅极相连。驱动信号加在 Si MOSFET 的栅源极之间,通过控制 Si MOSFET 的通断来间接控制 SiC JFET 的通断。这种间接驱动方法易于控制,但会导致 Si MOSFET 被周期性雪崩击穿,并且由于结构的原因使得在 SiC JFET 的栅极回路中引入较大的寄生电感。

为了克服以上缺陷,Infineon 公司推出了直接驱动式 SiC JFET 结构,如图 3.54 所示,该结构采用 P 型 Si MOSFET 与耗尽型 SiC JFET 级联,Si MOSFET 的源极与 SiC JFET 的源

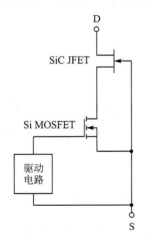

**图 3.53　常用的 Cascode
SiC JFET 的结构示意图**

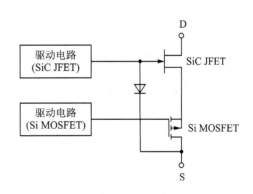

**图 3.54　Infineon 公司的直接
驱动式 SiC JFET 结构的示意图**

极相连,SiC JFET 的栅极通过二极管连到 Si MOSFET 的漏极。顾名思义,该结构中的 SiC JEFT 由驱动电路直接驱动,正常工作时 Si MOSFET 处于导通状态,SiC JFET 的通断可由其驱动电路来控制,因此正常工作时 Si MOSFET 仅开关一次,只有导通损耗。P 型 Si MOSFET 确保 SiC JFET 在电路启动、关机和驱动电路电源故障时均能处于安全工作状态。与传统的 Cascode 结构相比,该结构易于单片集成。图 3.55 为采用 Infineon 公司的专用驱动芯片 1EDI30J12Cx 实现的直接驱动 SiC JFET 的驱动电路。

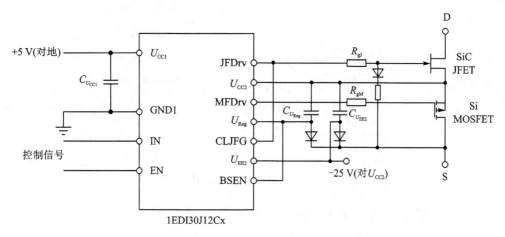

图 3.55　Infineon 公司的直接驱动式 SiC JFET 的典型驱动电路

当驱动 SiC JFET 时,为了限制驱动器的电流峰值和抑制振荡,往往会在驱动芯片的 JFDrv 引脚与 SiC JFET 栅极之间接一个小阻值的电阻 R_{gJ}(1~2 Ω),如图 3.56 所示。若要降低漏源电压的 du/dt,可适当增大 R_{gJ}。

当多只 SiC JFET 并联或者最大工作频率需高于 100 kHz 时,为了增强驱动能力,保证 SiC JFET 快速开关,可在 JFDrv 引脚与 SiC JFET 栅极之间加上适当的放大环节。如图 3.57 所示,采用图腾柱电路结构作为放大环节。

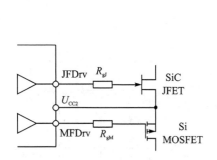

图 3.56　直接驱动电路图

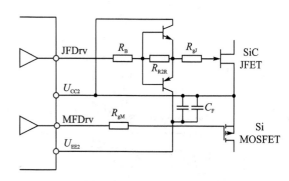

图 3.57　带放大级的 SiC JFET 的直接驱动电路

当 SiC JFET 用于桥臂电路时,为了防止因开关速度过快而引起栅极电压超出正常范围,可采用栅极密勒钳位电路,如图 3.58 所示。

采用 Si 基器件制作的驱动电路因受温度控制,难以与功率模块集成,而采用高压 SOI (Silicon On Insulator)–CMOS 平台技术的栅极驱动集成电路没有闩锁效应,并且最高工作温

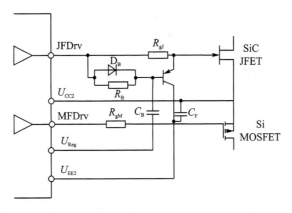

图 3.58　带密勒钳位控制的 SiC JFET 的直接驱动电路

度可达 200 ℃,更适于模块集成。

　　Semikron 公司推出应用 SOI - CMOS 技术的驱动芯片,非常适用于直接驱动式 SiC JFET,图 3.59 为适用于桥臂电路的驱动芯片结构示意图。

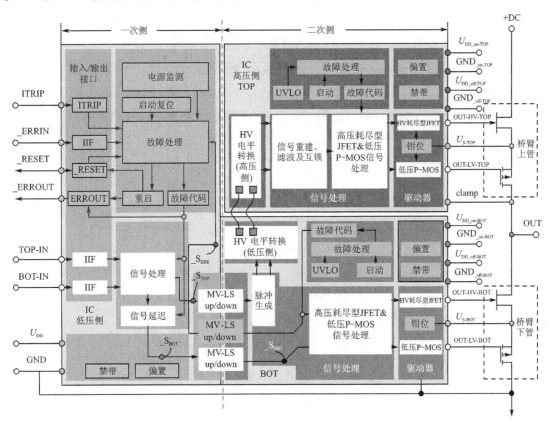

图 3.59　适用于桥臂电路结构中直接驱动式 SiC JFET 的驱动芯片结构图

　　在前级微控制器的控制信号输入到引脚 TOP IN 和 BOT IN 之后,经电平转换处理,变成高/低电平为 15 V/0 V 的信号,再进一步进行包括短脉冲抑制、内部互锁和死区设置在内的信号处理。处理后的开关信号一路传输至副边直接连接到桥臂下管的驱动核心,另一路传输至副边,先经两级电平转换电路,再进行信号重构,经滤波放大后连接到桥臂上管的驱动核心。耗尽型 SiC JFET 的推荐驱动电压为 $-18\ \mathrm{V}/+2\ \mathrm{V}$,低压 P-MOS 的推荐驱动电压为 $-10\ \mathrm{V}/+2\ \mathrm{V}$,电压设置如图 3.60 所示,采用 $+2\ \mathrm{V}$ 和 $-18\ \mathrm{V}$ 的模块电源,加上电阻和稳压管的配合(R_1 和 Z_1,R_2 和 Z_2),可获得所需的驱动电压。

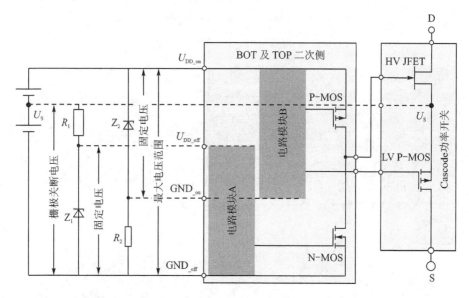

图 3.60　栅极驱动电压设置示意图(HV JFET $U_{GS}=-18\sim+2\ \mathrm{V}$,LV P-MOS $U_{GS}=-10\sim+2\ \mathrm{V}$)

图 3.61 为驱动芯片实物照片,芯片采用 QFN64 封装,主体尺寸为 9 mm×9 mm,具有很小的寄生电感,是目前用于 SiC JFET 驱动的最小尺寸的驱动芯片。

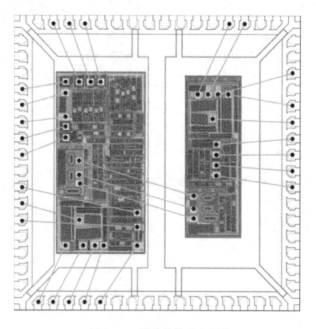

图 3.61　驱动芯片实物照片

3.3　SiC SIT 的驱动电路原理与设计

SiC SIT 是耗尽型器件,不加驱动电压即可导通。SiC SIT 功率器件在关断时,由于存在线路寄生电感,且会在功率器件两端产生关断电压尖峰,若采用吸收电路,则增加了电路的复杂性,因此往往要对功率器件的开关速度加以限制。对于 SiC SIT,因其拥有类似三极管的不饱和伏安特性,因此可以利用这个特性,通过调整其驱动电压来改变 SiC SIT 耗尽层的厚度,从而减小关断过程中功率器件两端的过电压。

图 3.62 为驱动电路实验测试原理示意图,其中电感 L 设置为 350 μH。实验中,当 SiC SIT 关断时,漏极电流 i_D 降低,这时电感 L 上会感应出反电势,与直流电压 U_{DD} 一起加在 SiC SIT 两端。以下对几种典型驱动方法进行介绍。

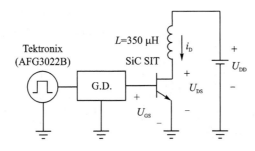

图 3.62　SiC SIT 实验测试电路原理示意图

3.3.1　两电平驱动方法

图 3.63 为两电平驱动电压波形,T_{on} 为 SiC SIT 的导通段,因耗尽型 SiC SIT 不加驱动电压即可导通,因此 $U_{GS(on)}$ 可以为零或某一大于零的正压。这时直流源 U_{DD}、SiC SIT 和电感 L 形成回路,漏极电流 i_D 线性增长,实验中可以通过控制 T_{on} 的长短来控制电流 i_D 的峰值大小。

图 3.64 是两电平驱动电压控制下的关断实验波形。实验中,SiC SIT 导通时的栅极电压 $U_{GS(on)}$ 取为 0 V,SiC SIT 关断时的栅极电压 $U_{GS(off)}$ 取为 -20 V。关断过程中 SiC SIT 漏源两

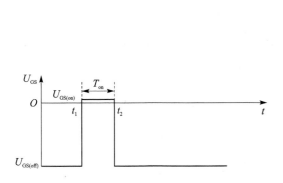

图 3.63　两电平驱动电压波形示意图

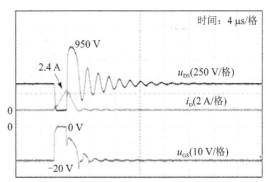

图 3.64　两电平驱动电压控制下的关断实验波形
($U_{GS(on)} = 0$ V,$U_{GS(off)} = -20$ V,$T_{on} = 2$ μs)

端的过压峰值达到 950 V,且在漏极电流降为零之前 SiC SIT 已经处于关断状态,因此电路中的电感会与 SiC SIT 漏源极间的电容谐振,使漏源电压出现明显振荡现象。在实际应用中 SiC SIT 不允许产生如此高的过压,因此需要采用额外的措施来抑制 SiC SIT 关断过程中的过压和振荡。

3.3.2　三电平驱动方法

传统的两电平驱动方法并不能有效抑制 SiC SIT 关断时的过压和振荡,不适用于 SiC SIT

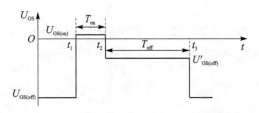

图 3.65　三电平驱动电压波形示意图

的驱动控制。为了更有效地抑制过压和振荡,采用如图 3.65 所示的三电平驱动电压控制方法,在两电平驱动的基础上引入了中间电平 $U'_{GS(off)}$,并利用 SiC SIT 的不饱和伏安特性,在其关断过程中施加不同的驱动电压,以改变其穿通程度,从而达到抑制过压的效果。

图 3.66 为使用三电平驱动电压控制的实验波形,图(a)和图(b)分别设置了不同的中间电平,图(a)中将 $U'_{GS(off)}$ 设置为 -4.8 V,图(b)中将 $U'_{GS(off)}$ 设置为 -6.5 V。如图 3.66(a)所示,SiC SIT 两端的过电压峰值为 590 V,但在关断过程结束时,漏极电流并没有降到零。在驱动

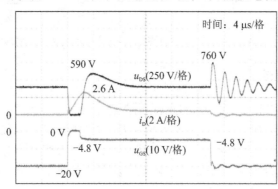

(a) $U_{GS(on)}$=0 V, $U_{GS(off)}$=−20 V, $U'_{GS(off)}$=−4.8 V, T_{on}=2 μs, T_{off}=20 μs

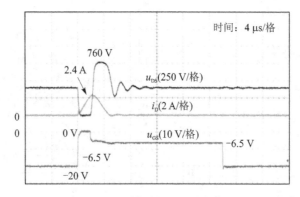

(b) $U_{GS(on)}$=0 V, $U_{GS(off)}$=−20 V, $U'_{GS(off)}$=−6.5 V, T_{on}=2 μs, T_{off}=20 μs

图 3.66　三电平驱动电压控制的实验波形

电压再次从 $-4.8\,\text{V}$ 降至 $-20\,\text{V}$ 时,电流的突然降低会导致 SiC SIT 在关断过程中产生过压和振荡,其过压峰值达到了 760 V。如图 3.66(b)所示,在关断过程开始时会产生明显的过压,峰值为 760 V。但是在关断过程结束前,漏极电流已经降至零,关断过程结束后未产生过压和谐振。从图 3.66 所示的两组实验波形来看,常规三电平驱动方法并不能很好地解决 SiC SIT 关断过程中的过压和振荡问题。

通过两组实验的对比可见,关断过程中采取绝对值较低的栅极电压 $U'_{\text{GS(off)}}$ 可以有效抑制关断过程开始时的过压和振荡,但在关断过程结束时会引起过压和振荡;而在 $U'_{\text{GS(off)}}$ 的绝对值较高时可以有效抑制关断过程结束时的过压和振荡,但无法抑制关断过程开始时的过压和振荡。综合考虑当 $U'_{\text{GS(off)}}$ 取不同值时的特点及影响,可知,若在关断开始时施加绝对值较低的 $U'_{\text{GS(off)}}$,而在关断过程结束时施加绝对值较高的 $U'_{\text{GS(off)}}$,则可以达到较好的效果,因此提出了变电平驱动方法。

3.3.3　变电平驱动方法

变电平驱动可采用如图 3.67 所示的典型驱动电路。图 3.68 为变电平驱动电压控制原理波形,在 SiC SIT 关断过程中,栅极电压由 $U_{\text{GS(a)}}$ 线性变化至 $U_{\text{GS(b)}}$。图 3.69 为应用变电平驱动电压控制的实验波形。实验中 $U_{\text{GS(a)}}$ 和 $U_{\text{GS(b)}}$ 分别设置为 $-4.8\,\text{V}$ 和 $-7.6\,\text{V}$,漏极电流的降低速率不大,比较平稳,漏源电压在关断过程开始后的过压峰值被抑制为 630 V,且未出现振荡,直到在关断过程结束时也没有出现过压和振荡现象。

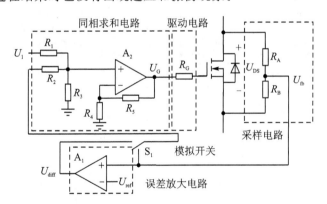

图 3.67　变电平驱动电路原理图

为了进一步验证变电平驱动的效果,在不同参数设置情况下进行了实验。图 3.70(a)~(d)给出了 4 种不同情况下的实验结果。

图 3.70(a)~(c)的开通时间 T_{on} 分别设置为 2 μs、3 μs 和 4 μs,其他实验条件均相同,设置为 $U_{\text{GS(on)}} = 0\,\text{V}$,$U_{\text{GS(off)}} = -20\,\text{V}$,$U_{\text{GS(a)}} = -4.4\,\text{V}$,$U_{\text{GS(b)}} = -7.6\,\text{V}$。通过对比分析可见,漏极电流峰值在 2.4~5.4 A 之间,与开通时

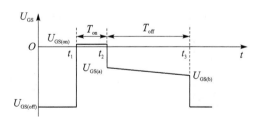

图 3.68　变电平驱动电压波形示意图

间 T_{on} 成正比。漏源电压的过压峰值被抑制在 600~700 V 之间,开通时间加长,过压峰值略有升高。

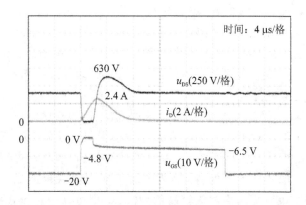

图 3.69 变电平驱动电压控制的实验波形（$U_{GS(on)} = 0$ V, $U_{GS(off)} = -20$ V,
$U_{GS(a)} = -4.8$ V, $U_{GS(b)} = -6.5$ V, $T_{on} = 2$ μs, $T_{off} = 20$ μs）

在图 3.70(d)的实验中，串联电感设置为 140 μH，其他实验条件与图(a)的相同。比较图(a)和图(d)可见，由于漏极电流 i_D 的上升速度与电感值成反比，因此图(d)中的漏极电流峰值高达 6 A，但漏源电压峰值只相差 60 V，这说明 SiC SIT 的关断过程中的过压峰值主要取决于 SiC SIT 的驱动电压波形和其穿通性能。

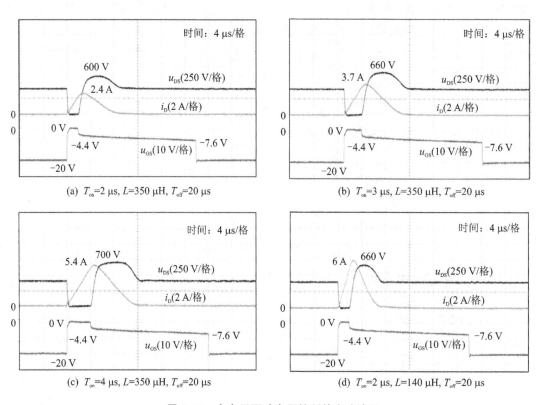

图 3.70 变电平驱动电压控制的实验波形

3.4　SiC BJT 的驱动电路原理与设计

3.4.1　SiC BJT 的损耗分析及对驱动电路的要求

BJT 是电流型器件,在导通时,驱动电路必须给基极提供持续电流以保证其处于饱和导通状态。由于 SiC BJT 不需要维持临界饱和状态,因此可省去贝克钳位电路。此外,SiC BJT 无陷阱电荷,在关断时也无存储时间问题。由于 SiC BJT 与 Si BJT 的性能差异较大,不能直接沿用 Si BJT 的驱动电路,因此必须针对 SiC BJT 的特点专门设计其驱动电路。

在设计 SiC BJT 的驱动电路时,必须同时兼顾驱动损耗及其开关性能,以便在保证充分发挥 SiC BJT 高速开关优势的同时,尽可能降低驱动损耗。

图 3.71 给出 SiC BJT 的基本驱动电路,用于对驱动损耗的影响因素进行分析。

BJT 的驱动损耗一般包括三个部分:基射极压降引起的损耗、基极电容充电引起的损耗、驱动源电路内阻和基极驱动电阻的损耗。忽略瞬态,由基射极压降引起的损耗为

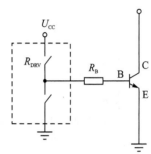

图 3.71　SiC BJT 的基本驱动电路

$$P_{BE} = I_{B(av)} \cdot U_{BE(sat)} \qquad (3-27)$$

式中,$I_{B(av)}$ 为基极的平均电流,其与 BJT 工作的占空比有关;$U_{BE(sat)}$ 为基射极压降,SiC BJT 的 $U_{BE(sat)}$ 与 Si BJT 的 $U_{BE(sat)}$ 相差较大,前者一般为 3~4 V,后者为 0.7 V 左右。

由基极电容充电引起的损耗为

$$P_{SB} = U_{BE(sat)} \cdot Q_B \cdot f_S \qquad (3-28)$$

式中,Q_B 为基极电荷,f_S 为开关频率。SiC BJT 的基极电容一般较小,相应的 P_{SB} 也较小。

驱动源电路内阻 R_{DRV} 和基极驱动电阻 R_B 的损耗为

$$P_R = I_{B(rms)}^2 \cdot (R_{DRV} + R_B) \qquad (3-29)$$

式中,$I_{B(rms)}$ 为基极电流有效值,与 SiC BJT 工作的占空比有关。

驱动总损耗为

$$P_{DRV} = P_{BE} + P_{SB} + P_R \qquad (3-30)$$

在这三部分损耗中,P_{SB} 只与基射极饱和电压、基极电荷和频率有关,与基极电流大小无关,因此 P_{SB} 与驱动电路的结构和参数无关。由于 SiC BJT 的基极电容很小,在频率为几百 kHz 时,P_{SB} 与 P_{BE}、P_R 相比仍较小,故在工程设计中可近似忽略不计。P_{BE}、P_R 均与基极电流有关。对于损耗 P_{BE},在一定的负载电流下,相应的基极电流可通过调节驱动电阻来使其保持不变,因此在不同的驱动电源电压下,这部分损耗可以认为固定不变。

驱动损耗中占主要部分的损耗是 P_R,其不仅与驱动电源电压的大小有关,而且与基极驱动电阻值有关。为了减小驱动总损耗,必须最大限度地降低 P_R,对驱动电路进行优化设计。

在负载电流和开关占空比一定时,可认为 I_B 固定不变,从式(3-29)可得 P_R 取决于 R_{DRV} 和 R_B 的大小。由于 R_{DRV} 是驱动芯片电路的内阻,无法改变,因此要想减小 P_R,就必须最大限度地减小驱动电阻 R_B。因

$$U_{CC} = I_B(R_{DRV} + R_B) + U_{BE(sat)} \qquad (3-31)$$

式中，I_B 为维持 BJT 导通时的基极电流值，故驱动电阻 R_B 的取值尽可能小就意味着驱动电源电压也必须尽量取小值，即驱动电压和驱动电阻同时取最小值才可能使 P_R 最小。

3.4.2 驱动电路结构对 SiC BJT 开关性能的影响分析

对于 SiC BJT 开关动作而言，其较为理想的驱动电流波形应如图 3.72 所示。在开通瞬

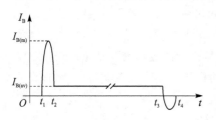

图 3.72　SiC BJT 的理想驱动电流波形

间，驱动电路应能够提供足够大的脉冲电流，迅速给 SiC BJT 基极电容充电。在 SiC BJT 导通期间须提供足够大的稳态基极电流，通常稍微加大稳态基极电流值（$I_B > I_C/\beta$），形成"过驱动"状态，尽可能降低 SiC BJT 的通态压降 U_{CE}；但 I_B 也不能过大，虽然过大的 I_B 对 U_{CE} 的影响很小，但却会使驱动损耗大为增加。驱动电源电压越高，越利于提供瞬间脉冲电流，有利于 SiC BJT 的快速开关。

对于如图 3.71 所示的驱动电路，若提高驱动电源的电压，则必然需要相应增大驱动电阻值，才能满足稳态基极驱动电流的要求，但这会使驱动损耗明显增加，也即图 3.71 的基本驱动电路无法同时满足低驱动损耗与高开关速度的要求。通常采用两种思路来解决基本驱动电路面临的矛盾。

（1）带加速电容的单电源驱动电路

在图 3.71 所示基本驱动电路中的驱动电阻两端并接电容 C_B，以加快 SiC BJT 的开关速度，如图 3.73 所示。

（2）双电源驱动电路

图 3.74 所示为双电源驱动电路，在 SiC BJT 开关动作期间，高压电源 U_{CCH} 及其 R_{CB} - C_B 支路起作用；在维持 SiC BJT 基极电流期间，低压电源 U_{CCL} 及 R_B 支路起作用。

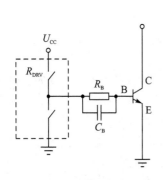

图 3.73　带加速电容的单电源
驱动电路原理示意图

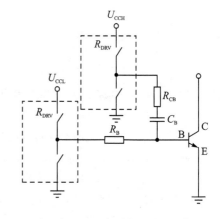

图 3.74　双电源基极驱动电路

3.4.3　带加速电容的单电源驱动电路

以 GeneSiC 公司定额为 1 200 V/6 A 的 SiC BJT 器件为例,讨论其驱动电路的结构设计和参数选择方法。如图 3.75 所示为带加速电容的单电源驱动电路结构示意图。

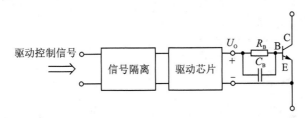

图 3.75　带加速电容的单电源驱动电路结构示意图

驱动控制信号经过信号隔离后输送给驱动芯片,驱动芯片应能提供一定幅值的连续电流,以保证 SiC BJT 稳态导通且具有较小的 U_{CE} 压降,这可通过调整驱动电阻来使其满足稳态基极电流的要求。合理选择 U_o 和 C_B 的值可获得合适的脉冲电流以保证较快的开关速度。

（1）驱动电阻 R_B 的选择

SiC BJT 开通之后,维持其稳态导通的电流 I_B 为

$$I_B = \frac{U_o - U_{BE(sat)}}{R_B} \tag{3-32}$$

由式(3-32)可见,通过协调选择 U_o 和 R_B 可设置 I_B。由于稍微"过驱动"SiC BJT 可使其导通压降 U_{CE} 更小,因此在设置 I_B 时,通常会略微减小计算电流增益 β,使 I_B 稍大些。对于 GeneSiC 公司的 SiC BJT 器件,所取的电流增益通常为 $12 < \beta < 15$,图 3.76 给出在 $U_o = 15$ V 时,R_B 与 SiC BJT 额定电流 I_C 之间的关系曲线。对于定额为 1 200 V/6 A 的 SiC BJT,当 $U_o = 15$ V 时,$R_B = 22$ Ω 是一个较优值。

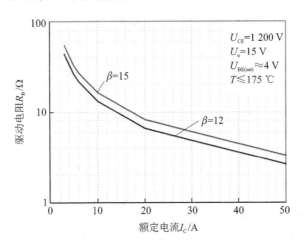

图 3.76　驱动电阻 R_B 与 SiC BJT 额定电流 I_C 的关系($U_o = 15$ V)

（2）驱动电容 C_B 的选择

增加驱动电容 C_B 可调整 SiC BJT 的开关速度。当 U_o 固定不变时，C_B 的值越大，驱动电流脉冲的峰值越大。图 3.77 给出驱动电流峰值与驱动电容 C_B 的关系曲线，当电容从零（不加电容）增大到 100 nF 时，SiC BJT 开通时的电流峰值随之增加，关断时的电流峰值在 C_B＞9 nF 时基本不再增加。

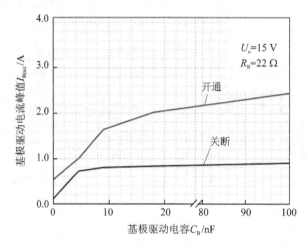

图 3.77　基极驱动电流峰值与基极驱动电容的关系

图 3.78 为 SiC BJT 集电极电流 i_C 的上升和下降时间与基极驱动电容 C_B 的关系曲线。上升和下降时间先随电容值的增大而快速下降，当 C_B＞18 nF 后，电流的下降时间基本不变，电流的上升时间甚至会略有加长。

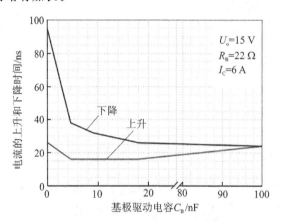

图 3.78　集电极电流的上升和下降时间与基极驱动电容的关系

图 3.79 为 SiC BJT 的开通能量损耗、关断能量损耗与基极驱动电容 C_B 的关系曲线，当 C_B＜9 nF 时，开关能量损耗随着电容值的增加而迅速减小；当 C_B＞9 nF 后，开关能量损耗又随着电容值的增加而略微增大；当 C_B＝9 nF 时，开关能量损耗最低。

基极驱动电容也会引入额外的驱动损耗

$$P_{CB} = f_S \cdot C_B \cdot (U_o - U_{BE(sat)})^2 \qquad (3-33)$$

由式（3-33）可知，C_B 越小，引起的额外驱动损耗 P_{CB} 越低。结合开关损耗考虑，C_B 取为 9 nF。

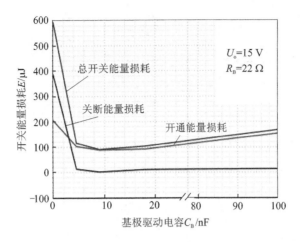

图 3.79　SiC BJT 的开关能量损耗与基极驱动电容 C_B 的关系

（3）驱动电压 U_o 的选择

驱动电压 U_o 必须足够高，以保证 SiC BJT 的基射极正向偏置及快速导通，同时必须提供稳态驱动电流 I_B。图 3.80 给出总开关能量损耗 E_t、集电极电流的上升时间 t_r 和下降时间 t_f 与 U_o 的关系曲线，在 C_B 和 R_B 保持不变时，E_t、t_r、t_f 均随 U_o 的增加呈单调下降趋势，因此从开关性能和开关损耗角度看，U_o 无须折中考虑，越大越好。然而由式（3-33）可知，U_o 越大，在开关转换期间引入的额外驱动损耗 P_{CB} 就越大，因此在电路设计时必须折中考虑开关速度和驱动损耗。对于 1 200 V 定额的 SiC BJT，$U_o=15$ V 较为合适。

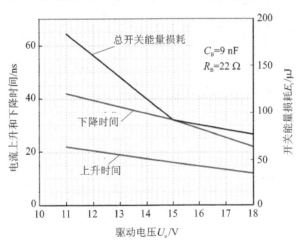

图 3.80　总开关能量损耗 E_t、集电极电流的上升时间 t_r 和下降时间 t_f 与 U_o 的关系

表 3.7 给出基于以上分析得到的驱动电路主要参数推荐值。图 3.81 为在该推荐值下测试的驱动电流波形。在实际电路工作过程中，基极驱动电容可能会与线路的寄生电感发生谐振，产生振荡，此时可与 C_B 串联一个小电阻来抑制振荡，电阻值不宜大，应根据实际情况进行调整。

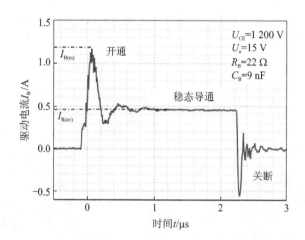

表 3.7 1 200 V/6 A SiC BJT 的驱动电路主要参数推荐值

参 量	取 值
U_o/V	15
R_B/Ω	22
C_B/nF	9

图 3.81　1 200 V/6 A SiC BJT 的驱动电流波形

（4）损耗分析

表 3.8 列出在 SiC BJT 损耗中与驱动电路结构和参数有关的损耗分量,表中的损耗计算基于开关频率 $f=500$ kHz,占空比 $D=0.7$,其中 P_{DRV} 为稳态驱动损耗（忽略了由基极电容充电引起的损耗 P_{SB}）,主要与工作占空比 D 有关。基极驱动电容损耗 P_{CB}、开关损耗 P_{SW} 与开关频率和驱动电路的结构均有关。图 3.82 给出和驱动相关的功耗 $P_t(=P_{DRV}+P_{CB}+P_{SW})$ 与开关频率的关系曲线。当 $f<70$ kHz 时,驱动损耗（$P_{DRV}+P_{CB}$）和开关损耗 P_{SW} 在同一个数量级上;当 $f>70$ kHz 后,SiC BJT 的开关损耗 P_{SW} 开始远大于驱动损耗,几乎随频率的升高呈线性规律上升。

由此可见,带加速电容的驱动电路结构简单,并在一定程度上改善了 SiC BJT 的开关特性;但从本质上看,该方案并不能同时满足使驱动损耗最低（需要 U_o 值比较低）和开关速度最快（需要 U_o 值比较高）的要求,因此为了进一步优化 SiC BJT 的性能,需要寻求更优的驱动方案。双电源驱动电路是一种较为可行的优化驱动方案,下面将详细阐述。

表 3.8 SiC BJT 的损耗分量

损耗分量	损耗值/W
P_{DRV}	3.85
P_{CB}	0.54
P_{SW}	45.6
P_t	50.0

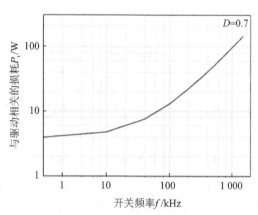

图 3.82　和驱动相关的 SiC BJT 损耗与开关频率的关系

3.4.4　双电源驱动电路

所谓双电源是指 SiC BJT 在开关瞬间采用电压值较高的电源,以加快其开关速度;在稳态导通期间采用电压值相对较低的电源,同时使驱动电阻相应减小,以使驱动损耗足够低,从而使开关速度和驱动损耗"解耦",分别得到优化的设计。同样,以 GeneSiC 公司定额为 1 200 V/6 A 的 SiC BJT 器件为例,讨论其驱动电路的结构设计和参数选择方法。图 3.83 为双电源驱动电路的结构示意图。

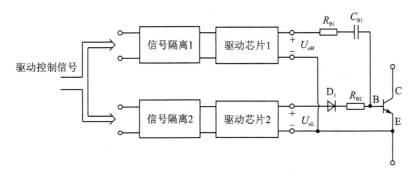

图 3.83　双电源驱动电路结构示意图

驱动信号经信号隔离后分别供给驱动芯片 1 和驱动芯片 2。驱动芯片 1 输出高电压,通过电容 C_{B1} 提供驱动峰值电流,以加快其开关速度。R_{B1} 为小阻值电阻,用于抑制由寄生电感和 C_{B1} 引起的振荡。驱动芯片 2 输出低电压,通过电阻 R_{B2} 向基极提供稳态驱动电流,使其维持导通。D_1 为肖特基二极管,用于防止 SiC BJT 在开通瞬间 C_{B1} 支路的电流进入驱动芯片 2 回路。

(1) 驱动电容 C_{B1} 和电阻 R_{B1} 的选择

SiC BJT 在开通瞬间,驱动电流峰值由 U_{oH} 和 C_{B1} 决定,当 C_{B1} 完全充电后,C_{B1} 支路无电流。图 3.84 给出集电极电流的上升时间和下降时间及总开关能量损耗随 C_{B1} 变化的关系曲线。当 $C_{B1} = 9$ nF 时,电流的上升时间和下降时间及总开关能量损耗最小。

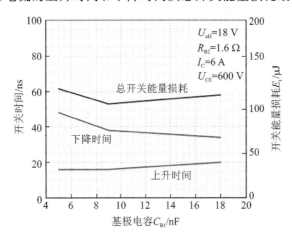

图 3.84　集电极电流的上升和下降时间及开关能量损耗与 C_{B1} 的关系

C_{B1} 支路串联电阻 R_{B1} 用于抑制电路的寄生电感与 C_{B1} 谐振所产生的振荡,在满足抑制振荡的前提下,其取值越小越好,通常取 1 Ω 左右的无感电阻。

（2）驱动电压 U_{oH} 的选择

图 3.85 给出集电极电流的上升时间和下降时间及总开关能量损耗与 U_{oH} 的关系曲线。当 $U_{oH}=20$ V 时，集电极电流的上升时间和下降时间及总开关能量损耗最小。

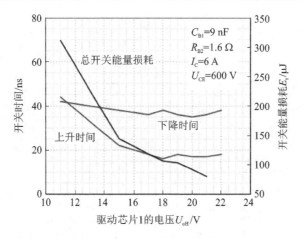

图 3.85　电流的上升和下降时间及开关能量损耗与 U_{oH} 的关系

（3）驱动电压 U_{oL} 和驱动电阻 R_{B2} 的选择

SiC BJT 在开通后，维持其稳态导通的基极电流 I_B 为

$$I_B = \frac{U_{oL} - U_{BE(sat)}}{R_{B2}} \tag{3-34}$$

对于 1 200 V/60 A SiC BJT，其 $U_{BE(sat)}$ 的典型值为 4 V 左右，U_{oL} 必须满足 $U_{oL} \geqslant 5.5$ V，并取合适的 R_{B2} 才可使 SiC BJT 饱和导通。在 U_{oL} 一定时，SiC BJT 的电流定额越高，所需的基极驱动电流越大，相应地基极驱动电阻 R_{B2} 的取值就要越小。图 3.86 给出基极驱动电阻 R_{B2} 与 SiC BJT 额定电流的关系曲线，可见在实际设计中仍需考虑温度的影响。当温度升高后，需要更大的基极电流以保证集射极电压 U_{CE} 最小，因此基极驱动电阻 R_{B2} 的取值需要更小。

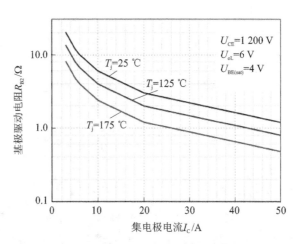

图 3.86　驱动电阻 R_{B2} 与 SiC BJT 的额定电流的关系

（4）损耗分析对比

表 3.9 针对 1 200 V/6 A SiC BJT 给出单电源驱动方案和双电源驱动方案的最优驱动参数。表 3.10 给出两种驱动方案在开关频率 $f=500$ kHz、占空比 $D=0.7$ 时的损耗对比结果，双电源驱动因大大降低了驱动电阻损耗 P_R，从而使与驱动电路相关的总损耗明显减小。若占空比进一步增加，则损耗减小程度会更加明显。

<table>
<tr><td colspan="3">表 3.9　单电源驱动与双电源
驱动下的最优驱动参数</td></tr>
<tr><td>参　数</td><td>单电源驱动</td><td>双电源驱动</td></tr>
<tr><td>U_{oH}/V</td><td>15</td><td>20</td></tr>
<tr><td>U_{oL}/V</td><td>15</td><td>5.5～6.0</td></tr>
<tr><td>C_{B1}/nF</td><td>9</td><td>9</td></tr>
<tr><td>R_{B2}/Ω</td><td>22</td><td>1.6</td></tr>
</table>

<table>
<tr><td colspan="3">表 3.10　单电源驱动与双电源
驱动下的损耗对比</td></tr>
<tr><td>损耗分量</td><td>单电源驱动</td><td>双电源驱动</td></tr>
<tr><td>P_{DRV}/W</td><td>3.85</td><td>0.45</td></tr>
<tr><td>P_{CB}/W</td><td>0.54</td><td>1.15</td></tr>
<tr><td>P_{SW}/W</td><td>45.6</td><td>46.0</td></tr>
<tr><td>P_t/W</td><td>50</td><td>47.6</td></tr>
</table>

以上两种驱动电路均未考虑负载变化的情况，为此研究人员提出自适应方案用于 SiC BJT 的驱动，基极电流能够等比例地跟随集电极电流，从而又进一步降低了轻载时的基极稳态驱动损耗。有兴趣的读者可查阅相关研究资料。

3.5　SiC IGBT 的驱动电路原理与设计

3.5.1　SiC IGBT 对驱动电路的要求

图 3.87 是定额为 15 kV/20 A、缓冲层厚度为 2 μm 的 SiC IGBT 在 11 kV 直流母线电压下的开关瞬态电压波形。开通时驱动电阻取为 200 Ω 以限制 du/dt，关断时驱动电阻取为 10 Ω 以加快关断速度和降低关断损耗。

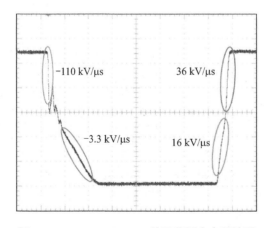

图 3.87　15 kV SiC IGBT 的开关瞬态电压波形

SiC IGBT 在刚开通时由于极低的势垒电容使得 du/dt 很高，达到 -110 kV/μs，当集电极电压下降到约 6 kV 时，SiC IGBT 进入扩散模式，势垒电容大大增加，因此 du/dt 显著降低，集电极电压以－3.3 kV/μs 的速度缓慢下降。

由高压 SiC IGBT 的典型开关过程可知,为了限制开通瞬间的高 du/dt,必须选取较大阻值的驱动电阻,但在 SiC IGBT 进入扩散模式后,较大的驱动电阻会显著降低开通速度,增加开通损耗。关断时也有类似的现象,会出现两段不同的 du/dt,只是差别没有开通时明显。因此,为了优化高压 SiC IGBT 的开关过程,需要在不同的开关阶段动态调整驱动电阻。

高压 SiC IGBT 的驱动电路应有可靠的功率隔离和信号隔离。信号隔离常用磁耦或光耦隔离技术。磁耦方法可同时实现功率隔离和信号隔离,性价比较高,但存在占空比限制和变压器饱和问题。为了在高压场合增加绝缘强度,线圈耦合程度一般设计得较低,以尽可能降低匝间耦合电容,但这同时会增加漏感,使脉冲变压器的信号失真。而采用功率、信号分别隔离的方法,虽然会增加成本,但对于高压 SiC IGBT 的隔离驱动,可靠性是最重要的设计考虑因素,宜采用可靠性高的驱动方案,比如信号隔离采用光纤传输,功率隔离采用 DC/DC 隔离电源。由高压 SiC IGBT 用于高压功率变换场合,因此用于驱动电路的隔离电源必须能够承受高绝缘电压,且具有高瞬态共模抑制比。以下对其设计过程详细阐述。

3.5.2　SiC IGBT 的驱动电路设计

1. 原理框图

图 3.88 为 SiC IGBT 驱动电路的原理框图,主要由信号部分和功率部分组成。信号部分的主要功能包括信号的采样和调理,以及 PWM 信号的死区控制和隔离。功率部分的主要功能包括产生隔离电源、驱动信号放大和驱动 SiC IGBT。

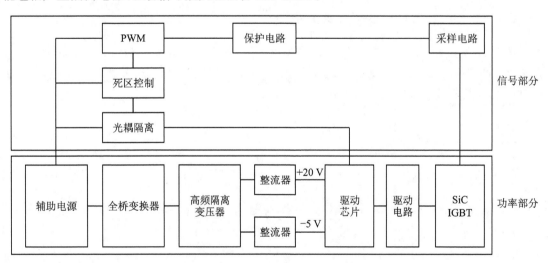

图 3.88　SiC IGBT 驱动电路原理框图

2. 高压隔离电源

高压隔离 DC/DC 电源电路结构如图 3.89 所示。输入电压经原边全桥变换电路给隔离变压器提供 50 kHz 的方波,两个副边绕组分别接二极管的整流桥,提供＋20 V 和－5 V 的驱动电压。

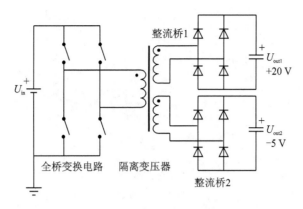

图 3.89　高压隔离电源电路结构

驱动电路隔离电源中隔离变压器的可选磁芯材料有多种,常用的磁芯材料列于表 3.11 中。图 3.90 为用于对比的几种磁环成品。铁粉芯(包括高磁通和铁硅铝)材料具有较高的最大磁感应强度,可减小磁芯尺寸,但它的相对磁导率较小,变压器的磁化电流较大。纳米晶的相对磁导率很高,变压器的磁化电流可以大大减小。但是,纳米晶材料价格昂贵,会显著增加驱动电路的成本。铁氧体材料具有较高的相对磁导率,价格又十分低廉,综合比较后选择铁氧体材料作为 SiC IGBT 驱动电路电源隔离变压器的磁芯材料。

表 3.11　驱动电路隔离变压器的磁芯特性

磁芯种类	相对磁导率 μ_r	最大磁感应强度 B_{max}/T	(外径/mm)/(内径/mm)	高度/mm
高磁通	60	1.50	51.7/30.9	14.4
铁硅铝	60	1.05	51.7/30.9	14.4
纳米晶	40 000	1.20	65.6/46.6	22.8
铁氧体	10 000	0.43	49.1/33.8	15.9
铁氧体(小)	10 000	0.43	36/23	10

铁芯的尺寸是影响绕组匝间耦合电容的重要参数。从原副边隔离角度考虑,大号磁芯具有更高的安全裕量。采用高压导线作为绕组有利于提高绝缘强度,但如图 3.91 所示,因高压线的绝缘层较厚,难以在铁芯上绕制多匝,因此磁化电流偏大。为了解决这个问题,采用 Kapton 聚酰亚胺绝缘胶带作为铁芯与绕组之间的绝缘材料,采用低压导线绕制,以增加绕组的匝数,这种方式提高了变压器设计的灵活性,在减小磁化电流的同时给绕组留出足够的间隙。由于匝数较多,每匝电压并不高,且 Kapton 胶带提供的绝缘能力能保证绕组可以承受较高的匝间电压。采用铁氧体磁芯和低压绕组制成耐高压隔离变压器,其在频率为 50 MHz 和 100 MHz 时的匝间

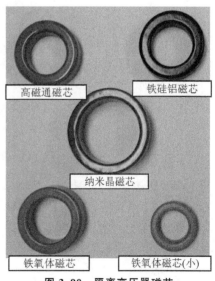

图 3.90　隔离变压器磁芯

电容分别为 3.4 pF 和 13 pF。该电容值很小,可以在很高的 du/dt 条件下保持信号的完整性。

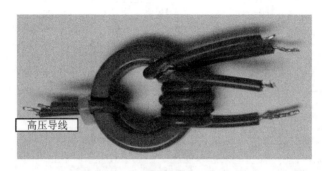

图 3.91 采用高压导线绕组的磁芯

3. 基本驱动电路

SiC IGBT 高压驱动电路的元件必须具有较强的抗噪能力。由 DSP/FPGA 控制器发出的 PWM 信号经光纤传输和接收后,传送给逻辑转换电路和驱动芯片。由于 SiC IGBT 的栅极驱动消耗的功率很小,因此现有的集成芯片可满足要求。为了保持较好的信号保真度,芯片供电电源 U_{cc} 采用 10 V 电压。与 TTL 的 5 V 相比,较高的 U_{cc} 与 CMOS 较高的逻辑电平噪声容限可保证较好的信号完整性。驱动电路中使用的去耦电容放置在离驱动芯片的供电电源 U_{cc} 和接地引脚很近的地方,供电引脚回路具有极低的等效串联电感($<$400 pH)。

图 3.92 为 SiC IGBT 的驱动电路板,上面的 PCB 板是 DC/DC 隔离电源,下面的 PCB 板是包含 PWM 信号光纤接收器的驱动和逻辑保护电路。

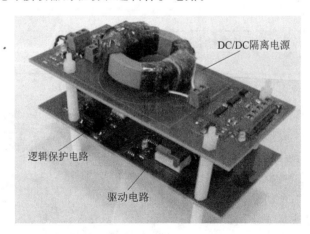

图 3.92 SiC IGBT 的驱动电路板

为了进一步明确隔离变压器绕组匝间电容的影响,又绕制了一个原副边紧密耦合(匝间电容大)的变压器。如图 3.93 所示,上面是小匝间电容变压器,下面是大匝间电容变压器。匝间电容的测试对比列于表 3.12 中。大匝间电容变压器对开关波形的影响如图 3.94 所示。在 SiC IGBT 开通和关断瞬态过程中,PWM 信号波形都出现了 1 V 左右的电压降。虽然对于 10 V CMOS 逻辑电平而言,占空比为 0.5 的 PWM 信号有着并不显著的 1 V 的电平下降,但这表明匝间电容的增加会在一定程度上改变 PWM 信号,使之发生失真,导致磁芯饱和,影响栅极驱动的可靠性。因此,必须尽可能减小隔离变压器的匝间电容,将其影响降至最低。

表 3.12　变压器匝间电容测试对比

隔离电源变压器	不同频率下的耦合电容			
	1 kHz	10 kHz	50 kHz	100 kHz
小匝间电容/pF	11.5	5.9	4.5	4.3
大匝间电容/pF	35.0	28.5	26.4	25.8

图 3.93　小匝间电容和大匝间电容变压器

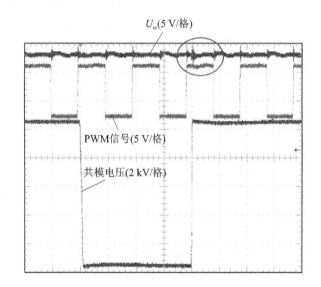

图 3.94　大匝间电容变压器对开关波形的影响

4. 栅极驱动主动控制

如前所述,SiC IGBT 在开通和关断期间均会呈现出两种截然不同的电压变化率。无论是开通还是关断,当 15 kV/20 A SiC IGBT 两端电压大于穿透电压($>$5 kV)时,其电压变化率(du/dt)均远高于处于扩散区时的电压变化率。

为了衡量变驱动电阻对开通时的 du/dt 和开通损耗的影响,采用如图 3.95 所示的驱动电路,在直流母线电压为 11 kV、负载电流为 8 A 及常温工作条件下,对高于穿透电压时的开通 du/dt 和开通损耗与开通电阻 $R_{G(on)}$ 的关系进行了测试,测试结果如图 3.96 所示。当驱动电阻 $R_{G(on)}$ 从 50 Ω 增加

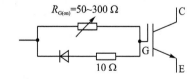

图 3.95　SiC IGBT 栅极驱动电路示意图

到 300 Ω 时,开通时的 du/dt 从 153 kV/μs 减小到 119 kV/μs。但是,驱动电阻的增加会使工作于扩散区的 du/dt 大大减小,如图 3.97 所示,电压电流交叠时间显著增加,导致开通损耗明显变大。

为了解决这一问题,可采用栅极驱动主动控制技术。在开始阶段采用较大阻值的 $R_{G(on)}$ 限制开通时的 du/dt,然后在 SiC IGBT 两端电压下降达到扩散区时,采用较小阻值的 $R_{G(on)}$

来降低开通损耗。栅极驱动主动控制电路示意图如图 3.98 所示,分为两个工作阶段:开始阶段的栅极驱动电阻在 50～300 Ω 之间变化,而在扩散区阶段采用 10 Ω 的栅极驱动电阻,在不增加开通损耗的条件下降低开通 du/dt。

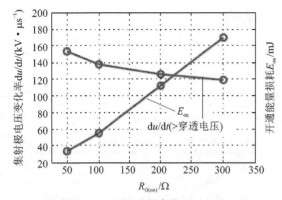

图 3.96 开通过程中的 du/dt 和
损耗随驱动电阻 $R_{G(on)}$ 变化的曲线

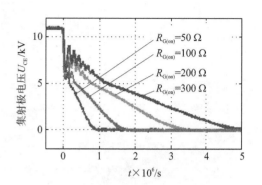

图 3.97 开通瞬态 SiC IGBT 两端的电压
随驱动电阻变化的曲线

这种两段式栅极驱动主动控制的栅极电压典型波形如图 3.99 所示,在 t_4 时刻,栅极驱动电阻从较高的电阻值切换到 10 Ω,这一时刻在理想状态下应该对应开通瞬态的穿透电压点。当 $R_{G(on)}$ 取为 200 Ω 时,分别采用栅极驱动主动控制和常规驱动时的栅极电压波形对比图如图 3.100 所示。图 3.101 为驱动电阻取不同值时两种驱动方案所对应的开通能量损耗对比。栅极驱动主动控制下的 SiC IGBT 集射极电压变化过程如图 3.102 所示,可以看到开通过程持续时间均小于 1 μs,比图 3.97 中的常规驱动大大缩短。

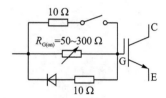

图 3.98 栅极驱动主动
控制电路示意图

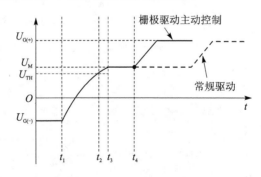

图 3.99 两段式栅极驱动主动控制的栅极电压典型波形

上述两段式驱动方法只是栅极驱动主动控制的一种实用方法,这种驱动方法会增加开通延迟,进而影响功率变换器的死区时间设定,产生额外的谐波问题。为了解决这一问题,可在图 3.99 的 t_1 时刻(开通时刻)到 t_2 时刻(阈值电压点)接入一个低阻值的栅极电阻,其余的设定与两段式驱动相似,构成“三段式驱动”,这种驱动方法可以限制 SiC IGBT 开通初期的 du/dt,同时又不增加缓冲区的开关转换时间。

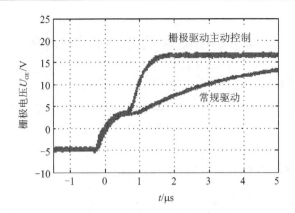

图 3.100　栅极驱动主动控制与常规驱动下的栅极电压波形对比($R_{G(on)}=200\ \Omega$)

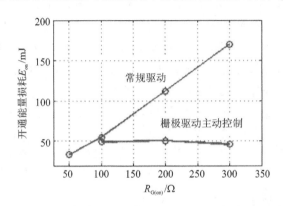

图 3.101　栅极驱动主动控制与常规驱动下的开通能量损耗对比

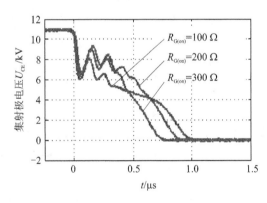

图 3.102　栅极驱动主动控制下的 SiC IGBT 开通瞬间的电压变化过程

各阶段的驱动电流为

$$i_{G(on)}(t)=\begin{cases}[U_G-U_{GS}(t)]/R_{G(on)1} & t_1\leqslant t<t_2\\ [U_G-U_{GS}(t)]/R_{G(on)2} & t_2\leqslant t<t_4\\ [U_G-U_{GS}(t)]/R_{G(on)3} & t\geqslant t_4\end{cases}\quad(3-35)$$

式中，$R_{G(on)1}$ 和 $R_{G(on)3}$ 是小阻值栅极驱动电阻，$R_{G(on)2}$ 是大阻值栅极驱动电阻。

基于这一思路，可进一步得出随温度和负载电流变化的参数优化选择方法，并采用查表法将其应用到实际驱动控制中去。感兴趣的读者可对此进行更深入的研究。

3.6　SiC 器件短路特性与保护

电力电子装置除了必须保证在正常工作情况下可靠地工作和具有一定的过载能力外,还需在短路故障时能及时动作来实施保护,以保证可靠工作。功率器件作为电力电子装置的关键部件,相应地必须经受正常工作电流、过载和短路等典型工作模式。

本节针对 SiC 器件的典型故障模式,阐述了 SiC 器件的短路特性与机理,讨论了其短路特性的影响因素,介绍了 SiC 器件常用的短路检测与保护方法。

3.6.1　SiC 器件短路故障模式

功率器件的短路故障模式可分为硬开关故障(Hard Switching Fault,HSF)和负载故障(Fault Under Load,FUL)两种模式。硬开关故障是指在开关管开通时发生短路故障,即在开关管开通之前,负载已经短路,电源电压直接加在开关管两端。当开关管开通时,就会在电路中形成一个低阻抗回路,导致流过开关管的电流急剧上升。而负载故障则是指在开关管完全导通时发生短路故障,即在发生短路故障之前,开关管已导通,电路处于正常工作状态。当负载突然短路时,就会在电路中形成一个低阻抗回路,导致回路电流急剧上升。以 SiC MOSFET 为例,两种短路故障模式的典型波形如图 3.103 所示。

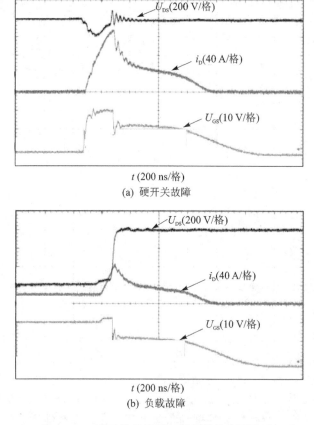

图 3.103　硬开关故障和负载故障的典型波形

SiC 器件的管芯面积比 Si 器件的小,电流密度比 Si 器件的大,因此其承受短路电流的能力并不如 Si 器件,为使 SiC 器件在实际变换器中安全可靠地工作,必须对其短路特性及相关影响因素有充分的认识,以便合理设计短路故障保护电路。

3.6.2　SiC 器件短路特性与机理分析

这里以硬开关短路故障模式为例,对 SiC 器件的短路特性及其工作过程进行分析。以 SiC MOSFET 为例,硬开关故障下的典型短路特性波形如图 3.104 所示,可分为 4 个工作模态。

在 t_1 时刻之前,负载已经短路,此时 SiC MOSFET 处于截止状态。

模态 1[$t_1 \sim t_2$]:在 t_1 时刻,SiC MOSFET 开通。由于主功率回路阻抗很小,流过 SiC MOSFET 管的电流快速增大。$\mathrm{d}i/\mathrm{d}t$ 与寄生电感相互作用,使开关管漏源电压有所降低。此时,开关管工作区由截止区转移到饱和区。由于此时的结温 $T_j < 600$ K,且 SiC MOSFET 沟道的载流子迁移率具有正温度系数,因此短路电流持续增大。

模态 2[$t_2 \sim t_3$]:开关管仍工作在饱和区,由于此时开关管漏源电压仍近似为直流母线电压,且电流较大,SiC MOSFET 自身功率损耗很大,导致自发热,因此开关管结温快速升高。结温的进一步升高使 SiC MOSFET 沟道的载流子迁移率降低,导致流过开关管的电流 i_D 减小,波形呈现负斜率,$\mathrm{d}i/\mathrm{d}t$ 为负值。

模态 3[$t_3 \sim t_4$]:随着结温的进一步升高,短路电流又逐渐变大,$\mathrm{d}i/\mathrm{d}t$ 呈现正斜率。这主要是因为 SiC MOSFET 沟道载流子电流减小的速率小于热电离激发漏电流增大的速率。

$t_1 \sim t_4$ 的短路临界能量 E_C 可表示为

$$E_C = \int_{t_1}^{t_4} u_{DS} i_D \mathrm{d}t \qquad (3-36)$$

式中,U_{DS} 为 SiC MOSFET 的漏源极电压,i_D 为漏极电流。

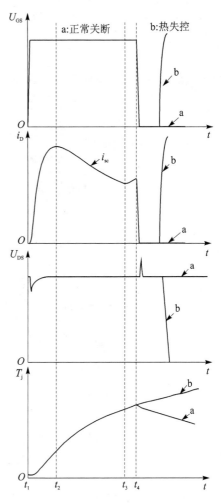

图 3.104　SiC MOSFET 硬开关故障下的典型短路电路特性波形

模态 4[$t_4 \sim$]:t_4 时刻开关管关断,开关管漏源电压和沟道电流都逐渐减小到零,此后会出现两种情况:(a)开关管安全可靠关断;(b)关断后出现拖尾漏电流,导致开关管热失控,发生故障。

为了进一步认识关断后延时一段时间出现的开关管故障,建立了如下电热模型和漏电流模型对其进行分析。

1. 电热模型

SiC MOSFET 的电热模型如图 3.105 所示。根据 Fred Wang 教授研究团队的研究结果可知,短路瞬态,直流母线电压直接加在功率器件的两端,P 耗尽层和 N 漂移层的厚度分别为

$$x_\mathrm{p} = \frac{N_\mathrm{d}}{N_\mathrm{d} + N_\mathrm{a}} \sqrt{\frac{2\varepsilon_\mathrm{s}}{q} \left(\frac{N_\mathrm{d} + N_\mathrm{a}}{N_\mathrm{d} N_\mathrm{a}} \right) U_\mathrm{DC}} \qquad (3-37)$$

$$x_\mathrm{n} = \frac{N_\mathrm{a}}{N_\mathrm{d} + N_\mathrm{a}} \sqrt{\frac{2\varepsilon_\mathrm{s}}{q} \left(\frac{N_\mathrm{d} + N_\mathrm{a}}{N_\mathrm{d} N_\mathrm{a}} \right) U_\mathrm{DC}} \qquad (3-38)$$

式中,ε_s 为 4H-SiC 材料的介电常数,q 为电荷,N_a、N_d 分别为 N 漂移层和 P 耗尽层的掺杂浓度。

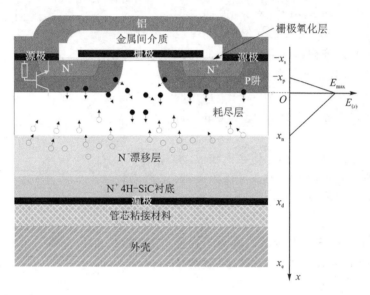

图 3.105 SiC MOSFET 的电热模型

短路时功率器件内部的温度分布 $T(x,y,z)$ 为

$$\frac{\partial}{\partial x} \left(k_\mathrm{p} \frac{\partial T}{\partial x} \right) + \frac{\partial}{\partial y} \left(k_\mathrm{p} \frac{\partial T}{\partial y} \right) + \frac{\partial}{\partial z} \left(k_\mathrm{p} \frac{\partial T}{\partial z} \right) + Q = \rho c \frac{\partial T(x,y,z)}{\partial t} \qquad (3-39)$$

式中,k_p 为热导率,ρ 为材料密度,c 为比热容,Q 为短路瞬态的热源。由于热通量主要沿着某一维度流动,即从管芯的上表层(源极金属层)流向管壳,所以式(3-39)可简化为

$$\frac{\partial}{\partial x} \left(k_\mathrm{p} \frac{\partial T}{\partial x} \right) + Q = \rho c \frac{\partial T(x)}{\partial t} \qquad (3-40)$$

由于管芯接触材料和管壳两者的温度均变化很小,故其温度特性可看作常数。而开关管的内部温度变化很大,故热导率 k_p 和比热容 c 可分别表示为

$$k_\mathrm{p}(T) = \frac{1}{-0.003 + 1.05 \times 10^{-5} T} \qquad (3-41)$$

$$c(T) = 925.65 + 0.377\,2T - 7.925\,9 \times 10^{-5} T^2 - \frac{3.194\,6 \times 10^7}{T^2} \qquad (3-42)$$

管芯内部的热源可表示为

$$Q = E(x)J(t) = \frac{E(x)I(t)}{S} \quad (3-43)$$

式中,$J(t)$ 是短路电流密度,S 为功率器件的有源区面积,$I(t)$ 为短路电流,$E(x)$ 为空间电荷区的电场,可表示为

$$E(x) = \begin{cases} -\dfrac{qN_d}{\varepsilon_s}(x - x_n), & 0 < x \leqslant x_n \\ -\dfrac{qN_a}{\varepsilon_s}(x + x_p), & -x_p \leqslant x \leqslant 0 \end{cases} \quad (3-44)$$

将式(3-43)、式(3-44)及式(3-37)、式(3-38)代入式(3-40),可得

$$\frac{\partial}{\partial x}\left(k_p \frac{\partial T}{\partial x}\right) + \frac{qN_d}{\varepsilon_s}\left[\frac{N_a}{N_d + N_a}\sqrt{\frac{2\varepsilon_s}{q}\left(\frac{N_d + N_a}{N_d N_a}\right)U_{DC}} - x\right]\frac{I(t)}{S} = \rho c \frac{\partial T(x)}{\partial t} \quad (3-45)$$

$$\frac{\partial}{\partial x}\left(k_p \frac{\partial T}{\partial x}\right) + \frac{qN_d}{\varepsilon_s}\left[\frac{N_d}{N_d + N_a}\sqrt{\frac{2\varepsilon_s}{q}\left(\frac{N_d + N_a}{N_d N_a}\right)U_{DC}} + x\right]\frac{I(t)}{S} = \rho c \frac{\partial T(x)}{\partial t} \quad (3-46)$$

由式(3-45)和式(3-46)可知:

① 直流母线电压升高会使功率器件结温升高的速度更快,若器件发生故障的温度点不变,则功率器件所能承受短路故障的时间会缩短。

② 相比于 Si MOSFET,由于 SiC MOSFET 沟道的载流子迁移率低,故其栅极驱动电压(+18~+20 V)比 Si MOSFET 的栅极驱动电压(+15 V)取得高。在直流母线电压相同的情况下,结温上升的速度正比于功率器件的电流密度。因此,更高的栅极驱动电压或更大的沟道宽长比虽然能够增大功率器件的电流密度,但会降低其短路承受能力。

③ 通过器件并联来增大功率的处理能力对故障温度点和短路的承受时间没有影响。

2. 漏电流模型

由前述可知,器件故障与漏电流有关。下面分别对热激发电流、扩散电流和雪崩激发电流三种漏电流的机理进行分析。

(1) 热激发电流

由间接复合理论(Shockley-Read-Hall,SRH)可知,热激发电流可表示为

$$I_{g\_th} = \frac{qSn_i}{\tau_g}\sqrt{\frac{2\varepsilon_s}{q}\left(\frac{N_d + N_a}{N_d N_a}\right)U_{DC}} \quad (3-47)$$

式中,n_i 为本征载流子浓度,τ_g 为 SRH 激发寿命。

由式(3-47)可知,热激发电流与直流母线电压和本征载流子浓度有关。直流母线电压越高,热激发电流越大,而本征载流子浓度与温度有关,可表示为

$$n_i = 1.7 \times 10^{16} \times T^{\frac{3}{2}} \times e^{-\frac{2.08 \times 10^4}{T}} \quad (3-48)$$

尽管 SiC 材料的本征载流子浓度比 Si 材料的本征载流子浓度低得多,但是在高温情况下,温度对漏电流的影响仍不可忽略。另外,SRH 的激发寿命不仅与温度有关,还受到材料错

位密度、集肤效应、俘获截面(capture cross sections)和俘获能量(capture energy)等因素的影响。

(2) 扩散电流

由前述可知,短路时,N 漂移层和 P 耗尽层的少子会随结温的升高而快速增加,这些少子在电场 $E(x)$ 作用下穿过 PN 结扩散到漂移层和耗尽层,在低掺杂侧产生一个与掺杂浓度正相关的饱和电流。该饱和电流可表示为

$$I_{\text{g\_drift}} = qS\left(\frac{n_i^2 D_n}{L_n N_a} + \frac{n_i^2 D_p}{L_p N_d}\right) \tag{3-49}$$

$$L_p = \sqrt{D_p \tau_p}, \quad L_n = \sqrt{D_n \tau_n} \tag{3-50}$$

$$D_p = \frac{kT}{q}\mu_p, \quad D_n = \frac{kT}{q}\mu_n \tag{3-51}$$

$$\mu_p(T) = \mu_{p0}\left(\frac{T}{300}\right)^{-2.2}, \quad \mu_n(T) = \mu_{n0}\left(\frac{T}{300}\right)^{-2.6} \tag{3-52}$$

$$\tau_p(T) = \tau_{p0}\left(\frac{T}{300}\right)^{1.5}, \quad \tau_n(T) = \tau_{n0}\left(\frac{T}{300}\right)^{2.32} \tag{3-53}$$

式中,k 为玻耳兹曼常数,μ_p 为 4H - SiC 外延层的空穴迁移率,μ_n 为 4H - SiC 外延层的电子迁移率,μ_{p0} 为 $T = 300$ K 时的空穴迁移率,μ_{n0} 为 $T = 300$ K 时的电子迁移率,τ_p 为 P 阱区的空穴寿命,τ_n 为 N 漂移层的电子寿命,τ_{p0} 为 $T = 300$ K 时的空穴寿命,τ_{n0} 为 $T = 300$ K 时的电子寿命。

(3) 雪崩激发电流

短路瞬态,P 耗尽层的多子电荷和热激发的少子电荷会在电场 $E(x)$ 的作用下加速运动。若电荷载流子的动能足够大以致产生新的电子空穴对,则会产生额外的漏电流,该漏电流可表示为

$$I_{\text{g\_av}} = S\sqrt{\frac{2\varepsilon_s}{q}\left(\frac{N_d + N_a}{N_d N_a}\right)U_{\text{DC}}}\,(\alpha_n|J_n| + \alpha_p|J_p|) \tag{3-54}$$

式中,J_n 和 J_p 分别为电子和空穴的电流密度,α_n 和 α_p 分别为电子和空穴的碰撞电离系数。

由于 SiC MOSFET 内部的短路电流大部分由电子电流组成,所以空穴的电流密度可以忽略不计,即 $J_n = J$。碰撞电离系数与电场和温度有关,且 SiC 材料中的空穴碰撞电离速率远大于电子碰撞电离速率,并可分别表示为

$$\alpha_p(T) = (6.3 \times 10^6 - T \times 1.07 \times 10^4) \times e^{\left[-\frac{1.75 \times 10^7}{E(x)}\right]} \tag{3-55}$$

$$\alpha_n(T) = (1.6 \times 10^5 - T \times 2.67 \times 10^2) \times e^{\left[-\frac{1.72 \times 10^7}{E(x)}\right]} \tag{3-56}$$

由上述漏电流的模型可知:

① 尽管 SiC 材料的本征载流子浓度比 Si 材料的本征载流子浓度低得多,但是在高温情况下,温度对漏电流的影响不可忽略。

② 由于短路时产生的热量对本征载流子的浓度有正反馈作用,因此在整个短路过程中,热激发电流处于主导地位。

③ 在高温情况下,碰撞电离速率与温度呈现负相关,雪崩激发电流可忽略不计。

3.6.3　SiC 器件短路特性影响因素

除了内部机理外,影响 SiC 器件短路特性的因素还包括栅极驱动电路参数、直流母线电压和环境温度等因素。根据器件模型建立的考虑了外部驱动电路和引线寄生参数的短路分析模型,可对相关因素的影响进行仿真分析。短路实验测试一般采用如图 3.106 所示的电路,其中 U_{DC} 为直流电源,R_{in} 为电源内阻,CB 为固态断路器,U_G 为驱动电压,R_G 为驱动电阻,C_{GS}、C_{GD} 和 C_{DS} 为 SiC MOSFET 的寄生电容,L_G、L_D 和 L_S 分别为包括器件外部引线和器件内部连线的栅极、漏极和源极的寄生电感。

由前述可知,短路故障类型分为硬开关故障和负载故障。由于硬开关短路故障模式下的检测延时一般大于负载故障下的检测延时,因此,在硬开关短路故障模式下对器件的考验更为严峻,这里以 SiC MOSFET 为例,给出相关因素对其硬开关短路特性影响的实验测试和分析。

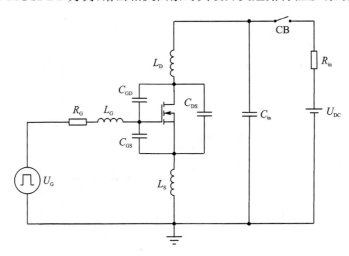

图 3.106　短路测试电路原理图

1. 栅极驱动电阻的影响

图 3.107 为不同栅极驱动电阻下的短路电流波形。其中,实线为实验波形,虚线为仿真波形,测试条件设置为:$U_{DC}=300$ V,$T_c=25$ ℃,$U_{GS}=+20$ V/-5 V。由图 3.107 可知,栅极电阻会影响开关管栅极结电容的充电时间,进而会对开关管开通过程中的短路电流变化率 di/dt 略有影响。但总的来说,栅极电阻对短路电流的影响较小。

2. 栅极驱动电压的影响

图 3.108 为不同栅极驱动电压下的短路电流实验波形(测试条件为:$U_{DC}=300$ V,$T_c=25$ ℃)。栅极驱动电压越高,短路电流峰值越大,这是因为栅极驱动电压越高,SiC MOSFET 的导通电阻越小,所以短路电流峰值越大。

3. 直流母线电压的影响

图 3.109 为不同直流母线电压下的短路电流的实验波形(测试条件为:$R_G=12$ Ω,$T_c=$

25 ℃, $U_{GS} = +20$ V/-5 V)。直流母线电压越高,短路电流的上升速度越快,短路电流的峰值越大。类似地,在短路电流下降时,直流母线电压越高,短路电流的下降速度越快。

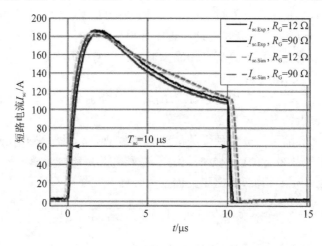

图 3.107　不同栅极驱动电阻下的短路电流仿真及实验波形

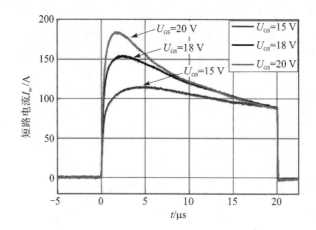

图 3.108　不同栅极驱动电压下的短路电流实验波形

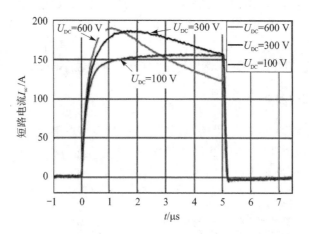

图 3.109　不同直流母线电压下的短路电流实验波形

4. 温度的影响

图 3.110 为不同壳温和直流母线电压下的短路电流实验波形(测试条件为：$R_G = 12\ \Omega$, $U_{GS} = +20\ V/-5\ V$)。随着壳温的升高,短路峰值电流减小,这是由于 SiC MOSFET 的通态电阻随着温度的升高而增大,使得短路电流峰值有所减小。

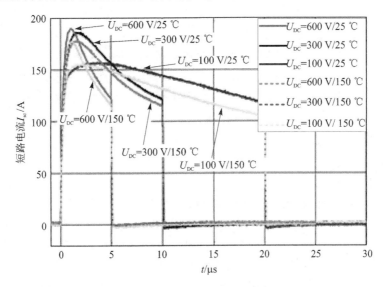

图 3.110　不同壳温和直流母线电压下的短路电流实验波形

综上所述,栅极驱动电压、直流母线电压和壳温对 SiC 器件的短路特性影响较大,且栅极驱动电压和直流母线电压越高,短路峰值电流越大。虽然壳温越高,短路峰值电流有所减小,降低了 SiC 器件的电流应力,但是,更高的结温势必导致 SiC 器件的短路承受时间缩短。此外,栅极驱动电阻对 SiC 器件的短路特性影响较小。

3.6.4　SiC 器件短路保护要求

基于对 SiC 器件的短路特性和机理的分析,为了确保 SiC 器件能够安全可靠地工作,其短路保护方法应满足以下要求：

① 当短路故障发生时,必须在 SiC 器件的安全工作区范围内关断器件,以避免器件损坏；
② 动态响应快,尽可能快地检测并关断故障回路；
③ 具有抗干扰能力,避免保护电路误触发；
④ 短路保护动作值可任意设置,具有一定的灵活性；
⑤ 保护电路对 SiC 器件的性能无明显影响；
⑥ 具有限流功能,以降低 SiC 器件及电路中其他器件的电流应力；
⑦ 短路检测电路易于与常用的驱动电路兼容；
⑧ 电路结构应尽可能简单,具有较好的性价比。

3.6.5　短路检测方法

对短路故障进行快速可靠的检测是保护电路的关键。目前,短路检测的方法主要有以下几种。

(1) 电阻检测方法

电阻检测是一种最为常见的短路故障检测方法,使用时在负载电流回路中串入检测电阻,通过检测该电阻两端的电压来判断电路是否发生短路故障。该方法的优点是:①简单,适用于过流、短路等故障检测;②检测信号可用于模拟信号反馈。但是,这种方法也存在一定的缺点:①损耗大;②由于检测电阻本身存在电感,故动态响应慢;③不具有电气隔离功能。

(2) 电流互感器检测方法

电流互感器检测是另一种较为常见的电流检测方法,使用时令流过负载电流的导线或走线穿过电流互感器,进而在电流互感器输出端输出与负载电流成一定比例关系的感应电流。该方法的优点是:①可精确检测交流电流;②具有电气隔离功能;③检测电路具有电流源性质,抗噪声干扰能力强。但是,该方法也存在以下缺陷:①检测直流电流困难,若采用霍尔电流传感器,则成本较高,且需额外的电源;②为了实现快速响应,互感器必须具有很宽的带宽,设计较为复杂。

(3) 去饱和检测方法

与上述两种方法不同,去饱和检测方法的核心思想是利用 SiC 器件的输出特性,其电路原理图如图 3.111 所示。当电路正常工作时,由于 SiC MOSFET 的导通压降很小,二极管 D_1 正向偏置,电容 C_1 上的电压被钳位到一个较低的值。一旦发生短路故障,SiC MOSFET 的端电压快速升高,由于二极管 D_1 仍处于正向偏置,故其阳极电位也随之升高,导致电容 C_1 上的电压升高。因此,通过实时检测 SiC 器件的端电压即可达到短路检测的目的。该方法的优点是:①不需要电流检测元件,损耗小;②动态响应速度快;③适用性强,既适用于交流场合,又适用于直流场合;④成本低,易于集成。但是,该方法也存在一定的缺点:①检测精度较低;②不具有电气隔离功能;③为避免开关管开通时保护电路误触发,电路必须具有一定的消隐时间。

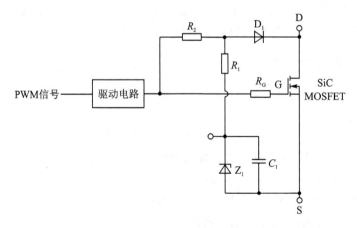

图 3.111 去饱和检测方法原理图

(4) 寄生电感电压检测方法

与去饱和检测方法相似,寄生电感电压检测法通过检测 SiC 器件源极寄生电感的端电压来获取电流信息,其电路原理图如图 3.112 所示。当电路正常工作时,寄生电感的端电压很小。一旦发生短路故障,寄生电感的端电压会快速升高,通过实时检测寄生电感的端电压即可达到短路检测的目的。与去饱和检测方法相比,该方法的优点是:①动态响应更快;②抗干扰能力强。但是,与去饱和检测方法相似,该方法也存在如下缺点:①检测精度较低;②不具有电气隔离功能。

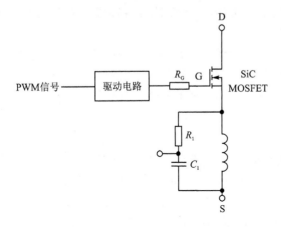

图 3.112　寄生电感电压检测方法原理图

3.6.6　SiC 器件短路保护设计

当检测保护电路检测到故障电流并实施保护时,一般有两种方案进行电平比较,并给出关断信号:一种是采用比较器及其外围电路;另一种是不采用比较器,而是采用逻辑门与施密特触发器相配合。

1. 比较器方案

图 3.113 是一种采用比较器的去饱和检测短路保护电路原理图。其基本原理为:当PWM 信号为高电平时,RS 触发器复位,此时 Q 为低电平,驱动芯片正常工作,输出栅极正向偏置电压,SiC MOSFET 开通。同时,栅极正向偏置电压通过 R_1、R_2 给电容 C_1 充电;但是由于 SiC MOSFET 的导通压降很小,检测二极管 D_1 正向偏置,故电容 C_1 上的电压被钳位到一个较低的值(低于参考电压)。

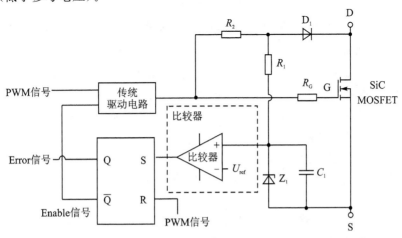

图 3.113　一种采用比较器的去饱和检测短路保护电路原理图

当发生短路故障时,SiC MOSFET 的端电压迅速升高,检测二极管 D_1 的阴极电位逐渐升高,由于二极管 D_1 仍处于正向偏置,故其阳极电位也随之升高,导致电容 C_1 上的电压升高。当电容 C_1 上的电压超过参考电压时,比较器输出高电平,Q 变为高电平,驱动芯片停止工作,同时 SiC MOSFET 软关断。

正常情况下,当驱动信号为低电平时,触发器状态不变,Q 仍为低电平,驱动芯片正常工作,输出栅极负向偏置电压,SiC MOSFET 关断。同时,电容 C_1 通过 R_1、R_2 放电,最终变为栅极负向偏置电压。由于此时电容 C_1 上的电压低于参考电压 U_{ref},故保护电路并不工作。

2. 逻辑门方案

比较器方案的缺点是抗干扰能力较弱,为了提高抗干扰能力,可采用逻辑门与施密特触发器相结合的去饱和检测短路保护电路,其原理图如图 3.114 所示。其基本原理为:当 PWM 信号为高电平时,由于 D 触发器的复位清零端为低电平,故此时 D 为低电平,Enable 为高电平,"与"门 M3 的输出与 PWM 信号一致,驱动芯片输出正向偏置电压,SiC MOSFET 开通。由于 SiC MOSFET 的导通压降很小,检测二极管 D_1 正向偏置,故 R_4 上的电压被钳位到一个较低的值(小于参考电压)。

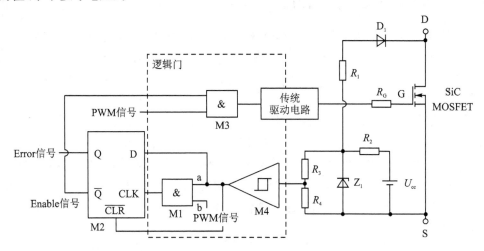

图 3.114　一种采用逻辑门和施密特触发器的去饱和检测短路保护电路原理图

当发生短路故障时,SiC MOSFET 的端电压迅速升高,检测二极管的阴极电位逐渐升高,直至反向偏置,二极管不再具有钳位功能。在电源 U_{cc} 作用下,R_4 上的电压迅速升高,当其超过某一设定值时,施密特触发器 M4 输出高电平,即 a 点电压为高电平。此时,CLK 由低电平变为高电平,Q 变为高电平,Enable 变为低电平,"与"门 M3 输出低电平,驱动芯片输出负向偏置电压,SiC MOSFET 关断。

正常情况下,当驱动信号为低电平时,"与"门 M1 关断,D 触发器的 CLK 信号端一直为低电平,D 触发器状态不变,Enable 信号端为高电平,驱动芯片输出负向偏置电压,SiC MOSFET 关断。

由于无需额外的控制电路,因此该方案可与 SiC 功率器件的基本驱动电路很好地兼容。图 3.115 为采用逻辑门方案的具有短路保护功能的 SiC MOSFET 驱动电路实物图,该驱动电路既可用于驱动 SiC MOSFET 单管,又可用于驱动 SiC MOSFET 模块。

图 3.116 为采用逻辑门方案的具有短路保护功能的 SiC JFET 驱动电路原理图,逻辑门采用 CD400B 系列集成电路芯片,其供电电压设置为 15 V。SiC JFET 的漏源极电压可经由二极管 D_1 检测。为了提高抗噪声干扰能力,采用了具有施密特触发功能的"与非"门 M2。为了防止 M2 输入端 a 的电压过大,设置了 15 V 稳压管 Z_2 对芯片进行钳位保护。当经由二极管 D_1 检测到的漏源极电压高于短路保护的触发值时,M2 输入端 a 变为高电平,如果此时 M2 的输入端 b 也为高电平,则 M2 的

正常工作驱动电路

短路检测电路

图 3.115　采用逻辑门方案的具有短路保护功能的 SiC MOSFET 驱动电路实物图

输出变为低电平,此时"与非"门 M2 相当于实现了比较器的功能。表 3.13 为"与非"门 M2 的真值表。D 触发器 M3 用来锁存检测到的短路信号。Q 和 $\overline{Q}$ 分别表示故障信号和使能信号。由于 D 触发器是在时钟信号的上升沿将输入信号传输到输出端 Q,因此当短路故障发生时,M2 的输出端为低电平,Q_3(Si MOSFET)关断,D 触发器时钟输入端(CLK)由低电平变为高电平,输出端 Q 变为高电平,即发生短路故障。同时,使能信号 $\overline{Q}$ 变为低电平,"与非"门 M1 输出高电平,Q_1 开通,驱动电路输出低电平,迫使 Q_2(SiC JFET)关断,从而达到保护的目的。M2 的输出被锁定为低电平,这个状态将持续到短路故障切除的时刻。S1 的作用是实现逻辑电路与驱动电路间的电平转换。

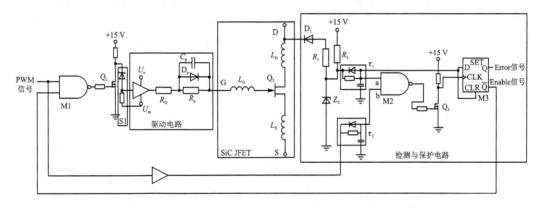

图 3.116　采用逻辑门方案的具有短路保护功能的 SiC JFET 驱动电路原理图

为了避免开关管在开通瞬间保护电路误动作,在"与非"门 M2 的输入端增加了 RC 滤波器,a 端和 b 端的 RC 时间常数分别为 τ_1 和 τ_2,在实际应用时可通过改变时间常数对检测延迟时间进行适当调整。另外,分立器件的开关速度与其类型有关,一般而言,模块的开关时间比分立器件的长些。

该短路检测与保护电路可以很方便地集成到 SiC JFET 的常规驱动电路中,SiC JFET 的常规驱动电路采用 −30 V 的负压驱动和 DRC 网络,可通过调节 DRC 网络中的 R_p 和 R_G 来控制开通和关断时间。合理设计 τ_1 和 τ_2 可以避免保护电路误动作,同时具有较快的检测速度。兼具短路检测和保护的 SiC JFET 驱动电路实物图如图 3.117 所示。

表 3.13 "与非"门 M2 的真值表

控制信号	检测到的 U_{DS}	"与非"门输出	电路状态
0	0	1	断电
0	1	1	开关管截止
1	0	1	开关管导通
1	1	0	短路或故障

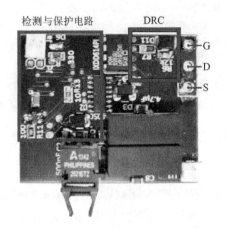

图 3.117 采用逻辑门方案的具有短路保护功能的 SiC JFET 驱动电路实物图

由于 SiC BJT 是电流型器件,集电极电流受到基极电流的控制,短路故障发生后 SiC BJT 的集电极电流峰值相对较小,能量损耗比 SiC JFET 和 SiC MOSFET 的小。图 3.118 为采用逻辑门方案的具有短路保护功能的 SiC BJT 双电源驱动电路原理图,其实物图如图 3.119 所示。当检测到短路信号后,D 触发器 M2 的 Enable 端变为低电平,迫使 M3 输出为低电平,同时驱动电路输出低电平,SiC BJT 管关断,实施短路保护。为了防止保护电路误动作,"与"门 M1 的输入端加入了 RC 滤波器,其时间常数分别为 τ_1 和 τ_2。具体的延时时间需要结合实际电路和晶体管的需求来确定。在本测试中,通过调节时间常数来改变检测延迟时间,在 380 ns 内实现了短路检测。

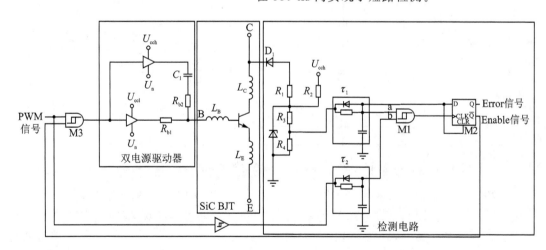

图 3.118 采用逻辑门方案的具有短路保护功能的 SiC BJT 双电源驱动电路原理图

图 3.119　采用逻辑门方案的具有短路保护功能的 SiC BJT 双电源驱动电路实物图

3.6.7　两种短路保护方法测试结果对比分析

图 3.120 是基于去饱和检测技术的短路保护相关测试波形。保护电路中分别采用了硬关断和软关断两种关断方式，二者的本质区别在于关断时驱动电阻的取值不同，软关断时驱动电阻取为 200 Ω，硬关断时驱动电阻取为 12 Ω。软关断时的驱动电阻取值较大以降低关断速度，进而减小由线路寄生电感引起的器件过压。对于硬关断，去饱和检测技术故障响应时间 t_{d1} 为 150 ns，短路峰值电流为 120 A，器件完全关断时间 t_{d2} 为 280 ns。而对于软关断，故障响应时间 t_{d1} 为 200 ns，短路峰值电流为 135 A，器件完全关断时间 t_{d2} 为 420 ns。

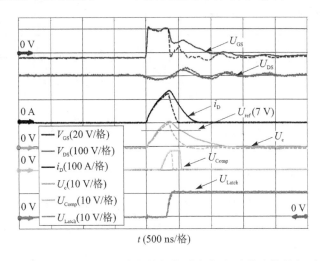

图 3.120　基于去饱和检测技术的短路保护相关测试波形（实线为软关断，虚线为硬关断）

图 3.121 是基于寄生电感电压检测法的短路保护相关测试波形。对于硬关断，故障响应时间 t_{d1} 为 80 ns，短路峰值电流为 100 A，器件完全关断时间 t_{d2} 为 180 ns。而对于软关断，故障响应时间 t_{d1} 为 90 ns，短路峰值电流为 110 A，器件完全关断时间 t_{d2} 为 350 ns。

表 3.14 列出不同直流母线电压下两种保护方法的相关测试数据。两种方法对故障的响应速度都很快，但采用寄生电感电压检测法时，关断期间的 $\mathrm{d}i/\mathrm{d}t$ 相对较大。由于主功率回路的寄生电感仅有 60 nH，当直流母线电压为 600 V 时，硬关断时器件的过压只有 50 V，与软关断相比，过压并不是很高，这意味着在硬开关短路故障下，软关断技术的作用并不是很大。

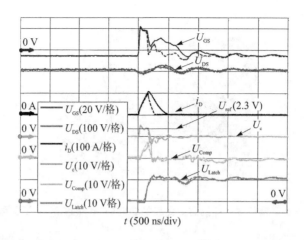

图 3.121　基于寄生电感电压检测的短路保护测试相关波形(实线为软关断,虚线为硬关断)

表 3.14　不同直流母线电压下两种保护方法的相关测试数据

关断类型	母线电压/V	去饱和检测法				寄生电感电压检测法			
		i_{peak}/A	t_{d1}/ns	t_{d2}/ns	di/dt/(A·μs^{-1})	i_{peak}/A	t_{d1}/ns	t_{d2}/ns	di/dt/(A·μs^{-1})
硬关断	600	120	150	280	740	100	80	180	800
	300	118	145	270	755	96	70	150	960
软关断	600	130	200	420	433	110	90	350	338
	300	130	185	410	462	105	85	345	323

总的来说,与去饱和检测方法相比,寄生电感电压检测法的故障响应时间较短,短路电流峰值较低,降低的幅度约为 20%。但由于寄生电感的压降相对较小,因此寄生电感电压检测法中参考电压的选取较为困难。

3.6.8　三种 SiC 器件的短路特性与短路保护测试分析

1. 三种 SiC 器件的短路特性测试

由于硬开关故障模式下的检测延时一般大于负载故障下的检测延时,因此对器件的考验更为严峻,所以下面对三种商用 SiC 器件(SiC MOSFET、SiC JFET 和 SiC BJT)硬开关故障下的短路特性进行测试对比。

(1) SiC MOSFET

短路特性测试中分别采用 Wolfspeed 公司的 C2M0025120D 型(1 200 V/90 A)和 Rohm 公司的 SCT2080KE 型(1 200 V/40 A)的 SiC MOSFET,两种 SiC MOSFET 的主要区别在于管芯面积和厚度不同。测试中短路脉冲宽度为 500 ns,正负向驱动电压为 +20 V/−5 V,驱动电阻为 20 Ω,这样的参数设置可以减小开关瞬态的电压振荡,同时开关时间仍小于 40 ns。

图 3.122 为 SiC MOSFET 的短路特性测试波形。施加了驱动信号的 SiC MOSFET 在开通后,其漏源极电压的下降幅度并不大,而流过 SiC MOSFET 的电流快速上升,且上升速度随时间逐渐减小。Wolfspeed 公司和 Rohm 公司的 SiC MOSFET 的短路特性测试数据列于

表 3.15 中。

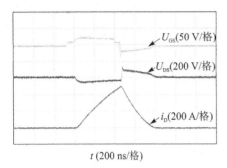

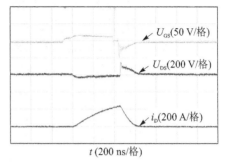

(a) Wolfspeed公司的C2M0025120D型　　　　　(b) Rohm公司的SCT2080KE型

图 3.122　两种 SiC MOSFET 的短路特性测试波形

表 3.15　两种 SiC MOSFET 的短路特性测试数据

器件型号	短路峰值电流/A	过压/V	短路关断时间/ns
C2M0025120D	500	200	320
SCT2080KE	300	150	140

（2）SiC JFET

在 SiC JFET 的短路特性测试中，采用了 USCi 公司型号为 UJN1205K 的耗尽型 SiC JFET，定额为 1 200 V/38 A。短路脉冲时间设置为 250 ns，驱动电路采用 DRC 驱动方案，正负向驱动电压设置为 0 V/－30 V。

图 3.123 为 SiC JFET 的短路特性测试波形。表 3.16 列出了 SiC JFET 的短路特性测试数据。

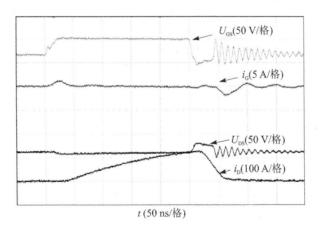

图 3.123　SiC JFET 的短路特性测试波形

表 3.16　SiC JFET 的短路特性测试数据

器件型号	短路峰值电流/A	过压/V	短路关断时间/ns
UJN1205K	120	200	40

（3）SiC BJT

由于 SiC BJT 是电流型器件，故集电极电流受到基极电流和电流增益的制约，当基极电流一定时，集电极电流不会过大。图 3.124 为 Fairchild 公司型号为 FSICBH017A120 的 SiC BJT（定额为 1 200 V/50 A）的短路特性测试波形，短路脉冲时间设置为 1 μs。当 $I_B=1$ A 时，短路峰值电流约为 80 A；当 $I_B=0.5$ A 时，短路峰值电流约为 60 A。表 3.17 列出了 SiC BJT 的短路特性测试数据。

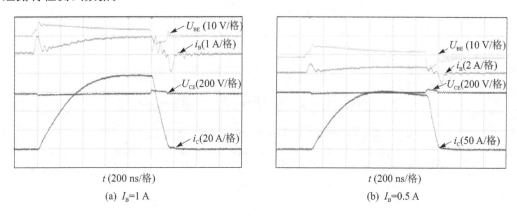

图 3.124　不同基极电流时的 SiC BJT 短路特性测试波形

表 3.17　不同基极电流时的 SiC BJT 短路特性测试数据

器件型号	基极电流/A	短路峰值电流/A	过电压/V	短路关断时间/ns
FSICBH017A120	$I_B=1$	80	22	120
	$I_B=0.5$	60	20	100

由此可见，在目前已商业化的三种 SiC 可控器件中，SiC MOSFET 的短路关断时间最长，而 SiC JFET 的芯片尺寸较小，其饱和电流密度呈现负温度系数，所以 SiC JFET 的电流饱和更快，短路电流上升速度缓慢，短路关断时间较短。与电压型 SiC 器件相比，SiC BJT 具有较好的短路特性，其短路电流比电压型器件小得多，短路关断时间适中，不会产生过大的电压尖峰，如图 3.124 中所示，其短路关断电压尖峰约为 20 V。

2. 短路保护

与 Si 器件相比，SiC 器件的管芯面积小，电流密度大，短路承受能力更弱。因此，在发生短路故障时，为了避免功率器件的损耗过大及过热导致器件损坏，必须尽可能快地检测并清除故障。以下对三种商用 SiC 器件（SiC MOSFET、SiC JFET 和 SiC BJT）采用逻辑门方案的去饱和检测短路保护方法进行了测试。

（1）SiC MOSFET

由上述分析可知，SiC MOSFET 的短路承受能力最弱，所以在设计其短路保护驱动电路时，短路误触发延时改为最小值，同时开通和关断时的驱动电阻均设置为 20 Ω。

图 3.125 为 Wolfspeed 公司和 Rohm 公司的 SiC MOSFET 单管短路保护测试波形。此时，短路检测延时为 180 ns。同时，还对 SiC MOSFET 模块（Wolfspeed 公司的 CAS100H12AM1 型的 SiC MOSFET 模块，定额为 1.2 kV/100 A）进行了测试，其短路检测

延时为 200 ns。表 3.18 列出了 SiC MOSFET 的短路保护测试数据。

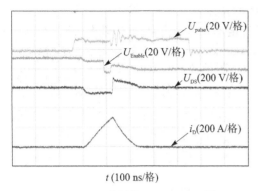

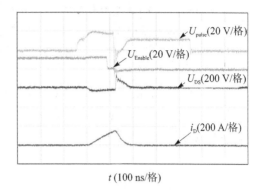

(a) Wolfspeed公司的C2M0025120D型　　　　　　　　(b) Rohm公司的SCT2080KE型

图 3.125　SiC MOSFET 的单管短路保护测试波形

表 3.18　SiC MOSFET 的短路保护测试数据

SiC MOSFET	检测延时/ns	短路峰值电流/A	过压/V	短路时间/ns
C2M0025120D	180	300	150	420
SCT2080KE	180	150	150	360
CAS100H12AM1	200	750	400	360

　　与表 3.15 中的数据相比,Wolfspeed 公司的 SiC MOSFET 的过压降低了 25%,短路电流峰值减小了 40%。过压降低是由于 SiC MOSFET 关断时的电流小,而较小的短路峰值电流是因其短路时间较短造成的。对于 Wolfspeed 公司和 Rohm 公司的 SiC MOSFET,该保护电路能够在 450 ns 内切除短路故障。

　　(2) SiC JFET

　　SiC JFET 的保护电路设计与 SiC MOSFET 的类似,区别仅是驱动电路改用为 DRC 网络和 -30 V 供电电压。DRC 网络可以加速开通和关断的过程,而 -30 V 驱动电压可确保 SiC JFET 有效关断。

　　图 3.126 给出 USCi 公司的耗尽型 JFET 短路保护测试波形。虽然 DRC 网络加速了

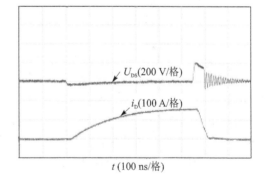

图 3.126　SiC JFET 的短路保护测试波形

SiC JFET 的关断过程,但其短路电压峰值只有 800 V,并未超过其安全工作电压范围。SiC JFET 开通后,短路电流在 610 ns 内被切断。表 3.19 列出了 SiC JFET 的短路保护测试数据。

表 3.19　SiC JFET 的短路保护测试数据

SiC JFET	短路峰值电流/A	过压/V	短路时间/ns
UJN1205K	170	200	610

（3）SiC BJT

由于 SiC BJT 的短路峰值电流低于单极型器件的短路峰值电流，因此在关断短路电流时不会产生较大的关断电压尖峰。所以，在其短路保护电路的设计中不需要考虑关断瞬态带来的影响。但是，与 SiC MOSFET 和 SiC JFET 一样，SiC BJT 的短路保护电路仍需要进行高速短路检测。

图 3.127 是 GeneSiC 公司的 GA50JT12 - 247 型（1 200 V/50 A）和 Fairchild 公司的 FSICBH017A120 型 SiC BJT 器件的短路保护测试波形，具体测试数据列于表 3.20 中。保护电路具有很好的抗噪声干扰能力，可在 100 ns 内动作，关断 SiC BJT。

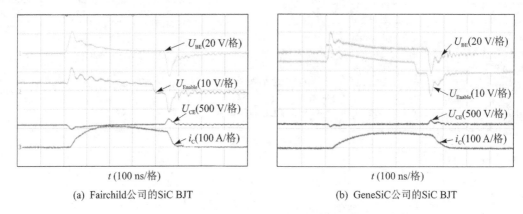

(a) Fairchild公司的SiC BJT   (b) GeneSiC公司的SiC BJT

图 3.127　两种型号的 SiC BJT 的短路保护测试波形

表 3.20　两种型号的 SiC BJT 的短路保护测试数据

SiC BJT	检测延时/ns	短路峰值电流/A	短路时间/ns
FSICBH017A120	380	120	450
GA50JT12 - 247	380	80	500

由以上分析可知，保护电路应尽可能快地切除短路故障以避免器件因过热而损坏。在上述测试中，对于三种商用 SiC 器件，保护电路均能在 600 ns 内切除短路故障。由于 SiC MOSFET 的栅极氧化层对温度较为敏感，所以短路时器件过热会降低其氧化层的稳定性，严重时甚至会损坏器件，因此在设计短路保护电路时应充分考虑这一点。另外，由于 SiC BJT 本身具有一定的限流能力，短路承受能力较强，因此其对保护电路的要求相对较低。

3.7　SiC 模块驱动保护方法

3.7.1　SiC 模块短路保护的难点

在 SiC MOSFET 单管的过流/短路保护电路设计中，目前较多采用的方法是去饱和（DeSat）检测保护方法，该方法借鉴了 Si IGBT 的保护电路设计。但由于 SiC MOSFET 的特性与 Si IGBT 的有所不同，因此 SiC MOSFET 采用的去饱和检测保护不如 Si IGBT 的有效。主要表现在：

1. 器件工作区的差异

如图 3.128 所示,当 Si IGBT 发生短路时,器件会偏离饱和区,进入电流上升斜率变小的

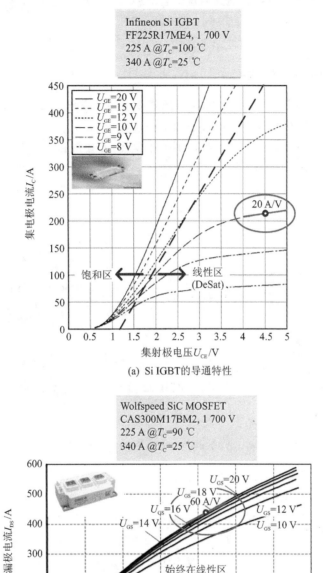

(a) Si IGBT的导通特性

(b) SiC MOSFET的导通特性

图 3.128　Si IGBT 与 SiC MOSFET 的输出特性对比

线性区。即使 Si IGBT 发生稳态短路,但在承受整个输入直流电压时,其集电极电流仍然是有限的。因此,即使出现检测延迟和检测错误的情况,也会因电流不会很快增加而能及时关断 Si IGBT 使其受到保护。然而,SiC MOSFET 在发生短路时仍处于线性区,其电流上升的速度比 Si IGBT 的快得多。在稳态短路状态下,当 SiC MOSFET 阻断了整个输入直流电压时,漏极电流将上升到极高的值。因此,若出现检测延时或导通电压检测错误,则将很可能因为未能及时关断 SiC MOSFET 模块而使其损坏。

2. 导通压降温度系数的差异

如图 3.129 所示,SiC MOSFET 的导通压降受温度的影响比 Si IGBT 的大得多,这就使去饱和检测的门限电压很难设置。若去饱和保护按额定结温设计,则一旦变换器在开机时发生短路,此时器件温度较低,保护将不起作用。相反地,若去饱和保护按低结温设计,则当器件温度达到额定结温时,很可能被误判为过流/短路,引起短路保护误动作。因此,SiC MOSFET 在不同温度下,其输出特性曲线之间的较大差异使得对去饱和保护的阈值电压的选择变得非常困难。

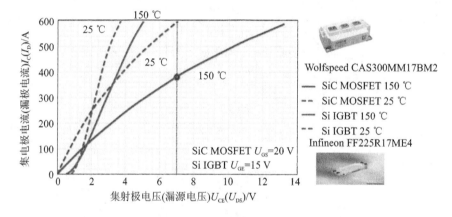

图 3.129 Si IGBT 和 SiC MOSFET 的输出特性与结温的关系

由 3.6 节已知,SiC MOSFET 单管的短路承受时间比 Si IGBT 的短,而对于 SiC MOSFET 模块,其短路承受时间比 SiC MOSFET 单管的还短。以三菱电机公司的 SiC MOSFET 模块 FMF800DX-24A 为例,其短路承受时间与栅极阈值电压的关系如图 3.130 所示,测试条件设置为:$U_{GS}=+15\text{ V}$,$U_{DD}=850\text{ V}$,$T_j=150\text{ °C}$。短路电流承受时间 t_{SC} 随着阈值电压 $U_{GS(th)}$ 的降低而缩短。实测的最大短路电流承受时间处于 3~4 μs 之间,最大短路能量约为 18.4 J。厂家给出的器件手册中考虑了一定裕量,规定该模块短路电流承受时间不超过 2 μs。

SiC MOSFET 模块的短路电流承受时间很短,使得传统的过流检测保护方法,如去饱和检测保护方法难以安全可靠地关断 SiC MOSFET 模块。

与此同时,还需注意到 SiC MOSFET 的比导通电阻与其短路承受能力之间的关系。如图 3.131 所示,SiC MOSFET 的比导通电阻与其短路承受能力之间具有相互制约的关系,比导通电阻越小,其短路承受能力越低,因此需要在导通损耗和短路承受能力之间进行合理的折中考虑。

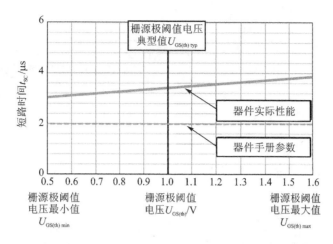

图 3.130　SiC MOSFET 模块 FMF800DX - 24A 的短路承受时间 与栅极阈值电压的关系($U_{GS} = +15\ V, U_{DD} = 850\ V, T_j = 150\ ℃$)

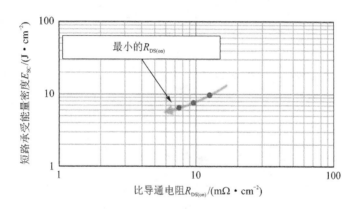

图 3.131　SiC MOSFET 的短路承受能量密度与比导通电阻大小的关系曲线

综上可见,必须采用更加快速有效的电流检测保护方法才能保证 SiC MOSFET 模块可靠工作。

3.7.2　SiC 模块短路电流的检测方法

三菱公司在其 SiC MOSFET 模块 FMF800DX - 24A 的内部芯片上提供了一个单独的源极区域,如图 3.132 所示,该独立源极区域作为辅助支路分流 SiC MOSFET 的源极电流,该电流 I_{Sense} 与源极电流 I_D 成正比。对外引出端子 Sense,在 Sense 和 Source 端子之间接入电阻 R_S 获得被测电流的值,该模块在设计时,Sense 端子引出的电流与主源极电流之比设定为 1∶61 500。如图 3.133 所示,检测电阻 R_S 上的电压 U_S 与负载电流和工作温度有关,通过合理选择检测电阻值来设定所需的过电流动作电平。参照 Si IGBT 的术语定义,集成电流测量功能的 SiC MOSFET 也叫作"电流检测 SiC MOSFET"。

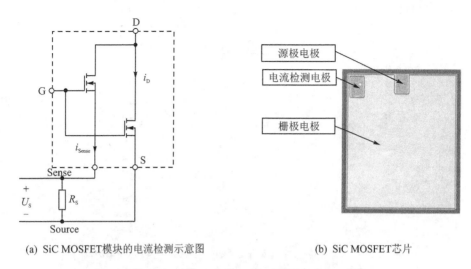

(a) SiC MOSFET模块的电流检测示意图　　　　(b) SiC MOSFET芯片

图 3.132　带电流检测端子的 SiC MOSFET 芯片

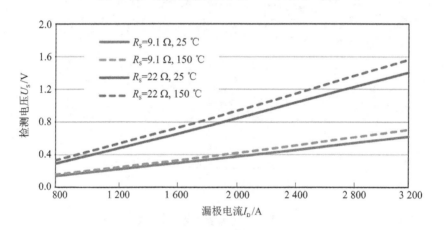

图 3.133　检测电压与漏极电流的关系曲线

3.7.3　SiC 模块驱动电路的保护功能

基于三菱公司的电流检测 SiC MOSFET,采用 Power Integrations 公司提供的栅极驱动核 2SC0435T 开发了配套驱动板,该驱动板具有过压保护和过流检测保护功能,其等效电路和实物照片如图 3.134 所示。过压保护采用有源钳位方法实现。过流检测保护通过检测 Sense 端的电压并与参考电压进行比较,实现软关断功能。

1. 过压保护

SiC MOSFET 模块在大电流关断时,线路寄生电感和高 di/dt 相互作用会产生较大的电压尖峰。为了在过流保护点之下都能限制关断电压尖峰,使得 SiC MOSFET 不会被误关断,这里采用有源钳位过压检测和 du/dt 反馈,当过压检测响应不够快时,du/dt 反馈可以限制漏源电压的斜率。但由于 du/dt 反馈会额外增加损耗,因此要根据实际情况确定是否使用。

图 3.135 为负载电流分别为 800 A 和 1 600 A 时 SiC MOSFET 的关断波形,在两种负载电流情况下,驱动器的过压保护都能把关断电压尖峰限制在模块耐压 1 200 V 以下。

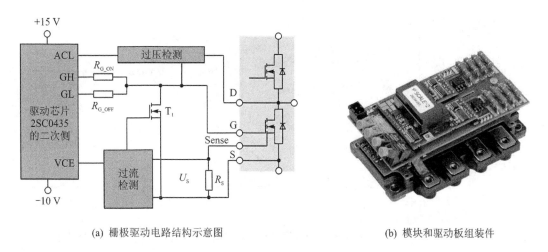

(a) 栅极驱动电路结构示意图　　　　　　　　(b) 模块和驱动板组装件

图 3.134　SiC 模块的驱动电路

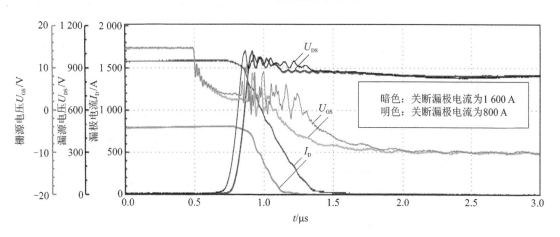

图 3.135　在额定电流和两倍额定电流时 SiC MOSFET 的关断波形 ($U_{DD}=850$ V, $T_j=25$ ℃)

2. 过流检测和软关断保护

为了评估驱动器的过流保护功能,过流动作点设为 2 000 A(2.5 倍额定电流)。一旦达到动作点电流设置值,驱动器启动软关断功能关断功率模块,并将故障信号发送到主机控制器。图 3.136 为实际负载电流略低于过流检测电路的动作点时关断的情况,以及超过过流动作点时软关断的情况。在软关断时,功率模块没有明显的过压尖峰。

3. 短路保护

图 3.137 为短路保护测试结果,测试条件为:$U_{DD}=850$ V,$L_{sc}=170$ nH,设定 2 000 A 为短路保护动作点。当短路电流上升至 2 000 A 左右时,驱动器启动软关断功能,短路时间约为 1 μs,短路能量 E_{sc} 为 0.65 J 左右。与短路保护相关的这两个关键指标均明显低于该模块的安全边界值。采用软关断功能时,短路关断时模块的过电压被限制在 1 000 V 以下。

除此之外,SiC MOSFET 的驱动保护电路可进一步集成结温检测功能,使其更加智能化,从而利于 SiC 基变换器整机的健康管理和可靠性评估。

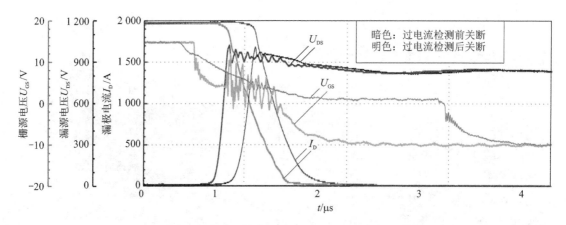

图 3.136　在 2.5 倍额定电流情况下的过流检测和软关断波形 ($U_{DD} = 850$ V，$T_j = 25$ ℃)

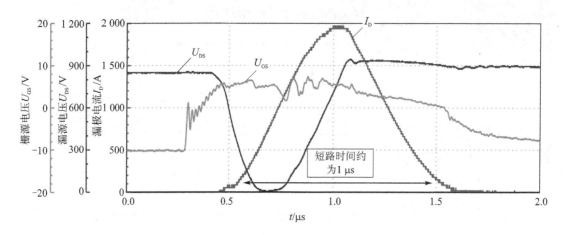

图 3.137　短路保护中的主要波形 ($U_{DD} = 850$ V，$T_j = 25$ ℃)

3.8　小　结

SiC 器件的特性与 Si 器件的特性有较大不同，两者对驱动电路的要求也有所不同。SiC 器件的驱动电路设计要从线路选择、驱动电压设置、驱动电路元件的 du/dt 限制、驱动电阻的选择和桥臂串扰抑制等方面综合考虑。

对于 SiC MOSFET、耗尽型 SiC JFET、Cascode SiC JFET、SiC SIT 和 SiC IGBT，一般采用电压型驱动；对于增强型 SiC JFET 和 SiC BJT，驱动电路除了在开关器件开通/关断期间要提供足够大的电流来保证其快速开关外，在器件导通期间也需提供一定的稳态驱动电流。

对于 SiC 模块，其驱动电路除了要完成基本的功率放大及驱动功率管的开通/关断功能外，仍需结合实际应用场合的需要，集成过流/短路保护、过压保护和过温保护等功能，以确保功率模块和整机安全可靠地工作。

在已商业化的三种 SiC 可控功率器件中，对于单极型功率器件，SiC MOSFET 短路时的饱和电流密度减小的速度比 SiC JFET 的慢，导致 SiC MOSFET 的温度上升更快。更低的饱和速度使 SiC MOSFET 的电流密度比 SiC JFET 的更大，因此，SiC MOSFET 需承受更大的短路电流,同时在断开短路电流时,SiC MOSFET 需承受更高的过电压。SiC BJT 的基极电流和集电极电流之间有一定的制约关系,其短路承受能力在三种商业化 SiC 可控器件中最强。

在几种典型的电流检测方法中,与去饱和检测方法相比,寄生电感电压检测方法的故障响应速度更快,但由于寄生电感的压降相对很小,且对寄生参数的依赖性较大,因此保护电路的参数设计较为困难。内置电流检测功能的 SiC MOSFET 模块便于检测电流,精度高、响应快,不少 SiC 器件厂商正积极研制开发此类模块。

随着 SiC 器件应用场合的不断拓展,对更快开关速度、更高功率等级、更恶劣环境耐受能力和更高可靠性的需求不断出现,SiC 器件的驱动电路面临更大的设计挑战,需要研制具有大电流驱动能力和智能保护功能的高速耐高温驱动电路。

扫描右侧二维码,可查看本章部分插图的彩色效果,规范的插图及其信息以正文中印刷为准。

第 3 章部分插图彩色效果

参考文献

[1] 张旭.三相 PWM 整流器效率提升探讨[D].杭州:浙江大学,2013.

[2] 陆珏晶.碳化硅 MOSFET 应用技术研究[D].南京:南京航空航天大学,2013.

[3] http://www.wolfspeed.com/crd001.

[4] Abbatelli L,Brusca C,Catalisano G. How to fine tune your SiC MOSFET gate driver to minimize losses [Z]. www.st.com.

[5] Rice J,Mookken J. SiC MOSFET gate drive design considerations[C]. Chicago,USA:IEEE International Workshop on Integrated Power Packaging,2015:24-27.

[6] Zhang Zheyu,Wang F,Tolbert L M, et al. Active gate driver for crosstalk suppression of SiC devices in a phase-leg configuration[J]. IEEE Transactions on Power Electronics,2014,29(4):1986-1997.

[7] Zhang Zheyu,Wang F,Tolbert L M,et al. Active gate driver for fast switching and cross-talk suppression of SiC devices in a phase-leg configuration [C]. Charlotte, USA: IEEE Applied Power Electronics Conference and Exposition,2015:774-781.

[8] 秦海鸿,朱梓悦,王丹,等.一种适用于 SiC 基变换器的桥臂串扰抑制方法[J].南京航空航天大学学报, 2017,49(6):872-882.

[9] Zhao Bin,Qin Haihong,Nie Xin,et al. Evaluation of isolated gate driver for SiC MOSFETs[C]. Melbourne,Australia:Proceedings of IEEE Conference on Industrial Electronics and Applications,2013: 1208-1212.

[10] 钟志远,秦海鸿,袁源,等.碳化硅 MOSFET 桥臂电路串扰抑制方法[J].电工电能新技术,2015,34(5): 8-12.

[11] 胡光斌.SiC 单相光伏逆变器效率分析[D].杭州:浙江大学,2014.

[12] 李正力,潘三博,陈宗祥.SiC 结型场效应晶体管特性及其驱动设计[J].电力电子技术,46(12):64-65,61.

[13] Giannoutsos S V,Pachos P,Manias S N. Performance evaluation of a proposed gate drive circuit for

normally-on SiC JFETs used in PV inverter applications[C]. Florence, Italy: IEEE International Energy Conference and Exhibition, 2012:26-31.

[14] Kelley R, Ritenour A, Sheridan D, et al. Improved two-stage DC-coupled gate driver for enhancement-mode SiC JFET[C]. Palm Springs, USA: IEEE Applied Power Electronics Conference and Exposition, 2010: 1838-1841.

[15] Katoh K, et al. Study on low-loss gate drive circuit for high efficiency server power supply using normally-off SiC-JFET[C]. Hiroshima, Japan: International Power Electronics Conference, 2014:2285-2289.

[16] Kampitsis G, Papathanassiou S, Manias S. Perfomance consideration of an AC coupled gate drive circuit with forward bias of normally-on SiC JFETs[C]. Denver, USA: IEEE Energy Conversion Congress and Exposition, 2013:3224-3229.

[17] Bergner Wolfgang, et al. Infineon's 1200V SiC JFET—the new way of efficient and reliable high voltages switching. https://www. infineon. com/dgdl/Infineon＋＋Article＋＋CoolSiC_SiCJFET.

[18] Bhalla Anup, Li Xueqing, Bendel John. Switching behavior of USCi's SiC cascodes[EB/OL]. Laboe: Bodo's Power Systems, 2015. http://www. bodospower. com/.

[19] Bendel John. Cascode configuration eases challenges of applying SiC JFETs in switching inductive loads [EB/OL]. Smithtown: How2Power. com, 2014[2016]. http://www. how2power. com.

[20] Shimizu Haruka, Akiyama Satoru, Yokoyama Natsuki, et al. Controllability of switching speed and loss for SiC JFET/Si MOSFET cascode with external gate resistor[C]. Waikoloa, USA: IEEE International Symposium on Power Semiconductor Devices & IC's, 2014:221-224.

[21] Li Xueqing, Zhang Hao, Bhalla Anup. Gate drive strategies of SiC cascodes[C]. Nuremberg, Germany: International exhibition and conference for power electronics, 2016:1-7.

[22] Vogler Bastian, Herzer Reinhard, Mayya Iyead, et al. Integrated SOI gate driver for 1200V SiC-FET switches[C]. Prague, Czech Republic: Proceedings of International Symposium on Power Semiconductor Devices and Ics, 2016:447-450.

[23] Abe S, et al. Noise current characteristics of semiconductor circuit breaker during break-off condition in DC power supply system[C]. Incheon, Korea: International Telecommunications Energy Conference, 2009:1-5.

[24] Abe S, et al. Malfunction analysis of SiC SIT DC circuit breaker in 400V-DC power supply system[C]. Singapore: IEEE International Conference on Power Electronics and Drive Systems, 2011:109-114.

[25] Bao Cong Hiu, et al. Active voltage control of SiC-SIT circuit breakers for overvoltage suppression [C]. Denver, USA: Proceedings of the Energy Conversion Congress and Exposition, 2013: 1429-1434.

[26] Sato Y. SiC-SIT intelligent switches for next-generation distribution systems [C]. Matsue, Japan: Proceedings of Electric Power Equipment-Switching Technology, 2013:1-4.

[27] Sato Y, Tanaka Y, Fukui A, et al. SiC-SIT circuit breakers with controllable interruption voltage for 400-V DC distribution systems[J]. IEEE Transactions on Power Electronics, 2014, 29(5):2597-2605.

[28] Barth H, Hofmann W. Decrease of SiC-BJT driver losses by one-step commutation[C]. Hiroshima, Japan: International Power Electronics Conference, 2014:2881-2886.

[29] 张英, 王耀洲, 陈乃铭, 等. SiC BJT 的单电源基极驱动电路研究[J]. 电子器件, 2016, 39(1):26-31.

[30] Qin Haihong, Liu Qing, Zhang Ying, et al. Research on reversing current phenomenon of the dual-source driver for SiC BJT[C]. Shanghai, China: PCIM Asia, 2017:62-67.

[31] 谢昊天, 秦海鸿, 聂新, 等. 一种 SiC MOSFET 管的驱动电路:201610327230. 8[P]. 2018-08-28.

[32] 朱梓悦, 秦海鸿, 聂新, 等. 一种适用于直流固态功率控制器的 SiC MOSFET 渐变电平驱动电路及方法: 201610551724. 4[P]. 2018-12-07.

[33] 谢昊天,秦海鸿,朱梓悦,等. 驱动电平组合优化的桥臂串扰抑制驱动电路及其控制方法:201610459751. 9[P]. 2018-12-11.

[34] Tolstoy G,Ranstad P,Colmenares J,et al. An experimental analysis on how the dead-time of SiC BJT and SiC MOSFET impacts the losses in a high-frequency resonant converter[C]. Lappeenranta, Finland: European Conference on Power Electronics and Applications,2014:1-10.

[35] Barth H,Hofmann W. Efficiency increase of SiC-BJT inverter by driver loss reduction with one-step commutation[C]. Waikoloa, USA: IEEE International Symposium on Power Semiconductor Devices & IC's (ISPSD),2014:233-236.

[36] Tolstoy G,Peftitsis D,Rabkowski J,et al. A discretized proportional base driver for silicon carbide bipolar junction transistors[J]. IEEE Transactions on Power Electronics,2014,29(5): 2408-2417.

[37] Rabkowski J,Tolstoy G,Peftitsis D,et al. Low-loss high-performance base-drive unit for SiC BJTs[J]. IEEE Transactions on Power Electronics,2012,27(5):2633-2643.

[38] Kadavelugu A,Bhattacharya S. Design considerations and development of gate driver for 15kV SiC IGBT [C]. FortWorth,USA:IEEE Applied Power Electronics Conference and Exposition,2014:1494-1501.

[39] Kadavelugu Arun Kumar. Medium voltage power conversion enabled by 15kV SiC IGBTs[D]. Raleigh, North Carolina State,USA:North Carolina State University,2015.

[40] Tripathi A,Mainali K,Madhusoodhanan S,et al. A MV intelligent gate driver for 15kV SiC IGBT and 10kV SiC MOSFET[C]. Long Beach,USA:IEEE Applied Power Electronics Conference and Exposition, 2016:2076-2082.

[41] Wang Z,Shi X,Tolbert L M,et al. Temperature-dependent short-circuit capability of silicon carbide power MOSFETs[J]. IEEE Transactions on Power Electronics,2016,31(2):1555-1566.

[42] Berkani M,Lefebvre S,Ibrahim A,et al. A comparison study on performances and robustness between SiC MOSFET & JFET devices-abilities for aeronautics application[J]. Microelectronics Reliability, 2012, 52(9-10):1859-1864.

[43] Huang X,Wang G,Li Y,et al. Short-circuit capability of 1200V SiC MOSFET and JFET for fault protection[C]. Long Beach,USA:IEEE Power Electronics Conference and Exposition,2013:197-200.

[44] Boughrara N,et al. Robustness of SiC JFET in short-circuit modes[J]. IEEE Electron Device Letters, 2009,30(1):51-53.

[45] Wang Z,et al. Design and performance evaluation of overcurrent protection schemes for silicon carbide (SiC) power MOSFETs[J]. IEEE Transactions on Industrial Electronics,2014,61(10):5570-5581.

[46] Dubois F,et al. Active protections for normally-on SiC JFETs[C]. Birmingham,UK:Proceedings of European Conference on Power Electronics and Applications,2011:1-10.

[47] Chokhawala R S,Catt J,Kiraly L. A discussion on IGBT short-circuit behavior and fault protection schemes[J]. IEEE Transactions on Industry Applications,1995,31(2):256-263.

[48] Wiesner Eugen,Thal Eckhard,Volke Andreas,et al. Advanced protection for large current full SiC-modules[C]. Nuremberg,Germany:International Exhibition and Conference for Power Electronics, Intelligent Motion,Renewable Energy and Energy Management,2016:1-5.

第 4 章　SiC 基变换器的扩容方法

随着电力电子技术的飞速发展,在高压大容量变换器方面,人们希望电力电子装置能够可靠地处理越来越高的电压等级和容量等级。尽管 SiC 功率器件已取得快速发展,但因受到 SiC 晶圆生长和制造工艺的限制,现有商用 SiC 器件的电压、电流定额仍相对较低,不能满足多电飞机、电动汽车、机车牵引、光伏逆变等大容量系统的需求。尽管 Wolfspeed 等公司已经开发出额定电压超过 10 kV 的 SiC MOSFET 和 SiC IGBT 工程样品,但工作时的大 du/dt 限制了其高速性能的完全发挥。用低压 SiC 器件串联构成高压 SiC 器件可在一定程度上缓解这一问题。当单个 SiC 功率器件的电压、电流额定值不能满足大容量变换器的要求时,可通过并联或串联的方式来扩大工作电流或工作电压。

对于半导体器件的并联使用,核心问题是在通态、阻态、开通、关断等各种状态下并联的器件是否都能平均承担全部电流,而不存在部分器件过电流的情况。对于半导体器件的串联使用,核心问题是在各种状态下串联的器件是否都能平均承担全部的外加电压,而不存在部分器件过电压的情况。

除了器件的并联和串联外,还可以采用变换器的并联和串联,也可同时采取器件并联和变换器并联,以及优化选择并联数目,来实现在增大容量的同时获得最优性能。

4.1　SiC 器件的并联

SiC 器件并联或多芯片并联有助于提高电流处理能力,扩大变换器容量。但在导通过程中流过开关管的稳态电流和在开关过程中流过开关管的瞬态电流均有可能出现不均衡现象,电流不均衡会导致开关管的导通损耗和开关损耗分配不均衡,部分器件过热;另外,瞬态电流不均衡会使器件的电流尖峰过大,很可能超出器件的安全工作区。并联器件电流不均衡的主要原因在器件参数之间不完全匹配和电路布局不对称等方面,下面分别加以论述。

4.1.1　器件参数不匹配对均流的影响

在 SiC MOSFET 的器件参数中,对电流均衡影响最大的参数是导通电阻 $R_{DS(on)}$ 和栅源阈值电压 $U_{GS(th)}$。

图 4.1 为水平沟道 SiC MOSFET 器件的剖面图,$R_{DS(on)}$ 由 R_{N^+}、R_{CH}、R_A、R_J、R_D 和 R_S 组成。与 Si MOSFET 相比,水平沟道 SiC MOSFET 的漂移区电阻 R_D 的阻值较小,但是沟道电阻 R_{CH} 的阻值较大。当 $U_{GS}<13$ V 时,$R_{DS(on)}$ 主要由 R_{CH} 决定,R_{CH} 呈负温度系数,使得当 SiC MOSFET 并联时不会实现自动均流,容易引起热失控现象。所以水平沟道 SiC MOSFET 的栅源驱动电压不能太低,一般不低于 18 V。

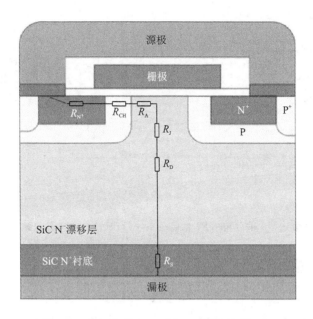

图 4.1　水平沟道 SiC MOSFET 器件的剖面图

首先,栅源阈值电压 $U_{GS(th)}$ 通常受到多种非理想因素的影响,如在长时间工作后 $U_{GS(th)}$ 会出现参数漂移;其次,在碳化硅和氧化层的边界处由于原子能阶的不完美,会出现氧化物陷阱态等非理想因素;另外,目前 SiC 材料的加工工艺还不如 Si 成熟,所以其界面和氧化层的品质容易受到影响。这些因素会导致栅源阈值电压 $U_{GS(th)}$ 出现偏差,使得器件参数不一致性较为明显。

为了便于说明器件参数不匹配对并联均流的影响,这里以 Wolfspeed 公司的 SiC MOSFET 为例,选取型号为 C2M0160120D 的 8 只典型开关管 M1～M8,用于器件参数不匹配对均流影响的实验测试分析。8 只开关管 M1～M8 的输出特性曲线(导通电阻 $R_{DS(on)}$ 可由输出特性曲线计算得出)和转移特性曲线(栅源阈值电压 $U_{GS(th)}$ 可由转移特性得到)如图 4.2 所示。

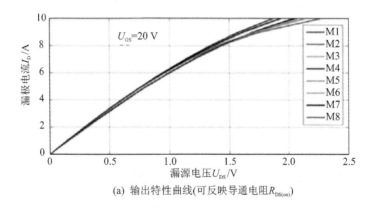

(a) 输出特性曲线(可反映导通电阻 $R_{DS(on)}$)

图 4.2　SiC MOSFET 的特性曲线(可反映参数差异)

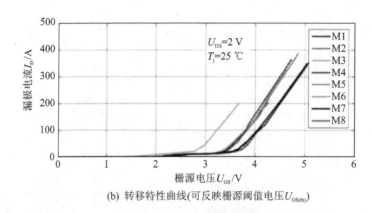

(b) 转移特性曲线(可反映栅源阈值电压$U_{GS(th)}$)

图 4.2   SiC MOSFET 的特性曲线(可反映参数差异)(续)

1. 导通电阻不匹配的影响

选取栅源阈值电压最为接近,但导通电阻不同的两只开关管 M1 和 M7($R_{DS(on)-M1} > R_{DS(on)-M7}$)。两只开关管的电流波形如图 4.3 所示。在开通过程中,两只开关管的电流几乎相同,但当经过开通过程后过渡到导通状态时,由于 M1 的导通电阻大于 M7 的导通电阻,所以 M1 的通态电流比 M7 的小。可见,并联 SiC MOSFET 的导通电阻不匹配会对稳态均流有影响,但对动态均流几乎无影响。

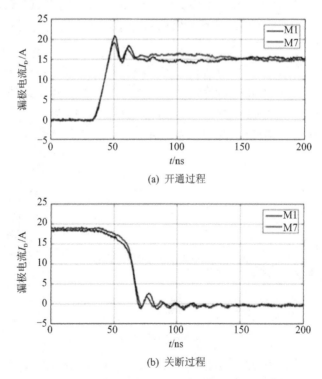

(a) 开通过程

(b) 关断过程

图 4.3   SiC MOSFET 导通电阻差异对均流影响的测试结果

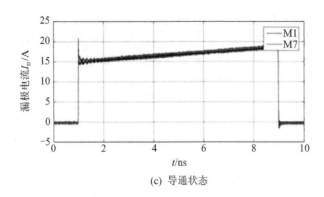

(c) 导通状态

图 4.3　SiC MOSFET 导通电阻差异对均流影响的测试结果(续)

2. 栅源阈值电压不匹配的影响

选取导通电阻阻值接近但栅源阈值电压不同的两只开关管 M1 和 M3($U_{GS(th)-M1} >$ $U_{GS(th)-M3}$),两只开关管的电流波形如图 4.4 所示。在开通过程中,M3 的 U_{GS} 先达到其栅源阈值电压值,因此 M3 先开通,i_{D3} 开始上升。当 U_{GS} 继续上升达到 M1 的栅源阈值电压后,i_{D1} 才开始上升,因此 M3 的漏极电流比 M1 的上升快。但是,关断的过程有所不同。定义能维持漏极电流不变的最小栅源电压为 U_P。在关断过程中 U_{GS} 逐渐减小,若 U_{GS} 仍大于 U_P,则漏极电流不变,MOSFET 沟道电阻随 U_{GS} 的降低而逐渐增加。如果 U_{GS} 继续下降到低于 U_P,则

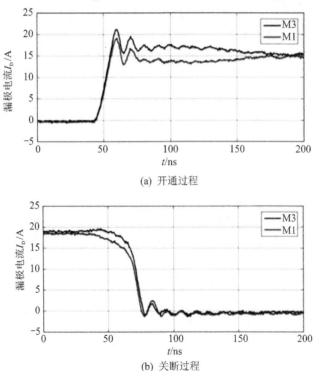

(a) 开通过程

(b) 关断过程

图 4.4　SiC MOSFET 栅源阈值电压差异对均流影响的测试结果

SiC MOSFET 将开始工作在饱和区,漏极电流由 U_{GS} 决定。当 U_{GS} 下降到低于 U_{P-M1} 时,开关管 M1 不能维持漏极电流,漏极电流 i_{D1} 开始下降。当 U_{GS} 继续下降到 U_{P-M3},M3 也不能维持其漏极电流,漏极电流 i_{D3} 也开始下降。在饱和区,漏极电流由 U_{GS} 决定,即

$$i_D = g_{fs}(U_{GS} - U_{GS(th)}) \tag{4-1}$$

由于两管关断之前的漏极电流相同,即 $i_{D1} = i_{D3}$,且跨导 $g_{fs1} = g_{fs3}$,当 i_{D1} 开始减小时,由于电感电流 i_L 不变,二极管还未导通,所以 M3 要承担更大的电流,因此,在关断过程中,如图 4.4(b)所示,i_{D3} 首先出现小幅的增大,然后再逐渐减小。

4.1.2　电路参数不匹配对均流的影响

电路参数中引起电流不均衡的主要因素有功率回路漏极寄生电感和功率回路源极寄生电感,如图 4.5(a)所示,分别用 L_{d1}、L_{d2} 和 L_{s1}、L_{s2} 表示。C_p 为二极管的结电容与电感寄生电容之和,C_{DS1} 和 C_{DS2} 分别为开关管 Q_1 和 Q_2 的漏源极寄生电容,功率回路漏极寄生电感 L_d 包括直流母线电容的等效串联电感 ESL、PCB 走线寄生电感和功率管的寄生电感,源极寄生电感 L_s 主要包括功率管的寄生电感和 PCB 走线寄生电感,在未采用开尔文源极连接时,这部分寄生电感既在栅极驱动回路中,又在功率回路中。开关管的并联数目越多,功率回路的漏极寄生电感 L_d 和源极寄生电感 L_s 的对称性越难保证。

在电路参数不匹配对均流影响的研究中,为了便于测试,通过改变开关管源极引脚的有效接入长度(见图 4.5(b)中的 d_1 和 d_4)来改变 L_s。通过在漏极串联小的空芯电感来模拟不同大小的功率回路寄生电感 L_d。

为了准确评估电路参数不匹配对并联均流的影响,在 8 只待测开关管中,选取器件参数最为接近的 M1 和 M4 进行研究。在电路参数相同的情况下,M1 和 M4 的电流波形测试结果如图 4.6 所示,结果验证了 M1 和 M4 的器件参数基本相同,便于下文专门针对电路参数不匹配的影响进行测试分析。

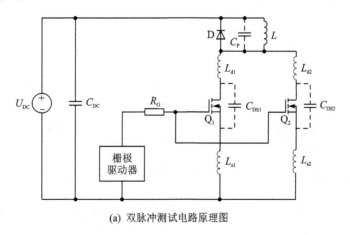

(a) 双脉冲测试电路原理图

图 4.5　双脉冲测试电路原理及实物图

(b) 双脉冲测试平台实物图

图 4.5　双脉冲测试电路原理及实物图(续)

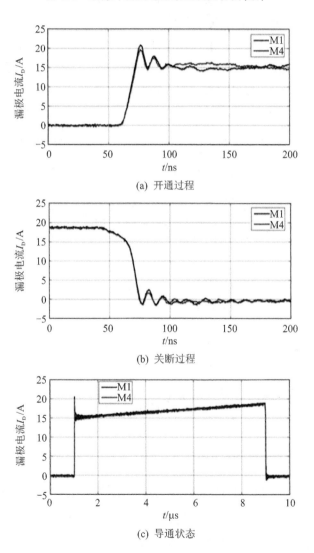

(a) 开通过程

(b) 关断过程

(c) 导通状态

图 4.6　M1 和 M4 器件参数匹配性验证测试结果

1. 共源极寄生电感不匹配的影响

在开关过程中,源极寄生电感对驱动回路的影响可表示为

$$U_{GS} = U_{driver} - i_G R_G - L_s \frac{di_s}{dt} \tag{4-2}$$

由于开关管源极电流 $i_s = i_D$,且驱动电流 i_G 远小于 i_D,因此有

$$i_{D1} - i_{D2} = g_{fs}(L_{s2} - L_{s1}) \frac{di_L}{dt} \tag{4-3}$$

由式(4-2)和式(4-3)可见,在开通瞬间,源极寄生电感 L_s 越大,所对应的开通过程越慢,同时也会比源极寄生电感小的 SiC MOSFET 承担更少的负载电流;在关断瞬间,源极寄生电感 L_s 越大,关断越慢,同时也会比源极寄生电感小的 SiC MOSFET 承担更多的负载电流。

通过改变图 4.5(b)中开关管源极引脚接入电路的有效长度 d_1 和 d_4 来模拟源极寄生电感的变化,可以得到共源极寄生电感取不同值情况下的开通和关断电流测试波形,如图 4.7 和图 4.8 所示。L_s 越大,其所对应的 SiC MOSFET 的开通、关断过程越慢。随着 L_s 不匹配程度的增加,开关瞬态电流不均衡程度增加,L_s 较小的开关管的开通电流尖峰也随之增加。开关过程中电流的不均衡会导致开关损耗的不均衡。

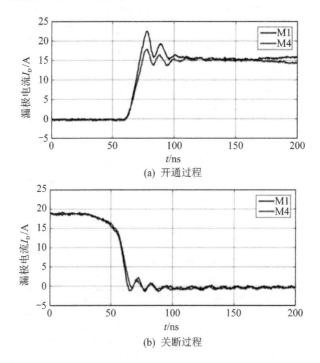

(a) 开通过程

(b) 关断过程

图 4.7 $d_1 = 6$ mm 和 $d_4 = 10$ mm 时并联开关管电流的不均衡情况

图 4.9 为开通电流尖峰和开关能量损耗与源极寄生电感不匹配程度的关系曲线。如图 4.9(a)所示,对应较小源极寄生电感的 SiC MOSFET 的开通电流尖峰随着源极寄生电感不匹配程度的增大而增大。如图 4.9(b)所示,随着源极寄生电感不匹配程度的增加,具有更小源极寄生电感的开关管有更大的开通能量损耗,对应更大源极寄生电感的开关管有更大的

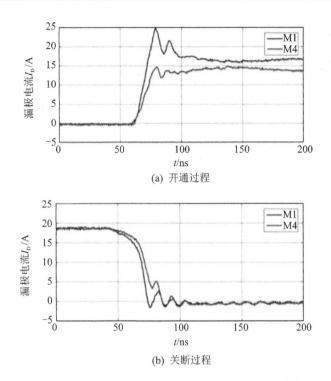

(a) 开通过程

(b) 关断过程

图 4.8　$d_1 = 6$ mm 和 $d_4 = 16$ mm 时并联开关管电流的不均衡情况

关断能量损耗,且并联器件的总开关能量损耗差距有增大趋势。

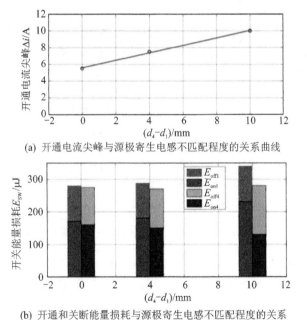

(a) 开通电流尖峰与源极寄生电感不匹配程度的关系曲线

(b) 开通和关断能量损耗与源极寄生电感不匹配程度的关系

图 4.9　开通电流尖峰和开关能量损耗与源极寄生电感不匹配程度的关系

2. 功率回路漏极寄生电感不匹配的影响

如图 4.5(a)所示,在 SiC MOSFET 开通过程中,L_d 和 C_p 形成谐振电路,引起开通电流波形振荡。谐振频率为

$$f_{on} = \frac{1}{2\pi \sqrt{L_d C_p}} \tag{4-4}$$

SiC MOSFET 的导通电阻 $R_{DS(on)}$ 和直流侧电容器的等效串联电阻 R_C 作为阻尼对该振荡进行衰减,阻尼系数为

$$\zeta = \frac{R_{DS(on)} + R_C}{2} \sqrt{\frac{C_p}{L_d}} \tag{4-5}$$

关断过程中,C_{DS} 充电,L_d 和 C_{DS} 形成谐振电路,引起关断波形振荡。谐振频率为

$$f_{off} = \frac{1}{2\pi \sqrt{L_d C_{DS}}} \tag{4-6}$$

二极管 D 的等效串联电阻 R_D 和直流侧电容器的等效串联电阻 R_C 作为阻尼对该振荡进行衰减,阻尼系数为

$$\zeta = \frac{R_D + R_C}{2} \sqrt{\frac{C_{DS}}{L_d}} \tag{4-7}$$

通过以上分析可知,L_d 在开通、关断后的一段很短时间内,会使电流波形发生振荡。较大的 L_d 所对应的开关管的振荡频率和阻尼系数较低,而开通电流尖峰和关断电流振荡幅度较大。

L_d 不匹配除了对开通、关断过程中的电流均衡情况有影响外,还对稳态均流有影响。在 SiC MOSFET 导通过程中,电路中流过感性负载电流,等效电路如图 4.10 所示。

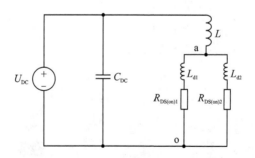

图 4.10 两只并联的 SiC MOSFET 导通时的等效电路图

两只并联的 SiC MOSFET 的漏极电流 i_{D1} 和 i_{D2} 及电感电流 i_L 满足

$$\begin{cases} i_{D1} + i_{D2} = i_L \\ L \cdot \dfrac{di_L}{dt} + u_{ao} = U_{DC} \\ \dfrac{L_{d1} \cdot di_{D1}}{dt} + R_{DS(on)1} \cdot i_{D1} = \dfrac{L_{d2} \cdot di_{D2}}{dt} + R_{DS(on)2} \cdot i_{D2} \end{cases} \tag{4-8}$$

在 $R_{DS(on)1} = R_{DS(on)2}$ 且 $di_{D1}/dt = di_{D2}/dt$ 的情况下，i_{D1} 与 i_{D2} 的电流差可表示为

$$i_{D1} - i_{D2} \approx \frac{L_{d2} - L_{d1}}{2R_{DS(on)}} \cdot \frac{U_{DC}}{L} \qquad (4-9)$$

对于并联的 SiC MOSFET，L_d 不同也会造成 SiC MOSFET 的通态电流产生差异。L_d 的差别越大，通态电流差越大。

为了验证以上分析，通过在 M1 管的漏极串入小电感的方式来模拟 L_d 的变化进行实验测试。电流波形的测试结果如图 4.11 和图 4.12 所示。随着寄生电感 L_d 的增加，电流振荡频率减小，但是振荡幅度增加；随着 L_d 不均衡程度的增加，通态电流的不均衡度也增加。除了对

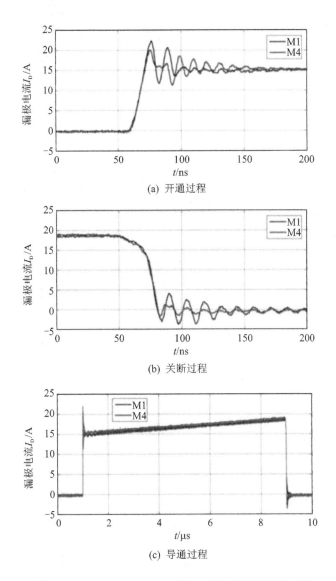

(a) 开通过程

(b) 关断过程

(c) 导通过程

图 4.11　$L_{d1} - L_{d4} = 66$ nH 时电流不均衡程度实验结果

漏极电流 i_D 有影响外，L_d 在开关过程中也会影响漏源电压 U_{DS}。U_{DS} 的波形测试结果如图 4.13 和图 4.14 所示，随着漏极寄生电感 L_d 的增大，开通期间的漏源电压跌落，关断期间的漏源电压尖峰增加。与之对应，开通损耗更小，而关断损耗更大。图 4.15 给出的关断电压尖峰随漏极寄生电感变化的关系曲线，以及开关能量损耗随 L_d 不均衡度变化的柱状图，进一步验证了以上分析。

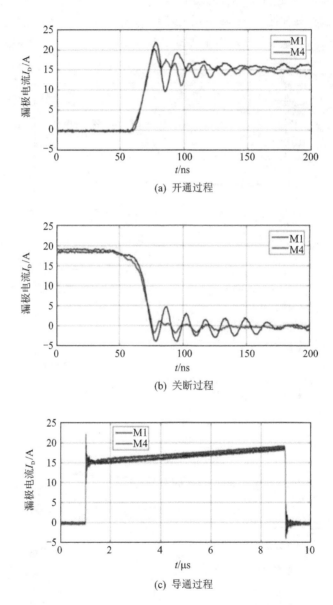

图 4.12　$L_{d1} - L_{d4} = 140$ nH 时电流不均衡程度实验结果

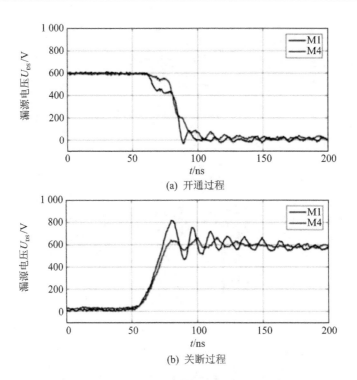

(a) 开通过程

(b) 关断过程

图 4.13　$L_{d1} - L_{d4} = 66$ nH 时开关管漏源电压波形

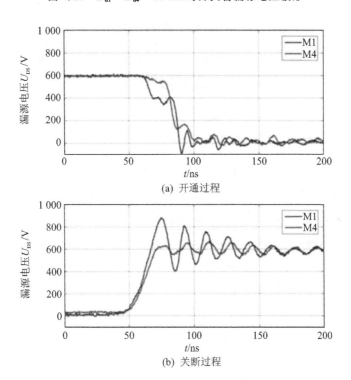

(a) 开通过程

(b) 关断过程

图 4.14　$L_{d1} - L_{d4} = 140$ nH 时开关管漏源电压波形

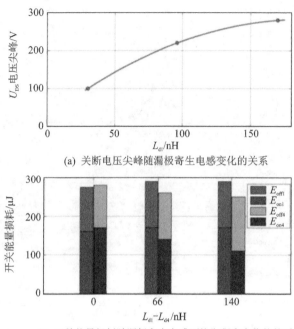

(a) 关断电压尖峰随漏极寄生电感变化的关系

(b) 开关能量损耗随漏极寄生电感不均衡程度变化的关系

图 4.15　漏源极电压尖峰和开关能量损耗分析

4.1.3　DBC 布线不匹配对多芯片并联均流的影响

　　除了采用单管并联来扩大电流处理能力外,也可以采用多芯片并联来构成大电流模块。目前通常将 SiC MOSFET 管芯连接在直接覆铜板(Direct Bonded Copper, DBC)上,并通过键合线相连。

1. 多芯片并联时电流不均衡度分析

　　为了研究 DBC 布线对电流不均衡的影响,采用如图 4.16 所示的半桥功率模块,该模块由 Danfoss 公司提供,每个开关位置由 4 个 SiC MOSFET 芯片并联。图 4.17 为该模块的布局示意图,在模块布局设计中尽可能保证每只管芯漏极寄生电感 L_d 的一致性,但每只管芯的源极寄生电感却有较大差异。图中,L_b 代表管芯源极的连接线寄生电感,L_{ss} 是从 Q_1 到直流母线负端的 DBC 引线寄生电感,L_{12}、L_{23} 和 L_{34} 分别是 Q_1 和 Q_2、Q_2 和 Q_3、Q_3 和 Q_4 之间的 DBC 引线寄生电感,4 只并联管芯的源极寄生电感 L_{s1}、L_{s2}、L_{s3} 和 L_{s4} 可表示为

$$\begin{cases} L_{s1} = L_{ss} + L_b \\ L_{s2} = L_{ss} + L_{12} + L_b \\ L_{s3} = L_{ss} + L_{12} + L_{23} + L_b \\ L_{s4} = L_{ss} + L_{12} + L_{23} + L_{34} + L_b \end{cases} \tag{4-10}$$

半桥功率模块的等效电路如图 4.18(a)所示,4 只并联的 SiC MOSFET 芯片除了源极寄生电感不匹配外,每只 SiC MOSFET 的栅源电压都会经由 L_{ss} 受到其他 3 只并联芯片源极电流的

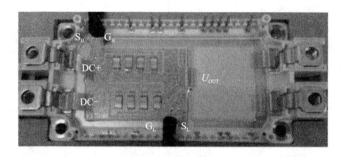

图 4.16　Danfoss 公司的半桥功率模块

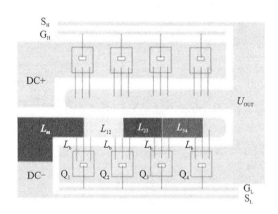

图 4.17　半桥功率模块布局示意图

影响,相当于多芯片之间存在"电流耦合"作用。

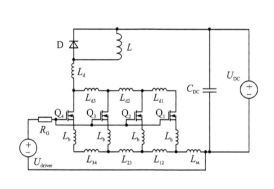

(a) 与DBC布局对应的等效电路(有电流耦合效应)

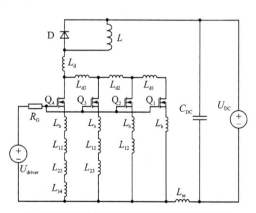

(b) DCB布局改进后的等效电路(无电流耦合效应)

图 4.18　根据 DBC 布局建立的等效电路

在开关过程中,漏极电流和栅源电压的关系可表示

$$\begin{bmatrix} i_{D1} \\ i_{D2} \\ i_{D3} \\ i_{D4} \end{bmatrix} = g_{fs} \begin{bmatrix} U_{driver} - i_G \cdot R_G - U_{GS(th)} - \Delta U_{LS1} \\ U_{driver} - i_G \cdot R_G - U_{GS(th)} - \Delta U_{LS2} \\ U_{driver} - i_G \cdot R_G - U_{GS(th)} - \Delta U_{LS3} \\ U_{driver} - i_G \cdot R_G - U_{GS(th)} - \Delta U_{LS4} \end{bmatrix} \qquad (4-11)$$

式中，ΔU_{LS1}、ΔU_{LS2}、ΔU_{LS3} 和 ΔU_{LS4} 分别代表源极寄生电感 L_{S1}、L_{S2}、L_{S3} 和 L_{S4} 上的电压降。对于图 4.18(a) 中的等效电路来说，ΔU_{LS1}、ΔU_{LS2}、ΔU_{LS3} 和 ΔU_{LS4} 可以表示为

$$
\begin{bmatrix} \Delta U_{LS1} \\ \Delta U_{LS2} \\ \Delta U_{LS3} \\ \Delta U_{LS4} \end{bmatrix} = \begin{bmatrix} L_b + L_{ss} & L_{ss} & L_{ss} & L_{ss} \\ L_{ss} & L_b + L_{ss} + L_{12} & L_{ss} + L_{12} & L_{ss} + L_{12} \\ L_{ss} & L_{ss} + L_{12} & L_b + L_{ss} + L_{12} + L_{23} & L_{ss} + L_{12} + L_{23} \\ L_{ss} & L_{ss} + L_{12} & L_{ss} + L_{12} + L_{23} & L_b + L_{ss} + L_{12} + L_{23} + L_{34} \end{bmatrix} \begin{bmatrix} \dfrac{di_{D1}}{dt} \\ \dfrac{di_{D2}}{dt} \\ \dfrac{di_{D3}}{dt} \\ \dfrac{di_{D4}}{dt} \end{bmatrix}
$$

$$(4-12)$$

并联 SiC MOSFET 芯片的电流不均衡程度可以表示为

$$
\begin{cases}
i_{D1} - i_{D2} = g_{fs} \left[L_b \dfrac{d(i_{D2} - i_{D1})}{dt} + L_{12} \dfrac{d(i_{D2} + i_{D3} + i_{D4})}{dt} \right] \\[3mm]
i_{D2} - i_{D3} = g_{fs} \left[L_b \dfrac{d(i_{D3} - i_{D2})}{dt} + L_{23} \dfrac{d(i_{D3} + i_{D4})}{dt} \right] \\[3mm]
i_{D3} - i_{D4} = g_{fs} \left[L_b \dfrac{d(i_{D4} - i_{D3})}{dt} + L_{34} \dfrac{di_{D4}}{dt} \right] \\[3mm]
i_{D1} - i_{D4} = g_{fs} \left[L_b \dfrac{d(i_{D4} - i_{D1})}{dt} + L_{12} \dfrac{d(i_{D2} + i_{D3} + i_{D4})}{dt} + L_{23} \dfrac{d(i_{D3} + i_{D4})}{dt} + L_{34} \dfrac{di_{D4}}{dt} \right]
\end{cases}
$$

$$(4-13)$$

如图 4.18(b) 所示，改变 DBC 布局后，L_{ss} 不出现在栅极回路中，从而实现了多芯片之间的"解耦"。此时，开关过程中的漏极电流 i_D 和栅源电压依然遵守式(4-11)的关系，但漏极寄生电感上的电压已变化为

$$
\begin{bmatrix} \Delta U_{LS1} \\ \Delta U_{LS2} \\ \Delta U_{LS3} \\ \Delta U_{LS4} \end{bmatrix} = \begin{bmatrix} L_b & 0 & 0 & 0 \\ 0 & L_b + L_{12} & 0 & 0 \\ 0 & 0 & L_b + L_{12} + L_{23} & 0 \\ 0 & 0 & 0 & L_b + L_{12} + L_{23} + L_{34} \end{bmatrix} \begin{bmatrix} \dfrac{di_{D1}}{dt} \\ \dfrac{di_{D2}}{dt} \\ \dfrac{di_{D3}}{dt} \\ \dfrac{di_{D4}}{dt} \end{bmatrix}
$$

$$(4-14)$$

这时，并联 SiC MOSFET 芯片的电流不均衡程度可以表示为

$$
\begin{cases}
i_{D1} - i_{D2} = g_{fs} (\Delta U_{LS2} - \Delta U_{LS1}) = g_{fs} \left[L_b \dfrac{d(i_{D2} - i_{D1})}{dt} + L_{12} \dfrac{di_{D2}}{dt} \right] \\[3mm]
i_{D2} - i_{D3} = g_{fs} (\Delta U_{LS3} - \Delta U_{LS2}) = g_{fs} \left[L_b \dfrac{d(i_{D3} - i_{D2})}{dt} + L_{23} \dfrac{di_{D3}}{dt} \right] \\[3mm]
i_{D3} - i_{D4} = g_{fs} (\Delta U_{LS4} - \Delta U_{LS3}) = g_{fs} \left[L_b \dfrac{d(i_{D4} - i_{D3})}{dt} + L_{34} \dfrac{di_{D4}}{dt} \right] \\[3mm]
i_{D1} - i_{D4} = g_{fs} (\Delta U_{LS4} - \Delta U_{LS1}) = g_{fs} \left[L_b \dfrac{d(i_{D4} - i_{D1})}{dt} + (L_{12} + L_{23} + L_{34}) \dfrac{di_{D4}}{dt} \right]
\end{cases}
$$

$$(4-15)$$

在式(4-13)和式(4-15)中,漏极电流差值的变化率 $d(i_{D1}-i_{D2})/dt$、$d(i_{D2}-i_{D3})/dt$ 和 $d(i_{D3}-i_{D4})/dt$ 比漏极电流之和的变化率 $d(i_{D2}+i_{D3}+i_{D4})/dt$、$d(i_{D3}+i_{D4})/dt$ 和 di_{D4}/dt 均小很多,因此在分析并联管芯电流不均衡度时,可以忽略其影响。在开通瞬间,SiC MOSFET 的漏极电流增加,根据式(4-13)和式(4-15)可知,两种等效电路模型中漏极电流大小的关系都满足 $i_{D1}>i_{D2}>i_{D3}>i_{D4}$;在关断瞬间,SiC MOSFET 的漏极电流减小,两种等效电路模型中漏极电流大小的关系都满足 $i_{D1}<i_{D2}<i_{D3}<i_{D4}$。由以上分析可见,在两种等效电路模型中,并联 SiC MOSFET 芯片在开关瞬态均会出现电流不均衡现象,对比式(4-13)和式(4-15)可以发现,由于存在电流耦合效应,图 4.18(a)所对应的等效电路的漏极电流不均衡度更为明显。

为了验证以上分析,采用 LTspice 软件对有/无电流耦合效应的情况进行仿真,仿真对比结果如图 4.19 所示。可见,当并联的 SiC MOSFET 芯片有电流耦合效应时,电流不均衡度更为明显,开通电流过冲更大。因此,在 DBC 引线设计中应尽可能减小电流耦合效应。

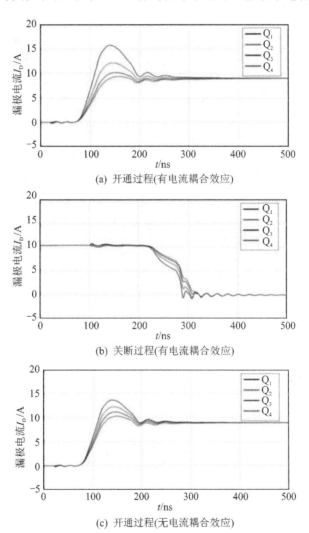

(a) 开通过程(有电流耦合效应)

(b) 关断过程(有电流耦合效应)

(c) 开通过程(无电流耦合效应)

图 4.19　有/无电流耦合效应时的开通、关断电流波形

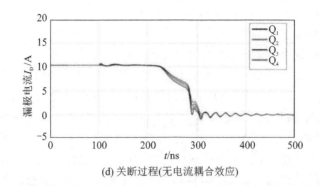

(d) 关断过程(无电流耦合效应)

图 4.19 有/无电流耦合效应时的开通、关断电流波形(续)

2. SiC MOSFET 功率模块优化布局分析

尽管图 4.18(b)所示的等效电路可以很好地消除并联芯片的电流耦合效应,但其 DBC 布线的等效电路仅在电路理论上可行,很难在实际制作上实现。图 4.20(a)给出一种经过优化布局设计的实用化 DBC 布线方案,其对应的等效电路如图 4.20(b)所示,该方案从每只 SiC MOSFET 源极额外引出键合线,用于构成栅极回路。由于实际物理空间的限制,当 4 只 SiC

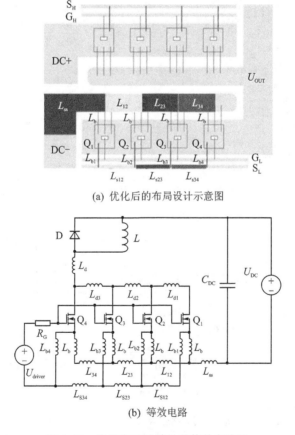

(a) 优化后的布局设计示意图

(b) 等效电路

图 4.20 优化布局设计及其等效电路图

MOSFET 芯片并联时,并不能达到开尔文源极连接的效果。

为了简化分析,以 2 只管芯并联为例进行分析,布局优化前和优化后的等效电路模型分别如图 4.21(a)、(b)所示。

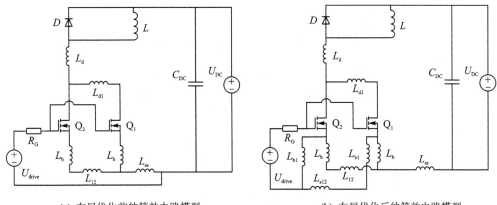

(a) 布局优化前的等效电路模型　　　　　　　　　(b) 布局优化后的等效电路模型

图 4.21　布局优化前后两管芯并联电路模型

对于图 4.21(a)、(b)的等效电路,并联 SiC MOSFET 漏极电流的不均衡程度分别为

$$i_{D1} - i_{D2} = g_{fs}\left[(L_b + L_{12})\frac{di_{D2}}{dt} - L_b \frac{di_{D1}}{dt}\right] \tag{4-16}$$

$$i_{D1} - i_{D2} = g_{fs}\frac{2L_{b1} + L_{s12}}{2L_b + L_{12} + 2L_{b1} + L_{s12}}\left[(L_b + L_{12})\frac{di_{D2}}{dt} - L_b \frac{di_{D1}}{dt}\right] \tag{4-17}$$

对比式(4-16)和式(4-17)可知,采用辅助源极引线优化设计后的电流不均衡程度减小了 $(2L_{b1} + L_{s12})/(2L_b + L_{12} + 2L_{b1} + L_{s12})$ 倍,当有 2 个以上的管芯并联时,电流不均衡程度减小的幅度更大。

采用 LTspice 软件对优化布局前后开关期间的电流进行仿真,优化布局前的仿真结果如图 4.22 所示,优化布局后的仿真结果如图 4.23 和图 4.24 所示。采用辅助源极引线优化布局设计后,开关速度更快,漏极电流不均衡度更小。为了在保持优化布局后的开关速度与优化布局前的开关速度基本一致的前提下来比较动态均流情况,图 4.24 给出采用优化布局方案下把栅极驱动电阻增大($R_G = 23\ \Omega$),使电流上升时间与图 4.22 相等时的电流不均衡情况。对比图 4.22 和图 4.24 可见,在保持电流上升时间相等时,采用辅助源极引线优化布局设计可使开通时的 Q_1 与 Q_4 的电流差异从 7 A 降低到 3.5 A,Q_1 的开通电流过冲从 100% 降低到小于 50%,关断时的并联器件的电流下降延迟时间差异也有所降低。

为了进一步验证以上分析,建立双脉冲测试平台对并联芯片的电流波形进行测试。

图 4.25 为与图 4.18(a)DBC 布局相对应的电流波形,每只开关管的稳态电流接近 10 A,开通期间 4 只开关管的总电流过冲只有 30%,但 4 只开关管中的开通电流差最大超过 15 A。Q_1 的开通和关断速度最快,开通时承担的电流最大,其开通电流过冲大于 200%。因此,如果仅检测模块的总电流,似乎可以得出模块电流处于安全工作区以内的结论;但由于内部并联芯片的电流并不均衡,可能某只芯片已经处于安全工作区以外,这种现象很可能导致器件失效,因此,在制作模块时保证内部芯片的电流均匀分布非常重要。

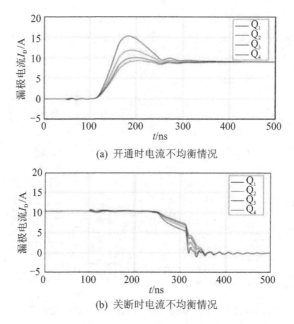

(a) 开通时电流不均衡情况

(b) 关断时电流不均衡情况

图 4.22　优化布局前的电流不均衡情况($R_G = 10\ \Omega, t_r = 60$ ns)

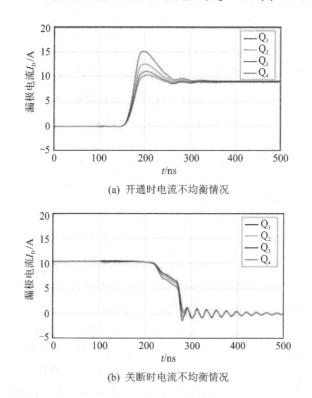

(a) 开通时电流不均衡情况

(b) 关断时电流不均衡情况

图 4.23　采用辅助源极引线优化布局设计后的电流不均衡情况($R_G = 10\ \Omega, t_r = 30$ ns)

　　图 4.26 为采用辅助源极引线优化布局后的电流波形,与优化布局前相比,优化布局后的芯片电流均衡程度更好,开通期间的电流峰值从 22 A 降低到 18 A,并联芯片电流的开通和关断延迟时间变得更短,这样使得开关损耗不均衡度得到有效控制。

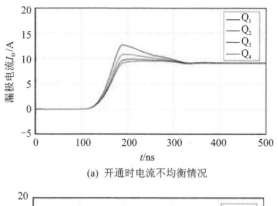

(a) 开通时电流不均衡情况

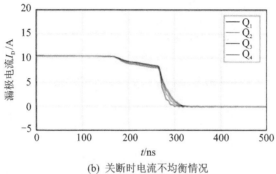

(b) 关断时电流不均衡情况

图 4.24　优化布局后的电流不均衡情况($R_G = 23\ \Omega, t_r = 60\ ns$)

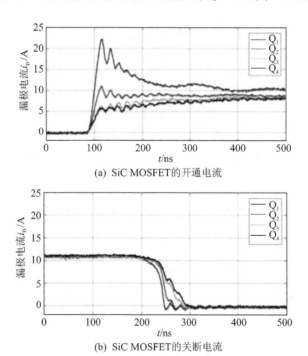

(a) SiC MOSFET的开通电流

(b) SiC MOSFET的关断电流

图 4.25　开关期间的电流测试波形

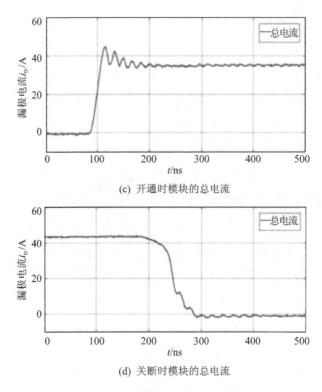

(c) 开通时模块的总电流

(d) 关断时模块的总电流

图 4.25　开关期间的电流测试波形(续)

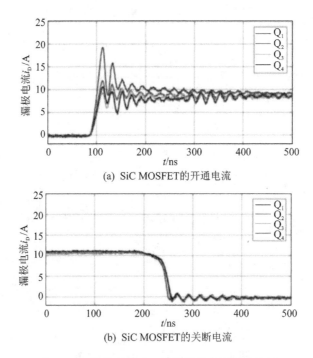

(a) SiC MOSFET的开通电流

(b) SiC MOSFET的关断电流

图 4.26　优化布局后开关期间的电流测试波形

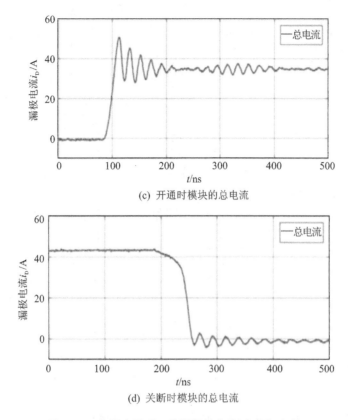

(c) 开通时模块的总电流

(d) 关断时模块的总电流

图 4.26　优化布局后开关期间的电流测试波形(续)

4.1.4　并联均流控制方法

在并联运行时,应尽可能选择参数一致的器件,并通过优化布局,使得各器件的主功率电路和驱动电路的寄生参数尽可能均衡。这种从器件筛选和电路对称设计角度保证电流均衡的做法实际上是一种"被动均流方法";在此基础之上还可以采用主动均流方法,如基于耦合电感的主动均流方法和主动均流闭环控制方法等。

1. 基于耦合电感的均流控制方法

图 4.27 给出基于耦合电感的主动均流方法。采用耦合电感实现均流的物理本质在于:两个 SiC MOSFET 支路的电流分别流入耦合于公共磁芯上的两个匝数相同的线圈,在磁路中产生方向相反的磁通。假设器件完全一致、功率回路完全对称,则两个并联支路的电流相等,两者在磁芯中产生的磁通大小相等、方向相反,合成磁通为零,对电流不起作用。一般地,由于器件参数和回路寄生参数不一致,两个支路的电流存在偏差,因此电流差会在磁芯中产生磁通,并在线圈中感应出电动势,由法拉第电磁感应定律可知,该电动势将驱使不平衡电流保持为零,故而能够实现两支路均流。

图 4.28 为耦合电感的物理模型,由环路安培定理,有

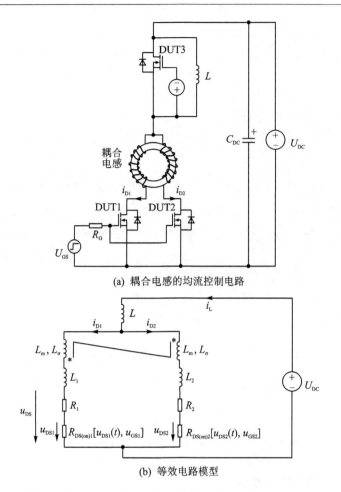

(a) 耦合电感的均流控制电路

(b) 等效电路模型

图 4.27 基于耦合电感的主动均流方法

$$ni = \oint H \, \mathrm{d}l = H \cdot 2\pi R \qquad (4-18)$$

式中，n 为线圈匝数，i 为流过线圈的电流，H 为磁场强度，R 为线圈的等效半径。

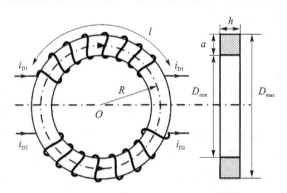

图 4.28 耦合电感的物理模型

假设两个线圈的匝数相等，均为 n，回路的励磁电感 L_m 对两个支路的不平衡电流 i_D 具有抑制作用，L_m 和由 i_D 产生的感应电动势 u_f 满足

$$u_{\mathrm{f}} = L_{\mathrm{m}} \frac{\mathrm{d}\Delta i_{\mathrm{D}}}{\mathrm{d}t} = n \frac{\mathrm{d}\Delta \phi}{\mathrm{d}t} \tag{4-19}$$

式中，$\Delta\Phi$ 为磁通，$\Delta\Phi = \Delta B \cdot S$；$\Delta B$ 为磁场强度，可按式（4-20）计算；S 为磁芯截面积，可按式（4-21）计算，即

$$\Delta B = \mu_{\mathrm{r}}\mu_0 (H_1 - H_2) \tag{4-20}$$

$$S = a \cdot h = \frac{1}{2}(D_{\max} - D_{\min})h \tag{4-21}$$

式中，μ_0 为空气磁导率，μ_{r} 为磁芯的相对磁导率，H_1、H_2 分别为由电流 i_{D1} 和 i_{D2} 产生的磁场强度，a 为磁芯圆环内圈与外圈之间的径向距离，$D_{\max}$、$D_{\min}$ 分别为磁芯的外径和内径，h 为磁芯的高度。因此，由式（4-20）可知

$$\Delta B = n\mu_{\mathrm{r}}\mu_0 \frac{i_{\mathrm{D1}} - i_{\mathrm{D2}}}{2\pi R} = \frac{n\mu_{\mathrm{r}}\mu_0}{2\pi R}\Delta i_{\mathrm{D}} \tag{4-22}$$

所以，由式（4-19）和式（4-22）可知，感应电动势 u_{f} 为

$$u_{\mathrm{f}} = L_{\mathrm{m}} \frac{\mathrm{d}\Delta i_{\mathrm{D}}}{\mathrm{d}t} = \mu_{\mathrm{r}}\mu_0 \frac{n^2 S}{2\pi R} \frac{\mathrm{d}\Delta i_{\mathrm{D}}}{\mathrm{d}t} \tag{4-23}$$

故励磁电感可以表示为

$$L_{\mathrm{m}} = \mu_{\mathrm{r}}\mu_0 \frac{n^2 S}{2\pi R} \tag{4-24}$$

由式（4-19）和式（4-24）可见，Δi_{D} 在耦合电感上受到 L_{m} 的限制，其大小由磁芯材料的 μ_{r}、尺寸 S 和线圈匝数 n 共同决定。

稳态时，$i_{\mathrm{D1}} = i_{\mathrm{D2}}$，流过线圈的电流相等，在磁芯中产生的磁场相互抵消，线圈之间没有耦合作用。此时，线圈中的磁通为与空气交链的漏磁通，耦合电感等效于功率回路中的寄生电感，即

$$L_{\sigma} = n^2 \mu_0 \frac{S}{l} \tag{4-25}$$

式中，l 为线圈的长度。

综上，耦合电感抑制不平衡电流的本质在于：不平衡电流 Δi_{D} 面对的电感为两个线圈之间的励磁电感，比较大；每个支路的电流面对的是线圈的漏感，比较小。根据图 4.27，定义两个 DUT 支路的总电流为 i_{Dp}，不平衡电流为 i_{Dn}，则有

$$\boldsymbol{I} = \begin{bmatrix} i_{\mathrm{Dp}} \\ i_{\mathrm{Dn}} \end{bmatrix} = \begin{bmatrix} 1 & 1 \\ 1 & -1 \end{bmatrix} \begin{bmatrix} i_{\mathrm{D1}} \\ i_{\mathrm{D2}} \end{bmatrix} \tag{4-26}$$

定义两个 DUT 支路对应的回路阻抗分别为 $\boldsymbol{Z}_{\mathrm{p}}$ 和 $\boldsymbol{Z}_{\mathrm{n}}$，则有

$$\boldsymbol{Z} = \begin{bmatrix} \boldsymbol{Z}_{\mathrm{p}} \\ \boldsymbol{Z}_{\mathrm{n}} \end{bmatrix} = \begin{bmatrix} 1 & 1 \\ 1 & -1 \end{bmatrix} \begin{bmatrix} Z_1 \\ Z_2 \end{bmatrix} + \begin{bmatrix} L_{\sigma} \\ L_{\mathrm{m}} \end{bmatrix} \tag{4-27}$$

式（4-27）第二个等号右边的第一项为不采用耦合电感时平衡电流和不平衡电流分量的回路阻抗，第二项由耦合电感引入，式中，Z_1 和 Z_2 为

$$\begin{cases} Z_1 = R_1 + sL_1 + R_{\mathrm{DS(on)1}} \\ Z_2 = R_2 + sL_2 + R_{\mathrm{DS(on)2}} \end{cases} \tag{4-28}$$

器件并联端的电压可计算为

$$u_{DS} = \mathbf{Z}^{T}\mathbf{I} = \begin{bmatrix} \mathbf{Z}_{p} & \mathbf{Z}_{n} \end{bmatrix} \begin{bmatrix} i_{Dp} \\ i_{Dn} \end{bmatrix} = \mathbf{Z}_{p}i_{Dp} + \mathbf{Z}_{n}i_{Dn} \qquad (4-29)$$

由于 u_{DS} 为有限常数，且 $L_m \gg L_\sigma$，当器件处于非关断状态时，有 $|\mathbf{Z}_n| \gg |\mathbf{Z}_p|$，并联器件的不平衡电流 i_{Dn} 可以趋于零。为了评估并联器件电流的不平衡程度，定义不平衡度为

$$\kappa = \frac{i_{Dn}}{0.5i_{Dp}} = \frac{\Delta i}{i_{av}} \times 100\% = 2\frac{i_{D1} - i_{D2}}{i_{D1} + i_{D2}} \times 100\% \qquad (4-30)$$

式中，$i_{av} = (i_{D1} + i_{D2})/2$ 为平均电流。

针对无主动均流措施及耦合电感主动均流两种不同的情况，图 4.29 给出了并联器件的典型双脉冲测试实验结果。由波形可见，采用耦合电感能有效抑制两并联器件之间的电流应力差异。图 4.30 给出了并联 SiC MOSFET 的开通过程波形，关键参数的对比情况如表 4.1 所列。采用耦合电感之后的电流不平衡度为 $\kappa < 2\%$。此外，计算发现，当没有耦合电感时，DUT1 和 DUT2 的开通能量损耗分别为 38.09 μJ 和 47.96 μJ，总的开通能量损耗 E_{on} 为 86.05 μJ；当采用耦合电感后，DUT1 和 DUT2 的开通能量损耗分别降低至 29.73 μJ 和 30.17 μJ，总的开通能量损耗为 59.9 μJ。可见，采用耦合电感后，器件之间的损耗分布更加均匀，且比无耦合电感时的对应值更低。此外，在没有耦合电感时，两个 DUT 的峰值电流 I_{Dm} 分别为 6.44 A 和 7.76 A，最大电流应力存在较大的差距。当采用耦合电感后，峰值电流分别控制为 7.16 A 和 7.26 A，且更加均衡。两个 DUT 的电流上升时间 t_r 分别从没有均流措施的 24.8 ns 和 25.6 ns 增加为引入耦合电感后的 31.6 ns 和 31.2 ns。可见，采用耦合电感后略微牺牲了器件的电流上升性能。

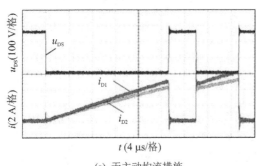

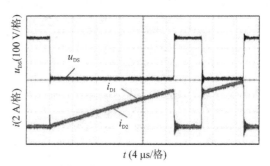

(a) 无主动均流措施　　　　　　　　　　　(b) 耦合电感主动均流

图 4.29　无主动均流措施及耦合电感主动均流时的双脉冲测试实验结果

表 4.1　开通过程对比

方　案	器　件	$E_{on}/\mu J$	I_{Dm}/A	t_r/ns
无措施	DUT1	38.09	6.44	24.8
	DUT2	47.96	7.76	25.6
耦合电感	DUT1	29.73	7.16	31.6
	DUT2	30.17	7.26	31.2

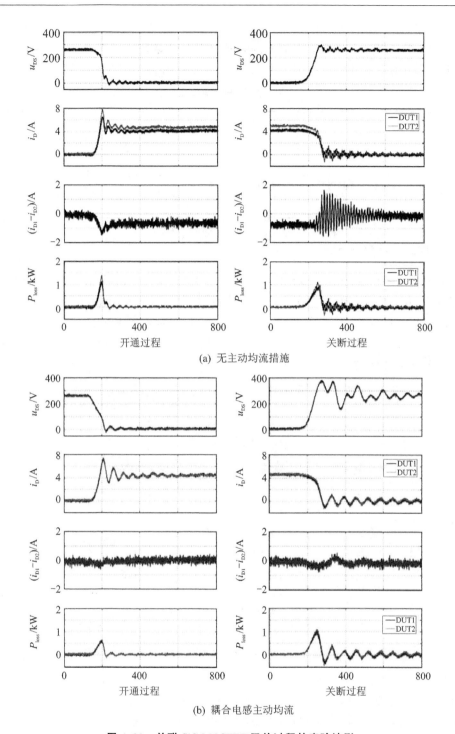

(a) 无主动均流措施

(b) 耦合电感主动均流

图 4.30　并联 SiC MOSFET 开关过程的实验波形

此外,图 4.30 还给出了器件在关断过程中的实验结果,关键参数的对比情况如表 4.2 所列。可以发现,当没有均流措施时,两个 DUT 的关断能量损耗 E_{off} 分别为 59.52 μJ 和 74.4 μJ;当引入耦合电感后,两个 DUT 的关断能量损耗分别变化为 74.56 μJ 和 74.95 μJ。在添加耦合电感后,总的关断损耗略有增加,这主要是由于耦合电感增加了器件漏源电压 u_{DS}

的过冲(u_{DS} 的最大值 u_{DSm} 从 304 V 增加到 380 V)。如果能进一步减小耦合电感的漏感,降低 u_{DS} 的过冲,则有望降低并联器件的关断损耗。与不采取均流措施相比,采用耦合电感之后,两个 DUT 的电流下降时间 t_f 略有增大,但变得更加均匀。

表 4.2　关断过程对比

方　案	器　件	$E_{off}/\mu J$	I_{Dm}/A	u_{DSm}/V	t_f/ns
无措施	DUT1	59.52	4.44	304	42
	DUT2	74.44	5.28	304	32
耦合电感	DUT1	74.56	4.84	380	51.2
	DUT2	74.95	4.88	380	50.8

2. 主动均流闭环控制方法

耦合电感主动均流方法是利用不平衡电流所产生的差模分量,形成磁芯中的公共磁通,遏制不平衡电流,其实际应用效果存在一定的条件制约。为此,研究工作者又提出了一种主动均流闭环控制方法。该方法通过检测电流不均衡程度,实时动态地调节相关控制量,使得并联器件的电流趋于均衡。该方法的原理框图如图 4.31 所示,主要包含三个部分:① 电流不均衡检测;② 电流均衡控制器;③ 主动驱动控制。

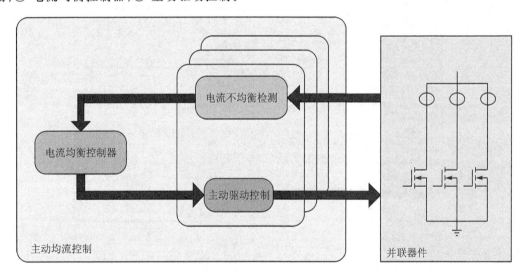

图 4.31　主动均流闭环控制方法原理框图

以两管并联为例,图 4.32 给出了主动均流闭环控制的简化电路图。电流不均衡检测采用差分电流互感器,与传统的电流互感器有所不同的是,在原边有两个绕向相反的 1 匝绕组,分别与对应的开关管串联。如果两个开关管的漏极电流相等,则两个绕组中的磁通相互抵消,电流互感器无输出。如果电流不均衡,则不能完全抵消的磁通就会在副边绕组中感应出电流,电流流过副边的检测电阻 R_T,得到输出电压 U_{out}。U_{out} 的大小反映了并联开关管电流的不均衡程度,U_{out} 的极性反映了并联支路电流的大小关系。

电流均衡控制器根据差分电流互感器检测到的不均衡电流,经过计算产生调整控制信号,输出给主动驱动控制单元。电流均衡控制器的具体实现电路可采用如图 4.33 所示的电路。

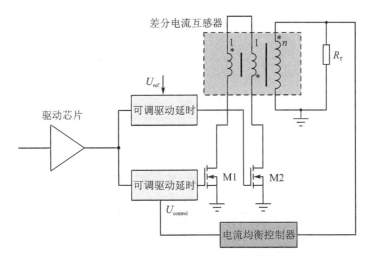

图 4.32　主动均流闭环控制的简化电路图

差分电流互感器检测环节输出的信号先经过正/反并联二极管单元滤除噪声后,输入给运算放大器,再经积分运算后输出 U_{control} 信号,接驱动控制环节。电流均衡控制器把电流不均衡测量环节与驱动控制环节连成闭环,通过调节使得差分电流互感器的输出趋于零,实现主动均流控制。

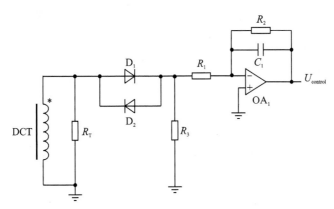

图 4.33　电流均衡控制器的具体实现电路图

主动驱动控制可通过控制栅源极电压的延迟时间来最大限度地消除器件参数不一致导致的不均流问题。例如,如果一只开关管的栅源阈值电压 $U_{\text{GS(th)}}$ 较低,则在开通过程中就会承担更大的电流,若使该开关管栅极驱动信号的上升沿适当延时,则可抵消 $U_{\text{GS(th)}}$ 的不利影响,从而达到电流均衡的目的。栅极可调延时的具体实现电路可采用如图 4.34 所示的电路,电流均衡控制器的输出电压 U_{control} 可改变 SiC MOSFET 管开通时的栅极电流,进而调节开关管的开通延迟时间。

为了说明主动均流闭环控制方法的效果,图 4.35 给出了使用该方法前后的电流波形和开通能量损耗对比。两只并联 SiC MOSFET 器件的栅源阈值电压 $U_{\text{GS(th)}}$ 分别为 2.89 V 和 3.84 V。当未采用主动均流闭环控制时,并联两管的开通电流出现较大不均衡,栅源阈值电压较小($U_{\text{GS1(th)}} = 2.89$ V)的那只 SiC MOSFET 开关管的开通电流峰值接近栅源阈值电压较

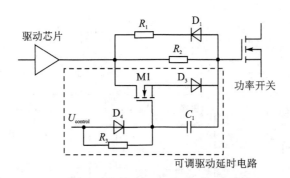

图 4.34 栅极可调延时的具体实现电路图

大 ($U_{GS2(th)} = 3.84$ V) 的 SiC MOSFET 开关管的 2 倍,前者的开通能量损耗比后者的大
84.8%。当采用主动均流闭环控制方法后,并联两管的开通电流和开通能量损耗接近相同,
图 4.35(c) 中显示了在开通过程结束后,并联两管的电流不等是由于器件的导通电阻不一致
所致,以上实验结果验证了主动均流闭环控制方法对动态均流的良好效果。

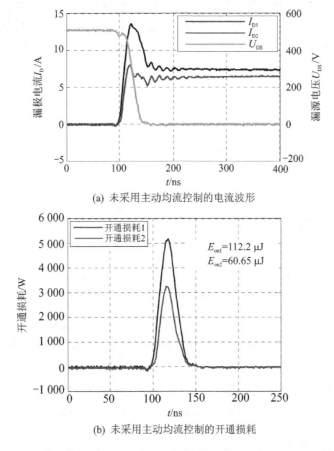

(a) 未采用主动均流控制的电流波形

(b) 未采用主动均流控制的开通损耗

图 4.35 使用主动均流闭环控制方法前后的电流波形和开通能量损耗对比

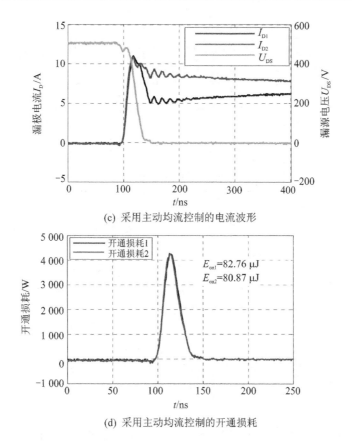

(c) 采用主动均流控制的电流波形

(d) 采用主动均流控制的开通损耗

图 4.35　使用主动均流闭环控制方法前后的电流波形和开通能量损耗对比(续)

4.1.5　功率模块并联

在大容量应用场合,如列车牵引驱动系统中,需要使用功率模块并联以达到特定的电流容量。

由于 SiC 功率模块的导通电阻本身已很小,因此功率回路连接部件寄生电阻的影响程度变高。为此如图 4.36 所示,在考虑 SiC MOSFET 功率模块并联情况下的稳态均流时,应通过对称性设计来保证连接至并联模块的走线寄生电阻 R_{DC} 和连接至输出端的走线寄生电阻 R_{AC} 尽可能相等。

在 SiC 功率模块并联工作时,要特别注意动态均流。在母排设计和驱动电路设计方面,要尽可能保证每个功率模块换流回路的寄生电感相同,以及所有并联模块的开通时间和关断时间相同。在考虑 SiC MOSFET 模块并联情况下的动态均流时,如图 4.37 所示,不但要尽可能降低模块自身寄生电感的大小,还要注意使连接至并联模块的走线寄生电感 $L_{\sigma DC}$ 和连接至输出端的走线寄生电感 $L_{\sigma AC}$ 尽可能相等。

在 SiC MOSFET 功率模块并联工作时,如图 4.38 所示,可选的驱动方案有直接栅极驱动并联连接、非直接栅极驱动并联连接和隔离栅极驱动并联连接等,这几种并联驱动方案各有特点,应根据应用场合的要求来合理选择。

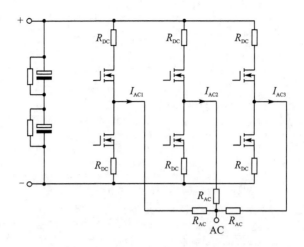

图 4.36　SiC MOSFET 模块并联时的稳态均流

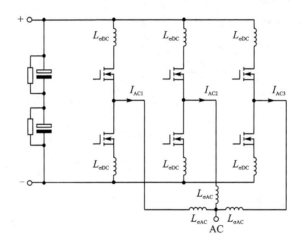

图 4.37　SiC MOSFET 模块并联时的动态均流

　　总之,在 SiC 功率模块并联时,必须综合考虑母排、电容、驱动电路、功率电路和散热等因素,以保证布局的对称性及母排电流和温度分布的均匀性。

　　这里以某型额定容量为 312 kV·A 的三相逆变器为例,对其功率单元模块的并联方案进行概要介绍。表 4.3 列出其主要技术规格。为了降低功率单元的等效导通电阻和导通损耗,必须尽可能增多模块的并联数目。这里每相采用 10 只 SiC MOSFET 模块(Wolfspeed 公司型号为 CAS100H12AM 的模块,定额为 1 200 V/168 A)并联,为了保证布局的对称性和降低寄生电感,如图 4.39 所示,每相采用 U 形结构母排设计,直流输入正/负端采用叠层母排,直流侧电容采用分布式排列,就近布置在每只功率模块的附近。

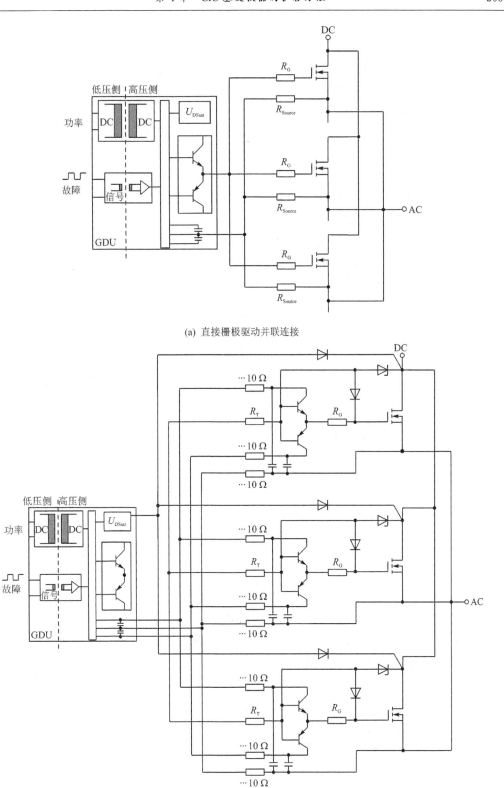

(a) 直接栅极驱动并联连接

(b) 非直接栅极驱动并联连接

图 4.38　SiC MOSFET 模块并联时的三种典型栅极驱动方案

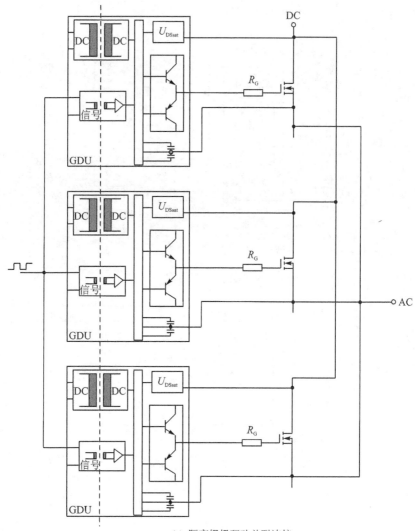

(c) 隔离栅极驱动并联连接

图 4.38　SiC MOSFET 模块并联时的三种典型栅极驱动方案(续)

表 4.3　三相逆变器的主要电气参数

参　　量	数　　值	参　　量	数　　值
输出容量	312 kV·A	输出相电流有效值	450 A
输入电压	550 V DC	开关频率	20 kHz
输出线电压有效值	400 V		

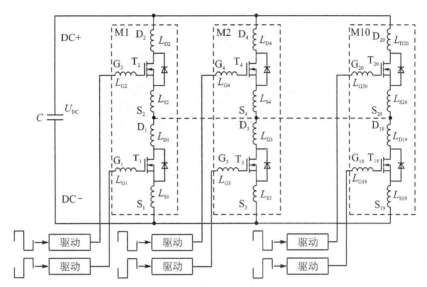

(a) 每相功率模块并联示意图

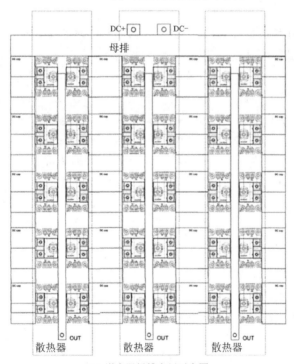

(b) 逆变器母排布局示意图

图 4.39　312 kVA 三相逆变器模块并联的等效电路和功率单元布局实物图

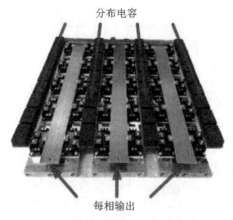

分布电容

每相输出

(c) 三相逆变器功率单元实物图

图 4.39　312 kVA 三相逆变器模块并联的等效电路和功率单元布局实物图(续)

4.2　SiC/Si 可控器件混合并联

　　采用 SiC 器件并联虽可扩大容量,但因现有商用 SiC 器件在导通电阻、导通压降上与相近定额的 Si IGBT 相比并无明显优势,故从系统角度考虑,采用全 SiC 器件并联并不能发挥现有器件相互组合的优势,且全 SiC 器件并联会使整机成本过高。若能结合 Si IGBT 大电流时导通压降低的优势,以及 SiC 器件开关损耗低和低电流时导通压降低的优势,形成 SiC/Si 混合并联开关器件,则可充分利用各个器件的特性,使功率损耗尽可能减小。

　　图 4.40 对比了 1 200 V/100 A 的 SiC MOSFET、SiC JFET 和 Si IGBT 的输出特性。在电流相对较小时,两种 SiC 器件的导通压降低于 Si IGBT 的压降;当电流增大时,两种 SiC 器件的导通压降高于 Si IGBT 的导通压降。当结温升高时,分界电流点也随之下降。

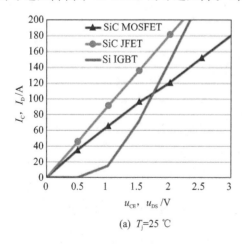

(a) T_j=25 ℃

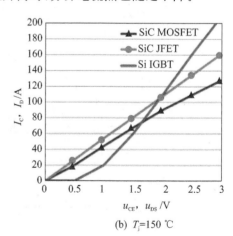

(b) T_j=150 ℃

图 4.40　SiC MOSFET、SiC JFET 和 Si IGBT 的输出特性对比

　　图 4.41 对比了 1 200 V/100 A 的 SiC MOSFET、SiC JFET 和 Si IGBT 的开关能量损耗。在全负载范围内,两种 SiC 器件的开通、关断能量损耗均低于 Si IGBT 的开关能量损耗。

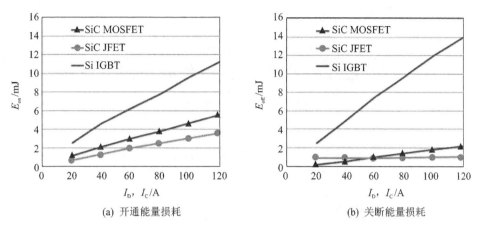

(a) 开通能量损耗　　　　　　　　　　(b) 关断能量损耗

图 4.41　SiC MOSFET、SiC JFET 和 Si IGBT 的开关能量损耗对比

　　图 4.42 是 SiC MOSFET 与 Si IGBT 混合并联示意图,图 4.43 是 SiC JFET 与 Si IGBT 混合并联示意图。上、下桥臂每个开关位置均由 5 个功率开关器件组成,1 个为 SiC 器件,4 个为 Si IGBT 器件,常温下每个功率开关器件的定额均为 1 200 V/100 A。值得说明的是,图 4.42 和图 4.43 的混合并联组合数目只是一种特例。这种 SiC/Si 混合并联功率器件的组合可根据额定负载、过载要求和器件安全工作区综合考虑 SiC 器件与 Si IGBT 器件的并联数目。

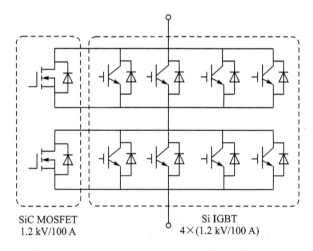

SiC MOSFET
1.2 kV/100 A

Si IGBT
4×(1.2 kV/100 A)

图 4.42　SiC MOSFET 与 Si IGBT 混合并联示意图

　　对于图 4.42 和图 4.43 中的典型桥臂电路,为了防止直通,上、下桥臂之间一般会留有较短的死区时间。以上桥臂功率管关断为例,经过较短的死区时间后,下桥臂功率管续流,但一般来说,由于负载电流会维持之前的电流方向,因此下桥臂此时将流过反向电流,对于 Si IGBT,将通过反并联的 Si 基快恢复二极管流过反向电流,对于 SiC MOSFET 和 SiC JFET 可通过其体二极管或外并 SiC SBD 流过电流,也可通过其沟道流过反向电流,也即工作于输出特性的第三象限(或称同步整流模式)。图 4.44 为 SiC 器件外并 SiC SBD 与 Si IGBT 外并 Si 基快恢复二极管的反向导通特性对比,前者的反向导通压降和导通损耗比后者低得多。

　　混合并联 SiC/Si 器件的开关时序对其发挥不同器件的优势至关重要,这里介绍一种根据负载电流大小动态调整开关模式的优化方案,包括三种典型的开关模式。

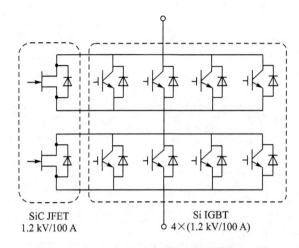

SiC JFET
1.2 kV/100 A

Si IGBT
4×(1.2 kV/100 A)

图 4.43　SiC JFET 与 Si IGBT 混合并联示意图

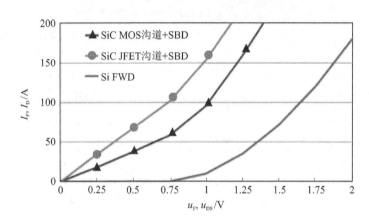

图 4.44　SiC 器件外并 SiC SBD 与 Si IGBT 外并 Si 基快恢复二极管的反向导通特性对比

（1）开关模式 1

在负载电流较小，低于临界负载电流 I_1 时，只有 SiC 器件导通，Si IGBT 保持关断状态。

（2）开关模式 2

当负载电流大于 I_1 且小于 SiC 器件的最大安全工作电流 I_2 时，采用开关模式 2，如图 4.45 所示。在这种开关模式下，SiC 器件总比 Si IGBT 先开通，比 Si IGBT 后关断，从而使得 Si IGBT 实现开通和关断时的软开关（ZVS）。开通延时和关断延时应合理选择，使得在 Si IGBT 开通前，SiC 器件已处于导通状态，在 SiC 器件关断前，Si IGBT 已完全关断。

（3）开关模式 3

当负载电流大于 SiC 器件的最大安全工作电流 I_2 时，采用开关模式 3。在这种开关模式下，Si IGBT 比 SiC 器件先开通，后关断。由于 Si IGBT 比 SiC 器件具有更高的过载能力，因此当负载电流超过 SiC 器件的安全工作电流时，采用多个 Si IGBT 并联，提高电流处理能力，可有效保护 SiC 器件安全工作。

为了进一步说明这种优化的开关方案，以应用于背靠背电压源型变换器中的 500 A SiC/Si 混合并联器件为例具体阐述。

图 4.46 为混合并联器件根据负载电流大小动态调整开关模式的示意图。根据负载电流

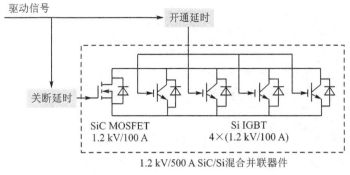

(a) 混合并联器件连接示意图

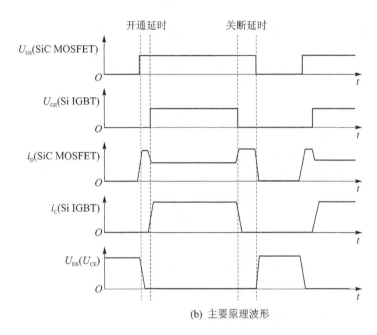

(b) 主要原理波形

图 4.45　SiC/Si 混合并联器件的开关模式 2 示意图

的不同分为三种工作模式：

1) 轻载($i_L \leqslant 20$ A)

轻载时，SiC MOSFET 的导通压降和导通损耗比 Si IGBT 的低，因此在这个负载范围内只使用 SiC MOSFET 作为功率开关会降低功率器件的损耗，提高轻载效率。

2) 中载(20 A$\leqslant i_L \leqslant 300$ A)

在负载电流大于 20 A 后，SiC MOSFET 的导通压降超过 Si IGBT 的导通门槛电压，Si IGBT 导通后与 SiC MOSFET 一起分担负载电流，可减小导通损耗。同时，SiC MOSFET 比 Si IGBT 先开通、后关断，使得 Si IGBT 可实现 ZVS 开关，这比采用全 Si IGBT 硬开关工作时的损耗小得多。

3) 重载(300 A$\leqslant i_L \leqslant 500$ A)

在负载电流大于 300 A 后，为了保证 SiC MOSFET 安全工作及满足过载要求，Si IGBT 比 SiC MOSFET 先开通、后关断。

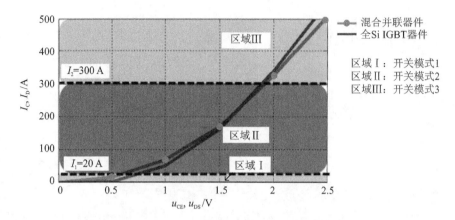

图 4.46　根据负载电流大小动态调整混合并联器件开关模式的示意图

如图 4.47 所示，以负载电流是正弦电流为例，进一步说明了根据负载电流大小相应调整开关模式的转换过程。

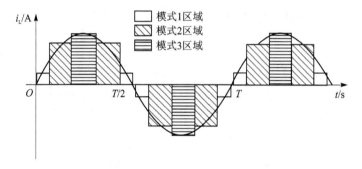

图 4.47　负载电流为正弦电流时的优化开关模式示意图

图 4.48 和图 4.49 是以 250 kW 背靠背 PWM 电压源型变换器为主电路拓扑，应用 500 A SiC/Si 混合并联器件时的损耗和效率对比情况。与功率器件全采用 Si IGBT 相比，当采用 SiC MOSFET/Si IGBT 混合并联器件和优化开关模式时，对应 1/4 额定负载，可使损耗下降 85.7%，效率提高 4.8%；在满载时，损耗下降 63.8%，效率提高 2.2%。SiC/Si 混合并联器件

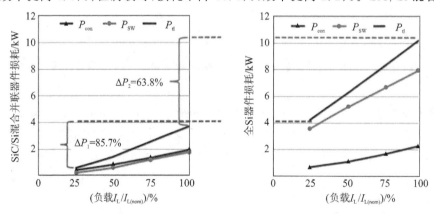

图 4.48　250 kW 背靠背 PWM 电压源型变换器分别采用 SiC/Si 混合并联器件和全 Si 器件的损耗对比

中的 SiC 器件采用 SiC JFET 时的效率比采用 SiC MOSFET 时的略高些。

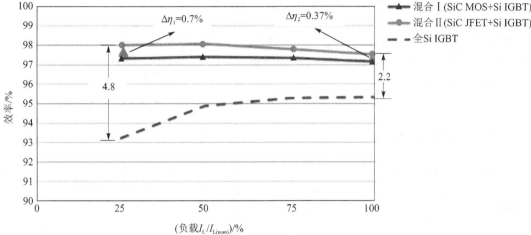

图 4.49　250 kW 背靠背 PWM 电压源型变换器采用不同组合功率器件时的效率对比

根据 SiC/Si 混合并联的思想,美国北卡罗州立大学和 USCi 公司研制出由 SiC JFET 和 Si IGBT 组成的 6.5 kV SiC/Si 混合功率模块(Hybrid Power Module, HPM),如图 4.50 所示。该 SiC/Si HPM 由 6.5 kV/15 A 增强型 SiC JFET、6.5 kV/25 A Si IGBT 和 6.5 kV SiC JBS 二极管封装而成,其实物图如图 4.51 所示。SiC JFET 和 Si IGBT 的驱动信号时序可根据实际需要进行调整。

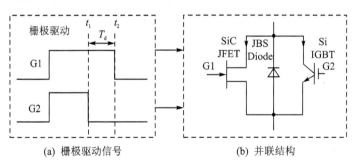

图 4.50　SiC/Si 混合功率模块示意图

图 4.51　6.5 kV SiC/Si 混合并联功率模块封装实物图

4.3　SiC 基变换器并联

除了采用功率器件并联来扩大变换器的容量外,还可以采用变换器并联来扩大容量。每个变换器均采用模块化设计,多个功率变换器并联可以灵活地组成模块化电源系统,各个变换器模块可以单独控制,也可以集中控制。并联的各个功率变换器模块分担负载功率和功率损耗,可以降低半导体器件的电应力和热应力,易于实现冗余,大大提高系统的可靠性。

4.3.1　交错并联 SiC 基变换器

变换器并联时,各个变换器之间可以不考虑相位关系,但也可以按照一定相位关系交错并联,从而构成交错并联变换器,在扩大系统功率输出能力的同时,获得降低电流纹波、提高等效开关频率、利于减小滤波元件体积和重量等额外优势。

图 4.52 为应用于光伏系统的三通道交错并联 Boost 变换器的主电路拓扑结构,表 4.4 为该变换器的主要技术指标要求,图 4.53 为其主要原理波形,通过三通道互相错开一定相位,可以使输入电流纹波比单通道的明显降低。在不同应用场合,并联通道数目可根据需要灵活选择。图 4.54 为输入电流纹波与并联通道数目之间的关系,并联通道数目越多,输入电流纹波越小。

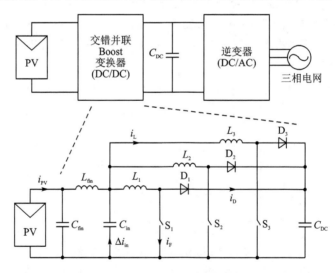

图 4.52　三通道交错并联 Boost 变换器的主电路拓扑结构

表 4.4　三通道交错并联 Boost 变换器的主要技术指标

参　数	数　值	参　数	数　值
最大光伏输入电压 $U_{pv(max)}$/V	850	直流母线电容 C_{DC}/μF	470
输入电压 U_{pv}/V	350~700	占空比 D	0.067~0.53
输入电流 I_{pv}/A	0~30	交错并联数目 N	3
最大功率 P_{pv}/kW	10	输入电压纹波(峰–峰值)$\Delta U_{in(p-p)}$/V	0.5%$U_{pv(max)}$
直流输出电压 U_{DC}/V	750	输入电流纹波(峰–峰值)$\Delta I_{in(p-p)}$/V	10%$I_{pv(max)}$
直流输出电流 I_{DC}/A	14		

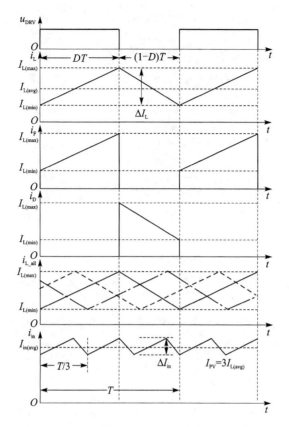

图 4.53　三通道交错并联 Boost 变换器的主要原理波形

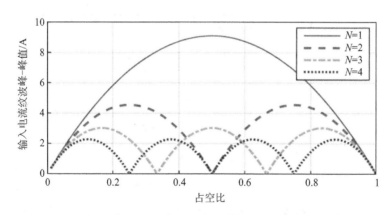

图 4.54　输入电流纹波峰-峰值与并联通道数目的关系

图 4.55 为分别采用 Si IGBT 和 SiC MOSFET 作为功率器件的样机实物照片,所用主要元器件的具体型号列于表 4.5 中。得益于采用更优性能功率器件和交错并联技术,SiC 基三通道交错并联 Boost 变换器与 Si 基变换器在效率相当的情况下,尺寸和重量都可以明显减小。

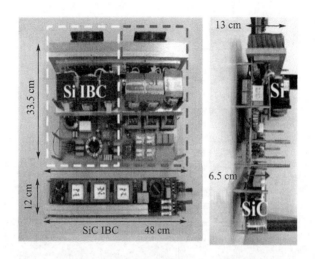

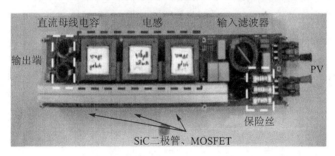

图 4.55 分别采用 Si IGBT 和 SiC MOSFET 作为功率器件的样机实物照片

表 4.5 Si 基和 SiC 基变换器中的主要元器件

变换器	Si 基变换器	SiC 基变换器
开关频率(f_{sw})	19 kHz	47 kHz
二极管	IXYS 公司 1 kV Si 基快恢复二极管 （DSEI 30）	Wolfspeed 公司 SiC 基肖特基二极管 （C4D15120A）
开关管	900 V Si IGBT （APT25GP90BDQ1）	Wolfspeed 公司 1 200 V SiC MOSFET （C2M0080120D）
电感磁芯	EPCOS 公司 N87 铁氧体磁芯 （E65）	KoolMμ 铁粉芯磁芯 （E65 $-$ 26μ,40μ,60μ）

4.3.2 内置交错并联桥臂的 SiC 基变换器

交错并联技术不仅可用在变换器的并联中,还可用在桥臂交错并联的工作中。如图 4.56 所示为内置交错并联桥臂的单相全桥逆变器(下文简称"逆变器 A")。在桥臂 B_1 中,Q_{H1} 和 Q_{L1} 以 50 Hz 低频互补工作。桥臂 B_2 和 B_3 中的开关管以高频 PWM 工作,且两桥臂的开关信号错开 $180°$。B_2 和 B_3 桥臂的中点经耦合电感 L_c 连接至输出滤波电容器。

图 4.57 为常规的单相全桥逆变器。为了便于对比,在常规的单相全桥逆变器中分别采用 Si IGBT 和 SiC MOSFET 作为功率器件,设计了 Si 基和 SiC 基单相全桥逆变器(下文分别简

称"逆变器 B"和"逆变器 C")。三种逆变器的主要技术参数列于表 4.6 中。

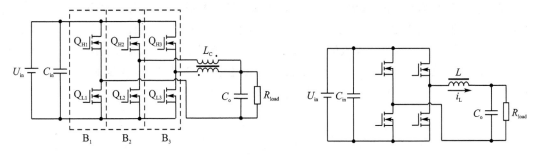

图 4.56　内置交错并联桥臂的单相全桥逆变器　　　**图 4.57　常规的单相全桥逆变器**

表 4.6　三种逆变器的主要技术参数

参　量	逆变器 A	逆变器 B、C
输入电压 U_{in}/V DC	320	
输入电容 C_{in}/μF	560×3	560×4
低频开关管	SiC MOSFET(SCT3017AL)	—
高频开关管	SiC MOSFET(SCT3030AL)	逆变器 B：每桥臂两只 Si IGBT (STGW60H65DFB) 逆变器 C：每桥臂两只 SiC MOSFET (SCT3030AL)
开关频率 f_{sw}/kHz	40	20
续流二极管 D	SiC SBD(SCS212AM)	—
磁化电感 L_m/mH	2.4	—
漏感/平波电抗器 L/μH	170	300×4(BCH61-35150)
电抗器绕组电阻/mΩ	18	20×4
输出电容 C_o/μF	1×4	1×8
输出电压 U_o/V AC	200	

逆变器原理样机如图 4.58 所示,其对应的效率曲线如图 4.59 所示。在整个负载范围内,

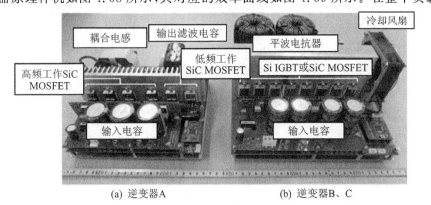

(a) 逆变器A　　　　　　　　(b) 逆变器B、C

图 4.58　三种逆变器的原理样机

SiC 基单相全桥逆变器的效率均高于 Si 基单相全桥逆变器的效率。当输出功率大于 1 kW 时,内置交错并联桥臂的 SiC 基单相全桥逆变器(逆变器 A)的效率高于 SiC 基单相全桥逆变器(逆变器 C)的效率,在输出功率小于 1 kW 时,逆变器 A 的效率略有下降,低于逆变器 C 的效率。表 4.7 列出三种逆变器样机的主要数据,在额定工况下,内置交错并联桥臂的 SiC 基单相全桥逆变器(逆变器 A)的效率比 Si 基和 SiC 基单相全桥逆变器(逆变器 B 和 C)的效率分别高1.6%和 0.7%,逆变器 A 的样机重量减半,功率密度明显提升。

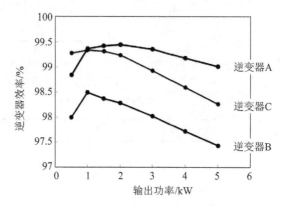

图 4.59　三种逆变器的效率曲线

表 4.7　三种逆变器样机的主要数据

逆变器	逆变器 A	逆变器 B	逆变器 C
开关管类型	SiC MOSFET	Si IGBT	SiC MOSFET
变换器效率/%(P_o=5 kW)	99.0	97.4	98.3
总损耗/W(P_o=5 kW)	50	134	85
尺寸/cm³	4 180	9 480	
质量/kg	2.5	5.0	

4.3.3　器件并联和变换器并联的优化设计

在并联变换器中,通过综合考虑各通道变换器功率器件的并联数目和变换器通道的并联数目来对整机效率和成本进行优选调整。以图 4.60 所示的汽车用双向 DC/DC 变换器为例,其技术指标列于表 4.8 中,图 4.61 给出功率器件和变换器通道采用不同并联数目时的效率和成本曲线。根据所得曲线关系可以优选器件和变换器的并联数目。

表 4.8　双向 DC/DC 变换器的主要技术指标

参　量	额定值	参　量	额定值
输入电压 U_{in}/V	200~250	输入电容 C_{in}/μF	250
输出电压 U_{out}/V	350	输出电容 C_{out}/μF	300
输出功率 P_{out}/kW	5	SiC JFET	600 V/10 A(SiCED 公司)
开关频率 f_{sw}/MHz	0.25	二极管	600 V/10 A(SDT10S60)
输入电感 L_1/μH	100		

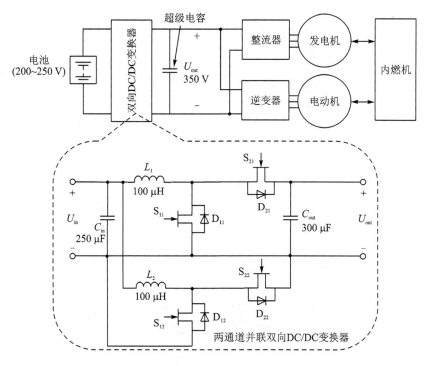

图 4.60　汽车用双向 DC/DC 变换器结构与拓扑

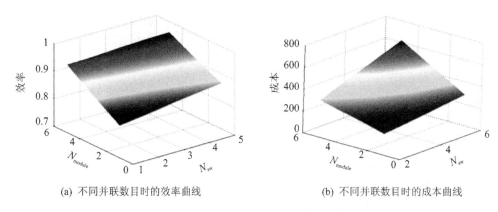

(a) 不同并联数目时的效率曲线　　　　　　　(b) 不同并联数目时的成本曲线

图 4.61　功率器件和变换器通道采用不同并联数目时的效率和成本曲线

　　此外,对于并联变换器,由于在不同负载下,功率器件的开关损耗和导通损耗的大小关系发生了变化,从而对整机损耗的影响比重不同。图 4.62 给出了不同负载下的功率器件损耗的分布情况,可以看出,在轻载下以开关损耗为主,随着负载的增大,导通损耗所占的比例逐渐增大。因此可考虑进一步采用动态功率管理,即在不同负载情况下,根据效率最优原则来确定实际投入并联的变换器的最佳并联数目,在轻载时实际运行的变换器数目可以适当降低。图 4.63 为在不同输入电压下采用动态功率管理时的效率曲线。从曲线关系可见,采用动态功率管理优化控制后,可以提高变换器在整个负载范围内的性能。

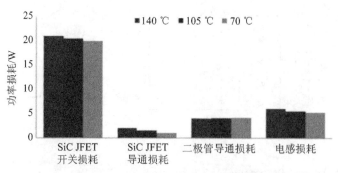

(a) 输出功率为650 W时的功率器件损耗分布情况

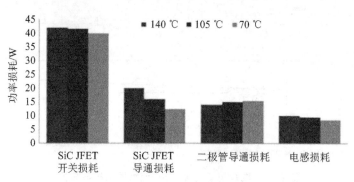

(b) 输出功率为2 500 W时的功率器件损耗分布情况

图 4.62　不同负载下的功率器件损耗分布情况

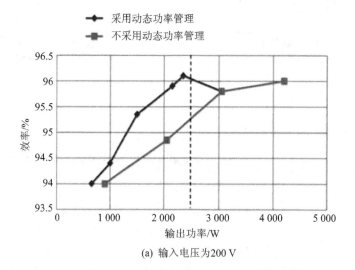

(a) 输入电压为200 V

图 4.63　不同输入电压下采用动态功率管理时的效率曲线

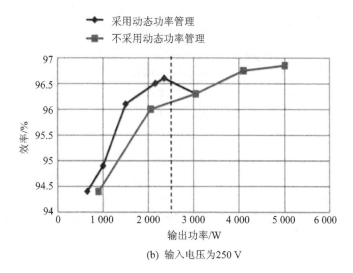

(b) 输入电压为250 V

图 4.63　不同输入电压下采用动态功率管理时的效率曲线(续)

4.4　SiC 器件的串联

电力系统等应用场合的电力电子装置需要处理越来越高的电压等级和容量等级,采用 SiC 半导体材料可以制作出耐压等级远高于 Si 材料的器件。目前,Wolfspeed 等公司已经开发出额定电压超过 10 kV 的 SiC MOSFET 和 SiC IGBT 工程样品,但其工作时的 du/dt 过大,会对驱动电路和控制电路产生很大的干扰。为此一些设计案例给出的建议是降低 SiC 高压器件的开关速度,以换取整机能够安全可靠工作和把 EMI 的干扰控制在规定范围内,这就限制了高压 SiC 器件高速性能的完全发挥;而且在现阶段,由于材料和制造成本较高,导致高压 SiC 器件较为昂贵,因此不利于其广泛使用。在这种情况下,为了适应高压应用场合要求,采用低压器件进行串联构成高耐压 SiC 器件受到研究工作者的青睐。典型的方案有多个低压 SiC MOSFET 直接串联、多个 SiC JFET 与低压 Si MOSFET 级联以及多个 SiC JFET 与 SiC MOSFET 级联等。

4.4.1　同类型 SiC 器件串联

1. 直接串联方案

对于器件串联,关键是要使器件的静态和动态电压均匀分配。对于静态均压,可以采用并联阻值远小于功率器件关断电阻值的电阻器来实现。对于动态均压,可在开关管两端并联 RC 吸收电路或 RCD 缓冲电路来实现。图 4.64 为由低压 SiC MOSFET 直接串联构成高压 SiC MOSFET 器件的等效电路图,每个低压 SiC MOSFET 都并联了均压电阻和 RC 吸收电路,以保证静态和动态电压均衡。

吸收电容 C_D 具有以下特点:

① 降低串联器件之间动态电压分配的不平衡及电压变化率的不均衡;

② 降低交流节点的总关断电压变化率 du/dt;

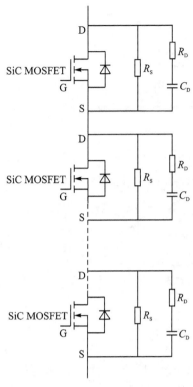

图 4.64 由低压 SiC MOSFET 串联
构成的高压器件等效电路图

③ 使器件的关断过程接近或部分实现零电压开关,从而降低器件的关断损耗;

④ 在器件导通期间会因吸收电容释放储能而产生额外的损耗。

因此需要优化选取 RC 吸收电路的参数。一般来说,吸收电容值至少为 MOSFET 输出电容值的 5~10 倍,以消除 MOSFET 输出电容的失配。在选择吸收电阻值时,应使吸收电路的 RC 时间常数足够低,以保证在开关管导通时 C_D 能完全放电。然后,在此基本取值要求的基础上再进一步优化电路参数。

为了对比研究不加吸收电路与加吸收电路的不同,如图 4.65 所示,采用两只 1.7 kV/300 A SiC MOSFET 半桥模块构成双脉冲测试电路进行相关测试。2 只模块分别对应图 4.65 中的 S_1、S_2 和 S_3、S_4。

图 4.66 是直流母线电压为 1 kV、开关电流为 200 A 时,未采用吸收电路时串联开关管 S_1 和 S_2 在关断时的电压波形及电感电流波形。开关管 S_1 和 S_2 的关断电压尖峰差值为 292 V,关断电压稳态差值为 180 V。图 4.67 是直流母线电压为 1.8 kV、开关电流为 300 A 时,吸收电路参数选择 $C_D=33$ nF、

$R_D=4.7$ Ω 时,串联开关管 S_1 和 S_2 在关断时的电压波形及电流波形。开关管 S_1 和 S_2 的关断电压尖峰差值为 88 V,关断电压稳态差值为 96 V。图 4.68 是吸收电路参数取为 $C_D=68$ nF、$R_D=11$ Ω 时的关断波形。两串联开关管的关断电压波形基本吻合。对比图 4.66 与图 4.67 可以看出,串联开关管在加入吸收电路后,均压问题得到明显改善。图 4.68 表明,吸收电路参数优化选择后,可获得很好的均压效果。

但与此同时,由于吸收电路中有耗能电阻,因此电路的损耗也会有所上升。表 4.9 是直流母线电压为 900 V、开关频率 $f=5$ kHz、栅极电阻 $R_G=5$ Ω 时,不加吸收电路与吸收电路取不同参数时所对应的串联 SiC MOSFET 模块的损耗对比,其中 P_{RD} 指吸收电阻损耗,P_{sw} 指功率器件的开关损耗,P_{total} 是每个器件对应的 P_{RD} 和 P_{sw} 之和。

表 4.9 不加吸收电路与吸收电路取不同参数时串联 SiC MOSFET 模块的损耗对比

损 耗	P_{RD}/W	P_{sw}/W	P_{total}/W	P_{RD}/W	P_{sw}/W	P_{total}/W
开关电流	100 A			200 A		
无吸收电路	0	65.4	65.4	0	125	125
$R_D=4.7$ Ω,$C_D=33$ nF	143.3	104.5	247.5	198	162	360
$R_D=4.7$ Ω,$C_D=68$ nF	344.8	114.8	459.6	468	176	644
$R_D=11$ Ω,$C_D=47$ nF	396	73.15	469.2	606	140	746
$R_D=11$ Ω,$C_D=68$ nF	516	83.8	600	826	147	973

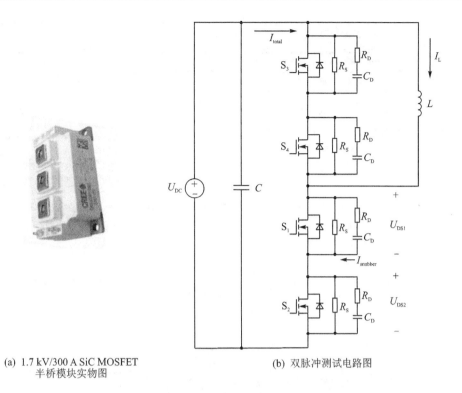

(a) 1.7 kV/300 A SiC MOSFET
半桥模块实物图

(b) 双脉冲测试电路图

图 4.65　两只低压 SiC MOSFET 半桥模块构成的双脉冲测试电路图

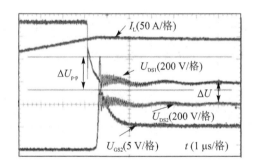

图 4.66　无吸收电路时串联 SiC MOSFET 的关断波形

　　由表 4.9 可见,采用吸收电路以后,不仅吸收电阻 R_D 会产生额外损耗,功率器件的开关损耗也会有所增大,由此导致功率器件总损耗明显增大。吸收电阻和吸收电容越大,总损耗增加的幅度越明显。

　　为了对比由 1.7 kV SiC MOSFET 串联构成的高压模块与已有高压 SiC 模块在 100 A 开关电流下的损耗情况,分别选用三款高压 SiC MOSFET 模块(10 kV/10 A,10 kV/20 A, 15 kV/20 A)并联,以及一款 15 kV/20 A SiC IGBT 模块并联,并联数目为 10。这几款高压 SiC 模块的损耗情况详见表 4.10。

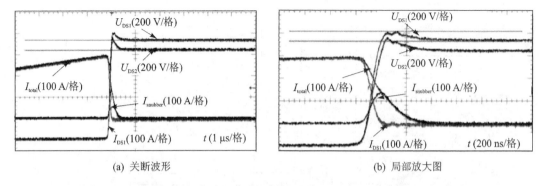

(a) 关断波形　　　　　　　　　　　　(b) 局部放大图

图 4.67　有吸收电路时串联 SiC MOSFET 的关断波形 $(C_D = 33 \text{ nF}、R_D = 4.7 \text{ }\Omega)$

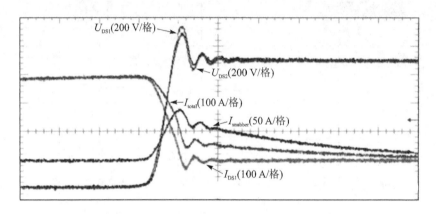

图 4.68　吸收电路参数优化后串联 SiC MOSFET 的关断波形 $(C_D = 68 \text{ nF}、R_D = 11 \text{ }\Omega)$

表 4.10　已有高压 SiC 模块的损耗情况分析

模块定额	母线电压/ 负载电流	(关断 du/dt)/ $(\text{kV} \cdot \mu s^{-1})$	(开通 du/dt)/ $(\text{kV} \cdot \mu s^{-1})$	关断能量 损耗/mJ	开通能量 损耗/mJ	开关能量 损耗/mJ	导通电阻或 导通压降 $(T_j = 125 \text{ ℃})$	导通损耗/W $(I_L = 10 \text{ A})$
10 kV/10 A SiC MOSFET	4.5 kV/10 A	42	20	1.585	10.23	11.82	1.1 Ω(10 A)	110
10 kV/20 A SiC MOSFET	4.5 kV/10 A	42	20	2.15	11.32	13.47	0.45 Ω(10 A)	45
15 kV/20 A SiC MOSFET	10 kV/10 A	32	45	5	26.47	31.5	1.6 Ω(10 A)	160
15 kV/20 A SiC IGBT	10 kV/10 A	32	45	22	22.5	44.5	5.2 V (10 A)	52

　　表 4.11 和表 4.12 分别对比了 4.5 kV/100 A 和 10 kV/100 A 工作条件下，已有高压 SiC 模块和 1.7 kV SiC MOSFET 串联高压模块的损耗情况和结温温升。由表 4.11 对比数据可以看出，在 4.5 kV/100 A 工作条件下，10 个并联 10 kV/10 A SiC MOSFET 的总损耗比 5 个串联 1.7 kV SiC MOSFET 的总损耗低 14.64%，10 个并联 10 kV/20 A SiC MOSFET 的总

损耗比 5 个串联 1.7 kV SiC MOSFET 的总损耗低 68.13％。由于 5 个 1.7 kV SiC MOSFET 串联构成的高压器件的等效热阻更小,因此其结温温升比 10 个 10 kV/20 A SiC MOSFET 并联时更低些。由表 4.12 对比数据可见,在 10 kV/100 A 工作条件下,10 个 15 kV/20 A SiC MOSFET 并联的总损耗比 10 个 1.7 kV SiC MOSFET 串联的总损耗低 22.11％,10 个 15 kV/20 A SiC IGBT 并联的总损耗比 10 个 1.7 kV SiC MOSFET 串联的总损耗低 41.24％。但由于 10 个 1.7 kV SiC MOSFET 串联构成的高压器件的等效热阻比 15 kV 的 SiC MOSFET 模块和 SiC IGBT 模块的低得多,结温温升也明显低于 15 kV SiC MOSFET 模块和 15 kV SiC IGBT 模块,因此,采用低压 SiC MOSFET 串联构成高压器件/模块可以减小散热器的尺寸,允许功率器件采用更高的开关频率。

表 4.11　4.5 kV/100 A 工作条件下已有高压 SiC 模块和 1.7 kV SiC MOSFET 串联高压模块的损耗情况和结温温升

器　件	4.5 kV/100 A 时串联或并联的数目	开关能量损耗/mJ	5 kHz 时的总开关损耗/W	总导通损耗/W	器件总损耗/W	模块等效热阻/(℃·W⁻¹)	结温温升/℃(相对壳)	吸收电路的总损耗/W	总损耗/W
10 kV/10 A SiC MOSFET	10 管并联	118.2	591	1 100	1 691	0.049	82.85	0	1 691
10 kV/20 A SiC MOSFET	10 管并联	134.7	703	450	1 153	0.024 5	28.24	0	1 153
1.7 kV 串联 SiC MOSFET ($C_D=33$ nF, $R_D=4.7$ Ω)	5 管串联	104.5	522.5	700	1 222.5	0.014	17.15	716	1 938.5

表 4.12　10 kV/100 A 工作条件下已有高压 SiC 模块和 1.7 kV SiC MOSFET 串联高压模块的损耗情况和结温温升

器　件	4.5 kV/100 A 时串联或并联的数目	开关能量损耗/mJ	5 kHz 时的总开关损耗/W	总导通损耗/W	器件总损耗/W	模块等效热阻/(℃·W⁻¹)	结温温升/℃(相对壳)	吸收电路的总损耗/W	总损耗/W
15 kV/20 A SiC MOSFET	10 管并联	315	1 575	1 600	3 175	0.024 5	77.78	0	3 175
15 kV/20 A SiC IGBT	10 管并联	445	2 225	520	2 745	0.049	134.5	0	2 745
1.7 kV 串联 SiC MOSFET ($C_D=33$ nF, $R_D=4.7$ Ω)	10 管并联	209	1 045	1 400	2 445	0.007	17.11	1 432	3 877

2. 单驱动 SiC MOSFET 串联

直接串联时,往往需要与器件数目相同个数的外部驱动电路,这使得器件串联时的驱动电路非常复杂,既要保持外部驱动信号基本一致,又要实现可靠的隔离。为此,研究人员提出单

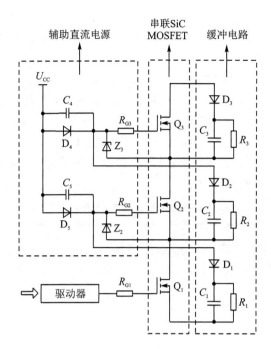

图 4.69　单外部驱动 SiC MOSFET 串联结构

外部驱动 SiC MOSFET 串联结构。如图 4.69 所示为三管串联示意图,上面两个 SiC MOSFET 只需要栅极辅电,只有最下方的 SiC MOSFET 需要外部驱动,在开通的时候为上面两管提供充足的充电电荷以实现其可靠开通。瞬态抑制二极管 Z_2 和 Z_3 用于保护上面两管的栅极,D_4 和 D_5 是"反顶"二极管,在主功率管关断时用于保护辅助电源。

开通过程可分为 4 个工作模态:

模态 1:由于静态均压电阻(R_1、R_2 和 R_3)的分压作用,3 个 SiC MOSFET 均处于关断状态,各自承受了直流母线电压的1/3。钳位电容(C_1、C_2 和 C_3)通过对应的二极管(D_1、D_2 和 D_3)充电。U_{CC} 的电压值为 30 V。由于二极管 D_4 和 D_5 的阴极电压较高,处于反偏状态,因此 Q_2 和 Q_3 均处于关断状态。这一阶段,驱动器给 Q_1 的栅极施加正信号,但仍未达到 SiC MOSFET 的栅源阈值电压 $U_{GS(th)}$。

模态 2:Q_1 的栅源电压达到阈值电压 $U_{GS(th)}$,Q_1 开通,其漏源电压由静态高压开始下降,存储在 C_5 中的电荷通过 R_{G2} 释放,并对 Q_2 的栅极寄生电容充电。Q_2 的栅极电压 U_{GS2} 逐渐升高至 SiC MOSFET 的栅源阈值电压。

模态 3:Q_2 开通。当 $U_{DS(Q1)}$ 下降到 U_{CC} 以下时,直流电源 U_{CC} 直接给 Q_2 栅极寄生电容充电,Q_2 快速导通。存储在 D_5 寄生电容中的电荷也开始通过 R_{G2} 放电,Q_2 的漏源电压迅速下降,Q_3 的栅源电压增加。但是,由于 $U_{CC}-U_{DS(Q2)}$ 仍低于 $U_{GS(th)}$,因此 Q_3 仍处于关断状态,直至 $U_{CC}-U_{DS(Q2)}$ 高于栅源阈值电压。

模态 4:在 Q_2 开通过程中,$U_{DS(Q2)}$ 一直在下降。存储在 C_4 中的电荷通过栅极电阻 R_{G3} 释放,Q_3 的栅源电压增加。当 $U_{CC}-U_{DS(Q2)}$ 增加到高于 $U_{GS(th)}$ 时,Q_3 开通,电流将流过 Q_3 的沟道。当 Q_3 的沟道完全打开时,整个串联器件就完成了开通过程。

关断过程也可分为 4 个工作模态:

模态 5:所有 SiC MOSFET 均处于导通状态,电流流过 SiC MOSFET 的沟道。存储在钳位电容(C_1、C_2 和 C_3)中的储能已通过并联电阻(R_1、R_2 和 R_3)释放,此时钳位电容上的电压为零。撤除 Q_1 的驱动信号,其栅极电压开始下降,但仍未下降至阈值电压 $U_{GS(th)}$。

模态 6:Q_1 栅源电压逐渐下降,$U_{DS(Q1)}$ 迅速增加,Z_2 导通,Q_2 的栅源电压降低,但仍未下降至阈值电压 $U_{GS(th)}$,所以 Q_2 尚未关断。部分电流通过 D_1,继续对钳位电容 C_1 充电。

模态 7:当 $U_{DS(Q1)}$ 进一步上升、$U_{CC}-U_{DS(Q1)}$ 低于 $U_{GS(th)}$ 时,Q_2 开始关断。Z_2 正向偏置,Q_2 的栅源电压为负值,Q_2 完全关断。电流流过 D_2,给 C_2 充电。由于 $U_{CC}-U_{DS(Q2)}$ 仍然高于阈值电压 $U_{GS(th)}$,故 Q_3 仍处于导通状态。

模态 8：$U_{DS(Q2)}$ 不断升高。当 $U_{CC}-U_{DS(Q2)}$ 低于 $U_{GS(th)}$ 时，Q_3 开始关断。当 Z_3 正向偏置时，Q_3 沟道完全关断，电流通过 D_3 为钳位电容 C_3 充电。当 Q_3 完全关断时，整个串联器件就完成了关断过程。

3. 双重均压反馈控制

传统 RCD 动态均压电路是以牺牲 MOSFET 的快速性为代价来换取动态电压均衡，以至无法满足某些对响应快速性要求较高的场合。为此研究人员提出一种改进的新型动态均压电路结构，如图 4.70 所示。在该控制电路中采用峰值和斜率双重均压控制方法，从而使该电路结构不仅具有良好的均压效果，还能达到一定的快速性要求。

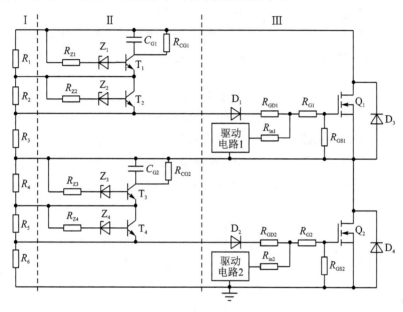

图 4.70　改进的新型动态均压电路

图中，$Z_1 \sim Z_4$ 为 TVS，$T_1 \sim T_4$ 为三极管，因为现有封装的三极管的最高耐压只有 700 V，故需将 2 个三极管串联。当 SiC MOSFET 的漏源极电压 u_{DS} 高于 TVS 的雪崩电压时，利用 TVS 的纳秒级响应速度，TVS 迅速由关断变为导通状态，这时通过其电流增大，$T_1 \sim T_4$ 迅速导通，将电压钳位在一个安全工作区间内，从而防止开通和关断瞬间产生过高电压而损坏 SiC MOSFET。C_{G1} 和 C_{G2} 为外加密勒阻抗电容，它们在三极管导通期间发挥作用。利用 SiC MOSFET 密勒效应，在关断（开通）瞬间抑制漏源极间过快的电压上升率，从而起到均衡 SiC MOSFET 的动态关断（开通）电压和减小关断（开通）功率损耗的作用。D_1、D_2 为分流二极管，主要用于向 SiC MOSFET 栅极提供电流反馈通路。当 SiC MOSFET 由于驱动电路不同步而产生动态高电压脉冲时，分压电路会通过静态均压电阻 R_3、R_6 向 SiC MOSFET 的栅极增加反馈电流。每一个 SiC MOSFET 的栅源极之间都连接有电阻，用于防止误开通，根据实际经验，通常选该阻值为 100 kΩ 左右。

（1）新型动态均压电路的均压过程

动态均压过程阐述如下。

当 SiC MOSFET 功率管 Q_1、Q_2 处于关断状态时，如图 4.70 中 I 部分所示，由于 $R_1 \sim R_6$

起静态分压作用,故每个 SiC MOSFET 的 u_{DS} 不足以达到 TVS 的雪崩电压,因此图 4.70 中的 II 部分不起任何作用;同时由于 $R_1 \sim R_6$ 起静态均压作用,故无需引入额外的均压电路,从而大大简化了电路结构,提高了电路的工作效率。

当 Q_1、Q_2 处于导通状态时,如图 4.70 中 III 部分所示,SiC MOSFET 的 $u_{DS} \approx 0$,这时电路 I、II 两部分均被短路,它们不起任何作用。

当 Q_1、Q_2 由导通到开始关断时,由于驱动电路不同步,故先关断的 SiC MOSFET 的漏源端会瞬间承担高电压。设 Q_1 先关断,电路状态如图 4.70 中 II 部分所示,Q_1 漏源极间会承担一个很高的电压脉冲 U_{Vmax},这时 Z_1 和 Z_2 会以纳秒级响应速度瞬间发生雪崩击穿,T_1、T_2 会立刻导通将 Q_1 漏源极电压 u_{DS1} 钳位在一个安全工作电压 U_{VT} 下,如图 4.71(a)所示,由于 $U_{Vmax} \gg U_{VT}$,在 R_3 上迅速产生一个正电压值,与此同时,SiC MOSFET 的栅极驱动电压为负,故 D_1 导通,向栅极注入正电流 i_{G1},迫使 Q_1 重新开始导通,从而使 Q_1 漏源极间的过电压瞬间减小。U_{Vmax} 值越大,向 Q_1 栅极注入的 i_{G1} 越大,这样会形成一个起到均压作用的负反馈机制。

当 Q_1、Q_2 结束关断状态开始导通时,若驱动电路信号不同步,则后导通的 SiC MOSFET 会瞬间产生高电压。设 Q_2 后导通,因后导通的 SiC MOSFET 会在驱动信号延迟时间 T_s 内承受电源的大部分电压,在这段时间内 Q_2 漏源极间会承担一个很高的 U_{Vmax},如图 4.71(b)所示,故 R_6 上的电压迅速由零电位上升为正电压,使 D_2 导通,并向 Q_2 栅极注入正电流 i_{G2},加速导通,从而有效抑制了 SiC MOSFET 两端的过电压。

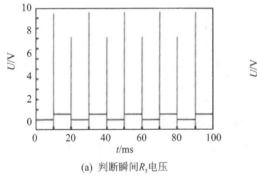

(a) 判断瞬间R_3电压

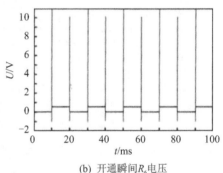

(b) 开通瞬间R_6电压

图 4.71　关断瞬间 R_3 电压与开通瞬间 R_6 电压

传统 RCD 动态均压电路利用大电容恒压源作用来均压,虽然均压效果好,但开关速度较慢;新型动态均压电路结构避开了大电容的延时特性,利用 TVS 的纳秒级快速响应实现钳位作用,不仅具有较好的均压效果,而且响应速度也大幅提高。

(2) SiC MOSFET 功率损耗均衡控制策略

在动态均压控制方法的设计中,除了驱动电路信号的不一致性外,如果每个 SiC MOSFET 的功耗变化不同,则会导致 SiC MOSFET 特性的不一致,不利于其均压,因此如何均衡 SiC MOSFET 的开关损耗也是一个关键问题。理论研究表明,SiC MOSFET 的开关损耗主要与开关速度(变化率 du_{DS}/dt)有关,du_{DS}/dt 大,则 SiC MOSFET 的开关损耗低;反之,则开关损耗高。因此需要对 du_{DS}/dt 做出调整,使得每个并联 SiC MOSFET 的 du_{DS}/dt 都趋于一致。基于以上分析,对 SiC MOSFET 功率损耗均衡控制策略阐述如下。

如图 4.72 所示,以 Q_1 为例,当 TVS 发生雪崩击穿时,T_1、T_2 导通,这时通过闭合回路 C_{G1}、T_1、T_2、D_1 和 R_{GD1} 产生一个反馈电流 i_{F1},$i_{F1} = C_{G1} \mathrm{d}u_{DS}/\mathrm{d}t$。此时 Q_1 的栅极电压 $u_{GS1} = i_{G1} R_{in1} + u_{G1} = (i_{F1} + i_1) R_{in1} + u_{G1}$,$i_{F1} = C_{G1} \mathrm{d}u_{DS}/\mathrm{d}t$。

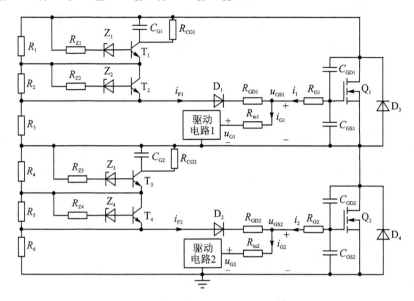

图 4.72　斜率控制电压均衡电路

由此可见,Q_1 的开关速度越快,i_{F1} 越大,u_{GS1} 越高,同时 Q_1 的栅极电流 i_1 会变得越小,这样就形成了一个负反馈机制,$\mathrm{d}u_{DS}/\mathrm{d}t$ 的上升率越快,这种反馈机制就越强,从而减小了驱动电路从 SiC MOSFET 栅极抽取的 i_1,减缓了场效应管沟道的变化,减弱了密勒效应,最终改善了波形品质。由图 4.72 可见,在 Q_1 开关瞬间,由于 C_{G1} 和 R_{CG1} 的存在,使得密勒阻抗变为 $C_{G1} // C_{GD1} // R_{CG1}$,这相当于显著增加了 Q_1 的密勒电容,研究表明,密勒阻抗越大,$\mathrm{d}u_{DS}/\mathrm{d}t$ 的上升率越慢;相反,$\mathrm{d}u_{DS}/\mathrm{d}t$ 的上升率越快,密勒效应越强,$\mathrm{d}u_{DS}/\mathrm{d}t$ 在开关瞬间被抑制的程度越大。这样,当 Q_1 的 $\mathrm{d}u_{DS}/\mathrm{d}t$ 变小时,Q_2 的漏源极电压 u_{DS2} 的上升率就会被提高,最终各个 SiC MOSFET 的 $\mathrm{d}u_{DS}/\mathrm{d}t$ 趋于一致,从而进一步改善均压效果。

综上所述,经过峰值和斜率双重均压反馈机制,最终使动态均压效果非常良好;同时利用 TVS 代替传统 RCD 大电容恒压源,使得开关速度大幅提高,可达到纳秒级水平。

4.4.2　不同类型器件串联

1. 串联低压 Si MOSFET 的超级联 SiC 器件

采用多个低压耗尽型 SiC JFET 与低压 Si MOSFET 串联构成超级联(super cascode)SiC JFET,比直接采用多个增强型 SiC JFET 串联更有优势,因为此时仅需驱动低压 Si MOSFET,无需其他电源和驱动电路去驱动耗尽型 SiC JFET,电路简洁,易于实现。超级联 SiC JFET 的结构示意图如图 4.73 所示,图中用 5 只耗尽型 SiC JFET 和 1 只低压 Si MOSFET 进行级联,SiC JFET 的数目可根据实际应用场合的需要适当调整。

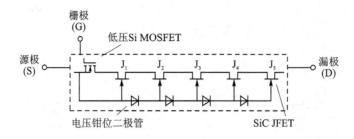

图 4.73　超级联 SiC JFET 的电路结构

这种结构中,SiC JFET 的漏电流与其器件参数有关,难以保证一致,因此需要预先筛选漏电流特性相近的耗尽型 SiC JFET 用于级联,而且钳位二极管需要额外的漏电流使其实现电压钳位,总的漏电流与 SiC JFET 的数目有关。在开关转换期间,这些级联的耗尽型 SiC JFET 可能并不能同时开通、关断。以图 4.73 为例,若 J_1 最先开通,J_2、J_3、J_4 依次开通,J_5 最后开通,则最后开通的 J_5 就会在短时间内承受很高的直流母线电压,严重影响器件工作的可靠性。为了解决这一问题,可采用一种改进型超级联 SiC JFET 结构。

如图 4.74 所示,改进型超级联 SiC JFET 采用多个耗尽型 SiC JFET 与低压 Si MOSFET 级联,但与图 4.73 不同的是,雪崩二极管接在 SiC JFET 的栅极和与之相邻的 SiC JFET 的源极之间,二极管 $D_2 \sim D_5$ 的阴极分别连接到 $J_2 \sim J_5$ 的栅极,二极管的阳极分别与 $J_1 \sim J_4$ 的源极

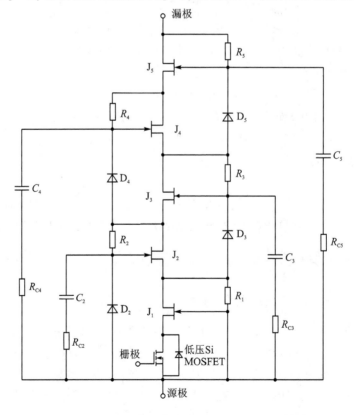

图 4.74　改进型超级联 SiC JFET 的电路结构

连接,用于钳位 $J_2 \sim J_5$ 的栅极电压,进一步钳制 $J_1 \sim J_4$ 的阻断电压,而对 J_5 的阻断电压不加以限制,因此会进入雪崩击穿状态,电阻 $R_2 \sim R_5$ 分别为二极管 $D_2 \sim D_5$ 提供偏置电流 $I_2 \sim I_5$。由于 $D_2 \sim D_5$ 的结电容较小,因此采用电容 $C_2 \sim C_5$ 来给 $J_2 \sim J_5$ 的栅漏电容充放电。通过合理选择电容的大小,可以使多只串联的 SiC JFET 的开通和关断过程保持同步,且在关断时实现均压。与电容串联的电阻 $R_{C2} \sim R_{C5}$ 用于防止振荡。

（1）原理分析

由图 4.74 可知,改进型超级联 SiC JFET 中二极管 $D_1 \sim D_5$ 的偏置电流仅由电阻 $R_2 \sim R_5$ 和 $J_2 \sim J_5$ 的阻断电压决定,而不受 SiC JFET 器件参数（如漏电流和栅极阈值电压）的影响。另外,R_4、D_4、R_2、D_2 为串联连接,在忽略 SiC JFET 的漏电流时,可认为 D_2、D_4 的偏置电流相等,即 $I_2 = I_4$,如图 4.75 所示。同理可得 $I_3 = I_5$。因此可知,由电压钳位二极管 $D_2 \sim D_5$ 引起的漏电流最大为 I_4 与 I_5 之和,与 SiC JFET 的串联数目无关。因此这种结构无须预先筛选匹配耗尽型 SiC JFET,便于量产。

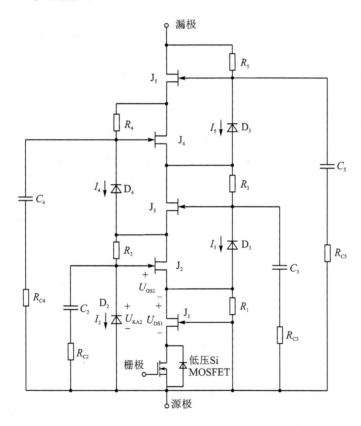

图 4.75　改进型超级联 SiC JFET 电路的电流流向

改进型超级联 SiC JFET 的开关过程是:如图 4.75 所示,当正向驱动电压信号施加于低压 Si MOSFET 的栅极时,Si MOSFET 开通,根据级联结构的特点,此时 J_1 也开通。J_1 的开通使得 J_1 的漏源极电压 U_{DS1} 降低到一个很小的值,通常 $U_{DS1} < 2$ V。与此同时,J_2 的栅源电压 U_{GS2} 增加,当 U_{GS2} 高于 J_2 的栅极阈值电压时,J_2 也开通。接下去 J_3、J_4、J_5 依次开通。关断过程与开通过程相反,当一个低压驱动信号（通常为 $-5 \sim 0$ V）施加于低压 Si MOSFET 的栅

极时,Si MOSFET 关断,J_1 也关断。随着 J_1 的关断,J_1 的漏源电压 U_{DS1} 和二极管 D_2 的阴-阳极压降 U_{KA2} 均会增加,直至二极管压降达到其钳位电压 U_{clamp},并保持在此钳位电压上。当 U_{DS1} 继续增加时,D_2 压降因雪崩击穿被钳位不再增加,只会使得 U_{GS2} 继续减小。当 U_{GS2} 减小到 J_2 的栅极阈值电压时,J_2 将关断。接下去 $J_3 \sim J_5$ 相继关断。为了使级联的 JFET 的开关过程同步,需要加入合适的电容 $C_2 \sim C_5$。

（2）元件选择依据与方法

1）耗尽型 SiC JFET

目前,耗尽型 SiC JFET 主要有水平沟道和垂直沟道两种结构。水平沟道的 SiC JFET 的漏源电容 C_{DS} 较大,垂直沟道的 SiC JFET 的漏源电容 C_{DS} 较小。由于多个 SiC JFET 与低压 Si MOSFET 串联,因此在开关转换期间电压快速变化时,具有大电容的水平沟道的 SiC JFET 会引起均压问题,而由于垂直沟道的 SiC JFET 的漏源电容很小,因此不存在这个问题。改进型超级联 SiC JFET 的结构建议采用垂直沟道的 SiC JFET。

2）低压 Si MOSFET

由于低压 Si MOSFET 在改进型超级联 SiC JFET 器件中起着驱动控制的作用,因此其阻断电压应比耗尽型 SiC JFET 的栅极关断电压绝对值高。在关断过程中,Si MOSFET 会在短时间内进入雪崩击穿状态,因此其雪崩击穿的能量应满足工作要求,以保证器件工作的可靠性。

3）电压钳位二极管

电压钳位二极管用于对 $J_2 \sim J_5$ 的栅极电压进行钳位,并进一步限制 $J_1 \sim J_4$ 在关断时的阻断电压。由于二极管的雪崩击穿电压一般随温度的升高而升高,因此应以实际应用中的二极管的最大结温作为限制条件来选择合适的电压钳位二极管。

4）无源元件

电阻 $R_1 \sim R_5$ 应具有承受高电压脉冲的能力,其阻值由最大结温时二极管所需的偏置电流决定。

电容 $C_2 \sim C_5$ 为 $J_2 \sim J_5$ 的栅漏电容提供充放电的电流通路,其电容值需优化选择,以使多个串联 JFET 的开通、关断同步,并实现关断均压。为了满足这一要求,可采用以下设计方法来选择电容值:在关断期间,对于 $J_2 \sim J_5$ 的每个栅极节点,存储在电容 $C_2 \sim C_5$ 中的电荷与存储在电压钳位二极管 $D_2 \sim D_5$ 中的电荷之和等于存储在每个 JFET 的栅漏电容 C_{rss} 与栅源电容 C_{gs} 中的电荷之和。以 J_3 为例,就是要满足存储在 C_3 和 D_3 中的总电荷与存储在 J_3 的 C_{rss} 和 C_{gs} 中的总电荷相等。

（3）改进型超级联 SiC JFET 的特性与参数

根据以上原理分析和参数设计方法,选取 USCi 公司 5 只型号为 UJN1205Z 的耗尽型 SiC JFET（1 200 V/45 mΩ）和 1 只 20 V/5 mΩ Si MOSFET 按图 4.74 结构制作改进型超级联 SiC JFET。二极管和 SiC JFET 一般都嵌在 DBC 板上,其最大壳温设为 125 ℃,阻断电压降额取为额定电压的 80%（960 V）,选择型号为 AU2PJ - M3/86A 的二极管,其在 25 ℃ 和 125 ℃ 下的雪崩击穿电压分别为 860 V 和 980 V。当 $T_j = 125$ ℃时,二极管 AU2PJ - M3/86A 的雪崩电流为 50 μA,因此在选择电阻时按 100 μA 计算已经留有了较大裕量,取 $R_1 \sim R_5$ 为 10 MΩ。图 4.76 为标示出主要节点电压的器件原理示意图。根据耗尽型 SiC JFET 源栅极间电压为 15 V 和二极管雪崩击穿电压为 860 V,可得 $J_2 \sim J_5$ 的 C_{rss} 上的电压均为 890 V,C_{sg} 上的电压均为 15 V。根据 UJN1205Z 数据手册中给出的结电容参数,可计算出每个 SiC JFET 的 C_{rss} 和 C_{gs} 上的总电荷为 104.7 nC。二极管 AU2PJ - M3/86A 在 860 V 时结电容储存的电荷为 7.6 nC,因此电容 C_2~C_5 需要存储的电荷为 104.7 nC−7.6 nC=97.1 nC。C_2、C_3、C_4 和 C_5 上的电位分别为 860 V、1 735 V、2 610 V、3 485 V,因此其计算电容值分别为 113 pF、56 pF、27 pF、28 pF。根据实验测试,进一步把 C_2~C_5 调整为 C_2=100 pF、C_3=68 pF、C_4=50 pF 和 C_5=34 pF。电阻 R_{C2}~R_{C5} 用于阻尼振荡,一般取较小的阻值,并可适当变化以调整开关器件的 di/dt 和 du/dt。

　　采用以上元件参数制作了改进型超级联 SiC JFET 器件,并对其如下特性与参数进行了测试。

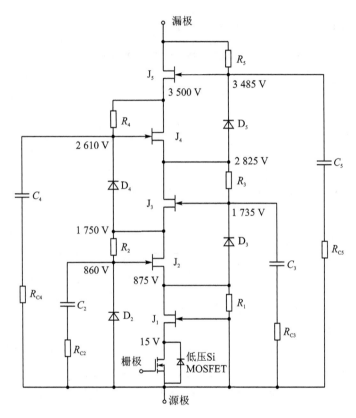

图 4.76　改进型超级联 SiC JFET 电路的节点电压

　　1) 通态特性

　　图 4.77 为改进型超级联 SiC JFET 器件的通态特性曲线,当 U_{GS}=10 V 时,常温下的导通电阻约为 275 mΩ,是 5 个耗尽型 SiC JFET 的导通电阻和 Si MOSFET 的导通电阻之和。

　　2) 阻态特性参数

　　图 4.78 为改进型超级联 SiC JFET 的阻断特性测试曲线,当 U_{GS}=0 V 时,阻断电压为 4 780 V。J_1~J_4 的阻断电压受到二极管 D_2~D_5 的钳位,而 J_5 没有电压钳位,因此需要支撑 860 V×4=3 440 V 以外的电压。即使考虑一定程度的降额,该器件也可长期工作于 3 kV 电压等级的开关变换中。

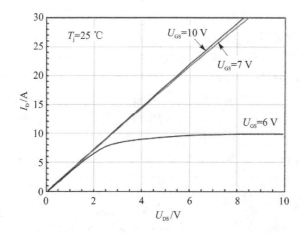

图 4.77　改进型超级联 SiC JFET 的通态特性曲线

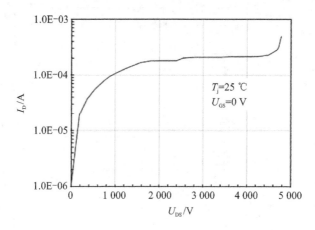

图 4.78　改进型超级联 SiC JFET 的阻断特性曲线

3）开关特性与参数

在室温下,接阻性负载进行改进型超级联 SiC JFET 的开关特性测试,测试结果如图 4.79 所示,图(a)为器件整体表现出来的开关特性,图(b)为器件内部 $J_1 \sim J_5$ 的漏极电压波形。$J_1 \sim J_5$ 的开通和关断过程几乎同步进行,有二极管电压钳位的 4 个耗尽型 SiC JFET($J_1 \sim J_4$)的均压效果良好。

(4) 中压超级联 SiC JFET 模块的特性参数

采用如图 4.74 所示结构制成的中压超级联 SiC JFET 模块实物图如图 4.80 所示,模块由 5 个 SiC JFET 和 1 个 20 V/5 mΩ Si MOSFET 串联构成,每个 SiC JFET 由 2 只 1 200 V/45 mΩ SiC JFET 并联,以增大电流处理能力。$D_2 \sim D_5$ 选择型号为 AU2P5 - M3/86A 的二极管,$R_1 \sim R_5$ 取为 10 MΩ,C_2、C_3、C_4 和 C_5 分别取为 200 pF、136 pF、100 pF 和 34 pF。

1）静态特性与参数

常温下超级联 SiC JFET 模块的正向导通特性曲线如图 4.81 所示,当 $U_{GS}=10$ V 时,超级联 SiC JFET 模块的导通电阻 $R_{DS(on)}$ 为 127 mΩ。

模块的反向导通特性曲线如图 4.82 所示,体二极管的开启电压为 0.7 V。

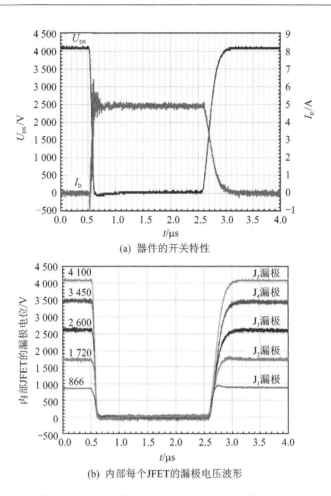

(a) 器件的开关特性

(b) 内部每个JFET的漏极电压波形

图 4.79 改进型超级联 SiC JFET 的开关特性曲线

图 4.80 中压超级联 SiC JFET 模块实物图

图 4.83 为超级联 SiC JFET 模块的阻断特性测试曲线,当 $U_{GS}=0$ V 时,阻断电压可达
4 600 V。当 $U_{DS}=4\,000$ V 时,漏电流为 256 μA。因内部 $J_1 \sim J_4$ 受到 $D_1 \sim D_4$ 的电压钳位,故
超级联 SiC JFET 模块可长期安全工作于 3 kV 阻断电压下。

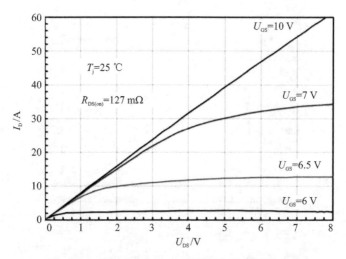

图 4.81　超级联 SiC JFET 模块正向导通特性曲线

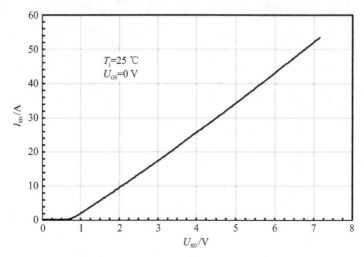

图 4.82　超级联 SiC JFET 模块反向导通特性曲线

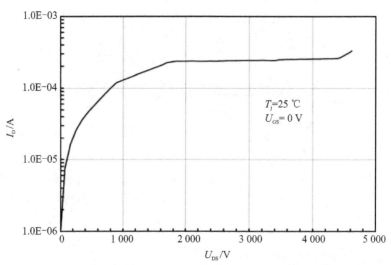

图 4.83　超级联 SiC JFET 模块的阻断特性测试曲线

2）开关特性与参数

室温下对超级联 SiC JFET 模块的开关特性进行了测试,测试中设置直流母线电压为 3 kV,负载电流为 54 A,测试结果如图 4.84 所示。

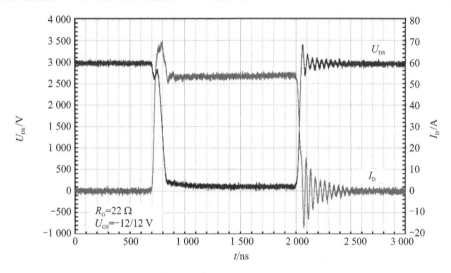

图 4.84　超级联 SiC JFET 模块的开关特性测试曲线

模块上升时间 t_r 定义为漏极电压从其峰值电压的 90% 降低到 10% 所花的时间,下降时间 t_f 定义为漏极电压从其峰值电压的 10% 上升到 90% 所花的时间,测得 t_r 为 73 ns,t_f 为 37 ns。开通能量损耗 E_{on} 为 14.8 mJ,关断能量损耗 E_{off} 为 1.5 mJ。

超级联 SiC JFET 模块的反向恢复特性测试曲线如图 4.85 所示,其反向恢复电荷 Q_{rr} 约为 1 410 nC。

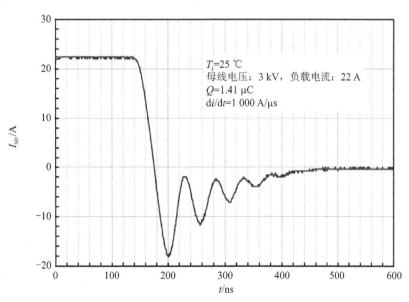

图 4.85　超级联 SiC JFET 模块的反向恢复特性测试曲线

3）与增强型 SiC JFET 和 Si IGBT 的对比

平面沟道结构 SiC JFET 器件的密勒电容（C_rss）相对较大，其对栅极驱动和开关性能具有较大影响。图 4.86 对比了超级联 SiC JFET 模块和 6.5 kV/100 mΩ 增强型 SiC JFET 模块的结电容，前者的密勒电容 C_rss 和输入电容 C_iss 均远小于后者。

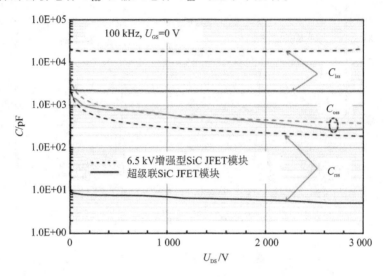

图 4.86　超级联 SiC JFET 模块与增强型 SiC JFET 模块的结电容对比

图 4.87 为超级联 SiC JFET 模块与增强型 SiC JFET 模块的开关波形对比。由于结电容较小，因此超级联 SiC JFET 模块的开关速度更快。

表 4.13 列出了三种中压功率模块的开关性能参数对比。由于超级联 SiC JFET 和增强型 SiC JFET 均为单极型器件，其开关性能受温度影响较小，故只列出常温下的测试数据。Si IGBT 为双极型器件，开关性能受温度影响较大，故列出的是结温为 125 ℃下的测试数据。

改进型超级联 SiC JFET 的开通能量损耗约为增强型 SiC JFET 的 1/2，Si IGBT 的 1/21；改进型超级联 SiC JFET 的关断能量损耗约为增强型 SiC JFET 的 1/6，Si IGBT 的 1/250。与 6.5 kV Si IGBT 模块的反向恢复电荷相比，改进型超级联 SiC JFET 模块的反向电容充电可忽略不计。

表 4.13　改进型超级联 SiC JFET 模块、增强型 SiC JFET 模块和 Si IGBT 模块性能对比

性能参数	测试条件	超级联 SiC JFET 模块	增强型 6.5 kV SiC JFET 模块	6.5 kV/85 A Si IGBT 模块
上升时间 t_r/ns	SiC JFET：T_j=25 ℃，U_DD=3 kV，I_L=54 A，感性负载；Si IGBT：T_j=125 ℃，U_DD=3.6 kV，I_L=54 A	73	185	—
下降时间 t_f/ns		37	130	—
开通能量损耗 E_on/mJ		14.8	28.6	323
关断能量损耗 E_off/mJ		1.5	9.2	375
反向电容 Q_c/μC	SiC JFET：T_j=25 ℃，U_DD=3 kV，I_L=22 A；Si IGBT：T_j=125 ℃，U_DD=3.6 kV，I_L=85 A	1.41	—	100

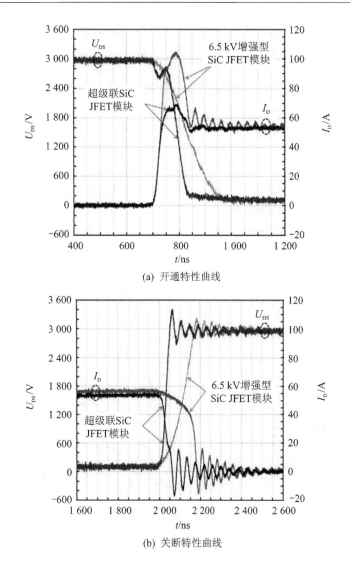

(a) 开通特性曲线

(b) 关断特性曲线

图 4.87　超级联 SiC JFET 模块与增强型 SiC JFET 模块的开关特性对比

可见,改进型超级联 SiC JFET 结构具有以下优点:

① 通过雪崩二极管、电阻、电容的参数匹配,每个 SiC JFET 器件承受的漏电流与 SiC JFET 的参数及数量无关,无须预先进行筛选匹配,便于量产;

② 通过合理选取电容,可实现多只串联的 SiC JFET 开通、关断过程同步,实现均压;

③ 开关性能受温度影响较小,开关过程速度快,能量损耗小。

2. 串联 SiC MOSFET 的超级联 SiC 器件

除了采用低压 Si MOSFET 与多个 SiC JFET 级联外,研究人员还提出用 SiC MOSFET 与多个 SiC JFET 级联的方案。图 4.88 为采用该方案构成的 15 kV/40 A 超级联 SiC 器件原理示意图,11 个 1.2 kV 耗尽型 SiC JFET 先串联,再与 1 个 1.2 kV SiC MOSFET 级联,最上端的 SiC JFET 的漏极以及 SiC MOSFET 的栅极和源极构成整个超级联 SiC 器件的三个连接端子,整个器件的理想阻断电压为 14.4 kV。通过控制 SiC MOSFET 的通断即可控制整个超

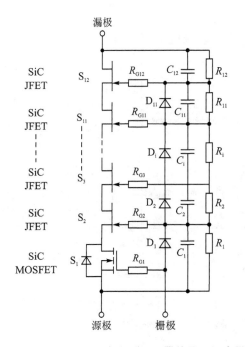

级联 SiC 器件的导通与关断。电阻 $R_1 \sim$ R_{12} 用于串联器件的静态电压均衡;电容 $C_1 \sim C_{12}$ 用于动态电压均衡,且有助于提高开通速度;二极管 $D_1 \sim D_{11}$ 有助于提高 SiC JFET 的驱动性能。

图 4.89 为封装后的 15 kV 超级联 SiC 器件实物照片,外形尺寸为 23 cm×17 cm× 7 cm。其封装过程如图 4.90 所示。首先将 SiC 器件焊接到覆铜板上,再通过高热导率胶固定到散热器上,器件上方通过印制板相连,最后再用外罩封装起来。内部空间填充硅凝胶以加强高压绝缘能力和机械强度。

与相近定额的 SiC MOSFET 相比,超级联 SiC 器件的导通电阻相当,成本更低,热阻更小。为了充分认识 15 kV 超级联 SiC 器件的特性与参数,对其进行了实验测试。这里结合实验结果进行阐述。

图 4.88 15 kV/40 A 超级联 SiC 器件原理示意图

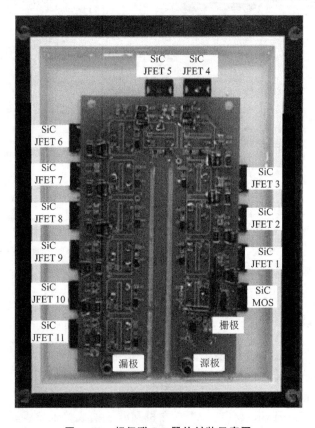

图 4.89 超级联 SiC 器件封装示意图

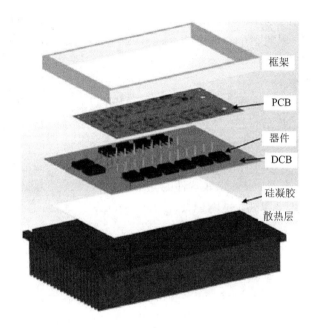

图 4.90　超级联 SiC 器件的封装示意图

（1）通态特性及参数

15 kV 超级联 SiC 器件的输出特性曲线如图 4.91 所示。实线对应 25 ℃、虚线对应
125 ℃下的工作条件。

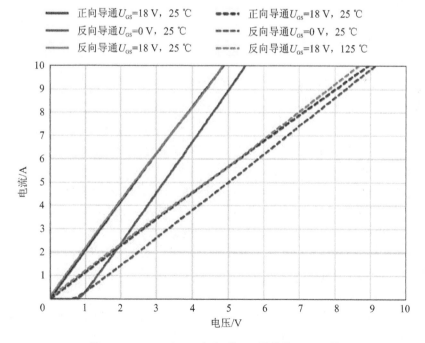

图 4.91　15 kV/40 A 超级联 SiC 器件的导通特性

当 $U_{GS}=18$ V 时，正向和反向导通特性基本重合。由特性曲线计算可得，在结温为 25 ℃
时，导通电阻 $R_{DS(on)}=500$ mΩ；在结温为 125 ℃时，导通电阻 $R_{DS(on)}=900$ mΩ，导通电阻具有

正温度系数。当 $U_{GS}=0$ 时，超级联 SiC 器件中 SiC MOSFET 的沟道截止，但其体二极管或反并联 SiC SBD 仍可导通，因此整个器件也能反向导通，反向导通压降会因二极管的导通压降而出现偏压。

（2）阻断特性及其参数

通常情况下，SiC JFET 的漏电流很小，在室温下阻断 1.2 kV 电压时的漏电流小于 10 μA，在 175 ℃时约为 20 μA。SiC MOSFET 的漏电流也很小，阻断 1.2 kV 电压时的漏电流小于 10 μA，其他元件如二极管和电容也具有很小的的漏电流，在承受 1 kV 电压时，其典型值为几微安。但由于超级联 SiC 器件采用多个器件串联，为了保证器件的关断电压均衡分配，必须依靠外部电阻 $R_1 \sim R_{12}$ 来保证串联器件的漏电流保持一致。为此，$R_1 \sim R_{12}$ 在取值时要使其承受阻断电压时的漏电流比 SiC JFET 和 SiC MOSFET 的漏电流大才行。另外，$R_1 \sim R_{12}$ 应尽可能大以降低损耗。为此折中选取 $R_1 \sim R_{12}=5$ MΩ。图 4.92 为 15 kV 超级联 SiC 器件的阻断特性曲线，漏电流的大小与关断电压的大小成正比，在关断电压为 10 kV 时，漏电流值约为 240 μA。

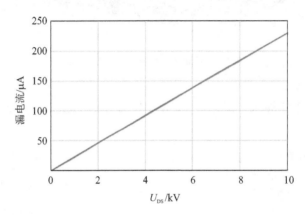

图 4.92　15 kV/40 A 超级联 SiC 器件的阻断特性曲线

（3）开关特性及其参数

图 4.93 为室温下 15 kV 超级联 SiC 器件的开关特性测试曲线。在用于测试的双脉冲电路中，续流二极管采用 SiC PiN 二极管，直流母线电压设为 8 kV，负载电流为 40 A。超级联 SiC 器件的驱动电压设为 +18 V/−5 V。

由开通过程的波形可以看出，漏源电压 U_{DS} 的下降时间约为 85 ns，漏源电压变化率 du_{DS}/dt 的最大值约为 82 kV/μs。漏极电流 i_D 出现明显过冲，其峰值为 80 A 左右，接近负载电流的 2 倍，该电流过冲主要是由用 SiC PiN 二极管作为续流二极管产生的反向恢复电流和二极管结电容所致，若采用 SiC JBS 二极管作为续流二极管，则可以减小过冲电流值。由关断过程的波形可以看出，漏源电压的上升时间约为 75 ns，漏源电压变化率 du_{DS}/dt 的最大值约为 93 kV/μs。

图 4.94 为不同直流母线电压下的开关能量损耗与负载电流的关系曲线。随着负载电流的升高，开通能量损耗与关断能量损耗逐渐增大。直流母线电压越大，开通能量损耗和关断能量损耗也越大。以直流母线电压为 8 kV、负载电流为 20 A 的测试结果为例分析可见，此时的开通能量损耗约为 55.5 mJ，关断能量损耗约为 5.5 mJ，开通能量损耗远大于关断能量损耗。从整机效率角度考虑，应用超级联 SiC 器件时宜采用零电压开通技术。

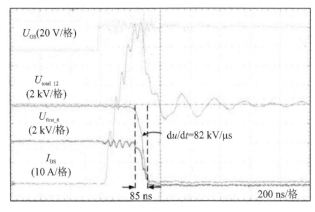

(a) 开通波形

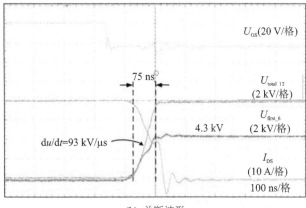

(b) 关断波形

图 4.93　15 kV/40 A 超级联 SiC 器件的开关特性测试曲线

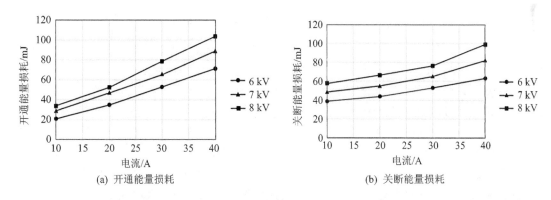

(a) 开通能量损耗　　　　　　　　　　　(b) 关断能量损耗

图 4.94　15 kV/40 A 超级联 SiC 器件的开关能量损耗

设定直流母线电压为 6 kV,负载电流为 10 A,对 15 kV SiC MOSFET 和 15 kV 超级联 SiC 器件的开关特性进行对比测试,测试结果如图 4.95 所示。

开通过程中超级联 SiC 器件的 $\mathrm{d}u/\mathrm{d}t$ 约为 50 kV/μs,$\mathrm{d}i/\mathrm{d}t$ 约为 440 A/μs;SiC MOSFET 的 $\mathrm{d}u/\mathrm{d}t$ 约为 23 kV/μs,$\mathrm{d}i/\mathrm{d}t$ 约为 300 A/μs。超级联 SiC 器件在开通过程中比 SiC MOSFET 具有更高的电压和电流变化率,但其电流过冲更大,这主要是因为在 SiC MOSFET 的特性测

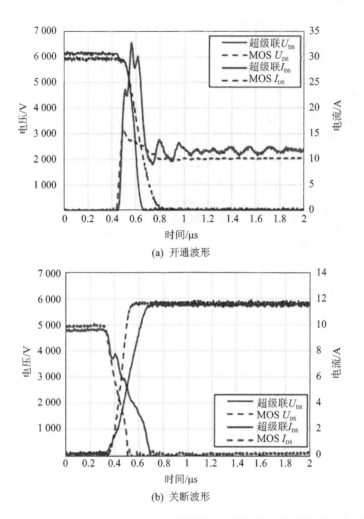

(a) 开通波形

(b) 关断波形

图 4.95　15 kV SiC MOSFET 和 15 kV 超级联 SiC 器件的开关特性对比测试结果

试中,续流二极管用的是 10 kV SiC JBS 二极管,而在超级联 SiC 器件测试中,续流二极管用的是另一只超级联 SiC 器件,因此 SiC MOSFET 体二极管的反向恢复电流和并联电容 $C_1 \sim C_{12}$ 的充电电流会叠加在功率器件的开通电流波形中,带来更大的开通损耗。开通过程测试结果表明超级联 SiC 器件的开通能量损耗为 21 mJ,SiC MOSFET 的开通能量损耗为 14 mJ。

关断过程中超级联 SiC 器件的 $\mathrm{d}u/\mathrm{d}t$ 约为 18 kV/μs,$\mathrm{d}i/\mathrm{d}t$ 约为 29 A/μs;SiC MOSFET 的 $\mathrm{d}u/\mathrm{d}t$ 约为 33 kV/μs,$\mathrm{d}i/\mathrm{d}t$ 约为 55 A/μs。超级联 SiC 器件的 $\mathrm{d}u/\mathrm{d}t$ 低于 SiC MOSFET 的主要原因是器件并联的电容 $C_1 \sim C_{12}$ 的值较大,使得器件两端电压的上升速率变慢。关断过程测试结果表明超级联 SiC 器件的关断能量损耗为 3.8 mJ,SiC MOSFET 的关断能量损耗为 1.6 mJ,均比各自的开通能量损耗小得多。

(4) 反向恢复特性及其参数

对于一般的二极管,反向恢复电荷是指在导通期间存储在漂移区而后在承受反压时被移除的电荷。但超级联 SiC 器件较为特殊,存储在 SiC MOSFET 体二极管漂移区的电荷并不高,功率器件的反向恢复电荷主要是由其并联电容引起的。15 kV 超级联 SiC 器件与 15 kV SiC PiN 二极管的反向恢复特性对比如图 4.96 所示。其中虚线为续流二极管采用 SiC PiN 二极管时的反向恢复波形,实线为续流二极管采用超级联 SiC 器件时的反向恢复波形。可见在正向电流为 20 A、阻断电压为 6 kV 时,超级联 SiC 器件的反向恢复电荷约为 3 400 nC,SiC PiN 二极管的反向恢复电荷为 4 200 nC,前者比后者低 20%。

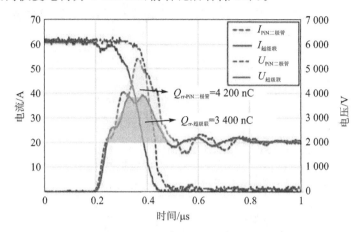

图 4.96　15 kV/40 A 超级联 SiC 器件与 15 kV SiC PiN 二极管的反向恢复特性对比

通过测试表明,在环境温度为 25 ℃、结温达到 150 ℃时,超级联 SiC 器件的功率耗散能力在强迫风冷(空气流速为 204 m^3/h)条件下可高达 430 W,在自然冷却条件下可达 156 W。结合超级联 SiC 器件的导通特性和开关特性测试结果,可推算出其最高频率工作能力。在计算导通损耗时,设定占空比为 0.5。图 4.97 为计算所得的不同散热条件下的最高开关频率与变换器输出功率的关系曲线。在输出功率为 100 kW 时,采用强迫通风冷却条件下超级联 SiC 器件的最高开关频率约为 8 kHz,在自然冷却散热条件下约为 2 kHz。这是在硬开关工作状态下测算出的最高工作频率,若采用软开关技术,则最高开关频率仍可以进一步提高。

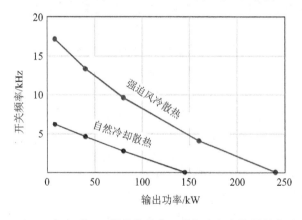

图 4.97　15 kV/40 A 超级联 SiC 器件的最高开关频率与变换器输出功率的关系曲线

4.5　SiC 基变换器的组合扩容

除了采用功率器件的并联、串联,以及变换器的并联、串联外,为了满足大功率应用场合的需要,还可以对基本拓扑进行串并联组合扩容。图 4.98 给出了几种典型的串并联组合扩容方式,包括输入串联输出并联(Input Series Output Parallel,ISOP)(见图 4.98(a))、输入并联输出并联(Input Parallel Output Parallel,IPOP)(见图 4.98(b))、输入串联输出串联(Input Series Output Series,ISOS)(见图 4.98(c))和输入并联输出串联(Input Parallel Output Series,IPOS)(见图 4.98(d)),其中 SiC 基变换器可以采用单级、两级或多级拓扑结构。

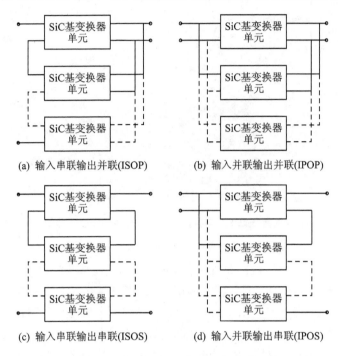

(a) 输入串联输出并联(ISOP)　　　(b) 输入并联输出并联(IPOP)

(c) 输入串联输出串联(ISOS)　　　(d) 输入并联输出串联(IPOS)

图 4.98　几种典型的串并联组合扩容方式

ISOP 通过输入模块的串联可接高的输入电压,通过输出模块的并联提高了输出电流能力,这种组合方案适用于高压大功率的应用场合;IPOP 适用于输入电压和输出电压均相对较低,而输入电流和输出电流均较大的场合;ISOS 适用于输入电压和输出电压均较高的场合;IPOS 适用于输入电流较大和输出电压较高的场合。

4.6　小　结

目前 SiC 器件的电压和电流定额仍相对较低,为了制作大容量变换器,需要通过器件并联、串联或者变换器并联、串联等方式来扩大等效工作电流或工作电压。

在 SiC 器件的并联使用中,器件参数不匹配和电路参数不匹配均会对均流有影响,在模块内部,DBC 布线不匹配对多芯片并联均流也会产生影响,因此在 SiC 器件并联扩容时,需要采取合适的均流措施来保证并联器件或并联管芯之间的电流均衡。在功率模块并联扩容时,要在母排设计和驱动电路设计方面尽可能保证每个功率模块换流回路的寄生电感相同和所有并联模块的开通时间和关断时间尽量相同。

除了常规的同类器件并联扩容外,还可利用不同类器件各自的优势,进行混合并联。如 Si IGBT 在大电流时具有导通压降比 SiC MOSFET/JFET 低的优势,而 SiC MOSFET/JFET 具有开关速度比 Si IGBT 快、开关损耗比 Si IGBT 低的优势,把 Si IGBT 与 SiC MOSFET/

JFET 混合并联,则可利用两类器件各自的特性优势,使整机在不同负载下的功率损耗都尽可能降低。

在变换器并联扩容时,各个变换器之间可以不考虑相位关系而直接并联,也可以按照一定的相位关系来交错并联,从而在扩大系统功率输出能力的同时,获得降低电流纹波、提高等效开关频率、利于滤波元件减小体积和重量等额外优势。交错并联技术不仅可用于变换器的并联中,还可用于桥臂电路的交错并联中。在变换器并联工作时,可通过综合考虑整机效率和成本,来对各通道变换器的功率器件的并联数目和变换器通道的并联数目进行优选调整,甚至进一步采用动态功率管理,在不同负载情况下,根据效率最优原则来确定实际投入并联的变换器的最佳并联数目,以提高变换器在整个负载范围内的性能。

为了适应高压应用场合的要求,在现阶段可采用对低压 SiC 器件进行串联的方式来构成高耐压的组合器件。典型方案有多个低压 SiC MOSFET 直接串联,多个 SiC JFET 和低压 Si MOSFET 级联,以及多个 SiC JFET 和 SiC MOSFET 级联等。器件串联时要保证在静态和动态工作时的电压均匀分配。对于静态均压,可采用并联电阻器,且其阻值远小于功率器件关断电阻阻值的方法来实现。对于动态均压,可在开关管两端并联 RC 吸收电路或 RCD 缓冲电路,或采用单驱动 SiC MOSFET 或双重均压反馈控制等方法来实现。

除了采用功率器件并联、串联和变换器并联、串联外,为了满足大功率应用场合的需要,还可以对基本拓扑进行串并联组合扩容,包括输入串联输出并联、输入并联输出并联、输入串联输出串联和输入并联输出串联等方式。

扫描右侧二维码,可查看本章部分插图的彩色效果,规范的插图及其信息以正文中印刷为准。

第 4 章部分插图彩色效果

参考文献

[1] Li Helong,Munk-Nielsen Stig,Wang Xiongfei,et al. Influences of device and circuit mismatches on paralleling silicon carbide MOSFETs[J]. IEEE Transactions on Power Electronics,2016,31(1):621-634.

[2] Sadik D,Colmenares J,Peftitsis D,et al. Experimental investigations of static and transient current sharing of parallel-connected silicon carbide MOSFETs[C]. Lille,French:Power Electronics and Applications,2013:1-10.

[3] Du M,Ding X,Guo H,et al. Transient unbalanced current analysis and suppression for parallel-connected silicon carbide MOSFETs[C]. Beijing,China:Transportation Electrification Asia-Pacific,2014:1-4.

[4] Wang G,Mookken J,Rice J,e al. Dynamic and static behavior of packaged silicon carbide MOSFETs in paralleled applications[C]. Fort Worth,USA:IEEE Applied Power Electronics Conference and Exposition,2014:1478-1483.

[5] Tiwari S,Rabiei A,Shrestha P,et al. Design considerations and laboratory testing of power circuits for parallel operation of silicon carbide MOSFETs[C]. Geneva,Switzerland:European Conference on Electronics and Applications,2015:1-10.

[6] Hu Ji,Alatise Olayiwola,Gonzalez Ortiz,et al. The effect of electrothermal non-uniformities on parallel connected SiC power devices under unclamped and clamped inductive switching[J]. IEEE Transactions on Power Electronics,2016,31(6):4526-4535.

[7] Regnat Guillaume,Jeannin Pierre-Olivier,Lefevre Guillaume,et al. Silicon carbide power chip on chip module based on embedded die technology with paralleled dies[C]. Montreal,Canada:IEEE Energy Conversion Congress and Exposition,2015:4913-4919.

[8] 曾正,邵伟华,胡博容,等.基于耦合电感的 SiC MOSFET 并联主动均流[J].中国电机工程学报,2017,37 (07):2068-2081.

[9] Xue Yang,Lu Junjie,Wang Zhiqiang,et al. Active compensation of current unbalance in paralleled silicon carbide MOSFETs[C]. Fort Worth,USA:IEEE Applied Power Electronics Conference and Exposition, 2014:1471-1477.

[10] Fabre J,Ladoux P. Parallel connection of SiC MOSFET modules for future use in traction converters [C]. Aachen,Germany:International Conference on Electrical Systems for Aircraft,Railway,Ship Propulsion and Road Vehicles,2015:1-6.

[11] Fabre J,Ladoux P. Parallel connection of 1200V/100A SiC MOSFET half-bridge modules[J]. IEEE Transactions on Industry Applications,2016,52(2):1669-1676.

[12] Zhao T,He J. An optimal switching pattern for "SiC＋Si" hybrid device based voltage source converters [C]. Charlotte,USA:IEEE Applied Power Electronics Conference and Exposition,2015:1276-1281.

[13] 王丹.基于 SiC/Si 混合并联的全桥 DC/DC 变换器优化设计[D].南京:南京航空航天大学,2018.

[14] Qin Haihong,Wang Dan,Zhang Ying,et al. The characteristic and switching strategies of SiC MOSFET assisted Si IGBT hybrid switch [C]. Beijing,China:Annual Conference of the IEEE Industrial Electronics Society,2017:1604-1609.

[15] Qin Haihong,Wang Dan,Zhang Ying,et al. Characteristics and switching patterns of Si/SiC hybrid switch [C]. Shanghai, China:PCIM Asia,2017:68-73.

[16] Haihong Qin,Xiu Qiang,Wang Dan,et al. Switching pattern and performance characterization for "SiC＋ Si" hybrid switch[C]. Nuremberg,Germany:PCIM Europe 2018,2018:1-6.

[17] Huang Alex Q,Song Xiaoqing,Zhang Liqi. 6.5kV Si/SiC hybrid power module:an ideal next step? [C]. Chicago,USA:IEEE Conference Publications,2015:64-67.

[18] Gautham R,Jos H Schijffelen,Pavol Bauer,et al. Design and comparison of a 10kW interleaved boost converter for PV application using Si and SiC devices[J]. IEEE Journal of Emerging and Selected Topics in Power Electronics,2017,5(2):610-623.

[19] Miyazaki Tatsuya,Otake Hirotaka,Nakakohara Yusuke,et al. A fanless operating trans-linked interleaved 5kW inverter using SiC MOSFETs to achieve 99% power conversion efficiency[J]. IEEE Transactions on Industrial Electronics,2018,65(12):9429-9437.

[20] Mazumder S K,Jedraszczak P. Evaluation of a SiC DC/DC converter for plug-in hybrid-electric-vehicle at high inlet-coolant temperature[J]. IET Power Electron,2011,4(6):708-714.

[21] Bhattacharya S. Wide-Band Gap (WBG) devices enabled MV power converters for utility applications— opportunities and challenges[C]. Knoxville, USA:IEEE Workshop on Wide Bandgap Power Devices and Applications,2014:1-12.

[22] Vechalapu K,Bhattacharya S. Performance comparison of 10kV-15kV high voltage SiC modules and high voltage switch using series connected 1.7kV LV SiC MOSFET devices[C]. Milwaukee,USA:IEEE Energy Conversion Congress and Exposition,2016:1-8.

[23] 程士东.高压大电流碳化硅 MOSFET 串并联模块[D].杭州:浙江大学,2014.

[24] Xiao Q,Yan Y,Wu X,et al. A 10kV/200A SiC MOSFET module with series-parallel hybrid connection of 1200V/50A dies[C]. Hong Kong,China：IEEE International Symposium on Power Semiconductor Devices & IC's,2015：349-352.

[25] 高岩,刘卫平,邱春玲,等.高压脉冲发生器中 SiC MOSFET 串联均压电路新方法[J]. 电力电子技术,51 (2)：121-124.

[26] Li Xueqing,Zhang Hao,Alexandrov Peter,et al. Medium voltage power switch based on SiC JFETs[C]. California,USA：IEEE Applied Power Electronics Conference and Exposition,2016：2973-2980.

[27] Li Xueqing,Bhalla Anup,Alexandrov Petre,et al. Series-connection of SiC normally-on JFETs[C]. Hong Kong,China：IEEE International Symposium on Power Semiconductor Devices & IC's,2015：221-224.

[28] Hostetler J L,Alexandrov P,Li X. 6. 5kV SiC normally-off JFETs-technology status[C]. Knoxville, USA：IEEE Workshop on Wide Bandgap Power Devices and Applications,2014：143-146.

[29] Song X,Huang A Q,Zhang L,et al. 15kV/40A FREEDM super-cascode：A cost effective SiC high voltage and high frequency power switch[C]. Milwaukee,USA：IEEE Energy Conversion Congress and Exposition, 2016：1-8.

[30] 庄凯,阮新波.输入串联输出并联变换器的输入均压稳定性分析[J]. 中国电机工程学报,2009,29(6)： 15-20.

第 5 章 SiC 器件在电力电子变换器中的应用

从 2001 年 SiC SBD 面市以来,SiC JFET、SiC MOSFET、SiC BJT 也陆续商业化生产。研究人员对 SiC 器件在各种电力电子变换器中的应用研究纷纷展开,首先展开的是 SiC SBD 在电力电子变换器中的应用研究。功率电路中的可控开关器件仍采用 Si 器件,如 Si MOSFET 和 Si IGBT 等,二极管采用 SiC SBD。为了方便使用,不少厂家制成内含 SiC SBD 的 Si IGBT 单管和模块,通常将这一方面的研究称为"Si/SiC 混合功率器件的应用研究"。此外,还进一步研究了功率器件和二极管全部都采用 SiC 器件的应用,通常称为"全 SiC 功率器件的应用研究"。

由于电力电子变换器的应用领域较多,变换器的类型也有多种,故为了较为全面地评估和阐述应用 SiC 器件后的整机性能改善情况和行业前景,本章按照典型应用领域和功率变换器类型分别加以论述。

5.1 不同类型器件组合的应用

5.1.1 Si/SiC 混合功率器件在变换器中的应用

目前,电力电子变换器中 600~1 200 V 电压等级的二极管普遍采用 Si 基 PN 结快恢复二极管,其在正向导通时会存储较多的少数载流子电荷,这些电荷在关断时需要被复合掉。这使得 Si 基 PN 结快恢复二极管的存储时间和关断时间很长。

Si 肖特基二极管没有多余的少数载流子复合现象,恢复时间仅是结电容的充放电时间,远小于相同定额的 PN 结二极管。但 Si 肖特基二极管的电压定额较低,目前市场上最高只有 250 V 等级的产品。与 600~1 200 V 电压等级的 Si 基 PN 结快恢复二极管相比,新型 SiC 肖特基二极管的关断速度快(<50 ns),几乎无反向恢复电荷,高温工作下的开关特性也变化不大,特别适用于作为高频功率变换器中的功率二极管。由于 SiC SBD 的优越性能,可显著改善功率器件的工作状况、降低损耗、简化电路设计,故在功率因数校正(Power Factor Correction,PFC)电路、光伏发电、电机驱动和电动汽车等领域有着巨大的应用潜力。

1. SiC 二极管在 PFC 电路中的应用优势分析

传统的 AC/DC 开关电源在其输入端直接将交流电网用二极管进行整流,后接大电容滤波,会产生大量的谐波和无功功率,使得输入端的功率因数较低,同时也对电网形成不良干扰。在 20 世纪 80 年代中后期,由于 IEC 1000 - 3 - 2 等标准的颁布,对 AC/DC 开关电源的输入电流谐波做了具体的限制,因此,在 50 W 以上功率的 AC/DC 开关电源中已经基本实施了高 PFC 技术,实现了所谓"绿色电源"。

将新型 SiC 肖特基二极管引入到 AC/DC 开关电源的 PFC 电路中,可以在对电路结构无须做较大改变的情况下,有效解决传统 Si 基 PN 结快恢复二极管反向恢复电流给电路带来的诸多问题,改善电路的工作性能。

(1) Boost 型 PFC 电路基本原理

在各种单相 PFC 电路的拓扑结构中,Boost 型 PFC 电路具有主电路结构简单、变换效率高和控制策略易于实现等优点,已成为 AC/DC 开关电源产品中 PFC 电路最为常用的变换器拓扑。

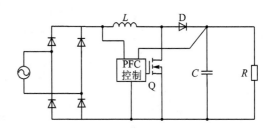

图 5.1 为 Boost 型 PFC 电路原理图,其基本原理可以简单概括为:开关管 Q 按照功率因数校正的控制规律工作,时通时断。Q 导通时,二极管 D 截止,此时电感 L 储存能量,负载 R 由电容 C 供电。Q 关断时,二极管 D 导通,L 的储存能量向负载端释放,C 充电。

图 5.1　Boost 型 PFC 电路示意图

PFC 电路有两种主要工作模式,即断续电流工作模式(Discontinuous Current Mode,DCM)和连续电流工作模式(Continuous Current Mode,CCM)。所谓 DCM 模式是指流经电感 L 的电流 i_L 在一个开关周期中不连续,而 CCM 模式是指电感电流 i_L 始终连续。相对于 DCM 模式,由于 CCM 模式对电源的利用率高,且具有更低的网侧输入电流纹波和开关损耗,同时也更容易实现高功率因数和低谐波失真等,因此在 200 W 以上功率的 PFC 电路中多采用 CCM 工作模式,但是 CCM 模式却存在二极管的反向恢复电流较大的问题。

图 5.2 是 Boost 型 PFC 电路工作在硬开关 CCM 模式时的电流波形。当开关管 Q 开通时,Si 基 PN 结快恢复二极管在有导通电流的情况下被强行关断,并产生较大的反向恢复电流,给电路工作带来许多问题,包括:过高的 di/dt 以及由此导致的严重电磁干扰(EMI)和较高的电压、电流应力,二极管 D 反向恢复损耗明显增加,开关管 Q 开通损耗增加等问题。

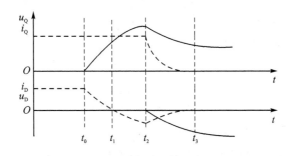

图 5.2　Boost 型 PFC 电路工作在硬开关 CCM 模式时的电流波形

为了解决 Si 基 PN 结快恢复二极管反向恢复带来的问题,一般需要选取更大裕量的元器件,并额外增加吸收电路,这增加了电路的复杂程度和制造成本,降低了电路工作的可靠性。另外,额外增加的元器件在工作中也会有一定的损耗,从提高变换效率和节能的角度考虑也是不利的。

(2) 二极管反向恢复的影响分析

第 2 章已经对二极管的反向恢复特性进行过介绍,这里进一步分析二极管反向恢复对 PFC 电路损耗的影响。

图 5.3 在图 5.2 的基础上增加了二极管关断过程中的瞬时功率波形。图中的 u_Q、i_Q 和 P_Q 分别是开关管 Q 的电压、电流和瞬时功耗；t_{rr} 为二极管 D 的反向恢复时间，其大小与二极管 D 的反向恢复存储电荷 Q_{rr} 和反向压降 u_R 的大小有关。

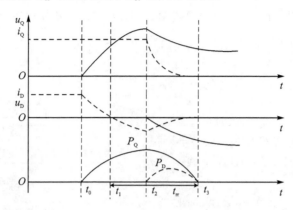

图 5.3　二极管关断过程中开关管 Q 与二极管 D 的电压电流波形以及相应的瞬时功耗波形

根据图 5.3，在二极管 D 的关断过程中，开关管 Q 的损耗 P_S 和二极管 D 的损耗 P_D 可分别表示为

$$P_Q = \int_{t_0}^{t_1} u_Q i_Q \mathrm{d}t + \int_{t_1}^{t_3} u_Q i_Q \mathrm{d}t \tag{5-1}$$

$$P_D = \int_{t_2}^{t_3} u_D i_D \mathrm{d}t \tag{5-2}$$

由二极管的反向恢复所导致的二极管和开关管的损耗之和 P_{Qrr} 可表示为

$$P_{Qrr} = \int_{t_1}^{t_3} u_Q i_Q \mathrm{d}t + \int_{t_2}^{t_3} u_D i_D \mathrm{d}t \tag{5-3}$$

由图 5.3 和对式(5-1)~式(5-3)分析不难看出，二极管的反向恢复时间 t_{rr} 越长，反向恢复电流就越大，二极管反向恢复损耗以及由此所导致的开关管的开通损耗也越大，并且，因二极管反向恢复所导致的二极管和开关管的损耗占到整个关断过程中器件开关损耗的绝大部分。当然，在二极管开通过程中，二极管和开关管也会产生一定的开关损耗，但是与二极管关断时的开关损耗相比，往往要低很多。因此，由二极管反向恢复引起的开关损耗是 PFC 电路工作在 CCM 模式时开关损耗的主要成分。相关文献研究表明，对于一般的 Si 基半导体器件，由二极管反向恢复引起的损耗占到全部开关损耗的 70% 以上。

此外，由第 2 章的二极管特性分析可知，Si 基功率二极管的反向恢复电流和反向恢复时间均随温度的增加而增大。这就意味着，如果提高电路的工作频率，则会使二极管的开关损耗进一步增加，从而使得二极管的结温上升，导致反向恢复电流和反向恢复时间更大，二极管的开关损耗进一步增加，结温进一步上升，形成恶性循环，给电路安全工作造成严重影响。

与 Si 基功率二极管不同，SiC 肖特基二极管几乎不存在反向恢复电流，由结电容引起的充电电流几乎不随温度的变化而变化，具有良好的热稳定性。这说明，在 Boost 型 PFC 硬开关 CCM 变换电路中，只要把二极管 D 简单改为 SiC 肖特基二极管，即可解决传统 Si 基 PN 结二极管反向恢复电流所导致的诸多问题，而不需对原电路结构做很大改动。

由此可见，SiC 肖特基二极管在 Boost 型 PFC 电路中具有很大的应用优势。

（3）SiC 肖特基二极管在 PFC 电路中的应用效果

采用如图 5.1 所示电路制作了额定输出功率为 3 640 W 的 Boost PFC 实验样机对 SiC SBD 的效果进行评估。开关管 Q 选用 Si MOSFET，型号为 IPW60R45CP(600 V/60 A)。二极管分别采用型号为 15ETX06 的 Si 基快恢复二极管(600 V/15 A)和型号为 IDT16S06C 的 SiC 肖特基二极管(600 V/16 A)。该样机的额定输入电压为 230 V AC，额定输出电压为 380 V DC。在开关频率为 50 kHz 时，使用 SiC 肖特基二极管代替 Si 基快恢复二极管后，电路效率从 94.36％提高到 95.05％，损耗减小了 28 W。若进一步提高开关频率，则效果更加明显。

尽管 Boost PFC 电路主要用于功率因数校正，但其基本拓扑是 Boost 变换器，SiC 肖特基二极管在 CCM Boost 变换器中的性能优势可进一步推广至汽车充电器、光伏发电前级 Boost 变换器等应用中。

2. SiC 肖特基二极管在桥臂电路中的应用优势分析

桥式功率电路是最为常用的电路拓扑。图 5.4 为几种典型的桥式功率电路，图(a)为全桥 DC/DC 功率电路拓扑；图(b)为全桥光伏逆变器拓扑，图(c)为三相桥式电机驱动逆变器拓扑。组成这些桥式电路的基本单元是桥臂电路，如图 5.5 所示。桥臂的上管、下管一般采用功率开关与二极管反并联而成。图中以 Si IGBT 为例，反并联 Si 基快恢复二极管后构成桥臂的上管或下管。传统的 Si 基快恢复二极管存在严重的反向恢复，在上、下桥臂换流期间会在开通的

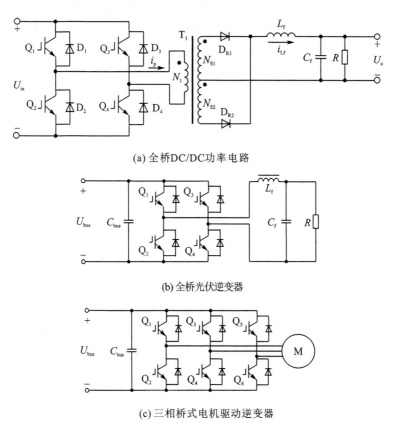

(a) 全桥DC/DC功率电路

(b) 全桥光伏逆变器

(c) 三相桥式电机驱动逆变器

图 5.4　Si IGBT 的典型桥式功率电路

Si IGBT 中产生很大的尖峰电流,造成过大的开关损耗,增大电流应力。

为了评估 SiC SBD 与 Si IGBT 反并联应用于功率电路时的效果,分别选取 600 V 和 1 200 V 电压等级的 SiC SBD 和 Si IGBT,采用如图 5.6 所示的双脉冲测试电路,对其开关特性和损耗进行详细的对比和分析。

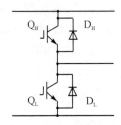

图 5.5　桥臂电路结构示意图

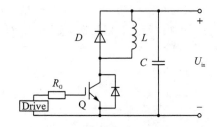

图 5.6　双脉冲测试电路示意图

(1) 600 V 功率开关特性与损耗比较

首先选取额定电压为 600 V 的器件进行测试对比,Si IGBT 定额为 600 V/40 A,Si 基快恢复二极管定额为 600 V/15 A,SiC SBD 定额为 600 V/10 A。Si IGBT 的驱动电阻取为 10 Ω,以限制 di/dt 不超过 750 A/μs。在直流母线电压为 500 V、负载电流为 20 A 的条件下对开关特性和损耗进行了测试对比。

图 5.7 是结温为 150 ℃时 600 V Si 基快恢复二极管的关断电压、电流及瞬时功率损耗波形。反向恢复电流峰值达 23 A,反向恢复时间为 100 ns,瞬时功率最大值达 7 kW。

图 5.8 是结温为 150 ℃时 600 V SiC 肖特基二极管的关断电压、电流及瞬时功率损耗波形。反向恢复电流峰值为 4 A,比 Si 基快恢复二极管降低 83%;反向恢复时间为 33 ns,比 Si 基快恢复二极管降低 67%;瞬时功率的最大值为 0.5 kW,比 Si 基快恢复二极管减小 93%。

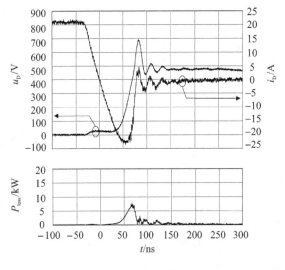

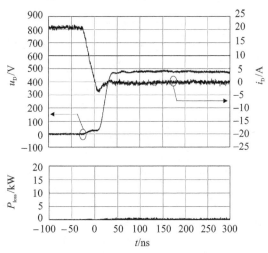

图 5.7　结温为 150 ℃时 600 V Si 基快恢复二极管的关断电压、电流及瞬时功率损耗波形

图 5.8　结温为 150 ℃时 600 V SiC 肖特基二极管的关断电压、电流及瞬时功率损耗波形

　　图 5.9 为采用 600 V Si 基快恢复二极管作为反并联二极管,在结温为 150 ℃时 600 V Si IGBT 的开通电压、电流及瞬时功率损耗波形。在 Si IGBT 开通时,二极管的反向恢复电流叠加到 Si IGBT 的开通电流中,使其开通电流峰值高达 44 A,瞬时功率的最大值高达 15 kW,Si IGBT 的集射极电压产生了高频振荡,成为严重的 EMI/RFI 干扰源。

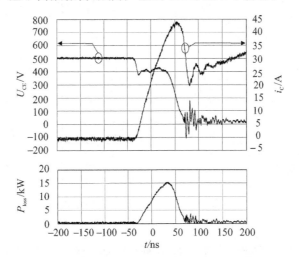

图 5.9　采用 600 V Si 基快恢复二极管时 600 V
Si IGBT 的开通电压、电流及瞬时功率损耗波形

　　图 5.10 为采用 600 V SiC SBD 作为反并联二极管,在结温为 150 ℃时 600 V Si IGBT 的开通电压、电流及瞬时功率损耗波形。在 Si IGBT 开通时,因 SiC 二极管关断时的反向电流很小,所以在将其叠加到 Si IGBT 的开通电流中后,IGBT 的开通电流峰值降为 22 A,瞬时功率的最大值降为 7.5 kW,相比采用 Si 基快恢复二极管时降低了 50%左右。Si IGBT 的电压波形无明显振荡,从而降低了 EMI/RFI 干扰。

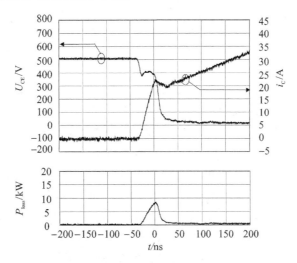

图 5.10　采用 600 V SiC SBD 时 600 V Si IGBT
的开通电压、电流及瞬时功率损耗波形

　　表 5.1 和表 5.2 分别列出了结温为 25 ℃和 150 ℃时,采用 Si IGBT＋Si 基快恢复二极管

和 Si IGBT＋SiC SBD 的开关性能参数对比。

表 5.1　25 ℃ 时 600 V Si 基快恢复二极管及 SiC SBD 的开关特性与损耗对比

参　数	符号（单位）	Si 基快恢复二极管	SiC SBD	减小幅度/%
反向峰值电流	I_{pr}(A)	13	4	69
反向恢复时间	T_{rr}(ns)	83	30	64
反向充电电荷	Q_{rr}(nC)	560	78	86
二极管关断能量损耗	E_{off}(mJ)	0.11	0.02	82
二极管开通能量损耗	E_{on}(mJ)	0.03	0.02	33
二极管总开关能量损耗	E_{ts}(mJ)	0.14	0.04	71
Si IGBT 开通能量损耗	E_{on}(mJ)	0.63	0.23	63
Si IGBT 关断能量损耗	E_{off}(mJ)	0.46	0.32	30
Si IGBT 总开关能量损耗	E_{ts}(mJ)	1.09	0.55	50
总开关能量损耗	E_{ts}(mJ)	1.23	0.59	52

测试条件：I_C＝20 A，U_{in}＝500 V，R_G＝10 Ω。

表 5.2　150 ℃ 时 600 V Si 基快恢复二极管及 SiC SBD 的开关特性与损耗对比

参　数	符号（单位）	Si 基快恢复二极管	SiC SBD	减小幅度/%
反向峰值电流	I_{pr}(A)	23	4	83
反向恢复时间	T_{rr}(ns)	100	33	67
反向充电电荷	Q_{rr}(nC)	1 220	82	93
二极管关断能量损耗	E_{off}(mJ)	0.23	0.02	91
二极管开通能量损耗	E_{on}(mJ)	0.03	0.02	33
二极管总开关能量损耗	E_{ts}(mJ)	0.26	0.04	85
Si IGBT 开通能量损耗	E_{on}(mJ)	0.94	0.24	74
Si IGBT 关断能量损耗	E_{off}(mJ)	0.89	0.64	28
Si IGBT 总开关能量损耗	E_{ts}(mJ)	0.89	0.64	28
总开关能量损耗	E_{ts}(mJ)	2.09	0.92	56

测试条件：I_C＝20 A，U_{in}＝500 V，R_G＝10 Ω。

图 5.11 是结温分别为 25 ℃ 和 150 ℃ 时 Si 基快恢复二极管和 SiC SBD 的关断电流波形对比。SiC SBD 的反向电流几乎不随温度变化，在结温为 25 ℃ 和 150 ℃ 时，反向电流峰值保持在 5 A 左右。Si 基快恢复二极管的反向恢复电流随着温度的升高而增大，结温为 25 ℃ 时的反向电流峰值为 13 A，结温为 150 ℃ 时的反向电流峰值增大为 23 A。

图 5.12 是在结温分别为 25 ℃ 和 150 ℃ 时，采用 Si 基快恢复二极管和 SiC SBD 作为续流二极管时 Si IGBT 的开通电流波形。采用 SiC SBD 时，Si IGBT 的开通电流峰值不随温度变化。采用 Si 基快恢复二极管时，Si IGBT 的开通电流峰值随温度有较大的变化，在 25 ℃ 时为 34 A，在 150 ℃ 时升高为 44 A。

图 5.13 是在结温分别为 50 ℃、100 ℃ 和 150 ℃ 时，600 V Si 基快恢复二极管和 SiC SBD 的开关损耗与开关频率（从 10 kHz 增加到 100 kHz）的关系曲线。相比于 Si 基快恢复二极

管,SiC SBD 的开关损耗降低了 85%,且不随温度的升高而变化。

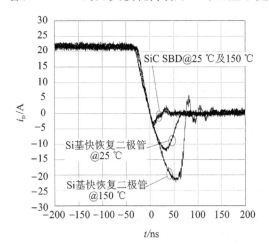

图 5.11　结温分别为 25 ℃ 和 150 ℃ 时 Si 基快恢复二极管和 SiC SBD 的关断电流波形对比

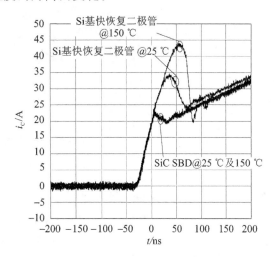

图 5.12　采用 Si 基超快恢复二极管和 SiC SBD 作为续流二极管时 Si IGBT 的开通电流波形

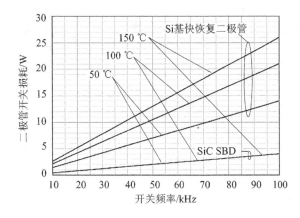

图 5.13　600 V Si 基快恢复二极管和 SiC SBD 的开关损耗与开关频率的关系曲线

图 5.14 是在结温分别为 50 ℃、100 ℃ 和 150 ℃ 时,分别采用 600 V Si 基快恢复二极管和 SiC SBD 作为续流二极管时的 Si IGBT 的开关损耗与开关频率(从 10 kHz 增加到 100 kHz)的关系曲线。采用 SiC SBD 作为续流二极管时的 Si IGBT 的开关损耗约为采用 Si 基快恢复二极管作为续流二极管时的 Si IGBT 的开关损耗的一半。同时其随温度升高的斜率也小于后者,这主要是因为 SiC SBD 作为续流二极管时的 Si IGBT 的关断损耗随温度的升高而变大,而其开通损耗因温度的改变而变化较小。

(2) 1 200 V 功率开关特性与损耗比较

对于 1 200 V 器件的测试,采用 1 200 V/11 A 的 Si IGBT 作为开关器件,二极管分别采用 1 200 V/8 A 的 Si 基快恢复二极管和 1 200 V/5 A 的 SiC SBD。在母线电压为 1 000 V、负载电流为 5 A 的条件下,对开关特性与损耗进行了测试。

图 5.15 是结温为 125 ℃ 时 1 200 V Si 基快恢复二极管的关断电压、电流及瞬时功率损耗

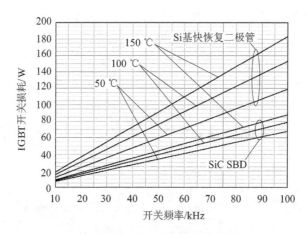

**图 5.14　采用不同类型 600 V 二极管作为续流二极管时的
Si IGBT 的开关损耗与开关频率的关系曲线**

波形。反向恢复电流峰值达 6 A,反向恢复时间为 148 ns,瞬时功率的最大值达 2.8 kW。由于 1 200 V 二极管测试时的 di/dt 被限制为 250 A/μs,因此相比额定电压为 600 V 的二极管,其电压过冲现象并不明显。

　　图 5.16 是结温为 125 ℃时 1 200 V SiC SBD 的关断电压、电流及瞬时功率损耗波形。反向恢复电流峰值仅为 1 A,比 Si 基快恢复二极管降低了 83%;反向恢复时间为 30 ns,比 Si 基快恢复二极管降低了 80%;瞬时功率的最大值为 0.3 kW,比 Si 基快恢复二极管降低了 89%。开关损耗大幅降低的原因是 SiC SBD 的容性充电电荷较少。

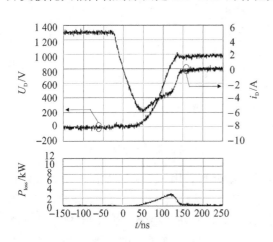

**图 5.15　125 ℃时 1 200 V Si 基快
恢复二极管的关断电压、电流及
瞬时功率损耗波形**

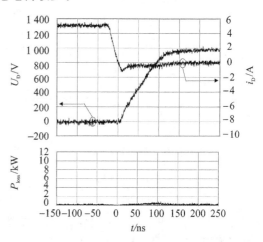

**图 5.16　125 ℃时 1 200 V SiC
SBD 的关断电压、电流及
瞬时功率损耗波形**

　　图 5.17 是采用 1 200 V Si 基快恢复二极管作为反并联二极管,在结温为 125 ℃时 1 200 V Si IGBT 的开通电压、电流及瞬时功率损耗波形。在 Si IGBT 开通时,二极管的反向恢复电流叠加到 Si IGBT 的电流中,使其开通电流峰值高达 11.7 A,瞬时功率的最大值高达 11 kW。

　　图 5.18 是采用 1 200 V SiC SBD 作为反并联二极管,在结温为 125 ℃时 1 200 V Si IGBT

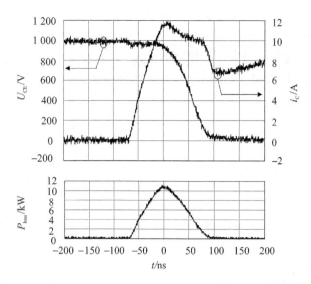

图 5.17　采用 1 200 V Si 基快恢复二极管时 1 200 V
Si IGBT 的开通电压、电流及瞬时功率损耗波形

的开通电压、电流及瞬时功率损耗波形。在 Si IGBT 开通时,SiC SBD 关断时结电容的反向充电电流叠加到 Si IGBT 的电流中,使其开通电流峰值为 6.7 A,瞬时功率的最大值为 6.2 kW,相比采用 Si 基快恢复二极管时降低了 42%。

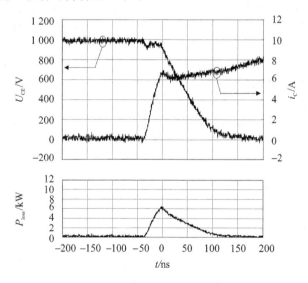

图 5.18　采用 1 200 V SiC SBD 时 1 200 V
Si IGBT 的开通电压、电流及瞬时功率损耗波形

　　图 5.19 是结温分别为 25 ℃和 125 ℃时 Si 基快恢复二极管和 SiC SBD 的关断电流波形对比情况。SiC SBD 的反向恢复电流不随温度变化,在结温为 25 ℃和 150 ℃时,其反向恢复电流峰值保持在 1 A 左右。Si 基快恢复二极管的反向恢复电流随温度的升高而增大,结温为 25 ℃时的反向电流峰值为 5 A,结温为 150 ℃时增大至 6 A。SiC SBD 的反向恢复时间不随温度的变化而改变,而 Si 基快恢复二极管的反向恢复时间则随温度的改变而变化得比较明

显,在 25 ℃时的反向恢复时间为 100 ns,在 125 ℃时的反向恢复时间为 148 ns。

图 5.20 是在结温分别为 25 ℃和 125 ℃时,采用 Si 基快恢复二极管和 SiC SBD 作为续流二极管时 Si IGBT 的开通电流波形。采用 SiC SBD 时,Si IGBT 的开通电流峰值不随温度变化。采用 Si 基快恢复二极管时,Si IGBT 的开通电流峰值随温度有较大变化,在 25 ℃时为 11.8 A,在 150 ℃时升高为 13 A。

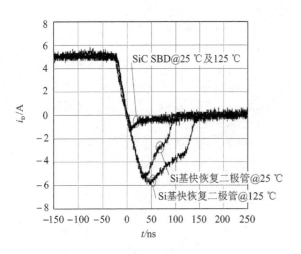

图 5.19 结温分别为 25 ℃和 125 ℃时 1 200 V Si 基快恢复二极管和 SiC SBD 的关断电流波形对比图

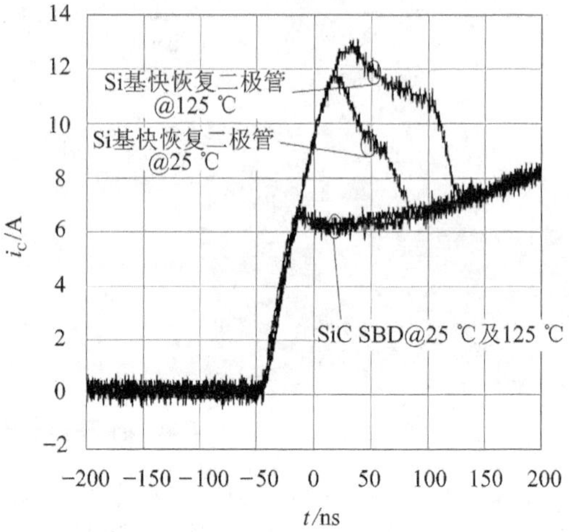

图 5.20 采用 Si 基快恢复二极管和 SiC SBD 作为续流二极管时 Si IGBT 的开通电流波形

表 5.3 和表 5.4 分别列出结温为 25 ℃和 125 ℃时,采用 Si IGBT＋Si 基快恢复二极管和 Si IGBT＋SiC SBD 的开关性能参数对比。

表 5.3 25 ℃时 1 200 V Si 基快恢复二极管及 SiC SBD 的开关特性与损耗对比

参 数	符号(单位)	Si 基快恢复二极管	SiC SBD	减小幅度/%
反向峰值电流	I_{pr}(A)	5.5	1	82
反向恢复时间	T_{rr}(ns)	100	30	70
反向充电电荷	Q_{rr}(nC)	295	20	93
二极管关断能量损耗	E_{off}(mJ)	0.08	0.02	75
二极管开通能量损耗	E_{on}(mJ)	0.03	0.02	33
二极管总开关能量损耗	E_{ts}(mJ)	0.11	0.04	64
Si IGBT 开通能量损耗	E_{on}(mJ)	0.73	0.28	62
Si IGBT 关断能量损耗	E_{off}(mJ)	0.33	0.25	24
Si IGBT 总开关能量损耗	E_{ts}(mJ)	1.06	0.53	50
总开关能量损耗	E_{ts}(mJ)	1.17	0.57	51

测试条件：$I_C=5$ A,$U_{in}=1\ 000$ V,$R_G=22\ \Omega$。

表 5.4　125 ℃ 时 1 200 V Si 基快恢复二极管及 SiC SBD 的开关特性与损耗对比

参　数	符号(单位)	Si 基快恢复二极管	SiC SBD	减小幅度/%
反向峰值电流	I_{pr}(A)	6	1	83
反向恢复时间	T_{rr}(ns)	148	30	80
反向充电电荷	Q_{rr}(nC)	540	20	96
二极管关断能量损耗	E_{off}(mJ)	0.16	0.02	88
二极管开通能量损耗	E_{on}(mJ)	0.03	0.02	33
二极管总开关能量损耗	E_{ts}(mJ)	0.19	0.04	79
Si IGBT 开通能量损耗	E_{on}(mJ)	0.98	0.28	71
Si IGBT 关断能量损耗	E_{off}(mJ)	0.57	0.41	28
Si IGBT 总开关能量损耗	E_{ts}(mJ)	1.55	0.69	55
总开关能量损耗	E_{ts}(mJ)	1.74	0.73	58

测试条件：$I_C=5$ A，$U_{in}=1\,000$ V，$R_G=22\ \Omega$。

图 5.21 是结温分别为 25 ℃、75 ℃ 和 125 ℃ 时，1 200 V Si 基快恢复二极管和 SiC SBD 的开关损耗与开关频率(从 10 kHz 增加到 100 kHz)的关系曲线。相比于 Si 基快恢复二极管，SiC SBD 的开关损耗降低了 50%，且不随温度的升高而变化。

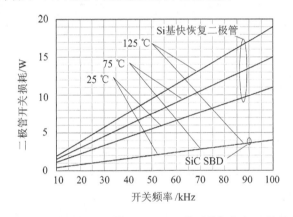

图 5.21　1 200 V Si 基快恢复二极管和 SiC SBD 的开关损耗与开关频率的关系曲线

图 5.22 是结温分别为 25 ℃、75 ℃ 和 125 ℃，分别采用 1 200 V Si 基快恢复二极管和 SiC SBD 作为续流二极管时 Si IGBT 的开关损耗与开关频率的关系曲线。

为了便于计算功率器件的总损耗，图 5.23 给出 1 200 V Si 基快恢复二极管和 SiC SBD 在 25 ℃ 和 125 ℃ 时的正向导通特性曲线。正向电流为 5 A，当结温为 25 ℃ 时，SiC SBD 的正向导通压降比 Si 基快恢复二极管的低 0.75 V；正向电流为 5 A，当结温为 125 ℃ 时，SiC SBD 的正向导通压降比 Si 基快恢复二极管的低 0.18 V。

表 5.5 列出在桥臂结构变换器中采用不同类型二极管时的损耗计算结果，开关频率设为 100 kHz，占空比设为 0.5，平均负载电流设为 2.5 A。在把 Si 基快恢复二极管更换为相近定额参数的 SiC SBD 后，总损耗降低 51% 左右。

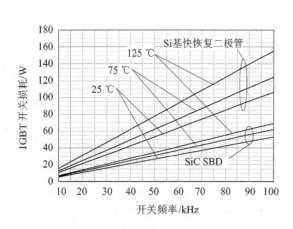

图 5.22　采用不同类型 1 200 V 二极管
作为续流二极管时 Si IGBT 的开关
损耗与开关频率的关系曲线

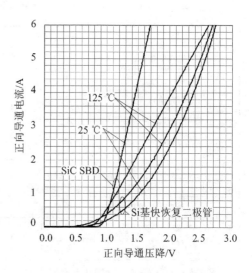

图 5.23　1 200 V Si 基快恢复二极管和
SiC SBD 的正向导通特性曲线

表 5.5　1 200 V Si 基快恢复二极管和 SiC SBD 在结温为 125 ℃时的损耗计算结果

参　数	Si PiN 二极管	SiC SBD	减小幅度/%
二极管开关损耗/W	19	4	79
二极管导通损耗/W	12.5	11.7	6
二极管总损耗/W	31.5	15.7	50
Si IGBT 开关损耗/W	155	69	55
Si IGBT 导通损耗/W	14.5	14.5	0
Si IGBT 总损耗/W	169.5	83.5	51
功率器件总损耗/W	201	99.2	51

　　理论上 SiC SBD 无反向恢复,在实际工作过程中,由于存在结电容,所以会产生较小的反向充电电流,但该反向电流与关断时的正向通态电流的大小以及温度等参量均无关,基本保持不变,因此,采用"Si 基可控开关＋SiC SBD"的 Si/SiC 混合功率器件组合可减小二极管自身的反向恢复损耗,并同时降低与之相应的功率开关管的开通电流过冲和开通损耗,减轻散热负担,允许开关频率进一步提高,减小电抗元件尺寸。

　　为了便于应用,一些半导体器件公司把 Si IGBT 与 SiC SBD 封装在一起,构成 Si/SiC 混合功率模块,供风力发电、光伏发电和电机驱动等典型场合使用。

5.1.2　全 SiC 器件在变换器中的应用

　　在应用 Si 基快恢复二极管的高频开关电路中,若 Si 基快恢复二极管的反向恢复问题较为突出,则用 SiC SBD 取代 Si 基快恢复二极管,会得益于 SiC SBD 优越的反向恢复特性,使整机性能取得较为明显的改善。

　　更进一步,功率电路中的开关器件和二极管若均采用 SiC 器件,则这种变换器通常称为

"全 SiC 变换器"。SiC 可控器件中目前相对较为成熟的 SiC MOSFET、SiC JFET 和 SiC BJT,
已在一些典型场合和相关变换器中得到应用。以下将按应用领域和变换器类型对其进行
介绍。

5.2　SiC 器件在典型领域中的应用

宽禁带半导体器件的优越性能有望给电力电子产业带来革新。根据目前已上市的宽禁带
半导体器件的定额水平,宽禁带半导体器件的主要应用领域包括光伏发电系统、电机调速系
统、汽车、家用电器和开关电源等场合(见图 5.24)。

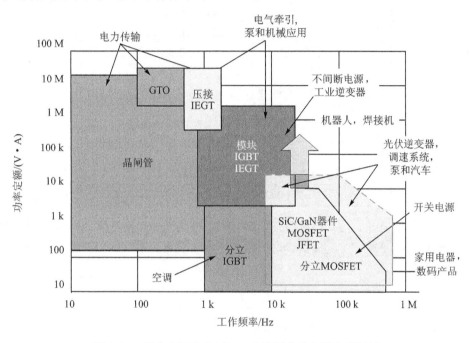

图 5.24　目前水平的 SiC/GaN 功率器件的主要应用领域

5.2.1　SiC 器件在电动汽车领域中的应用

随着工业的蓬勃发展,全球能源消耗逐年增加,环境污染问题也日益严重。在我国,机动
车尾气排放污染已成为空气污染的重要来源,是造成灰霾、光化学烟雾污染的重要原因,机动
车尾气排放污染防治的紧迫性日益凸显,节能减排已成为汽车业发展的重大课题。因此,大力
发展新能源汽车是实现节能减排、促进我国汽车产业可持续发展的战略性措施。

目前,纯电动汽车(EV)和混合动力汽车(HEV)的电力驱动部分主要由 Si 基功率器件组
成。随着电动汽车的发展,对电力驱动的小型化和轻量化提出了更高的要求。然而,由于材料
的限制,传统 Si 基功率器件在许多方面已逼近甚至达到了其材料的本征极限,因此,各汽车厂
商都对新一代 SiC 基功率器件寄予了厚望。

电动汽车的电动机是有源负载,其转速范围很宽,且在行驶过程中需要频繁的加速和减
速,工作条件比一般的调速系统复杂,因此其驱动系统是决定电动汽车性能的关键所在。

这里以电动汽车电机驱动系统用三相逆变器为例,对 SiC 器件在电动汽车领域的应用进

行评估。表 5.6 为全 SiC 逆变器的主要性能指标,该 SiC 基三相逆变器由 Wolfspeed 公司、丰田北美研究所(TRINA)、美国国家可再生能源实验室(NREL)和阿肯色大学电力传输国家实验室(NCREPT)联合研制。

表 5.6　全 SiC 逆变器的主要性能指标

技术指标	参　数
平均输出功率/kW	30
18 s 峰值输出功率/kW	55
质量/kg	≤3.9
体积/L	≤4.1
效率/%	≥93
工作电压/V DC	200～650
每相最大电流/A	400
输出电流纹波 (峰-峰值与基波最大值之比)/%	≤3
最大工作频率/kHz	20
电流回路带宽/kHz	2
最大基波频率/Hz	1 000
环境温度/℃	−40～140

图 5.25 为三相全 SiC 逆变器电路拓扑图,图 5.26 为全 SiC 逆变器的样机结构示意图,主要组成部分包括 SiC MOSFET 模块、母排、直流母线滤波电容、吸收电容、栅极驱动器、检测传感器和散热器等。

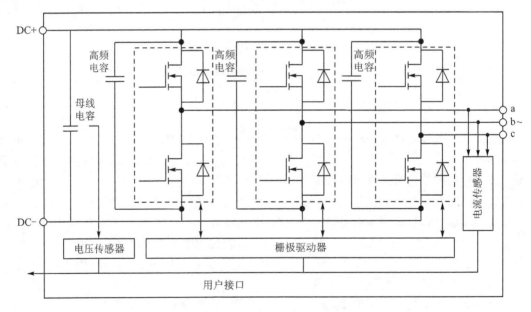

图 5.25　全 SiC 逆变器电路拓扑图

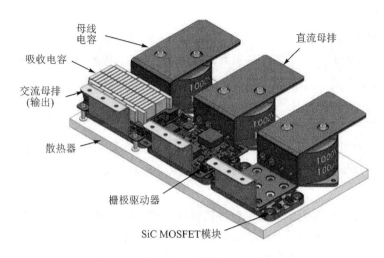

图 5.26　全 SiC 逆变器的样机结构示意图

（1）SiC 功率模块

SiC MOSFET 模块采用 Wolfspeed 公司的 HT - 3201 - R，其定额为 1 200 V/444 A，外形如图 5.27 所示。HT - 3201 - R 具有电流定额高、重量轻、体积小、性能好等优势，可以在 50 kHz、400 A 的工况下稳定工作。这款模块在 CAS325M12HM2 的基础上集成了电阻式温度传感器（RTD），以便于对模块温度进行检测和保护。

图 5.27　Wolfspeed 公司的 SiC MOSFET 模块 HT - 3201 - R 的外形图

（2）母　排

直流母排的作用是连接直流输入电源和三相桥式逆变电路，其上还连接有直流母线电容及高频吸收电路。如图 5.26 所示，直流母排为三块 Z 形叠层结构的铜排，其两端分别连接直流母线电容和 SiC MOSFET 模块。

交流母排的作用是连接三相桥式逆变电路的输出和三相永磁同步电机的负载。如图 5.26 所示，交流母排为三块 L 形单层铜排，分别连接三相桥臂中的模块和三相输出接口。

（3）直流母线滤波电容

直流母线滤波电容一般选择电解电容、金属薄膜电容或陶瓷电容。在选择时要折中考虑成本、最大热点温度和热-电-机械性能。

（4）高频吸收电容

高频吸收电容必须在容值不大的情况下吸收较大的峰值电流。多层陶瓷电容有极低的 ESL 和 ESR，能有效降低由逆变器开关引起的母线电压纹波，因此选择多层陶瓷电容 X7R 作为高频吸收电容。

（5）控制和驱动

控制和驱动部分包括栅极驱动电路、控制电路和辅助电源，由三块 PCB 板组合构成。由于对工作环境温度的要求，PCB 板及其上的元器件均应能工作在 140 ℃ 的条件下。对于控制和驱动部分的设计，在满足工程设计指标的前提下应尽可能降低成本。

（6）电流检测

同时检测三相电流可以用来判断电机的内部故障或接地故障，从而进行相应保护。因此，该逆变器采用三个霍尔电流传感器来进行电流检测，电流传感器安装在交流母排输出端，以检测流入永磁同步电机的电流。由于电动汽车内部的电磁环境复杂，因此对电流检测精度提出了更高的要求。电流检测元件要满足以下要求：工作温度大于 140 ℃，电流检测范围大于 ±400 A，线性度好，封装尺寸小，信号与功率隔离。Melexis 系列霍尔传感器的热性能较好，且封装尺寸小，因此选择了该系列 MLX91208 型霍尔传感器作为电流传感器。

（7）散热器

逆变器的散热器采用 Wolverine 公司的 2000 XP 系列的 MicroCool 散热器，其对流换热系数约为 15 000～20 000 W/(m² · K)，具有重量轻、体积小、成本低和散热系数高的优点。

为了全面测试评估全 SiC 逆变器的性能，制定了如下测试大纲。

在直流输入电压（200～650 V）范围内，分为以下 4 个电压等级进行测试：200 V、325 V、450 V 和 650 V。

永磁同步电机的转速范围为 0～6 000 r/min，分为 500、1 000、1 500、2 000、2 500、3 000、3 500、4 000、4 500、5 000、5 500、6 000(r/min)共 12 个不同转速，每隔 500 r/min 进行测试。

永磁同步电机负载的转矩在 0～200 N · m 范围内变化，但由于测试平台转矩传感器的测量范围的最高值只能达到 180 N · m，因此最大转矩只能测到 180 N · m，分为 20 个不同转矩负载点，从 5 N · m 开始，之后是 10 N · m，从 10 N · m 开始往上每隔 10 N · m 进行测试，即负载转矩测试点为 5、10、20、30、…、180(N · m)。

在测试中，对 3 个不同位置的温度（冷却剂温度、逆变器机壳表面的环境温度和吹入逆变器给母线电容散热的空气温度）进行设置，组合起来共有 6 种不同的温度测试条件：

① 冷却剂温度为 25 ℃，环境温度为 25 ℃，空气温度为 25 ℃；

② 冷却剂温度为 70 ℃，环境温度为 70 ℃，空气温度为 40 ℃；

③ 冷却剂温度为 85 ℃，环境温度为 85 ℃，空气温度为 40 ℃；

④ 冷却剂温度为 105 ℃，环境温度为 105 ℃，空气温度为 40 ℃；

⑤ 冷却剂温度为 105 ℃，环境温度为 125 ℃，空气温度为 40 ℃；

⑥ 冷却剂温度为 105 ℃，环境温度为 140 ℃，空气温度为 40 ℃。

全 SiC 逆变器的实验测试环境如图 5.28 所示。

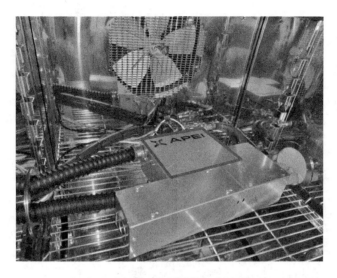

图 5.28　全 SiC 逆变器的实验测试环境

　　不同直流母线电压下各工作点的平均效率及峰值效率测试结果列于表 5.7 中,不同直流母线电压下的效率随转速和转矩变化的二维图如图 5.29 所示。由表 5.7 和图 5.29 可以看出,随着直流母线电压的增加,平均效率和峰值效率都呈下降趋势。较高的效率一般出现在满载高转速下,负载越大,效率越高;转速越高,总体效率越高。

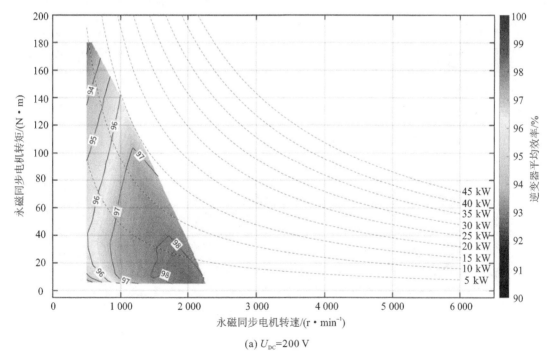

(a) $U_{DC}=200$ V

图 5.29　不同直流母线电压下的逆变器效率随转速和转矩变化的二维图

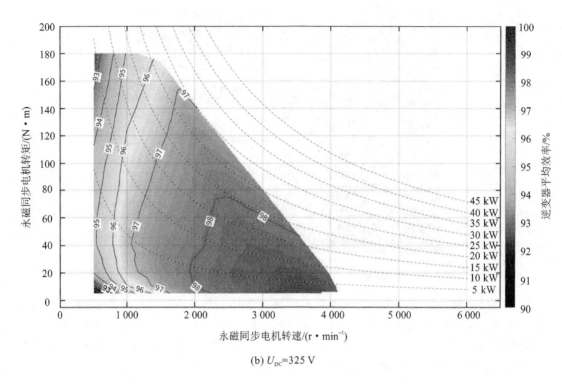

(b) U_{DC}=325 V

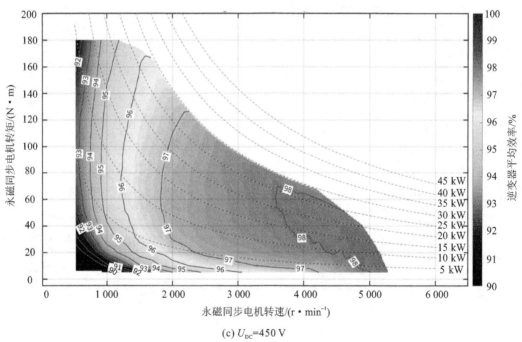

(c) U_{DC}=450 V

图 5.29　不同直流母线电压下的逆变器效率随转速和转矩变化的二维图(续)

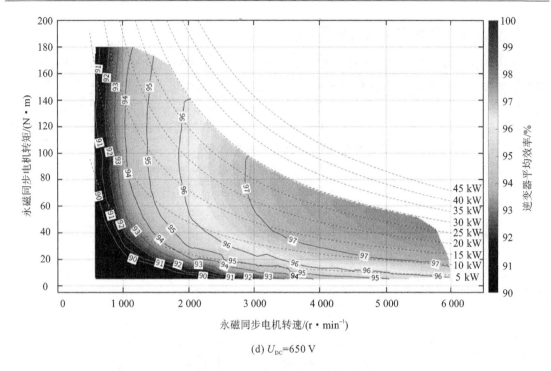

(d) $U_{DC}=650$ V

图 5.29　不同直流母线电压下的逆变器效率随转速和转矩变化的二维图(续)

表 5.7　全 SiC 逆变器的效率测试结果

直流母线电压/V	平均效率/%	峰值效率/%
200	96.7	98.7
325	97.0	98.9
450	96.3	98.2
650	95.2	97.9

　　将所有被测工况下的效率进行平均后,平均效率值为 96.3%,所有被测工况中的最大峰值效率为 98.9%。

　　图 5.30 为带机壳的全 SiC 三相逆变器样机,其功率密度达到了 12.4 kW/kg 和 17 kW/L。

图 5.30　全 SiC 三相逆变器样机

5.2.2 SiC 器件在光伏发电领域中的应用

随着光伏电池组件和逆变器成本的持续降低,太阳能光伏发电成为未来清洁能源利用的重要组成部分。到目前为止,光伏逆变器技术已经较为成熟,光伏逆变器的研发即将进入深层次阶段,以适应光伏逆变器所持续追求的高效率、高功率密度、高可靠性和低成本等目标。然而,现有光伏逆变器普遍采用 Si 器件,其性能已经接近其理论极限,未来需要从根本上提高光伏逆变器的性能,采用 SiC 等宽禁带器件将成为必然的趋势。

这里以光伏逆变器为例,对 SiC 器件在光伏发电领域的应用进行评估。

1. 三种光伏逆变器拓扑的对比

图 5.31 为典型光伏并网系统的原理示意图,该系统主要包括光伏电池组、DC/DC 变换器、电压源逆变器和 LCL 输出滤波器。根据光伏系统的功率大小,DC/DC 变换器可以采用不同的方案,这里采用的是 Buck - Boost 变换器。图 5.31 还给出了实现系统功能所需的主要控制策略。

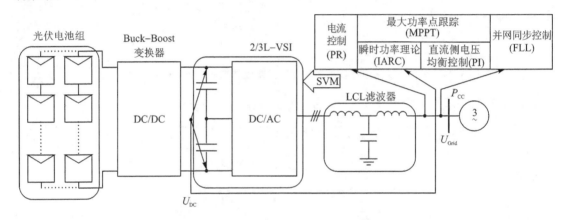

图 5.31 典型光伏并网系统的原理示意图

由于光伏发电的成本高,因此光伏逆变器必须具有高效率才能提高其市场竞争力。对于硅基逆变器,受开关损耗限制,开关频率不宜过高(一般均低于 16 kHz),这会增加磁性元件和散热器的尺寸。为了提高光伏系统的效率,目前硅基光伏逆变器普遍采用的方案是三电平拓扑,例如图 5.32(a)所示的 3L - DNPC 逆变器。与两电平逆变器相比,三电平逆变器可以通过采用更低电压定额的功率器件以及降低对滤波的要求来提高整机性能。很多光伏逆变器公司均采用这种设计,其效率典型值可达 98%。为了利用宽禁带半导体器件的高击穿电压和低开关损耗优势,一些光伏逆变器公司还提出了一种同时使用 SiC 器件和 Si 器件的 3L - BSNPC 逆变器,如图 5.32(b)所示。为了降低成本,中点钳位采用 Si IGBT 实现。这个变换器的最高效率可达 98.5%,目前已有企业量产投入市场。这种 3L - BSNPC 逆变器虽然提高了效率,但器件成本增加。为了在效率提升的同时控制成本,研究人员根据 SiC 器件的特点,提出重新采用两电平全桥逆变器的方案,如图 5.32(c)所示。

表 5.8 对基于 Si IGBT 的 3L - DNPC、基于 SiC MOSFET 作为开关器件和基于 Si IGBT 作为钳位开关的 3L - BSNPC,以及基于 SiC MOSFET 的两电平全桥逆变器进行了对比。在

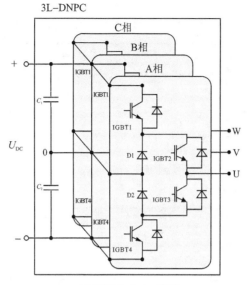

(a) Si基3L-DNPC拓扑

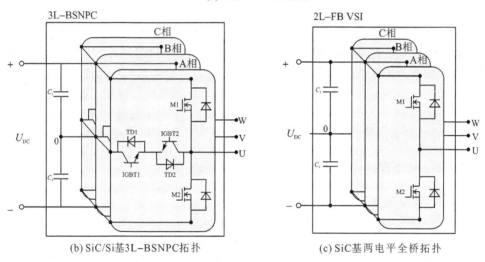

(b) SiC/Si基3L-BSNPC拓扑　　　　　(c) SiC基两电平全桥拓扑

图 5.32　三相光伏逆变器拓扑

SiC 器件未出现时,3L-DNPC 拓扑相比于两电平拓扑有一定优势,在市场上占有一定地位。但与两电平逆变器相比,三电平逆变器的器件数量增多 1 倍,相应的驱动电路、保护电路也会增加,并且需要设置直流侧电压平衡控制策略。此外,三电平逆变器还存在开关器件损耗分布不均衡等问题,从而导致整机温度分布不均衡。开关频率的增加也会加剧损耗和温度分布的不均衡,影响系统的可靠性。

表 5.8　对用 Si 器件和 SiC 器件构成的三相光伏逆变器的对比

对比的参数和性能	三相光伏逆变器拓扑		
	Si 基 3L-DNPC	SiC/Si 基 3L-BSNPC	SiC 基两电平全桥逆变器
开关管数量	12＋6 个二极管	12	6
栅极驱动电路数量	12	12	6

续表 5.8

对比的参数和性能	三相光伏逆变器拓扑		
	Si 基 3L－DNPC	SiC/Si 基 3L－BSNPC	SiC 基两电平全桥逆变器
脉宽调制算法	复杂	复杂	简单
PCB 板尺寸	大	大	小
输出滤波器尺寸	减小	减小	减小
谐波畸变率(THD)	减小	减小	增加
效率	中等	高	高
体积和重量	大	中等	小
开关应力	不均衡	不均衡	均衡
直流侧电压均衡控制	需要	需要	不需要
工作温度	低	高	高
直流侧电容器组	大	中等	小
保护电路	复杂	复杂	简单

SiC 基两电平全桥逆变器的功率器件损耗和温度分布都较为均衡,功率电路较为简单。由于 SiC 器件的开关速度快,因此开关频率可取得较高,从而降低滤波元件的尺寸和重量。输入侧直流母线的电容量可以大大减小,从而可用小容值的薄膜电容器代替铝电解电容器,克服后者寿命较短的问题。SiC 器件损耗低和耐高温的性能优势使得散热器的尺寸也可明显减小,从而进一步降低整机的体积、重量和成本。

2. 两电平 SiC 逆变器与三电平 SiC/Si 混合逆变器的比较

(1) 主要技术指标与参数

为了进一步对两电平 SiC 逆变器和三电平 SiC/Si 混合逆变器的成本和效率进行评估,按照表 5.9 的技术参数制作了 25 kV·A 功率等级的实验样机。最大直流母线电压为 1 kV,额定输出电流有效值为 37 A。由于市面上没有现成的三相功率模块可供这一功率等级的逆变器使用,因此为了构成 3L－DNPC 逆变器,采用了单桥臂 Si IGBT 模块,每相用一个模块。对于 2L－FB 光伏逆变器,直接采用 Wolfspeed 公司生产的三相 SiC MOSFET 模块。图 5.33 为 3L－DNPC 和 2L－FB 光伏逆变器的硬件实物照片。光伏逆变器的硬件可以分为以下几个主要部分:

① 三相交流输出;

② 直流输入;

③ 散热器;

④ 直流母线电容:图 5.33(a)中为电解电容,图 5.33(b)中为薄膜电容;

⑤ 功率模块:图 5.33(a)中为 Si IGBT,图 5.33(b)中为 SiC MOSFET;

⑥ 驱动电路;

⑦ DSP 控制器。

表 5.9　变换器设计指标

2L/3L 光伏逆变器技术规格		
额定功率	$S=25$ kVA	
逆变器输出相电压	$U_N=230$ V(有效值)(325 V 峰值)	
最大输出电流	$I_{max}=37$ A(有效值)(52 A 峰值)	
最大直流母线电压	$U_{DC-max}=1\,000$ V	
逆变器类型	3L‐DNPC 逆变器	2L‐FB 逆变器
开关频率	$f_{sw}=16$ kHz	$f_{sw}=50$ kHz
散热器热阻		
逆变器类型	Si 基 3L‐NPC 逆变器	SiC 基 2L‐FB 逆变器
热阻	$R_{th}=0.11$ K/W	$R_{th}=0.12$ K/W
功率器件定额		
器件类型	单桥臂 Si IGBT 模块 F3L50R06W1E3B11	三相 SiC MOSFET 模块 CCS050M12CM2
额定电压、电流	$U_{(BR)CE}=600$ V $/I_C=50$ A	$U_{(BR)DS}=1\,200$ V $/I_D=52$ A
最大允许结温和壳温	$T_j=135$ ℃ $T_C=80$ ℃	$T_j=135$ ℃ $T_C=100$ ℃
直流侧和输出滤波器的规格		
逆变器类型	3L‐DNPC 逆变器	2L‐FB 逆变器
直流母线电容	32 μF	10 μF
总输出滤波电感	0.52 mH	0.32 mH

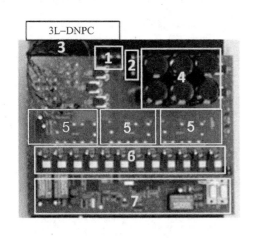

(a) Si基3L–DNPC逆变器

(b) SiC基2L–FB逆变器

图 5.33　3L‐DNPC 和 2L‐FB 光伏逆变器的硬件构成

(2) 成本比较

根据逆变器中所用的元器件,对 Si 基 3L‐DNPC 和 SiC 基 2L‐FB 光伏逆变器的硬件成本进行了评估对比。具体考虑如下：

1) 功率模块

如前所述,两种逆变器选择相近定额的功率模块。3L - DNPC 逆变器使用英飞凌公司的 Si IGBT 模块,每相需要 1 个,三相一共用 3 个。2L - FB 逆变器使用 Wolfspeed 公司的三相 SiC MOSFET 模块。

2) 驱动电路

功率模块的驱动电路是专门定制的,由驱动芯片、隔离型 DC/DC 电源模块和线性调节器等构成。Si IGBT 和 SiC MOSFET 的驱动电路价格列于表 5.10 中。

3) 印制电路板(PCB)

PCB 采用 Altium Designer 软件设计,由 PCB 专业厂家 PCBCART 公司生产。PCB 价格基本上由层数和面积决定。

4) 散热器

散热器从 HS - Marston 公司订购。散热器价格主要由冷却方法、散热器热阻抗和功率损耗决定。散热器的热阻 Z_{th} 选取值根据最大允许结温和器件在额定工况下工作的外壳温度计算得到。

5) 直流母线电容

直流母线电容按照最大电压纹波为直流母线电压的 5% 计算。SiC 基逆变器所需的电容量仅为 Si 基逆变器的 1/3。电容器从 Vishay Roederstein 公司购得。

6) LCL 滤波器

输出滤波器由 Trafox 公司制作。SiC 基逆变器的滤波电感值比 Si 基逆变器的降低了 40% 左右。

光伏逆变器主要部件的价格列于表 5.10 中。与 Si 基 3L - DNPC 逆变器相比,由于 SiC 基 2L - FB 逆变器的输出滤波器的尺寸减小(滤波电感值降低 40%),直流母线电容减小(电容量降低 70%),栅极驱动电路数量减半,PCB 尺寸更小,因此其硬件总成本比 3L - DNPC 逆变器的低约 8.8%。

表 5.10 变换器硬件成本分析对比

序 号	主要组成	三相光伏逆变器			
		3L - DNPC			2L - FB
		价格/€	厂 商		价格/€
1	器件模块	3×60	lnfineon IGBT	Cree MOSFET	360
2	栅极驱动电路	12×24.2	专门定制		6×23.5
3	印制电路板(尺寸/cm²)	23 (30×20)	PCBCART		12.5 (20×15)
4	散热器	60	HS - Marston		55
5	直流母线电容	52	Vishay Roederstein		24
6	LCL 滤波器	154	Polylux - Trafox		102
总价/€		755.6		694.5	

由成本对比可见,虽然 SiC MOSFET 模块的价格高于 Si IGBT 模块,但应用 SiC MOSFET

模块制成的 2L-FB 逆变器降低了电路复杂程度。与 Si 基的 3L-DNPC 拓扑相比,SiC 基的 2L-FB 逆变器可选择更高的开关频率,使得无源元件的尺寸和成本都有明显降低,同时驱动电路和 PCB 板的成本也更低,从而降低光伏逆变器的总体成本。从表 5.10 可见,这里所研制的 25 kVA 功率等级的 SiC 基 2L-FB 逆变器已有硬件成本优势。

(3) 效率比较

图 5.34 为效率测试对比。当输出功率为 9 kW 以上时,SiC 基 2L-FB 逆变器(开关频率为 50 kHz)的效率高于 Si 基 3L-DNPC 逆变器的效率。需要说明的是,这里的效率测试仅测试了逆变器本身的效率,而未考虑 LCL 滤波器。

从以上分析对比可见,SiC 基两电平全桥逆变器具有更高的效率,同时因器件数目大幅减少,热量分布更加均匀,所以提高了整机的可靠性,降低了电路的复杂程度、重量和尺寸,且在成本上也具有竞争优势。

因此,新型 SiC 功率器件的器件优势给光伏逆变器带来整机性能和成本上的优势,必将逐步改变光伏逆变器的现有格局,使得 SiC 功率器件在光伏发电电能变换领域得到更广泛的认可和应用。

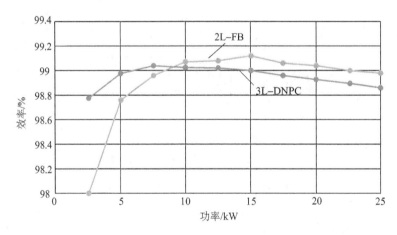

图 5.34　3L-DNPC 和 2L-FB 光伏逆变器的效率测量曲线

5.2.3　SiC 器件在照明领域中的应用

据报道,当前全球照明用电占到总用电量的 19% 左右,我国照明用电占全社会用电量的 14% 左右。节约照明用电对提升各国能源电力综合效率、应对全球能源危机、完成节能减排目标等具有重要的意义。LED 照明比现有照明设备体积小、重量轻,效率更高,成本更低,正在逐步替代传统照明产品。

LED 照明的性能有赖于合适的驱动电源,目前的驱动电源一般采用 Si 基功率器件制成。这里以 LED 照明驱动电源为例,对 SiC 器件在照明领域的应用进行评估。

对于小功率 LED 照明驱动电源(功率低于 100 W),因单级拓扑(如图 5.35(a)所示的准谐振反激拓扑)的元件数目少、成本低、性能良好,因而得到广泛的采用。对于更大功率的 LED 驱动电源,因单级拓扑的输入电压范围受限、效率低,需要额外的浪涌保护,所以其应用受到了限制,此时两级拓扑结构具有更高的性价比,常用的拓扑结构如图 5.35(b)所示,前级是 Boost 型 PFC 电路,后级是 LLC 谐振半桥电路。

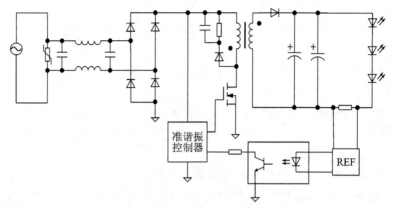

(a) 单级反激式LED照明驱动电源拓扑

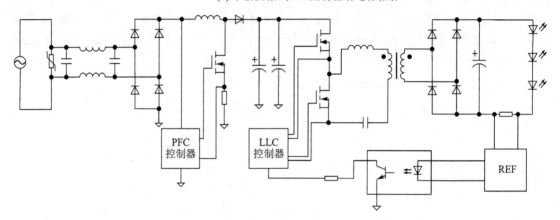

(b) 由Boost型PFC和LLC半桥组成的两级拓扑结构

图 5.35　两种典型 LED 照明驱动电源电路结构

1. 单级 LED 照明驱动电源

现有 LED 照明驱动用单级拓扑以 Si MOSFET 作为功率器件,当变换器的功率较大时,存在效率低、工作电压范围受限、EMI 滤波器成本高、浪涌保护元件成本高和输出电流纹波大的问题。采用 SiC 器件代替现有的 Si MOSFET 能否缓解上述问题,拓宽单级拓扑的功率应用范围均有待评估。

(1) 效率和工作电压

相同功率等级下,单级拓扑中的功率 MOSFET 的电压和电流应力通常比两级拓扑的大。当工作电压范围变宽时,电压和电流应力也会变大,迫使变换器必须提高 MOSFET 的耐压值,但这会使效率降低,成本增加。所以,目前单级拓扑结构只用于工作电压范围较窄的低功率场合。

表 5.11 列出了不同类型 MOSFET 功率管的主要电气参数,与 Si MOSFET 中性能最好的 CoolMOS 相比,1 200 V 电压等级的 SiC MOSFET 尽管耐压值比 900 V 的 CoolMOS 高,但其器件性能评价参数(包括 $R_{DS(on)} \times C_{OSS}$ 和 $R_{DS(on)} \times Q_G$)却比 CoolMOS 好 4~15 倍。因此,当工作电压范围相同时,将 SiC MOSFET 应用于单级拓扑,并可把与用 CoolMOS 制作的

两级拓扑效率相当的功率范围拓展为现在的 3 倍左右。

表 5.11　不同类型 MOSFET 功率管的主要电气参数

类　别	型　号	U_{DS}/ V	$R_{DS(on)}$/mΩ		Q_G/ nC	C_{oss}/ pF	器件性能评价参数	
			25 ℃	150 ℃			$R_{DS(on)} \times C_{oss}$/ ($\Omega \cdot$ pF)	$R_{DS(on)} \times Q_G$/ ($\Omega \cdot$ nC)
SiC MOSFET	C2M0280120D	1 200	280	350	20	23	8	7
	C2M0160120D	1 200	160	290	34	47	14	10
Si MOSFET	IXFB44N100Q3	1 000	275	743	280	224	166	208
	20N95K5	950	330	828	47	52	43	39
	9R120C	900	120	330	300	96	32	99

图 5.36 为分别采用 CoolMOS 和 SiC MOSFET 的 LED 照明驱动电源的效率对比。输入电压范围为 120～277 V AC,额定输出功率为 220 W。采用 SiC MOSFET 的单级驱动电源比用 CoolMOS 制作的两级驱动电源效率更高。应用 SiC MOSFET 后,可拓展单级式 LED 照明驱动电源的功率适用范围和输入电压范围。

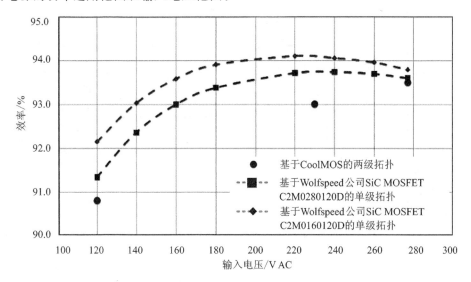

图 5.36　LED 照明驱动电源的效率与输入电压的关系图

（2）EMI 滤波器

单级大功率 LED 照明驱动电源的另一个缺点是需要较昂贵的 EMI 滤波器。EMI 的幅频特性往往与拓扑类型和工作模式相关,因此,将开关器件从 Si MOSFET 换为 SiC MOSFET 后是否能改善 EMI 的特性有待评估。B 类传导 EMI 往往限制在 150～500 kHz 范围内,下降斜率为 20 dB/dec。单级拓扑通常采用两级 EMI 滤波器,最大衰减斜率为 80 dB/dec。所以当 EMI 滤波器的尺寸一定时,开关频率越高,谐波频谱衰减越快。

图 5.37(a)为两级 LED 照明驱动电源的前级 DCM 模式 Boost 型 PFC 的 EMI 特性曲线。为了避免基波开关频率达到 EMI 频谱的下限（150 kHz）,前级开关频率一般取为 60～150 kHz。为了满足 EMI 标准的要求,一般采用两级 EMI 滤波器来减小 2 次谐波、3 次谐波

及更高次的谐波。图 5.37(b)为采用 SiC MOSFET 的单级 LED 照明驱动电源 EMI 的幅频特性。开关频率取得较高(高于 200 kHz),EMI 滤波器与两级拓扑取为相同,在开关频率处可获得 1 dB 的额外衰减效果,2 次谐波可衰减 35 dB,3 次谐波可衰减 40 dB,从而无须额外增加 EMI 滤波器就可满足 EMI 标准的要求。

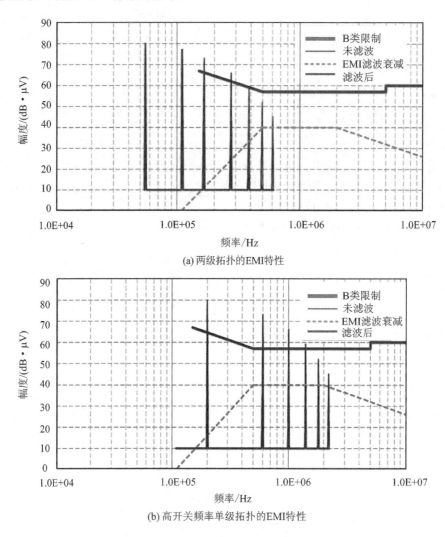

图 5.37　不同拓扑的 EMI 特性

(3)浪涌保护能力

两级拓扑中存在中间直流母线电容,该电容有助于为功率 MOSFET 提供浪涌保护。而单级拓扑往往在驱动电源的输出端放置大容量电容,限制输出纹波,因此单级 LED 照明驱动电源的功率 MOSFET 更易因浪涌产生过压问题。为了保证器件和电路安全工作,单级拓扑必须采用比两级拓扑更大的浪涌保护元件和电路,所以其成本也更高。由于 SiC MOSFET 具有更优的特性,因此使用 SiC MOSFET 制作的单级 LED 照明驱动电源可以有效解决这一问题。图 5.38 给出额定电压为 900 V 的 Si MOSFET 和额定电压为 1 200 V 的 SiC MOSFET 的浪涌保护能力比较。SiC MOSFET 的阻断电压为 1 200 V,雪崩电压为 1 600 V,具有较好的阻断能力。由于 1 200 V SiC MOSFET 的最大浪涌电流是 900 V Si MOSFET 的 2.5 倍以上,浪涌功率能力是 Si MOSFET 的 4～5 倍,因此,采用 1 200 V SiC MOSFET 的单级拓扑,浪涌承受能力是采用 900 V Si MOSFET 的单级拓扑的 4～5 倍。如果采用 SiC MOSFET,则不需要额外增加浪涌保护元件的成本就可以达到 4～6 kV 的浪涌要求;而采用 900 V Si MOSFET,若要达到同样的要求,则浪涌保护元件的尺寸和成本至少要增加 2.5 倍。

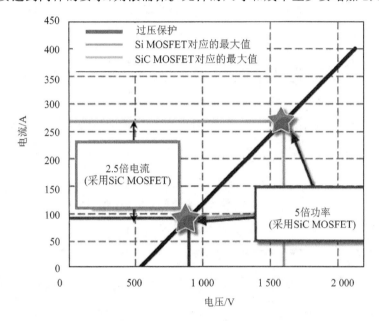

图 5.38　浪涌保护能力对比

(4) 输出电流纹波

与两级拓扑相比,单级 LED 照明驱动电源的输出电流纹波较大。输出电流中的工频纹波会导致 LED 阵列输出光的变化(光闪烁)。固态照明系统技术联盟(ASSIT)制定的最大光闪烁标准规定在 100 Hz 时,光闪烁不大于±10%,在 120 Hz 时,不大于±15%。

图 5.39 是 LED 供电电流纹波与输出光变化的关系曲线。由图可知,±15% 的电流变化会引起±10% 左右的输出光变化。虽然对于不同类型的 LED,其电流纹波与输出光变化的关系并不完全相同,但通常来说,把输出电流纹波控制在±10% 以内可以满足绝大多数 LED 阵列的闪烁标准的要求。

两级拓扑中间的大容量直流母线电容可以吸收工频能量的变化,后级电路采用高带宽电流环来补偿直流母线电压的浮动,将输出电流纹波减小到±5%。由于单级拓扑中没有直流母线电容,而只有输出电容用于储能滤波,因此通常所采用的低带宽平均电流控制并不能有效抑制输出电流中的工频纹波成分。把功率管从 Si MOSFET 更换为 SiC MOSFET 并不能立即克服单级拓扑的这个缺陷,但却可以通过改变输出电容的尺寸和适当调整电流控制回路等方法来减小输出电压纹波,从而减小输出电流纹波。

当电压纹波一定时,LED 阵列的动态电阻决定了纹波电流的大小。高性能的 LED 一般具有较小的动态电阻,因此,即使纹波电压较小也会产生较大的纹波电流。图 5.40 为采用 SiC MOSFET 的单级驱动电源给高性能 LED 阵列(Cree 公司 XLamp® XPG2 的高亮度 LED)供电时的电流纹波测试波形。120 Hz 时的电流纹波为±11%,相当于±9% 的光闪烁,

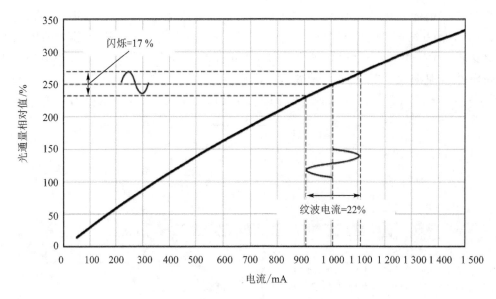

图 5.39　LED 电流纹波与光通量的关系曲线

较好地满足了 ASSIT 联盟规定的 ±15% 的限制要求。

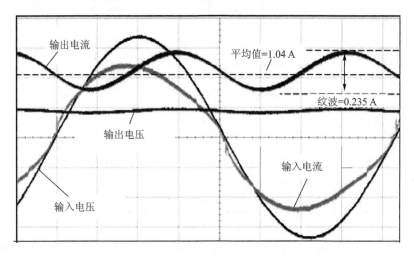

图 5.40　基于 SiC MOSFET 的 LED 单级反激驱动电源的电流纹波测试波形

　　SiC 基单级反激驱动电源中的输出电容与 Si 基两级驱动电源中的直流母线电容和输出电容总量相当,因此,两种驱动电源方案的电容成本相当。

　　一般而言,电容的成本只占整个 LED 照明驱动电源的 8%～10%,因此,在增大输出电容改善输出纹波时并不会明显增加成本。

　　(5) Si 基两级与 SiC 基单级 LED 照明驱动电源的性能对比

　　表 5.12 列出了采用 CoolMOS 制作的两级 LED 照明驱动电源和采用 SiC MOSFET 制作的单级反激 LED 照明驱动电源的主要性能参数对比。图 5.41 为实物照片,两种驱动电源的额定输出功率均为 220 W,具有相似的输入电压范围、效率、THD 和功率因数。单级拓扑的输出电流纹波比两级拓扑的稍大些,但仍满足 ASSIT 联盟的标准要求。与两级式拓扑相比,采

用 SiC MOSFET 的单级拓扑可以节约 15％左右的成本,减小体积约 40％,降低重量约 60％,且在纹波电流允许的范围内能够满足 B 类 EMI 标准和线电压为 4 kV 的浪涌要求。

表 5.12　220 W Si 基两级拓扑与 SiC 基单级拓扑的主要性能比较

参　数	Si 基两级拓扑	SiC 基单级拓扑
交流输入电压范围/V	120～277	120～277
直流输出电压范围/V	150～210	150～210
最大输出电流/A	1.45	1.45
最大效率/％	93.5	93.7
输入 THD/％	＜20	＜20
输入功率因数	＞0.95	＞0.95
输出电流纹波/％	±5	±10
尺寸/mm³	220×52×30	140×50×30(小 40％)
质量/kg	1.3	0.5(轻 60％)
相对成本	1.00	0.85(低 15％)

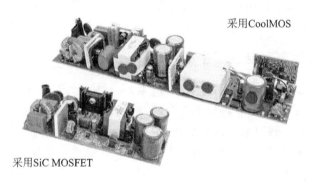

采用CoolMOS

采用SiC MOSFET

图 5.41　采用不同功率器件的 220W LED 照明驱动电源实物对照

表 5.13 列出两种 LED 照明驱动电源方案的成本估算对比。表中列出 SiC 基单级 LED 照明驱动电源中所用的各类元件与 Si 基两级 LED 照明驱动电源中对应元件的节省比例。虽然元件的实际价格会随元件批量的多少而相应改变,但两种方案的相对价格比例基本不变。

表 5.13　两种方案的成本节省比较

元　件	成本节省/％	备　注
磁性元件	45	磁性元件由 2 个减少为 1 个
MOSFET	−51	3 个高速 CoolMOS 减为 1 个 Wolfspeed 公司的 SiC MOSFET
高频二极管	85	5 个高频二极管(前级 PFC 中 1 个,后级半桥 LLC 中 4 个)减为 1 个高频二极管(Flyback 中用 1 个)
控制器	22	两个控制器(前级 PFC 中 1 个,后级半桥 LLC 中 1 个)减为 1 个(Flyback 中用 1 个)
PCB	40	因尺寸减小,故节约成本 40％
机壳	29	因尺寸减小,故节约成本 29％
电容器	0	两种方案使用的电容器容值与数量相当

元　件	成本节省/%	备　注
封装	40	因尺寸减小,故节约成本 40%
其他	5	因散热器、螺钉等硬件的减少而稍微节约成本
总计	17	—

2. SiC 器件对 LED 照明驱动电源格局的改变

Si 基单级 LED 照明驱动电源具有成本低、体积小、重量轻等优点,但其只适用于低功率输出(低于 100 W),对于更大的输出功率,则必须采用两级 LED 照明驱动电源。然而,SiC MOSFET 的出现改变了单级和两级 LED 照明驱动电源的功率格局。SiC 基单级 LED 照明驱动电源的适用功率范围拓展至 250~300 W,简化了电路结构,节约了成本。而对于 300 W 以上的 LED 照明驱动电源,采用 SiC 基两级拓扑可比现有 Si 基两级拓扑获得更宽的输入电压适用范围(90~528 V AC)、更高的效率(大于 95%)和更高的功率密度。因此,采用 SiC MOSFET 器件不仅拓宽了单级 LED 照明驱动电源的功率适用范围,而且对于更高的功率等级,SiC MOSFET 也是 LED 照明驱动电源非常有竞争力的功率器件,有望推动 LED 照明驱动电源的发展和进步。

5.2.4　SiC 器件在家电领域中的应用

为了促进家电产品的高效节能工作,目前家电领域也广泛引入各类电力电子变换器。家用电器产品种类较多,这里主要以感应加热为例,对 SiC 器件在家电领域的应用进行评价。

感应加热是利用电磁感应原理进行加热,是目前工业和民用领域中最为先进的加热技术。从 20 世纪 90 年代末开始,谐振变换器和 Si IGBT 器件在感应加热功率变换器中的使用,大大促进了感应加热性能的提升。

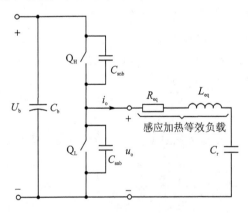

图 5.42 为半桥串联谐振拓扑,它是目前感应加热领域最为常用的功率拓扑之一。感应加热负载用 R_{eq} 和 L_{eq} 表示,C_r 是谐振电容。该拓扑的开关频率一般高于谐振频率,以实现零电压开通;同时在 IGBT 两端并联无损吸收电容 C_{snb},以减小关断损耗。但这种拓扑仍存在一些问题:

① 受损耗限制,Si IGBT 的开关频率一般限制在 100 kHz 以下,导致谐振元件的体积和重量较大;

图 5.42　感应加热用半桥串联谐振变换器

② 由于感应加热负载的材料和位置经常变化,而谐振变换器通常需要精确的调节控制,负载的这一特点增加了调节的难度,因此对变换器性能和可靠性有很大的影响;

③ 当变换器工作在谐振频率点时若突然撤去负载,就相当于电路发生了瞬时故障。

随着 SiC 器件的发展和逐步成熟,很多研究工作者采用 SiC 器件制作感应加热功率变换器,以考察其性能改善空间。由于 SiC 器件的开关速度较快,因此开关损耗相对较小,这使得采用如图 5.43 所示的非谐振变换器成为可能,从而使得感应加热避免了因使用谐振变换器而带来的种种缺陷。

为了对不同功率器件在如图 5.43 所示拓扑中的特性进行实验对比,建立了如图 5.44 所示的实验测试平台。图(a)为原理图,图(b)为适应不同功率器件的 PCB 板,图(c)为用于改变工作温度的热板。用于对比的 SiC 功率器件的主要电气参数列于表 5.14 中。

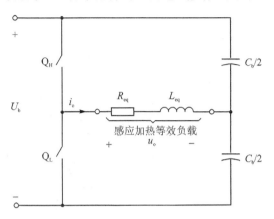

图 5.43　感应加热用非谐振半桥拓扑

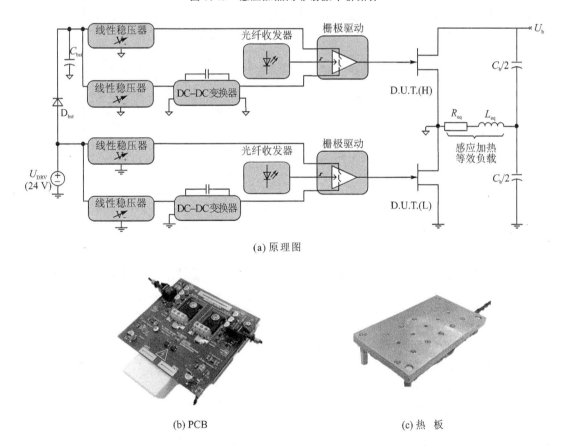

(a) 原理图

(b) PCB　　　　　　　　　(c) 热　板

图 5.44　通用测试平台

表 5.14　SiC 器件的主要电气参数($T_j = 25$ ℃)

器　件	厂　商	封　装	主要参数	
SiC MOSFET	Wolfspeed	TO - 247	$I_{D(max)}$	42 A
			U_{max}	1 200 V
			$U_{DS(sat)}$	—
			$R_{DS(on)}$	80 mΩ
			t_f	24 ns
			$U_{GS(th)}$	2.64 V
耗尽型 SiC JFET	Semisouth	TO - 247	$I_{D(max)}$	48 A
			U_{max}	1 200 V
			$U_{DS(sat)}$	—
			$R_{DS(on)}$	35 mΩ
			t_f	22 ns
			$U_{GS(th)}$	−5 V
增强型 SiC JFET	Semisouth	TO - 247	$I_{D(max)}$	30 A
			U_{max}	1 200 V
			$U_{DS(sat)}$	—
			$R_{DS(on)}$	50 mΩ
			t_f	30 ns
			$U_{GS(th)}$	1 V
SiC BJT	TranSiC (Fairchild)	TO - 247	$I_{C(max)}$	50 A
			U_{max}	1 200 V
			$U_{CE(sat)}$	0.8 V
			$R_{DS(on)}$	16 mΩ
			t_f	—
			β	30

实验测试结果及分析如下。

(1) 开关性能

如图 5.43 所示的拓扑易于实现零电压开通，因此对于开关性能的对比侧重于关断过程。SiC MOSFET、耗尽型 SiC JFET、增强型 SiC JFET 和 SiC BJT 的典型关断时间分别为 123 ns、37 ns、67 ns 和 100 ns，对应的关断 di/dt 如表 5.15 所列。

表 5.15　SiC 器件关断性能对比

器　件	di/dt/(A·μs^{-1})(25 ℃)	di/dt/(A·μs^{-1})(125 ℃)
SiC MOSFET	373	264
耗尽型 SiC JFET	482	477
增强型 SiC JFET	907	867
SiC BJT	469	304

感应加热场合的温度变化范围较宽,很可能从 25 ℃迅速变化至 125 ℃,因此需考察功率器件的开关特性与温度的关系。

在几种 SiC 器件中,SiC MOSFET 和 SiC BJT 的关断速度随着温度的升高变化较大,当温度从 25 ℃升高到 125 ℃时,两种器件的关断速度的变化幅度分别达到 30% 和 35%。而对于 SiC JFET,关断速度随温度变化较小,这一关断特性特别适合于感应加热场合。

（2）导通性能

不同功率器件的导通特性如图 5.45 所示。表 5.16 列出导通电流为 40 A 时不同器件的通态压降。由于这些功率器件的管芯面积和电流定额并不完全相同,因此通态压降相差较大。其中,SiC MOSFET 的通态压降最高,在导通电流增大时尤为明显;SiC JFET 的通态压降处于中间;耗尽型 SiC JFET 的导通压降比增强型 SiC JFET 的略低些;SiC BJT 的通态压降最低。每种 SiC 器件和 Si IGBT 的通态压降（在大电流时）均表现出正温度系数。前文已述及 SiC JFET 的开关特性与温度关系不大,但由图 5.45 和表 5.16 可知,SiC JFET 的导通特性受温度影响较大。

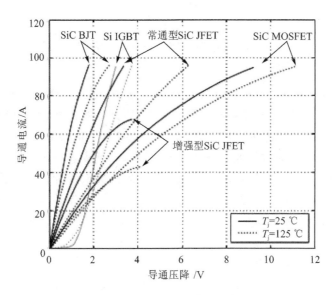

图 5.45　不同功率器件的导通特性对比

表 5.16　不同功率器件的导通压降对比（$I_D = 40$ A）

器　件	$U_{on}/V(25\ ℃)$	$U_{on}/V(125\ ℃)$
SiC MOSFET	2.4	3.1
耗尽型 SiC JFET	1.2	2.2
增强型 SiC JFET	1.2	3.2
SiC BJT	0.6	0.8
Si IGBT	2	2.3

（3）效　率

图 5.46 绘出采用不同功率器件测得的效率曲线。由于 SiC 器件的开关损耗相对较小,因此在功率器件的损耗中,导通损耗占了主要部分;效率测试结果与导通损耗的规律相似。采用

SiC BJT 时的整机效率最高,采用 SiC MOSFET 时的整机效率最低,采用 SiC JFET 时的整机效率居中。采用 SiC 器件,尤其是 SiC BJT,比采用 Si IGBT 的效率优势明显。但需要指出的是,这里用于对比测试评价所选用的开关频率仅为 20 kHz,对于其他的开关频率,图 5.46 中的效率曲线对比关系可能会发生变化。

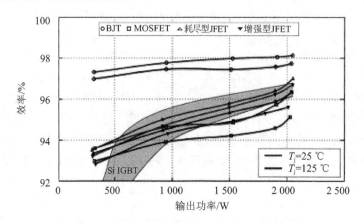

图 5.46 采用不同功率器件的效率测试结果

(4) 温度漂移

由于感应加热场合的环境温度较高,且温度变化较快,因此必须考虑温度对器件参数的影响,以防止出现温度正反馈,导致变换器故障。表 5.17 列出器件参数随温度变化的情况。当环境温度从 25 ℃变化到 125 ℃时,SiC MOSFET 和 SiC BJT 的参数变化幅度为 30%左右,而 SiC JFET 的导通压降和关断时间变化规律却相差很大。耗尽型 SiC JFET 的导通压降变化幅度达 85%,增强型 SiC JFET 的导通压降变化幅度达到 126%,而两者的关断时间随温度变化的幅度很小,因此 SiC JFET 不适合温度变化较大的低频场合;但对于医用场合,如给非铁磁材料或磁性纳米粒子采用兆赫兹频率感应加热时,由于 SiC JFET 的开关损耗的温度稳定性,使得应用 SiC JFET 作为功率器件具有很明显的优势。此外从图 5.46 也可以看出,所有器件的损耗均随温度的升高而增加,效率随温度的升高而下降。

表 5.17 环境温度从 25 ℃升高到 125 ℃时的器件参数变化率

器　件	$\Delta U_{on}/\%$ ($I_{DEV}=40$ A)	$\Delta t_f/\%$
SiC MOSFET	24.2	29.2
耗尽型 SiC JFET	85.4	1.0
增强型 SiC JFET	126.7	4.4
SiC BJT	31.7	34.5
Si IGBT	15.1	—

除了感应加热外,在空调、冰箱、洗衣机等家电领域中,SiC 器件均比 Si 器件表现出更明显的应用优势,随着 SiC 器件成本的逐步降低和 SiC 基变换器整机性价比的不断提升,SiC 器件势必会在更多的家用电器中得到更广泛的应用。

5.2.5　SiC 器件(宽禁带器件)在数据中心领域中的应用

随着信息大爆炸和各行业对数据中心依赖程度的日益加深,构建绿色数据中心已经成为国家战略、企业发展乃至人们生活不可或缺的重要组成部分,也是国家信息化发展以及通信、金融、电力、政府、互联网等各行业实现"数据集中化、系统异构化、应用多样化"的有力支撑和重要保障。加强互联网节能建设,降低数据中心能源消耗,是建设资源节约型社会的迫切需要。因此,数据中心供电系统在满足供电可靠性的前提下,应向更高能效、更小占地、智能化和系统化方向发展。

统计数据表明:数据中心近一半的能源损耗在了功率转换、功率传输和冷却系统等环节中,功率转换和功率传输环节消耗的能量成本甚至超过了服务器硬件的成本,因此迫切需要提高数据中心供电系统的效率。

传统的数据中心供电系统如图 5.47 所示,主要包含不间断电源(UPS)、功率传输单元(PDU)、电源单元(PSU)和电压调节器(VR)等多级转换单元,采用交流母线进行能量传输。由于存在多级功率转换,且每一级功率转换的效率并不高,因此传统数据中心供电系统的最高效率仅有 67%。表 5.18 列出传统数据中心供电系统各级功率转换的具体情况。

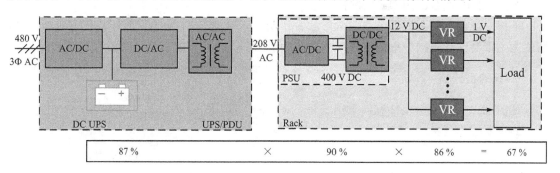

图 5.47　传统的数据中心供电系统

表 5.18　传统数据中心供电系统各级功率转换情况

转换单元	变换器类型	U_{in}	U_o	P_o/kW	功　能	效率/%
UPS/PDU	AC/DC	480 V AC	380~410 V DC	19	将 480 V AC 输入交流电压转换为 208 V AC 交流母线电压,PSU 能承受的交流电压范围是 90~264 V AC	87
	DC/AC	380~410 V DC	208 V AC			
	AC/AC	208 V AC	208 V AC			
PSU	AC/DC	208 V AC	380~410 V DC	0.9	得到 12 V 直流电压,为负载变换器供电	90
	DC/DC	380~410 V DC	12 V DC			
POL	DC/DC	12 V DC	1 V DC	0.4	为电子负载供电	86

为了提高数据中心供电系统的效率,可以考虑减少功率转换环节,因此,如图 5.48 所示的高压直流母线供电系统应运而生。与传统的交流母线供电系统相比,高压直流母线供电有效地减少了功率转换环节,前端整流后的 380~400 V 直流电压作为高压直流母线电压,直接接到 IBC 单元。IBC 单元再将 400 V DC 降到 12 V DC,给电压调节器供电。该供电系统的整体效率可达 73%~77%,比传统交流供电方案的效率已有明显提高。

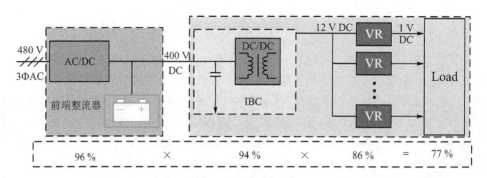

图 5.48　高压直流数据中心供电系统

　　为了进一步提高数据中心供电系统的效率,还需要提高每一级变换器的转换效率。宽禁带器件具有导通压降低、开关速度快的优势,在数据中心供电系统各级变换器中使用宽禁带器件,可以有效提高变换器的转换效率。SiC 器件和 GaN 器件的耐压等级和适用场合有所不同,前者的耐压相对高些,适用于功率较大的场合,后者耐压相对低些,适用于中小功率的场合。因此,在数据中心高压直流供电系统中,前级整流器(AC/DC)适合采用 SiC 器件,中间级和负载点变换器适合采用 GaN 器件。

　　下面以美国田纳西大学与奥本大学联合研制的三级式数据中心供电电源系统样机为例,阐述宽禁带器件在数据中心供电系统中的应用优势。

1. 前端整流器

　　如图 5.49 所示,前端整流器采用三相 Buck 型 PWM 整流器。表 5.19 是该 PWM 整流器样机的主要技术规格。

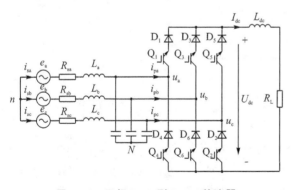

图 5.49　三相 Buck 型 PWM 整流器

表 5.19　三相 Buck 型 PWM 整流器的主要技术规格

参　数	数　值
额定输出功率/kW	7.5
输入电压/V AC	480(±10%)
额定输入电流/A	9
额定输出电压/V DC	400
额定输出电流/A	18.75
输入功率因数	>0.99
电流谐波因数	<5%
环境温度/℃	50

　　图 5.50 为三相 Buck 型 PWM 整流器的原理样机照片,采用液冷式散热,冷却液由 50% 的乙二醇和 50% 的水混合而成。前端整流器分别采用 Si 器件(Si IGBT:IKW40N120T2;Si Diode:RHRG75120)和 SiC 器件(SiC MOSFET:CMF20120D;SiC SBD:SDP60S120D)进行对比测试。Si 基变换器的开关频率设置为 20 kHz,SiC 基变换器的开关频率设置为 28 kHz。

　　图 5.51 为 Si 基变换器和 SiC 基变换器的损耗、体积和重量对比。SiC 基变换器在其开关

图 5.50　SiC 基三相 Buck 型 PWM 整流器的样机实物图

频率比 Si 基变换器提高 40％的情况下,损耗降为 Si 基变换器的 42％,无源元件的体积和重量分别降为 Si 基变换器的 72％和 82％。

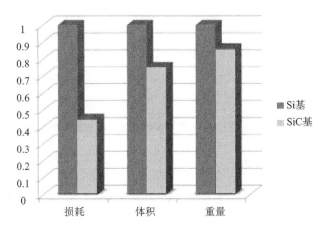

图 5.51　Si 基和 SiC 基变换器的比较

　　图 5.52 是网侧电压为 480 V AC,满载时 SiC 基三相 Buck 型 PWM 整流器样机的测试波形,输入功率因数为 0.999 6,输入电流总谐波(THD)为 2.9％,满足设计要求。

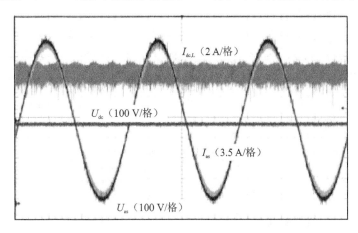

图 5.52　SiC 基三相 Buck 型整流器样机波形

　　图 5.53 给出了环境温度为 50 ℃,不同并联开关数目下的效率曲线对比。开关器件并联有利于降低等效导通电阻,从而降低导通损耗,在重载时优势较为明显。但在轻载时,多个开关器件并联会增大驱动损耗,可能会降低效率,因此要优化选择并联数目。当使用 4 个 SiC MOSFET 和 2 个 SiC SBD 并联组成开关器件时,整流器的效率最高,最高功率达 98.55%,满载效率为 98.54%。

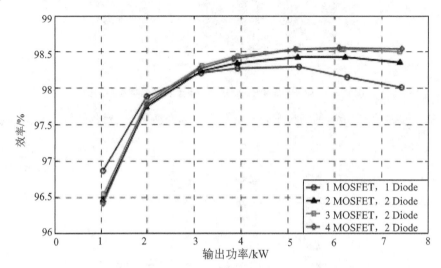

图 5.53　SiC 基三相 Buck 型 PWM 整流器样机效率曲线对比

2. 中间母线变换器

　　中间母线变换器(IBC)要求具有高效率和高功率密度。LLC 谐振变换器在将 400 V 直流母线电压降至 12 V DC 时的变换过程中,可同时实现原边功率管的零电压开通和副边功率管的零电流开通,所以目前一般选择如图 5.54 所示的半桥 LLC 谐振变换器作为 IBC 的主电路拓扑。表 5.20 为 LLC 谐振变换器的主要技术规格。GaN HEMT 器件由于具有较小的结电容和无反向恢复电荷等优点,非常适用于高频 LLC 谐振变换器。原边开关管采用 Transphorm 公司电压定额为 600 V 的 Cascode GaN HEMT 器件,型号为 TPH3006;副边同步整流管采用 EPC 公司电压定额为 40 V 的 eGaN FET 器件,型号为 EPC2015。为便于对比,同时制作了 Si 基 LLC 谐振变换器。所选用的 Si 器件为:原边开关管采用 Infineon 公司的 Si CoolMOS,型号为 IPP60R165CP,副边同步整流管采用 Infineon 公司的 Si OptiMOS,型号为 BSC035N04LS。

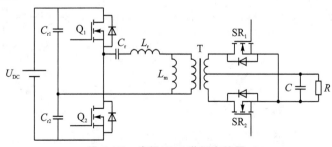

图 5.54　半桥 LLC 谐振变换器

表 5.20　半桥 LLC 谐振变换器的主要技术规格

参　数	数　值	参　数	数　值
输出功率/W	300	开关频率/MHz	1
输入电压/V DC	400(1±1%)	保持时间/ms	20
输出电压/V DC	12±0.5		

如图 5.55 所示为 GaN 基和 Si 基 LLC 谐振变换器的效率曲线对比。在半载以上,GaN 基变换器的效率比 Si 基变换器的效率高 0.5% 左右。轻载时,GaN 基变换器的效率优势更为明显,当负载电流为 5 A 时,GaN 基变换器的效率比 Si 基变换器的效率高 4%,其主要原因在于轻载时,开关损耗是功率管的主要损耗,而 GaN HEMT 比 Si MOSFET 具有更小的寄生电容,开关时间缩短,因此开关损耗更小。

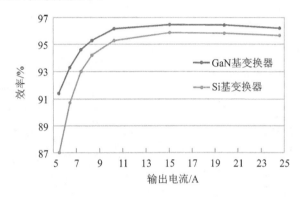

图 5.55　GaN 基和 Si 基 LLC 谐振变换器的效率对比

3. 负载点变换器

负载点(POL)变换器是数据中心高压直流供电系统的最后一级,其主要作用是将 12 V 直流电压降为 1 V 左右的直流电压,为计算机负载供电。POL 变换器的主电路拓扑一般采用多相交错并联的同步整流 Buck 变换器。图 5.56 为五相交错并联的同步整流 Buck 变换器实物,拓扑中每个开关管采用两个 eGaN FET 器件并联以减小导通损耗。单路 Buck 变换器的开关频率为 170 kHz,由于五相电路互错 72°,因此整个 POL 变换器的等效开关频率为 850 kHz。采用五相交错并联的电路拓扑大大减小了输出电压的纹波,最大输出功率可达 150 W,在输出功率大于 100 W 时仍均可保持效率在 90% 以上。

如图 5.57 所示为该负载点变换器的效率曲线。当负载电流在 17~35 A 之间时,POL 变换器的效率均高于 96%;即使负载电流增大到 100 A,POL 变换器的效率仍在 90% 以上。而目前市场上的 Si 基 POL 变换器的效率普遍在 78%~86% 之间,因此,采用宽禁带器件可明显提高 POL 变换器的效率。

如图 5.58 所示为由三级变换器组合而成的数据中心高压直流供电系统典型样机。表 5.21 为每一级变换器的主要技术参数。满载工作时,样机的总变换效率可达 85.6%,与 Si 基变换器相比有显著提升,有利于数据中心节能和减轻系统散热负担。

图 5.56　五相交错并联的同步整流 Buck 变换器

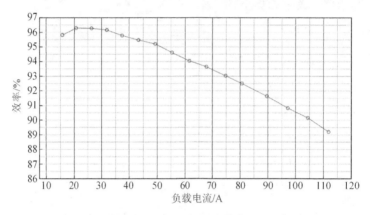

图 5.57　POL 变换器效率曲线

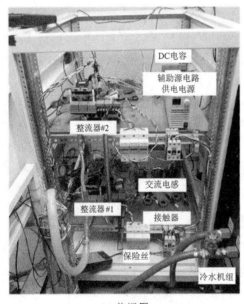

(a) 前视图

(b) 侧视图

图 5.58　数据中心高压直流供电系统典型样机实物照片

表 5.21　高压直流传输系统三级变换器的主要技术参数

技术指标	前端整流器	中间母线变换器	负载点变换器
拓扑	三相 Buck 型 PWM 整流器	半桥 LLC 谐振变换器	同步整流 Buck 变换器
输入电压	三相 480 V AC	400 V DC	12 V DC
输出电压	400 V DC	12 V DC	1 V DC
额定功率	7.5 kW	300 W	100 W
效率	98.54%（满载）	96%（满载）	17～35 A，>96%； 50 A，95%； 100 A，90.5%；
开关频率	28 kHz	1 MHz	单相 170 kHz； 五相交错并联等效 850 kHz
功率器件	4×SiC MOSFET； 2×SiC SBD	原边 Cascode GaN HEMT； 副边整流 eGaN FET	2×eGaN FET

5.2.6　SiC 器件在航空领域中的应用

目前，飞机上的航空电子设备和电力电子装置均采用硅基电力电子器件。硅基电力电子器件能够承受的最高结温较低，因此工作时离不开飞机环控系统的冷却。以 B787 飞机中的大功率电力电子设备为例，由于风冷已无法满足 ATRU 和大功率调速电动机系统中 DC/AC 变换器的散热要求，因此主要使用液冷散热方式，但这使散热系统的复杂程度增加。由于多电飞机比很多现役飞机所用的电力电子装置数量更多，功率更大，因此若能进一步提高机载电力电子装置的效率和功率密度，必能促进多电飞机电气系统的发展，进而使飞机减重，降低燃油消耗，提高飞机性能；并且由于机上空间有限，环境恶劣，这就要求多电飞机上的电力电子装置具有更高的性能，即高效率、高功率密度、高温承受能力和高可靠性。

罗·罗新加坡分公司和南洋理工大学面向多电飞机电机驱动系统，联合研制了基于 SiC MOSFET 的三相逆变器，其主要性能指标列于表 5.22 中。

表 5.22　全 SiC 高功率密度逆变器的主要性能指标

技术指标	参　数	技术指标	参　数
输入电压/V DC	±375	开关频率/kHz	40～100
输出电压/V AC	230（三相四线制）	效率/%	≥95
输出频率/Hz	400	死区时间/ns	250

图 5.59 为三相逆变器电路拓扑，图 5.60 为全 SiC 高功率密度逆变器的样机结构示意图，主要组成部分包括 SiC 功率模块、直流母排、三相半桥栅极驱动器、接口板和液冷散热板。

对于电机驱动用逆变器而言，当开关频率达到 100 kHz 时，若死区时间设置过大，则会明显增大谐波含量（主要为 5 次谐波和 7 次谐波）。为此，在 SiC 基逆变器中，考虑到死区对谐波的影响，以及为了避免桥臂的直通问题，这里把死区时间设置为 250 ns（见图 5.61）。

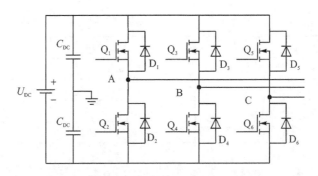

图 5.59　三相逆变器电路拓扑

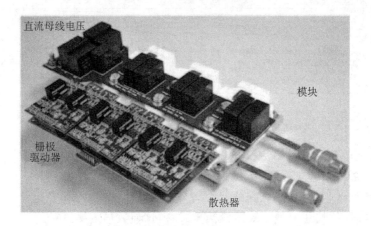

图 5.60　全 SiC 高功率密度逆变器的样机结构示意图

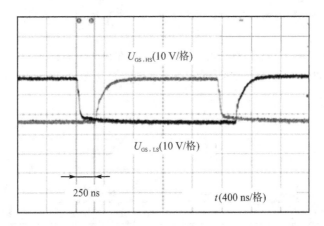

图 5.61　死区时间设置为 250 ns 时的上、下管栅极驱动电压波形

　　为了测试逆变器的效率,逆变器的交流输出端经过 LCL 输出滤波器滤波之后连接到按 Y 形接法连成的电阻负载上。如图 5.62 所示为采用 Yokogawa 公司的 WT3000 功率分析仪来监测直流输入电压、输入电流以及逆变器交流侧的电压和电流。

　　当输入功率为 50 kW 时,逆变器侧输出端经过滤波器滤波后的电压和电流波形如图 5.63 所示。交流侧相电压和线电流的有效值分别为 227 V 和 72 A。

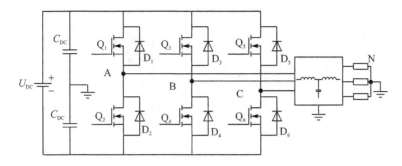

图 5.62　逆变器测试电路拓扑

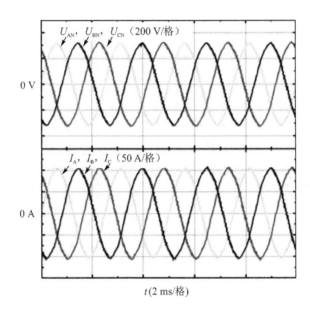

图 5.63　逆变器输出侧的电压和电流波形

　　将功率分析仪的电压和电流探头直接连接到逆变器的输出端,测量未经输出滤波器滤波的逆变器效率和功率损耗。图 5.64 为不同输入功率和不同开关频率条件下的逆变器效率和功率损耗,其中,开关频率取 40 kHz 时的逆变器最高效率为 99%,开关频率取 100 kHz 时的逆变器最高效率为 97.8%。

　　将功率分析仪的电压和电流探头连接到输出滤波器的输出端,测量经过滤波器滤波后的逆变器总效率和总功率损耗。图 5.65 为不同输入功率和不同开关频率条件下逆变器的总效率和总功率损耗,其中,开关频率取 40 kHz 时的逆变器最高总效率为 97.8%,开关频率取 100 kHz 时的逆变器最高总效率为 96.9%。

　　无论是未经输出滤波器滤波,还是经过输出滤波器滤波,SiC 基逆变器的效率均比相同工况下的 Si 基逆变器的效率明显提升,同时由于散热器和滤波器尺寸的减小,逆变器的功率密度也可进一步提升。

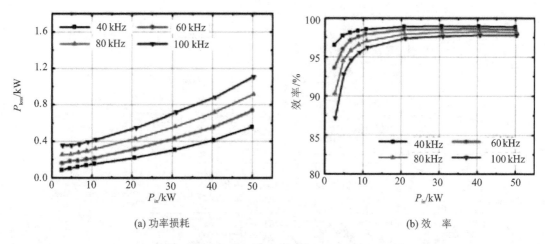

(a) 功率损耗　　　　　　　　　　　(b) 效　率

图 5.64　不同开关频率下的逆变器功率损耗和效率曲线(未经输出滤波器)

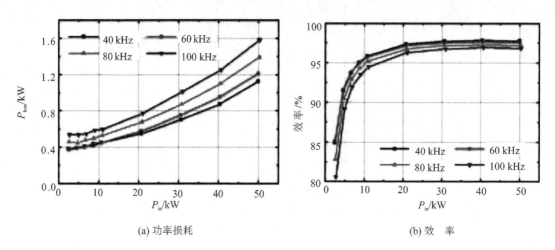

(a) 功率损耗　　　　　　　　　　　(b) 效　率

图 5.65　不同开关频率下的逆变器总功率损耗和总效率曲线

5.3　SiC 器件在不同种类变换器中的应用

与 Si 器件相比,由 SiC 功率器件制作的电力电子变换器将会获得整机性能的提升。这里以典型变换器为例,探讨 SiC 基变换器获得性能提升的情况。

5.3.1　SiC 基 DC/DC 变换器

DC/DC 变换器有多种类型,这里以 Buck 变换器、反激变换器和全桥变换器为例,对 SiC 器件在 DC/DC 变换器中的应用进行评估。

1. SiC 器件在 Buck 变换器中的应用

Buck 变换器是最基本的 DC/DC 变换器之一。在 Buck 变换器中,对分别采用 Si IGBT 和 SiC JFET 时的工作情况进行了对比研究。图 5.66 为 Buck 变换器的主电路拓扑,图 5.67 为 Buck 变换器的主要原理工作波形,图(a)为硬开关工作波形,图(b)为零电压钳位(Zero-

Voltage-Switching Clamped Voltage，ZVS-CV)工作波形。

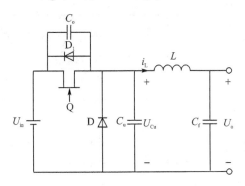

图 5.66　Buck 变换器的主电路拓扑

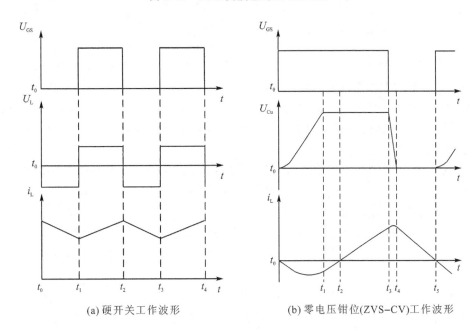

(a) 硬开关工作波形　　　　(b) 零电压钳位(ZVS-CV)工作波形

图 5.67　Buck 变换器的主要原理工作波形

图 5.68 为 Si IGBT 与 SiC JFET 的关断波形对比。Si IGBT 在关断时存在拖尾电流，关断速度慢，关断损耗大。SiC JFET 不存在拖尾电流，关断速度快，关断损耗小。

Buck 变换器的输入、输出技术规格为 $U_{in} = 650$ V，$U_o = 390$ V，$I_{Load} = 10$ A，分别在硬开关工作模式和 ZVS-CV 工作模式下对 SiC JFET(1 200 V/15 A)和 Si IGBT (1 200 V/22 A)在 Buck 变换器中的性能进行比较。表 5.23 为实验测试结果。

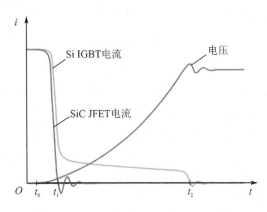

图 5.68　Si IGBT 与 SiC JFET 的关断波形对比

表 5.23　SiC JFET 和 Si IGBT 在硬开关及 ZVS-CV 工作模式下的 Buck 变换器中的性能对比($I_{Load}=10$ A)

技术性能		Si IGBT		SiC JFET		
		硬开关	ZVS-CV	硬开关	硬开关	ZVS-CV
开关器件	导通损耗/W	10	15	6	6	12
	开关损耗/W	43	38	9	47	0
	总损耗/W	53	53	15	53	12
电感	电感值/μH	2 100	46	2 100	370	8
	峰值电流/A	11	30	11	11	30
	电感储能/(mW·s)	250	43	250	45	7
	电流有效值/A	10	16	10	10	16
开关频率	频率/kHz	39	79	39	208	476
谐振电容	电容值(C_o+C_u)/nF	—	21	—	—	3

由表 5.23 可知,当采用 Si IGBT 作为功率器件时,ZVS-CV Buck 变换器相比于硬开关 Buck 变换器,在开关器件总损耗相同的条件下,由于峰值电流增加为硬开关的 3 倍,故电流有效值和导通损耗都相应增加了;但是,ZVS-CV Buck 变换器的开关频率却增加为硬开关的 2 倍,电感器的电感值降为硬开关的 2% 左右,电感储能减小为硬开关的 17%,从而大大减小了电感器的体积和成本。

若将 Si IGBT 替换为 SiC JFET,并保持硬开关工作模式,则 Buck 变换器中电感器的电感值和开关频率保持不变。由于 SiC JFET 具有较低的导通电阻和极低的寄生电容,故开关器件的总损耗降低为 Si IGBT 的 30% 左右。

再考虑用 SiC JFET 替换 Si IGBT,并保持硬开关 Buck 变换器的总损耗不变,此时,开关频率增加到 208 kHz,提高为硬开关时的开关频率的 5 倍左右,电感器的电感值减小为硬开关时的 20% 左右。

当采用 SiC JFET 作为功率器件,同时采用 ZVS-CV 工作模式时,Buck 变换器的开关频率可进一步提高,功率损耗进一步降低,变换器的体积和成本进一步减小。

可见,在 Buck 变换器中,通过用 SiC JFET 替换 Si IGBT,同时采用 ZVS-CV 工作模式,可大大提高开关频率,减小电感体积,降低功率损耗,优势明显。

2. SiC 器件在反激变换器中的应用

在三相输入场合,通常采用前端 AC/DC 或 DC/DC 变换器把直流母线电压提升至 600～800 V DC,考虑设计裕量,后级变换器通常要按 1 000 V DC 母线电压进行设计。

为了满足这样的系统要求,需要 1 000 V DC 输入的辅助电源(机内电源)为风扇、显示电路、控制电路和保护电路提供所需的供电电压。在低功率场合,反激变换器是最常用的拓扑之一。

传统的单端反激变换器(见图 5.69)难以满足如此高的输入电压要求,这主要有以下几方面的原因:

(1) 高输入电压(1 000 V DC)引起的困难

若采用单端反激变换器,则需要高阻断电压的开关器件。目前 Si MOSFET 产品中只有

阻断电压为 1 500 V 的功率器件,若将其用于
1 000 V 输入电压的场合,则其电压应力的设计裕
量很小,电源可靠性难以保证。

（2）高阻断电压 Si MOSFET 的导通电阻过大

耐压为 1 500 V 左右的 Si MOSFET 一般都
有较大的通态电阻,导致很大的导通损耗,使得变
换器的效率降低。

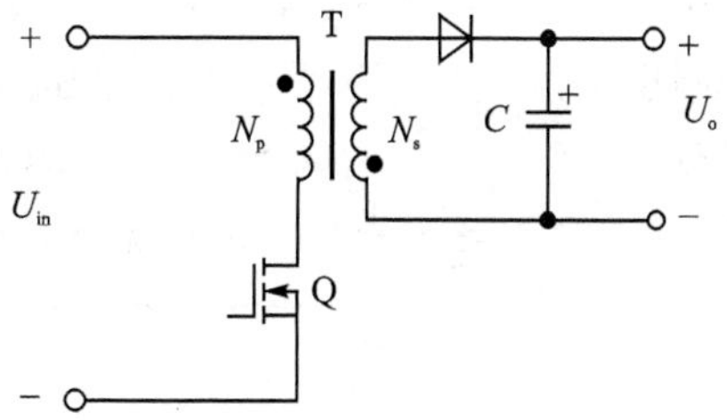

（3）启动电路设计问题

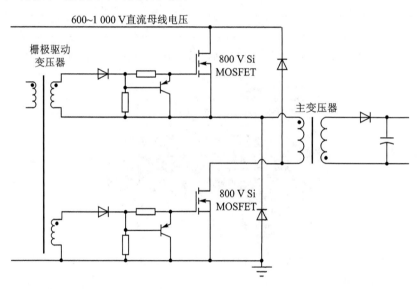

图 5.69　反激变换器基本拓扑

为了适应宽输入电压范围,通常要采用纯电阻启动电路。在高输入电压时,大的启动电阻
会产生较明显的损耗,在低输入电压时,虽然启动电阻的损耗相对较小,但会使启动时间变长。

为了解决高输入电压辅助电源设计问题,研究人员提出采用双管反激电路（见图 5.70）,
上管和下管均采用耐压为 800 V 的 Si MOSFET;但双管反激电路需要额外的隔离驱动电路,
从而增加了元件数和电路设计的复杂程度。

图 5.70　双管反激电路拓扑

采用耐压为 1 700 V 的新型 SiC MOSFET 构成单端反激变换器,有望代替高输入电压场
合的双管反激变换器,简化辅助电源设计。

为了验证 1 700 V SiC MOSFET 的性能,设计制作了 60 W 单端反激辅助电源,其主要技
术指标列于表 5.24 中。

表 5.24　60 W 反激辅助电源的技术指标

输入电压/V DC	200~1 000		
输出电压/V DC	+12	+5	−12
输出电流/A	4.5	0.5	0.25
开关频率/kHz	75		
效率	＞83%		

　　用于实验对比的 SiC MOSFET 和 Si MOSFET 的主要参数如表 5.25 所列。SiC MOSFET 的阻断电压为 1 700 V,雪崩击穿电压可达 1 800 V;而 Si MOSFET 的阻断电压和雪崩击穿电压只有 1 500 V。SiC MOSFET 的导通电阻和寄生电容也比 Si MOSFET 的低得多。

表 5.25　1 700 V SiC MOSFET 和 1 500 V Si MOSFET 的主要参数对比

参　数	不同的 MOSFET 器件		
	SiC MOSFET (C2M1000170D)	Si MOSFET (STW4N150)	Si MOSFET (2SK2225)
$U_{(BR)DSS}/V$	1 700	1 500	1 500
雪崩击穿电压/V	>1 800	—	—
$I_D/A(T_c=25\ ℃)$	5	4	2
$R_{DS(on)}/\Omega(150\ ℃)$	2	9	20
C_{oss}/pF	14	120	60
$T_{j(max)}/℃$	>150	150	150
封装	TO-247	TO-220,TO-247	TO-3PE

　　图 5.71 为采用 1 700 V SiC MOSFET 制作的 60 W 单端反激辅助电源实物图。

图 5.71　应用 1 700 V SiC MOSFET 的 60 W 反激辅助电源样机实物图

　　图 5.72 是输入电压从 200 V 变化到 1 000 V 时,分别采用 Si MOSFET 和 SiC MOSFET 的反激变换器满载效率曲线。由于 SiC MOSFET 具有较低的通态电阻和寄生电容,故与 1 500 V Si MOSFET 相比,采用 SiC MOSFET 的反激变换器具有更高的效率,其效率优势在低输入电压下尤为明显。图 5.73 给出了在采用相同的散热器时,变换器满载工作的温度测试结果。热像仪测试结果显示:SiC MOSFET 的工作温度为 45.9 ℃,相比于 1 500 V Si MOSFET 的 60 ℃(对应 STW4N150)和 99.9 ℃(对应 2SK2225)要低得多。这表明,采用 1 700 V SiC MOSFET 可以提高变换器的可靠性。由于 SiC MOSFET 需要被散掉的热量相对较少,故图 5.74 采用了较小尺寸的散热器进行测试,测试结果显示其工作温度只有 53.1 ℃。因此采用 SiC MOSFET 时可采用较小尺寸的散热器,从而可减小辅助电源的体积,提高功率密度。

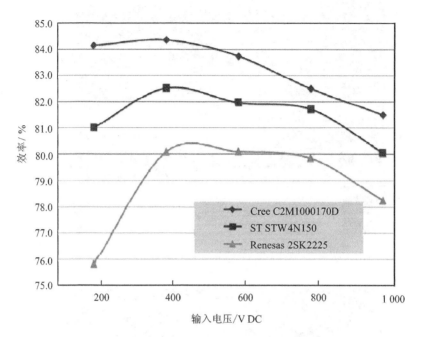

图 5.72　应用不同器件的 60 W 辅助电源效率对比

(a) SiC MOSFET(C2M1000170D)

图 5.73　采用相同散热器满载工作时各器件的温度分布

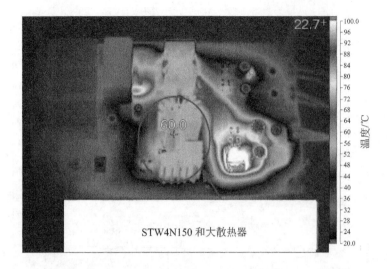

(b) Si MOSFET(STW4N150)

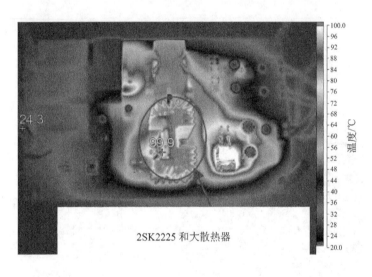

(c) Si MOSFET (2SK2225)

图 5.73　采用相同散热器满载工作时各器件的温度分布(续)

3. SiC 器件在全桥变换器中的应用

在三相输入的中大功率场合,给直流负载供电的电路通常由前级 AC/DC 变换器(如三相 PFC)和后级 DC/DC 变换器构成。前、后级之间的直流母线电压范围为 600~800 V DC。

目前,后级 DC/DC 变换器通常采用两种典型拓扑:一种是三电平变换器,如图 5.75 所示;另一种是交错并联两电平全桥变换器(或称为输入串联、输出并联变换器),如图 5.76 所示。

1992 年,三电平技术出现,并且被应用于 DC/DC 变换器以降低开关管的电压应力。三电平 DC/DC 变换器的主要优点是可以用两个低电压定额器件串联起来共同承受较高的输入电

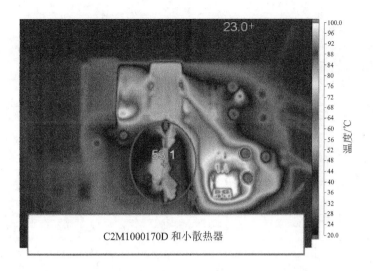

图 5.74　采用小散热器满载工作时 SiC MOSFET 的温度分布

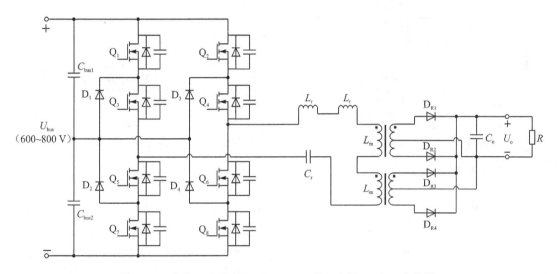

图 5.75　采用 600 V 耐压 Si MOSFET 的三电平 DC/DC 变换器

压,其一般采用移相控制或谐振控制来实现软开关。但是,三电平技术也存在一些缺陷:

　　① 开关管数量多(至少 8 个),需要复杂的控制方法和驱动电路;

　　② 用两个串联的开关管替代一个开关管,通态损耗变大;

　　③ 为了使开关管保持均衡的电压应力,需要引入钳位二极管和电压源;

　　④ 为了防止因两个串联的开关管的参数变化而带来的不利影响,上端开关管和下端开关管之间必须留有足够大的死区时间,这使得开关频率受到限制,一般均低于 200 kHz。

　　与三电平相似,交错并联两电平全桥变换器的控制方法和驱动电路也很复杂。另外,由于原边两个 H 桥相串联,因此需采用特殊的控制方法来保持原边正、负输入电压和电流的平衡,否则会导致其中一个 H 桥器件的应力过大。虽然目前已有解决这一问题的方法,但增加了电路设计的复杂程度,成本也相应增高。

　　因此,目前这两种拓扑结构都存在以下缺点:

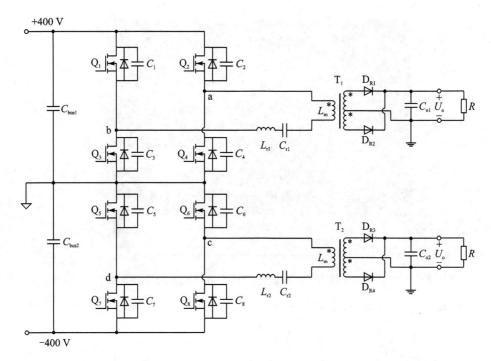

图 5.76　采用 600 V 耐压 Si MOSFET 的交错并联两电平全桥变换器

① 控制方法和驱动电路复杂；

② 对原边电压的均衡控制困难；

③ 器件数目较多；

④ 可靠性低。

（1）两电平 SiC 基 LLC ZVS 全桥变换器

由于 SiC 器件比 Si 器件的性能更优，且电压定额更高，因此有望应用于 600～800 V 直流输入电压的两电平全桥变换器中，下面对其性能进行评估。

由于 SiC 器件具有高阻断电压、快开关速度、低损耗等优势，故采用 SiC 器件可将用于 600～800 V 高输入直流电压的交错并联两电平全桥电路拓扑简化为仅有一个 H 桥的电路结构。图 5.77 给出了两电平 SiC 基 LLC ZVS 全桥变换器拓扑结构，开关管采用的是 Wolfspeed 公司定额为 1 200 V/160 mΩ 的 SiC MOSFET。

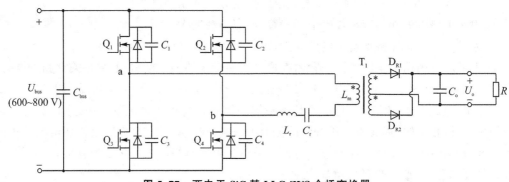

图 5.77　两电平 SiC 基 LLC ZVS 全桥变换器

表 5.26 给出了 Si MOSFET 与 SiC MOSFET 的参数对比,每种 MOSFET 均采用 TO-247 封装。

表 5.26　TO-247 封装的 Si MOSFET 与 SiC MOSFET 参数对比

类　型	SiC MOSFET	Si MOSFET	
型　号	C2M0160120D	SPW47N60CFD	IPW65R110CFD
击穿电压 U_{DS}/V@$T_{j(max)}$	1 200	650	650
$R_{DS(on)}$/Ω@T_c=110 ℃	0.22	0.14	0.19
C_{iss}/pF@f=1 MHz,U_{DS}=100 V	527	7 700	3 240
C_{oss}/pF@f=1 MHz,U_{DS}=100 V	100	300	160
C_{rss}/pF@f=1 MHz,U_{DS}=100 V	5	10	8
$T_{d(on)}$/ns	7(U_{DD}=800 V)	30(U_{DD}=400 V)	16(U_{DD}=400 V)
$T_{d(off)}$/ns	13(U_{DD}=800 V)	100(U_{DD}=400 V)	68(U_{DD}=400 V)
Q_G/nC	32.6	248	118
体二极管 t_{rr}/ns	35	210	150
体二极管 Q_{rr}/μC	0.120	2	0.8

由表 5.26 可知,当外壳温度为 110 ℃时,虽然 SiC MOSFET 的通态电阻比 Si MOSFET 的稍大,但是 SiC 基两电平变换器的一个开关管导通,实质上却对应着前述 Si 基变换器中两个开关管导通,故两电平 SiC 基 LLC ZVS 全桥变换器的通态电阻仍然比 Si 基变换器总的等效通态电阻小,其通态损耗也更低。更为重要的是,采用 1 200 V SiC MOSFET 还具有如下优势:

① 寄生电容 C_{iss}、C_{oss}、C_{rss} 小,开关速度快,有利于减小开关损耗,因此开关性能更好,更适合于高频变换器;

② 体二极管的 t_{rr}、Q_{rr} 小,有利于减小开关损耗和电磁噪声;

③ 开通延时和关断延时小,有利于减小死区时间,从而减小通态损耗和线圈损耗,提高整机效率;

④ Q_G 小,即使在高频情况下仍具有较小的驱动损耗。

(2) 8 kW LLC ZVS 全桥变换器样机性能对比

前面通过原理分析初步说明了 SiC 基两电平全桥变换器比 Si 基三电平变换器和 Si 基交错并联全桥变换器具有性能优势,为了进一步验证此分析,这里给出 8 kW 实物样机的实验结果对比。

表 5.27 给出 Si 基与 SiC 基全桥变换器的主要元器件对比。Si 基三电平变换器和 Si 基交错并联全桥变换器均采用 130 kHz 谐振频率;SiC 基两电平全桥变换器采用 260 kHz 谐振频率,因此所用谐振元件数量更少,尺寸更小。另外,相比于 Si 基变换器,SiC 基全桥变换器的驱动更为简单,有利于降低系统成本。

表 5.27　Si 基与 SiC 基全桥变换器主要元器件对比

类　型	260 kHz SiC MOSFET 两电平全桥变换器	130 kHz Si MOSFET 三电平变换器	130 kHz Si MOSFET 交错并联两电平全桥变换器
MOSFET/个	8(C2M0160120D)	16(SPW47N60CFD)	16(SPW47N60CFD)
磁化电感 L_m/个	1(PQ6560)	2(PQ5050)	2(PQ5050)
谐振电感 L_r/个	1(PQ3535)	2(PQ3535)	2(PQ3535)
谐振电容 C_r/nF	25	35	35
MOS 管驱动芯片/个	4	8	8
MOS 管驱动变压器/个	2	4	4
钳位二极管/个	0	4	0
平衡电路	无	无	有

　　8 kW SiC 基两电平 LLC ZVS 全桥变换器样机如图 5.78 所示,其输入电压范围为 650～750 V DC,输出电压为 270 V DC,输出电流为 30 A,谐振频率为 260 kHz。每个开关管由两个型号为 C2M0160120D 的 SiC MOSFET 并联组成,输出二极管 D_{R1} 和 D_{R2} 均由两个型号为 C3D16060D 的 SiC 二极管并联组成。该样机的尺寸为 20.32 cm×31.75 cm×43.75 cm,功率密度大于 2.14 W/cm^3。

(a) 俯视图　　　　　　　　　　　　　　(b) 侧面图

图 5.78　8 kW 两电平 SiC 基 LLC ZVS 全桥变换器样机

　　图 5.79 给出了 8 kW Si 基与 SiC 基 DC/DC 变换器的损耗分布,输入电压为 700 V,输出电压为 270 V。图 5.79(a)为 SiC 基两电平 LLC ZVS 全桥变换器的损耗分布,图 5.79(b)为 Si 基三电平全桥变换器的损耗分布,其中每个 Si 基开关管由两个型号为 SPW47N60CFD 的 Si MOSFET 并联组成。由图 5.79 可知,虽然 SiC 基变换器的谐振频率(f_r＝260 kHz)是 Si 基变换器的谐振频率(f'_r＝130 kHz)的 2 倍,但 SiC MOSFET 开关管的总损耗仍比 Si MOSFET 开关管的总损耗小 10 W,变换器的总损耗降低了 20 W 左右。另外,相比于 Si 基变换器,SiC 基变换器中的磁性元件的体积更小。

　　图 5.80 和图 5.81 给出了不同输入电压(650 V、700 V、750 V)下,满载(8 kW)和最小负载(400 W)时,谐振回路的电压 u_{ab}、谐振电流 i_{Lr} 以及开关管 Q_3、Q_4 的栅源极电压 U_{GS_Q3}、U_{GS_Q4} 的实验波形。在额定输入电压为 700 V 时,开关频率 $f_s=f_r$＝260 kHz,谐振电流波形为一个标准的正弦波,此时系统的性能最优,效率最高。在 650 V 输入电压并为满载时,为了

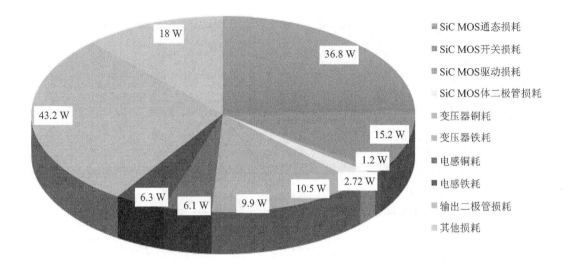

(a) SiC 基两电平 LLC ZVS 全桥变换器的损耗分布

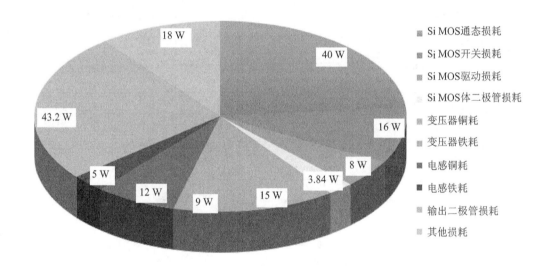

(b) Si 基三电平全桥变换器的损耗分布

图 5.79　8 kW Si 基与 SiC 基全桥变换器的损耗分布

保持输出电压为 270 V,开关频率达到最小值 200 kHz。在 750 V 输入电压并为最小负载时,开关频率达到最大值 410 kHz。

图 5.82 给出变换器的效率曲线。当输入电压为 700 V、负载为 60% 额定负载时,变换器的效率最高,达到 98.3%,满载时,变换器的效率略有下降,为 98.1%。当输入电压为 650 V 时,由于存在环流损耗,因此变换器的效率比 700 V 输入电压时的低。当输入电压为 750 V 时,由于开关频率增大,电流处于连续模式,此时二极管 D_{R1} 和 D_{R2} 处于硬开关状态,因此变换器的效率比 700 V 和 650 V 输入电压时的效率都要低。在输入电压为 700 V 且满载条件下工作一小时后测试变换器的温度,结果如图 5.83 所示。在测试中,仅用一个 12 W 的风扇对变

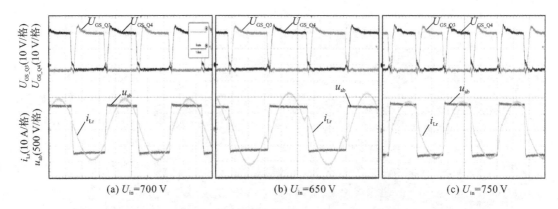

图 5.80　SiC 基全桥变换器满载（8 kW）时的实验波形

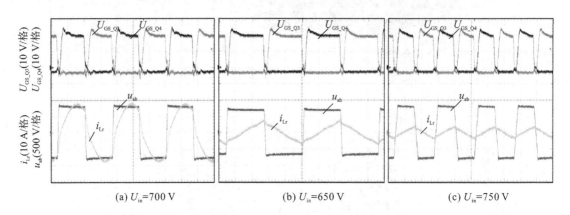

图 5.81　SiC 基全桥变换器最小负载（400 W）时的实验波形

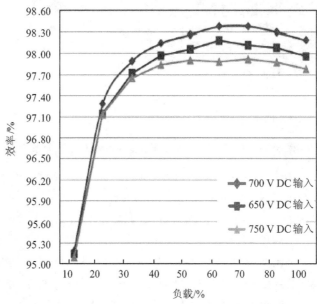

图 5.82　8 kW SiC 基两电平 LLC ZVS 全桥变换器的效率曲线

压器和电感进行散热,SiC MOSFET 的散热器几乎无气流通过,为自然冷却。SiC MOSFET 的开关管及其散热器的温度均保持在 60 ℃ 以内。样机中温度最高的元件为变压器和电感,分别达到 103.4 ℃ 和 92.4 ℃。变压器和电感的磁芯材料采用低成本的 PC95 铁氧体,若采用低损耗的高性能铁氧体材料,则磁芯元件的温升可进一步降低,从而提升变换器的整体性能。

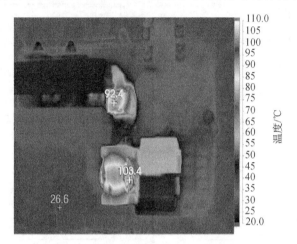

图 5.83　额定输入电压和满载下的 SiC 基全桥变换器温度测试结果

5.3.2　SiC 基 AC/DC 变换器

作为连接用电器与电网的接口,AC/DC 变换器广泛应用于计算机、通信、照明、家电、电机驱动变频器、不间断电源、光伏和风力发电变换器、工业电源等场合。因其作用是将交流电转换为直流电,因此也通常称为整流器。

实现 AC/DC 整流的方案较多。电压型 PWM 整流器是高功率、高单位功率因数、高功率密度 AC/DC 整流器的常用拓扑之一。美国弗吉尼亚理工大学与田纳西大学、ABB 公司、波音公司联合研制了基于 SiC JFET 的 15 kW 全碳化硅交错并联三相电压源型 PWM 整流器,其主要技术性能如表 5.28 所列。

表 5.28　全碳化硅电压源型 PWM 整流器的主要技术性能

技术性能	参数值	技术性能	参数值
输入电压(有效值)	230 V AC	开关频率	70 kHz
输出电压	650 V DC	EMI 标准	DO - 160

图 5.84 为三相整流电路原理图,输入滤波器采用三级式结构,如图 5.85 所示,由两个三相电压源型整流器交错并联构成主电路。

输入滤波器的第一级电感起升压电感和相间电感的作用,第二级电感和第三级电感起升压电感和 EMI 滤波器的作用。第一级电感采用微晶材料制成,其设计参数列于表 5.29 中。第二级和第三级电感采用铁粉芯磁环,为了减小高频匝间电容效应,采用单层线圈绕制,设计参数如表 5.30 所列。为了减小尺寸,三级式滤波器采用两块 PCB 板制成,尺寸均为 12 cm×6 cm,其实物如图 5.86 所示。

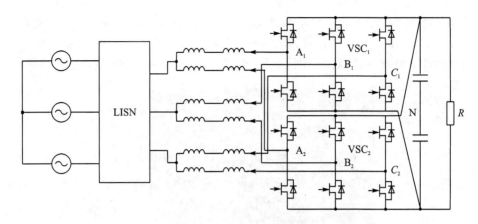

图 5.84 三相整流电路原理图

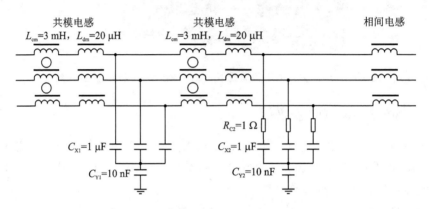

图 5.85 三级 LC 输入滤波器原理图

表 5.29 第一级电感设计参数

设计参数	参数值
长度	4.0 cm
宽度	2.8 cm
高度	1.5 cm
匝数	45
质量	86 g
温升	139 ℃

表 5.30 第二级和第三级电感设计参数

设计参数	参数值
长度	5.6 cm
宽度	4.4 cm
高度	0.8 cm
匝数	20
质量	86 g
温升	96 ℃

每一个三相整流器都有三个桥臂,每个桥臂由两个 SiC JFET 构成,制成 SiC 功率模块,如图 5.87(a)所示。SiC 功率模块的封装材料采用耐高温材料,其主要技术规格和技术参数列于表 5.31 中,高温封装材料保证了 SiC 功率模块能在 250 ℃ 结温下安全可靠工作。

图 5.86　输入滤波器实物图

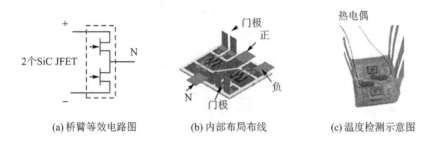

(a) 桥臂等效电路图　　　　(b) 内部布局布线　　　　(c) 温度检测示意图

图 5.87　SiC 模块及其布局设计

表 5.31　SiC 功率模块封装所用材料

SiC 模块封装	技术参数(材料特性)
SiC JFET	1 200 V,4.2 mm×4.2 mm(SiCED 公司)
衬底	25 mil(1 mil＝0.025 4 mm)厚的 AlN 直接键合在 8 mil 厚的铜上
管芯连接	AuGe 焊接(360 ℃熔点)
引线	JFET 栅极为 5 mil 的铝线,其余为 10 mil
密封剂	Nusil R － 2188
引线框架	8 mil 厚的铜条

　　为了尽可能减小寄生参数、缩小尺寸以及平衡热耗散路径、栅极解耦路径和电源路径,直接在器件衬底上布线,图 5.87(b)为其布局示意图。此外,为了实时监测模块的工作温度,在每个功率模块中埋入了两个热电偶,如图 5.87(c)所示。

　　图 5.88 为整流器的整机架构框图,功率级由各相模块、直流母排和输入滤波器等构成,其结构框图如图 5.89 所示。控制板由 28 V 电源供电,与功率级之间的传输信号包括传感器信号、驱动信号、保护电路信号和辅助电源电压信号(28 V、±15 V、5 V)。功率模块采用基于高温封装材料制成的耐高温(250 ℃结温)SiC JFET 模块,控制电路采用由 DSP 和 FPGA 组成的双核架构,DSP 采用高性能的浮点 DSP TMS320C28346。

　　图 5.90 为 15 kW 三相电压型 PWM 整流器的样机照片,样机呈立方体设计以减小空间

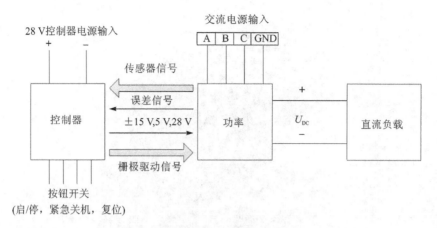

图 5.88　整流器样机整体架构框图

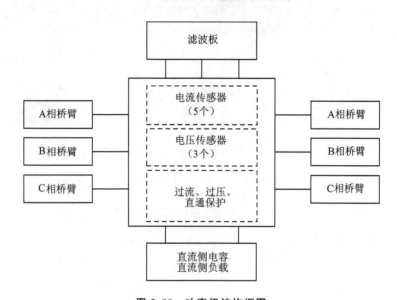

图 5.89　功率级结构框图

尺寸,其体积为 2.366 dm³,质量为 2.45 kg,功率密度为 6.3 kW/L 和 6.1 kW/kg。表 5.32 列出样机各部分质量分布的具体数据。

表 5.32　三相 PWM 整流器样机质量分布

部　件	质量/g	部　件	质　量
模块①及散热器	256	控制器	225/g
风扇	166	机壳②	850/g
输入滤波器	715	总质量	2 450/g
直流母线相关部件	217	功率密度	6.1 kW/kg
保护电路	36		

① 模块质量已考虑了驱动板的质量;

② 采用 3 mm 厚的铝制机壳。

图 5.90　三相整流器样机照片

　　为了对比传统 Si 基可控器件与 SiC 基可控器件在 AC/DC 整流器中的应用效果,基于不隔离式高功率因数 Buck 谐振型整流器(见图 5.91(a))和隔离式高功率因数双管正激谐振型整流器(见图 5.91(b)),分别对采用 SiC MOSFET 和 Si IGBT 作为功率开关管的原理样机进行了对比研究。

　　两种高功率因数整流器的主要技术规格如表 5.33 所列。

表 5.33　两种高功率因数整流器的主要技术规格

技术规格		不隔离式高功率因数 Buck 谐振型整流器	隔离式高功率因数 双管正激谐振型整流器
输入	线制	三相三线制	
	线电压有效值 AC/V	220(1±10%)	
	频率/Hz	47~63	
	THD	<5%	
	功率因数	>0.98	
输出	输出电压 DC/V	220	400
	最大输出功率/kW	2	3
	纹波电压/V	<12.5(峰-峰值)	
冷却		风扇冷却	

　　对于 2 kW 不隔离式高功率因数 Buck 谐振型整流器,采用三种不同型号的 Si IGBT 器件与 SiC MOSFET 进行了对比研究,表 5.34 列出了这些器件的型号和主要规格。因 SiC MOSFET 工程样品的电流定额只有 10 A,因此在对比中用两只 SiC MOSFET 并联构成开关管使用。

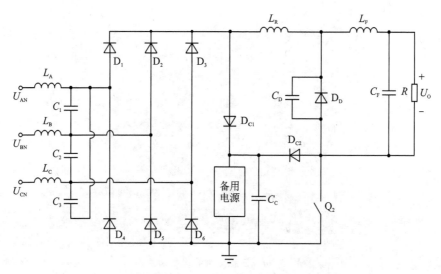

(a) 不隔离式高功率因数Buck谐振型整流器

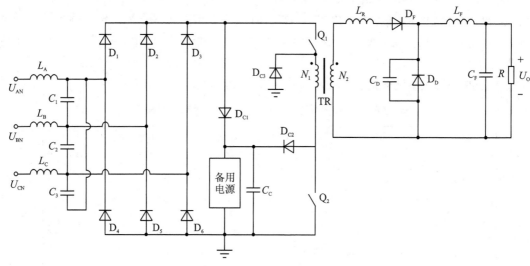

(b) 隔离式高功率因数双管正激谐振型整流器

图 5.91　两种高功率因数谐振型整流器拓扑

表 5.34　Buck 谐振型整流器中的对比器件

对比器件	型　　号	U_{CES}/V	I_C/A	封　装	公　司
Si IGBT - 1	FGL40N120AND	1 200	40(I_{C100}①)	TO - 264	Fairchild
Si IGBT - 2	FGA25N120ANTD	1 200	25(I_{C100}①)	TO - 3P	Fairchild
Si IGBT - 3	HGTG18N120BN	1 200	26(I_{C110}②)	TO - 247	Fairchild
SiC MOSFET	工程样品	1 200	10(I_{C150}③)	TO - 247	Cree

① 结温 100 ℃;② 结温 110 ℃;③ 结温 150 ℃。

图 5.92 给出了开关频率为 83 kHz、谐振频率为 130 kHz 时的实测效率和温度对比结果。如图 5.92(a)所示,当输出功率在 0.6~2 kW 之间时,采用 SiC MOSFET 样机的效率比采用

Si IGBT 样机的效率有显著升高,且输出功率越大,采用 SiC MOSFET 样机的效率优势越明显。采用 HGTG18N120BN 和 FGA25N120ANTD 两种型号的 Si IGBT 的样机因输出功率受温升限制,只能分别加到 1.2 kW 和 1.8 kW,只有采用 FGL40N120AND 型号的 Si IGBT 的样机才能加到 2 kW 的满载功率。如图 5.92(b)所示,在环境温度为 26 ℃,相同风冷条件和输出功率下,SiC MOSFET 的壳温比 Si IGBT 的明显降低。在 2 kW 额定功率时,型号为 FGL40N120AND 的 Si IGBT 的外壳温度达 70 ℃,而 SiC MOSFET 的外壳温度仅有 54 ℃。

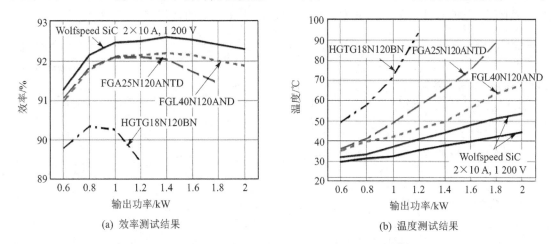

图 5.92　分别采用 Si IGBT 和 SiC MOSFET 时 Buck 谐振型整流器的实验结果对比
$(U_{in}=220\ V,U_o=200\ V,f_s=83\ kHz,f_r=130\ kHz)$

对于 3 kW 隔离式双管正激谐振型整流器,采用两种 Si IGBT(表 5.34 中的 Si IGBT-1 和 Si IGBT-2)和 SiC MOSFET 进行了对比研究。

图 5.93 给出了开关频率为 67 kHz、谐振频率为 108 kHz 时的实测效率和温度对比结果。如图 5.93(a)所示,当输出功率在 0.3~3 kW 之间时,采用 SiC MOSFET 样机的效率比采用 Si IGBT 样机的效率显著升高,且输出功率越大,使用 SiC MOSFET 时样机的效率提升越明显,最大可提升 2% 左右。图 5.93(b)为温度测试结果,测试环境温度为 26 ℃,在同样的功率

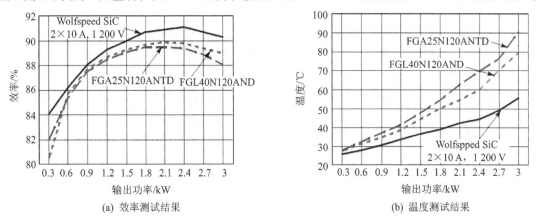

图 5.93　分别采用 Si IGBT 和 SiC MOSFET 时双管正激谐振型整流器的实验结果对比
$(U_{in}=220\ V,U_o=400\ V,f_s=67\ kHz,f_r=108\ kHz)$

等级下，SiC MOSFET 的壳温比 Si IGBT 的壳温明显降低。在额定功率时，FGL40N120AND 的壳温达到 80 ℃，FGA25N120ANTD 的壳温达到 90 ℃，而 SiC MOSFET 的壳温只有 55 ℃。

图 5.94 给出了在更高开关频率下双管正激谐振型整流器分别采用 Si IGBT 和 SiC MOSFET 作为功率器件时的实验结果对比，对应的谐振频率 $f_r=216$ kHz，额定输出功率为 2.4 kW。如图 5.94（a）所示，采用 FGL40N120AND 只能输出 1.8 kW 功率，采用 FGA25N120ANTD 也只能输出 1.5 kW 功率，而采用 SiC MOSFET 则可以满载输出。图 5.94（b）为温度测试结果，SiC 的外壳温度明显比 Si IGBT 的低很多。

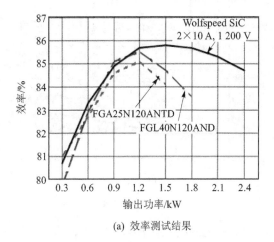
(a) 效率测试结果

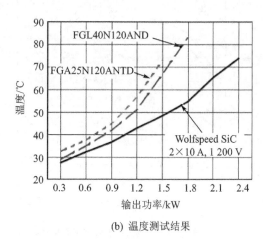
(b) 温度测试结果

图 5.94　分别采用 Si IGBT 和 SiC MOSFET 时双管正激谐振型整流器的实验结果对比
$(U_{in}=220$ V，$U_o=400$ V，$f_r=216$ kHz）

5.3.3　SiC 基 DC/AC 变换器

DC/AC 变换器的种类很多，前文已对 SiC 器件在光伏逆变器中的应用进行了评估，这里主要对 SiC 器件在电机驱动 DC/AC 逆变器中的应用进行性能评估。

长期以来，Si IGBT 一直被认为是电机驱动器的首选功率器件。对于 208/240 V 和 480 V 不同等级的供电电源，电机驱动用两电平逆变器分别需要采用耐压为 600 V 和 1 200 V 的功率器件，尽管可以将 600 V 耐压器件用于输入电压为 480 V 的三电平逆变器，但与两电平逆变器相比，三电平逆变器需要两倍数量的开关器件和相应的驱动电路，电路更为复杂。所以对于 480 V 输入电压场合的电机驱动逆变器来说，通常都采用两电平结构。因为 1 200 V 电压等级的 Si MOSFET 的价格相对较高，产品供货商有限，且通态电阻比 Si IGBT 的高，因此对于需要使用 1 200 V 电压等级功率器件的电机驱动器来说，使用 Si IGBT 已成为惯例。

随着 SiC 材料和工艺技术的日趋成熟，Wolfspeed 和 Rohm 等公司已开发出商用 SiC MOSFET 单管和模块。这里选用 Wolfspeed 公司的 SiC MOSFET 模块 CCS050M12CM2 进行电机驱动系统性能评估，其外形封装与相同定额的 Si IGBT 相同。如图 5.95 所示，该模块为

图 5.95　Wolfspeed 公司型号为 CCS050M12CM2 的 SiC MOSFET 模块外观示意图

6 合 1 结构,内部集成了 6 个第二代 1 200 V/50 A SiC MOSFET,并且反并联了 6 个 1 200 V/ 50 A 的 SiC 肖特基二极管。SiC MOSFET 具有低导通电阻、高阻断电压和快开关速度等优势,可比 Si IGBT 模块在效率和高频工作方面具有显著优势,在电机驱动器应用中,应用 SiC MOSFET 模块能够降低其使用寿命内的成本,实现更小尺寸和减轻散热压力。

1. SiC MOSFET 和 SiC SBD 在桥臂电路中的优势

Si IGBT 不仅可以通过多数载流子,也可以通过少数载流子来传导电流。这种电导调制效应会降低其导通压降,但也存在弊端。当 Si IGBT 关断时,少数载流子被迫离开漂移区或者重新复合,这就产生了"拖尾电流"现象。拖尾电流不仅增加了 IGBT 的关断时间,也增加了其关断损耗。与 Si IGBT 不同,SiC MOSFET 是多数载流子器件,少数载流子不参与导电,故不存在拖尾电流。因此与 Si IGBT 相比,SiC MOSFET 的关断时间和关断损耗都小得多,这将降低电机驱动逆变器的损耗,提高电机驱动系统的效率。

在电机驱动器中,每个开关器件都反并联一个二极管,以确保在开关器件关断时电机电流有续流回路。在 IGBT 模块中,反并联的二极管为硅基二极管,由于硅基二极管的 PN 结的缘故,在从正向导通变为反向偏置的过程中,导通电流将继续存在,直至自由电子完全消失,这段时间被称为反向恢复延时。实际上,在反向恢复期间,硅基二极管在被施加反向电压后仍能短暂地流过反向电流。如图 5.96(a)所示,当桥臂的某一 Si IGBT 开通时,与之相对的另一只 Si

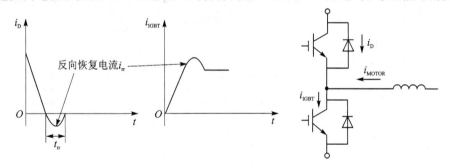

(a) 二极管反向恢复电流和 IGBT 开通电流波形示意图

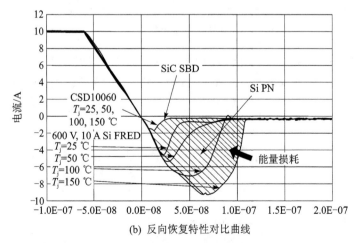

(b) 反向恢复特性对比曲线

图 5.96　Si IGBT 开通电流波形和二极管反向恢复特性

IGBT 的反并联二极管电流从正变为负,刚开通的 Si IGBT 会因叠加了反并二极管的反向恢复电流而出现电流尖峰,使得二极管不仅自身有反向恢复损耗,而且也增加了 IGBT 的开通损耗。SiC MOSFET 模块内置了反并联 SiC 肖特基二极管,其没有 Si PN 二极管的少数载流子,也就无反向恢复问题。图 5.96(b)为 SiC SBD 与 Si PN 二极管的反向恢复特性对比曲线,SiC 肖特基二极管只有因结电容引起的较小的反向电流。而 Si IGBT 每次开通时均会因 Si 基二极管反向恢复而额外增加损耗,致使变换器效率降低。

2. 测试平台及器件数据对比

为了验证 SiC MOSFET 模块的性能优势,建立了通用的电机驱动测试平台,分别采用 SiC MOSFET 和 Si IGBT 作为逆变电路中的功率模块。可调交流源接到整流桥的输入端,经二极管整流电路及直流滤波电容变换为直流电压,给逆变器供电。控制系统基于 TI 公司的 DSP 实现数字控制,调制方式为开环空间矢量调制,电机驱动器的整机架构示意图如图 5.97 所示。差分探头接于任意两相端子上,用于测试逆变器输出端的 du/dt。

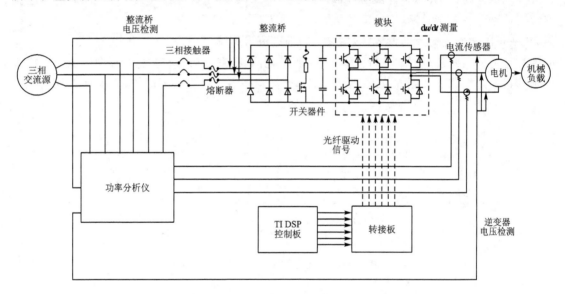

图 5.97 电机驱动器的整机架构

Si IGBT 模块采用英飞凌公司的 FS50R12KT4_B15,SiC MOSFET 模块采用 Wolfspeed 公司的 CCS050M12CM2,两者具有相同的电压、电流等级及封装形式,表 5.35 为两种模块的主要电气参数对比。

表 5.35 两种功率模块主要电气参数的对比

参 数	CCS050M12CM2(Wolfspeed)	FS50R12KT4_B15(Infineon)
$U_{DS}/U_{CE(max)}$	1 200 V	1 200 V
I_D/I_C	50 A	50 A
U_{DS}/U_{CE}@50 A,150 ℃	2.2 V@50 A($U_{GS}=20$ V)	2.25 V@50 A($U_{GE}=15$ V)
E_{ON}	1.05 mJ@600 V($R_G=20$ Ω)	5.9 mJ@600 V($R_G=15$ Ω)
E_{OFF}	0.65 mJ@600 V($R_G=20$ Ω)	4.5 mJ@600 V($R_G=15$ Ω)

3. 测试结果与分析

(1) 效　率

下面分别采用 Si IGBT 和 SiC MOSFET 作为功率模块对电机驱动器的效率进行测试对比。效率测试采用 Yokogawa 公司的 WT1600 数字功率分析仪。功率分析仪测量整流桥的输入电压和电流以及逆变器的输出电压和电流,用来计算输入功率和输出功率。同时为了进一步验证效率测试结果的准确性,在散热器内部嵌放热电偶来测试散热器的温度。由于散热器紧贴功率模块,因此热电偶检测到的散热器温升与功率模块的功率损耗之间有着较强的对应关系,逆变器散热器的温升越高,代表功率模块的损耗越高。

电机驱动器的输入电压为 460 V AC,输入频率为 60 Hz,测试时负载从 5 hp(1 hp(马力)=735 W)逐步增加到 30 hp,每次提高 5 hp,载波频率分别设为 8 kHz、12.5 kHz 和 16 kHz。电机驱动器效率的测量结果如图 5.98 所示。

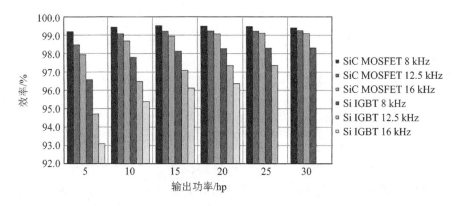

图 5.98　不同功率等级及开关频率下的效率测试对比

当设定载波频率为 8 kHz 时,基于 SiC MOSFET 模块制作的电机驱动器的效率在不同负载下比 Si IGBT 的高 1%～3%;轻载时,效率优势更为明显。随着载波频率的提高,SiC MOSFET 基电机驱动器的效率优势也更加明显。当载波频率为 16 kHz 时,SiC MOSFET 基电机驱动器与 Si IGBT 基电机驱动器的效率最高相差达 5% 左右。由于损耗和结温的限制,由 Si IGBT 制成的电机驱动器在载波频率为 12.5 kHz 时,负载只能加到 25 hp;在载波频率为 16 kHz 时,负载只能加到 20 hp。

图 5.99 为散热器温升测试结果。当设定载波频率为 8 kHz 时,Si IGBT 基电机驱动器的散热器的温升比 SiC MOSFET 的高 12～21 ℃;当载波频率为 12.5 kHz 时,Si IGBT 基电机驱动器在 25 hp 负载条件下,散热器的温升比 SiC MOSFET 的高 35 ℃;当载波频率为 16 kHz 时,Si IGBT 基电机驱动器在 20 hp 负载条件下,散热器的温升比 SiC MOSFET 的高 42 ℃。

(2) 电压变化率 du/dt 的测量

逆变器输出端的 du/dt 值与栅极电阻有关,通过改变外加栅极驱动电阻 R_G 的值,可获得 du/dt 与 R_G 的关系。图 5.100 为 Si IGBT 基和 SiC MOSFET 基电机驱动器中电压变化率 du/dt 的最大值随栅极电阻 R_G 的变化关系曲线,两者均随驱动电阻的增加而降低,SiC MOSFET 的电压变化率随驱动电阻的增加降低得更为明显。在相同驱动电阻下,SiC MOSFET 基电机驱动器中 du/dt 的最大值是 Si IGBT 的 2 倍以上。

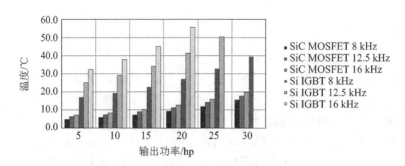

图 5.99　散热器表面温升与输出功率的关系

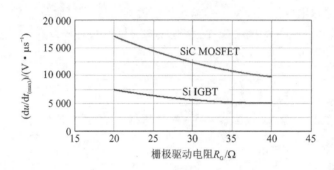

图 5.100　$\mathrm{d}u/\mathrm{d}t$ 的最大值与 R_G 的关系

（3）降低 $\mathrm{d}u/\mathrm{d}t$ 的方法

在电机驱动器中产生过大的 $\mathrm{d}u/\mathrm{d}t$ 会在电机绕组上产生较大的电压应力，影响绝缘性能，对系统性能产生负面影响。为了满足 NEMA MG1-2006 标准的要求，通常采用三种方法来抑制 $\mathrm{d}u/\mathrm{d}t$ 的值。

1）外加栅极驱动电阻 R_G

降低 $\mathrm{d}u/\mathrm{d}t$ 峰值的第一种方法，也是最简单的方法是增加栅极驱动电阻 R_G。但是，增加 R_G 会导致开关损耗的增加，因此需在低 $\mathrm{d}u/\mathrm{d}t$ 和高开关损耗两方面进行权衡。若选 R_G 为 40 Ω，则可使 $\mathrm{d}u/\mathrm{d}t$ 的最大值降至 10 kV/μs，但会以效率降低 0.2% 为代价。

2）使用正弦波滤波器（LC 滤波器）

第二种降低 $\mathrm{d}u/\mathrm{d}t$ 的方法是使用正弦波滤波器，如图 5.101 所示，将正弦波滤波器放置于逆变器和电机端子之间。LC 滤波器能够滤除逆变器输出电压波形中的高频分量，得到正弦化程度更高的交流电压，然后输入到电机绕组中。与优选 R_G 方案相比，这种方法付出的代价是增加了系统成本，并使系统效率更低。

3）采用 $\mathrm{d}u/\mathrm{d}t$ 滤波器

第三种方法是采用 $\mathrm{d}u/\mathrm{d}t$ 滤波器，如图 5.102 所示，其由电感、电容和电阻构成。与正弦波滤波器相似，$\mathrm{d}u/\mathrm{d}t$ 滤波器可消除逆变器输出电压中的大部分高次谐波，从而限制电机绕组中的 $\mathrm{d}u/\mathrm{d}t$。$\mathrm{d}u/\mathrm{d}t$ 滤波器方法在三种解决方案中的效果最好，但成本最高。

（4）采用 SiC 模块的经济性分析

虽然目前 SiC 功率模块的市场售价比 Si IGBT 模块的高 200 美元左右，但如果考虑到产品的使用寿命，则在功率模块使用期间，由于相比之下 SiC 功率模块的功率损耗降低，使得变

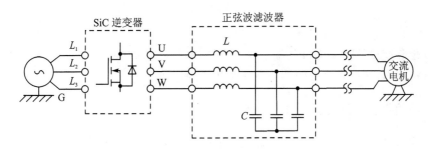

图 5.101　正弦波滤波器示意图

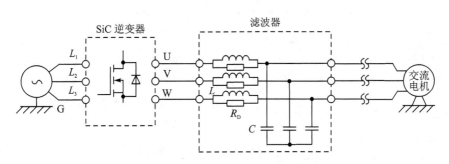

图 5.102　du/dt 滤波器示意图

换器的效率提升,因此在使用一段时间后即可回收采用 SiC 功率模块额外投入的成本。相比于采用 Si IGBT 模块,图 5.103 给出了在不同国家采用 SiC 功率模块制作三相电机驱动器时的节能收益与收回额外投入成本所需的月数。

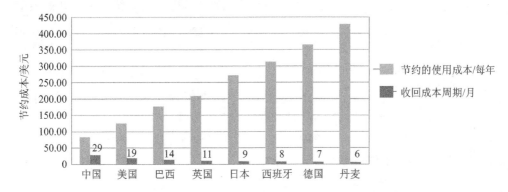

图 5.103　不同国家 SiC 功率模块所节约的年使用成本及成本回收周期

效率测试结果表明,即使在较低开关频率(8 kHz)时,使用 SiC MOSFET 相比于 Si IGBT 也会有明显的损耗降低。随着开关频率的提高,SiC MOSFET 的优势将更加明显。采用 SiC MOSFET 可明显降低电机驱动器的散热要求,使驱动器的体积和重量减小,或在现有尺寸上提高输出功率,这些优势都可使系统成本得以降低。除此之外,如果考虑到基于功率模块制作的电机驱动器的使用寿命,则效率提升所带来的成本减少可与初期使用 SiC MOSFET 所带来的额外的投入相抵消,即使适当增加栅极驱动电阻 R_G 来降低 du/dt 峰值,这种优势依然存在。

5.3.4　SiC 基 AC/AC 变换器

这里以矩阵变换器和固态变压器(SST)为例,对 SiC 基功率器件和 Si 基功率器件进行综合比较,以评估 SiC 器件在 AC/AC 变换器中的应用优势。

1. SiC 器件在矩阵变换器中的应用

矩阵变换器是一种电流可以双向流动的电力电子变换器,多应用于变频器和电气传动领域。相比于其他的 AC/AC 变换器,矩阵变换器有两大特点:

① 没有储能元件。相比于带有储能元件的 AC‑DC‑AC 变换器,由于没有直流母线电容,因此矩阵变换器的重量和体积要小很多。

② 输入、输出电流都是正弦波。由于其输入相位角可调,因此在任何负载情况下,矩阵变换器的功率因数都可达到 1。另外,其输出电压的幅值和频率也可任意调节。

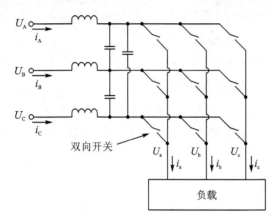

矩阵变换器由可控的双向器件组成。实际上,矩阵变换器可以实现 m 相输入、n 相输出,即输入和输出的相数可以不同。但在实际工业领域,三相-三相矩阵变换器的应用最为广泛,其基本拓扑结构如图 5.104 所示。

由于没有储能元件,因此矩阵变换器的电压传输比最高只能达到 0.886,这是矩阵变换器的主要缺点。另外,相比其他 AC/AC 变换器,由于矩阵变换器的开关管数量较多,所以开关损耗也较大。当输入频率要求较高时(360~800 Hz),为了

图 5.104　三相-三相矩阵变换器拓扑

满足功率因数的要求、减小无功功率,其输入端的滤波电容值必须较小;但在大功率场合,为了减小输入电压纹波、减少谐波,输入端的滤波电容值又必须较大。要想解决这一矛盾,主要的办法就是提高变换器的工作频率。

(1) 两相-单相矩阵变换器

为了探究 SiC 器件应用于矩阵变换器的优势,搭建了 4 个功率分布和 PCB 布局均相同的两相-单相矩阵变换器,电路原理图如图 5.105(a)所示。其中,双向开关管分别采用 SiC 基双向开关(由增强型 SiC JFET、SiC MOSFET、SiC BJT 分别与 SiC SBD 并联组合而成)和 Si 基双向开关(由 Si IGBT 与 Si Diode 并联组合而成),器件的主要电气参数如表 5.36 所列。输入电压有效值的范围为 0~230 V,频率为 50 Hz,通过调节负载电阻的大小来调节输出电流。基于 SiC MOSFET 的两相-单相矩阵变换器的实验样机如图 5.105(b)所示。由其他器件组合构成的矩阵变换器与此结构类似。

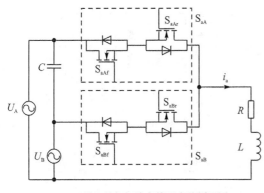

(a) 两相-单相矩阵变换器电路原理图

(b) 两相-单相矩阵变换器实验样机

图 5.105 两相-单相矩阵变换器电路原理图和实验样机

表 5.36 矩阵变换器中不同开关器件的主要电气参数

开关器件	型　号	制造商	电压/V	电流/A	通态电阻/Ω($T_c=25$ ℃)
Si IGBT+diode	IKW15N120H3	Infineon	1 200	30	0.065
SiC JFET	SJEP120R063	Semisouth	1 200	30	0.045
SiC MOSFET	CMF10120D	Wolfspeed	1 200	24	0.160
SiC BJT	BT1215AC	TranSiC	1 200	24	0.098
SiC Diode	C4D20120D	Wolfspeed	1 200	32	0.054

（2）实验结果对比

1）不同 SiC 基功率器件开关特性对比

在两相-单相矩阵变换器中，SiC JFET、SiC MOSFET、SiC BJT 功率器件开通、关断时的电压、电流波形分别如图 5.106、图 5.107 和图 5.108 所示。

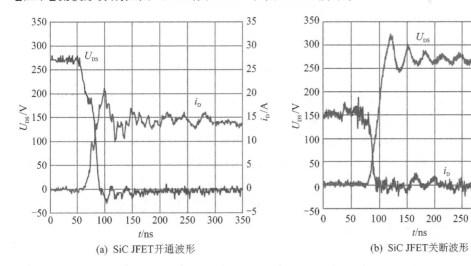

(a) SiC JFET开通波形

(b) SiC JFET关断波形

图 5.106 SiC JFET 开关波形测试结果($U_{sw}=270$ V, $I_{sw}=15$ A, $T_c=25$ ℃)

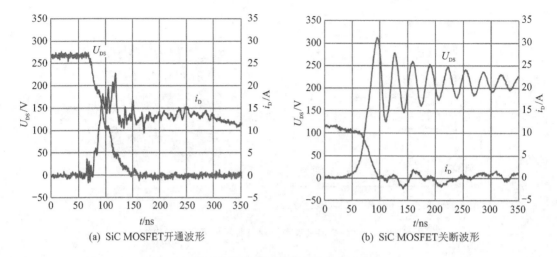

(a) SiC MOSFET开通波形　　　　　　　　　　(b) SiC MOSFET关断波形

图 5.107　SiC MOSFET 开关波形测试结果 $(U_{sw}=270\text{ V}, I_{sw}=15\text{ A}, T_c=25\text{ ℃})$

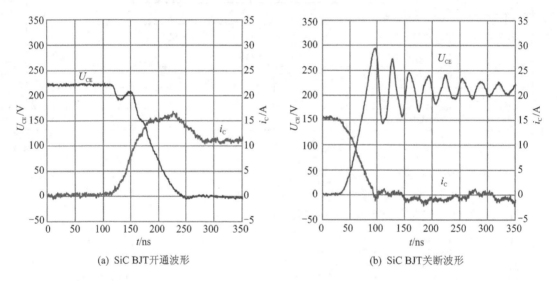

(a) SiC BJT开通波形　　　　　　　　　　(b) SiC BJT关断波形

图 5.108　SiC BJT 开关波形测试结果 $(U_{sw}=230\text{ V}, I_{sw}=15\text{ A}, T_c=25\text{ ℃})$

　　由图 5.106 可知,SiC JFET 的开通时间稍短于 50 ns,关断时间稍长于 65 ns。由图 5.107 可见,SiC MOSFET 的开通时间稍长于 80 ns,关断时间稍长于 85 ns。由图 5.108 可知,SiC BJT 的开通时间约为 140 ns,比其他两种 SiC 器件的开通时间都长,关断时间约为 55 ns。由 于 PCB 线路存在寄生电感,因此各 SiC 器件的关断电压波形都存在明显的振荡和电压尖峰。

　　图 5.109 为不同温度和负载电流下各 SiC 器件的开关能量损耗。三种 SiC 器件的开关能 量损耗均随温度和负载电流的增大而增大,其中,SiC MOSFET 的开关能量损耗最大,随着温 度的升高,其开关能量损耗增长的幅度也最大。

　　2) SiC 基功率器件和 Si 基功率器件性能比较

　　采用功率分析仪,对 2.5 kW 两相-单相矩阵变换器进行效率测试。图 5.110 为不同开关 频率和工作温度下,2.5 kW SiC 基和 Si 基两相-单相矩阵变换器的功耗曲线。随着开关频率 的升高,由 Si IGBT 构成的矩阵变换器的功耗大幅增大,而由 SiC 器件构成的矩阵变换器的功

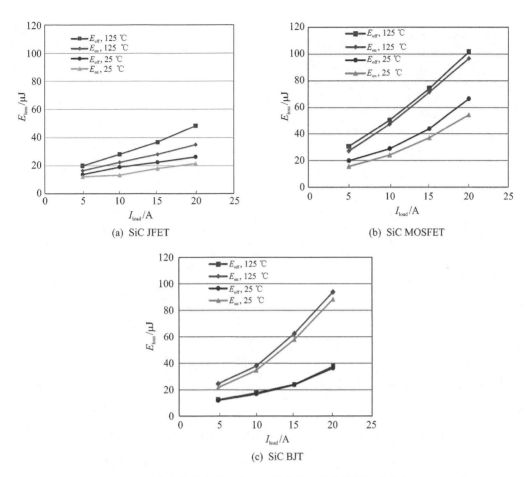

图 5.109　不同温度和负载电流下各 SiC 器件的开关能量损耗曲线($U_{sw} = 250$ V)

耗,其增大的幅度并不明显。由 SiC JFET 构成的矩阵变换器和由 SiC BJT 构成的矩阵变换器的功耗非常接近,均略小于由 SiC MOSFET 构成的矩阵变换器的功耗。

根据图 5.110 所示的曲线可计算出单位开关频率的开关损耗(P_{sw})。表 5.37 列出了不同温度下的导通损耗(P_{on})和单位开关频率的开关损耗(P_{sw})。

表 5.37　不同温度下 2.5 kW 矩阵变换器的功率损耗

功率器件	SiC JFET		SiC MOSFET		SiC BJT		Si IGBT	
T_c/℃	P_{on}/W	P_{sw}/(W·kHz^{-1})	P_{on}/W	P_{sw}/(W·kHz^{-1})	P_{on}/W	P_{sw}/(W·kHz^{-1})	P_{on}/W	P_{sw}/(W·kHz^{-1})
25	38.43	0.396	65.14	0.531	51.33	0.344	55.66	2.49
125	63.64	0.448	83.14	0.580	71.13	0.352	65.43	2.87

由表 5.37 可以看出,Si IGBT 的单位开关频率的开关损耗远大于 SiC 器件的单位开关频率的开关损耗,这表明随着开关频率的增大,Si 基矩阵变换器的功耗增长速度远比 SiC 基矩阵变换器的功耗增长速度快。一方面,由于 3 个 SiC 基矩阵变换器均采用相同的 SiC SBD,故其导通损耗的差异主要是由不同的 SiC 可控器件所致。另一方面,由于导通损耗只取决于导通

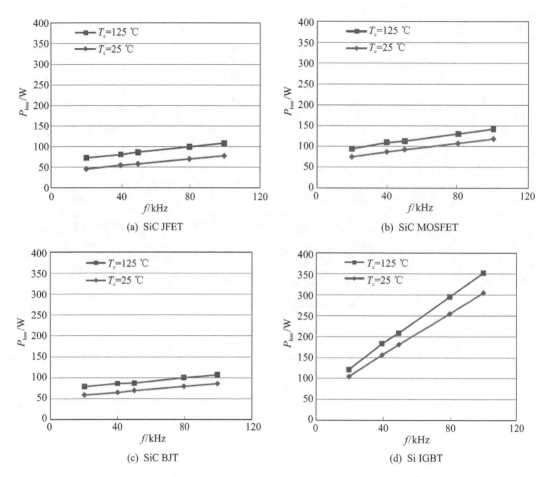

图 5.110   不同温度下 2.5 kW SiC 基和 Si 基两相-单相矩阵变换器的功耗与开关频率的关系曲线

电阻和负载电流,因此,从表 5.37 中也可以看出 SiC JFET 的导通电阻最小,其次是 SiC BJT,而 SiC MOSFET 的导通电阻最大。由于 SiC MOSFET 的导通电阻的温度系数比其他两种 SiC 可控器件的小,因此,随着温度的升高,SiC MOSFET 的导通损耗增大的幅度比其他两个 SiC 器件的导通损耗增大的幅度小。

图 5.111 为不同开关频率下 2.5 kW SiC 基和 Si 基两相-单相矩阵变换器的效率曲线。在高温、高频情况下,SiC 基矩阵变换器的效率均高于 94%,远高于 Si 基矩阵变换器的效率,而且在高温时,SiC 基矩阵变换器的效率随开关频率变化的幅度较小。

图 5.112 给出了不同输出功率下 2.5 kW SiC 基和 Si 基两相-单相矩阵变换器的效率曲线,SiC 基矩阵变换器的效率远高于 Si 基矩阵变换器。当开关频率为 100 kHz 时,在三种 SiC 基矩阵变换器中,采用 SiC BJT 的矩阵变换器的效率最高。

(3)三相矩阵变换器的分析及对比

根据两相-单相矩阵变换器的实验研究,采用解析法对 SiC 基和 Si 基三相矩阵变换器的功率损耗进行了推算分析和对比,所用的对比器件如表 5.36 所列。变换器的功率损耗主要包括开关管的驱动损耗,以及二极管和开关管的导通损耗和开关损耗。在计算导通损耗时,器件的导通电阻和压降可通过器件数据手册获得;在计算开关损耗时,其数据主要来自于前述的两相矩阵变换器的实验测试结果。计算时,三相矩阵变换器的输入电压为 230 V,输入频率为 50 Hz,输出电压为 150 V,输出频率为 400 Hz,负载的电阻值和电感值分别为 10 Ω 和 1.3 mH。

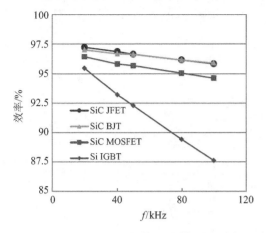

图 5.111　2.5 kW SiC 基和 Si 基两相-单相矩阵变换器效率与开关频率的关系曲线($T_c = 125$ ℃)

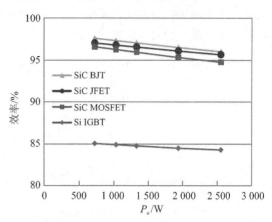

图 5.112　2.5 kW SiC 基和 Si 基两相-单相矩阵变换器效率与输出功率的关系曲线($T_c = 125$ ℃,$f = 100$ kHz)

图 5.113 为 7 kW 三相矩阵变换器中 Si 器件和 SiC 器件的各部分损耗。由图可知,SiC 基功率器件的开关损耗比 Si IGBT 的开关损耗小得多。相比于 Si IGBT 和其他两种 SiC 基功率器件,SiC MOSFET 的导通电阻较大,故其导通损耗比其他功率器件的导通损耗都大。

图 5.114 对三相矩阵变换器中 SiC 肖特基二极管和 Si 基二极管的导通损耗和关断损耗进行了比较,二者最主要的差别在于关断损耗。由于 SiC 肖特基二极管无反向恢复电流,故其关断损耗比 Si 基二极管的关断损耗小得多。

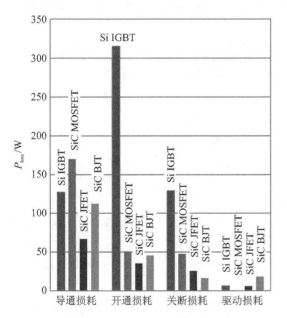

图 5.113　7 kW 三相矩阵变换器中 Si 器件和 SiC 器件的各部分损耗分布($T_c = 25$ ℃,$f = 100$ kHz)

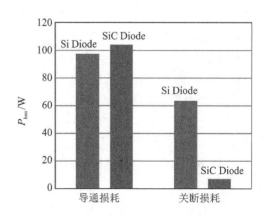

图 5.114　7 kW 三相矩阵变换器中 Si 基二极管和 SiC 肖特基二极管的导通和关断损耗($T_c = 25$ ℃,$f = 100$ kHz)

图 5.115 为不同开关频率下 7 kW SiC 基和 Si 基三相矩阵变换器的效率曲线。与 Si 基矩阵变换器相比,随着开关频率的升高,SiC 基矩阵变换器的效率下降的幅度较小。在高频、大功率三相矩阵变换器中,若采用 SiC MOSFET,其效率可超过 94%;若采用 SiC BJT 或 SiC JFET,其效率可超过 95.5%。

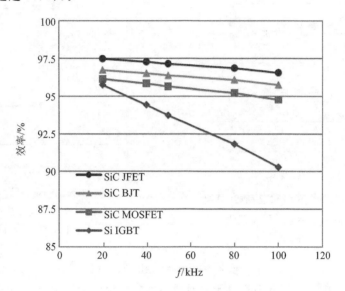

图 5.115　7 kW SiC 基和 Si 基三相矩阵变换器的效率与
开关频率的关系曲线($T_c = 125\ ℃, f = 100\ \text{kHz}$)

2. SiC 器件在固态变压器中的应用

随着分布式发电系统、智能电网技术及可再生能源的发展,固态变压器(SST)作为其中的关键技术受到了广泛关注。

固态变压器是一种以电力电子技术为核心的变电装置,其通过电力电子变流器和高频变压器实现电力系统中的电压变换和能量传递及控制,以取代现有电力系统中的工频变压器。与工频电力变压器相比,固态变压器具有体积小、重量轻、供电质量高、功率因数大、自动限流,以及具备无功补偿功能、频率变换、输出相数变换和便于自动监控等优点。

将固态变压器应用到电力系统后,将会给电力系统带来许多新的特点,有助于解决电力系统中所面临的许多问题。固态变压器的输入侧电压等级非常高,一般在数千至数万伏。但由于 Si 基功率器件的耐压有限,因此必须采用器件串联或拓扑串联等方式来适应高压的要求。图 5.116 为美国未来可再生能源利用和分配管理中心(FREEDM)的第一代固态变压器拓扑示意图,每相要用 3 个 AC/DC 整流 H 桥串联来承受 7.2 kV 电压,功率器件采用耐压为 6.5 kV 的 Si IGBT,这种拓扑结构和控制方案均较为复杂。

为了解决这一问题,Wolfspeed 公司针对 15 kV SiC MOSFET 的高电压等级目标应用进行了研究开发工作,目前已能提供经受 13.5 kV 阻断电压测试的 SiC MOSFET 工程样品,图 5.117 为 SiC MOSFET 与 SiC JBS 二极管封装而成的模块实物图,其定额为 13 kV/10 A,尺寸为 80 mm×43 mm×15.8 mm。

将两个耐压为 6.5 kV 的 Si IGBT 串联起来,与 13 kV 耐压的 SiC MOSFET 进行性能测

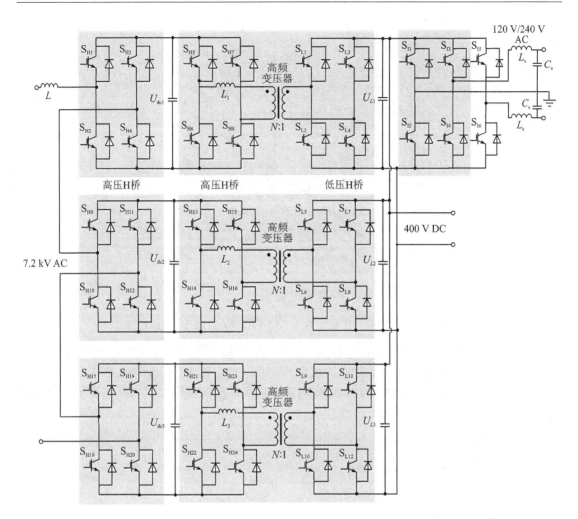

图 5.116　基于 6.5 kV Si IGBT 的 SST 拓扑

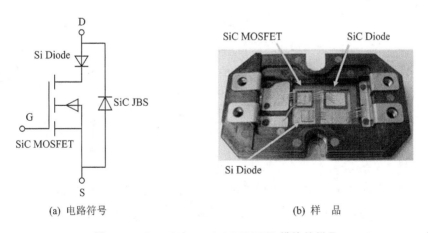

(a) 电路符号　　　　　　　　　　(b) 样　品

图 5.117　13 kV/10 A SiC MOSFET 模块的样品

试对比。图 5.118 为两者的正向伏-安特性曲线。当结温为 125 ℃、$U_F < 9$ V 时，SiC MOSFET 的正向导通压降比两个 Si IGBT 串联时的正向导通压降低。

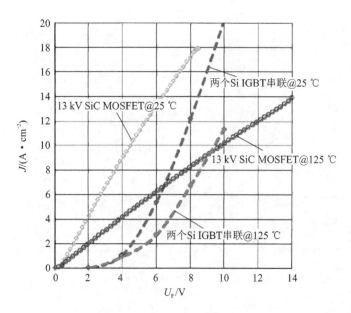

图 5.118　13 kV SiC MOSFET 与 6.5 kV Si IGBT 的伏-安特性对比曲线

图 5.119 为 SiC MOSFET 和 Si IGBT 的开通能量损耗对比曲线,当直流母线电压均设定为 4 kV 时,SiC MOSFET 的开通能量损耗比 Si IGBT 的小得多;当 SiC MOSFET 对应的直流母线电压设定为 12 kV,而 Si IGBT 对应的直流母线电压设定为 4 kV 时,两者的开通能量损耗相近。

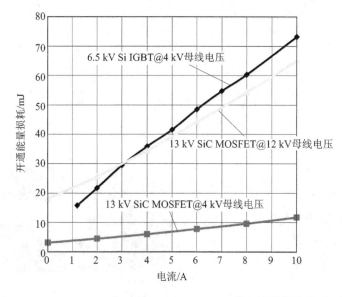

图 5.119　13 kV SiC MOSFET 和 6.5 kV Si IGBT 的开通能量损耗对比曲线

图 5.120 为 SiC MOSFET 和 Si IGBT 的关断能量损耗对比曲线。当直流母线电压设定为 4 kV 时,SiC MOSFET 的关断能量损耗比 Si IGBT 的低得多。

采用高压 SiC MOSFET 可简化固态变压器的拓扑方案,图 5.121 为基于高压 SiC MOSFET 的固态变压器拓扑,可代替第一代的三 H 桥串联方案。在进行初步样机设计时,留了较大裕量,输入电压设定为 3.6 kV AC,高压侧直流母线电压设为 6 kV DC,低压侧直流母线电压设为 400 V DC,输出电压为 240 V AC,额定功率容量为 10 kV·A。

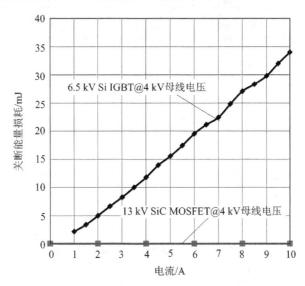

图 5.120　13 kV SiC MOSFET 和 6.5 kV Si IGBT 的关断能量损耗对比曲线

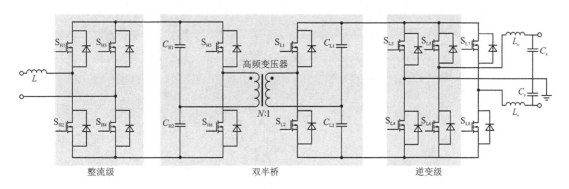

图 5.121　基于高压 SiC MOSFET 的固态变压器拓扑

AC/DC 整流器的功率管采用 13 kV SiC MOSFET,在开关频率分别取为 6 kHz 和 12 kHz 的情况下,对整流器进行了效率测试,测试结果如图 5.122 所示。当开关频率为 6 kHz 时,重载下整流器的效率高于 99%。

中间 DC/DC 级(即双半桥变换器)高压侧的功率管采用 13 kV SiC MOSFET 模块,低压侧的功率管采用 1 200 V SiC MOSFET 模块。图 5.123 给出了开关频率分别为 10 kHz、15 kHz、20 kHz 时双半桥变换器的效率曲线。在开关频率为 10 kHz、输出功率为 5.5 kW 时,最高效率可达 97.5%。

为了便于对比,DC/AC 级采用如图 5.124 所示的拓扑结构,其中一个桥臂由 SiC MOSFET (Wolfspeed 公司 1 200 V/100 A 模块)构成,另一个桥臂由 Si IGBT(型号为 FF100R12RT4)构成,制作了额定功率为 11 kW 的样机。

逆变器各桥臂的工作方式列于表 5.38 中,其中方式 1~3 为 Si IGBT 桥臂工作于高频开关状态,SiC MOSFET 桥臂在工作区间持续导通;方式 4~6 为 SiC MOSFET 桥臂工作于高

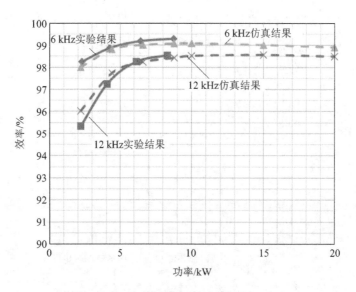

图 5.122　整流级效率的实验与仿真结果

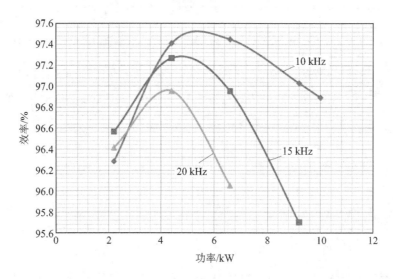

图 5.123　中间 DC/DC 级(双半桥变换器)的效率测试结果

频开关状态,Si IGBT 桥臂在工作区间持续导通;方式 7~9 为 Si IGBT 桥臂和 SiC MOSFET 桥臂均工作于高频开关状态,调制方案采用单极性双倍频 SPWM,器件的工作频率为逆变器的等效开关频率的一半。

　　不同工作方式下的满载效率测试结果如图 5.125 所示,在每种工作方式下,逆变器的效率均随开关频率的增加而降低。几种方式中,SiC MOSFET 桥臂工作于高频开关状态,且 Si IGBT 在区间内恒通时的效率最高。在开关频率为 20 kHz 时,效率的最高点为 98.9%。图 5.126 为不同负载下的逆变器的效率测试曲线,SiC MOSFET 高频工作且 Si IGBT 在区间内恒通的工作方式是这几种工作方式中效率最高的,这说明 1 200 V 电压等级的 SiC MOSFET 比 Si IGBT 有更低的开关损耗。

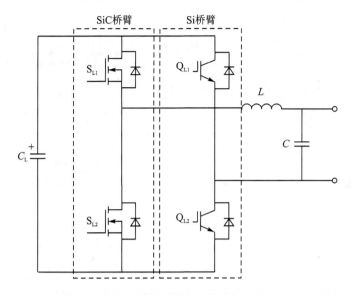

图 5.124　由 SiC MOSFET 桥臂和 Si IGBT 桥臂构成的 DC/AC 级拓扑结构

表 5.38　DC/AC 级桥臂的工作方式

方　式	Si IGBT 桥臂的工作频率	SiC MOSFET 桥臂的工作频率
1	20 kHz	60 Hz
2	30 kHz	60 Hz
3	40 kHz	60 Hz
4	60 Hz	20 kHz
5	60 Hz	30 kHz
6	60 Hz	40 kHz
7	10 kHz	10 kHz
8	15 kHz	15 kHz
9	20 kHz	20 kHz

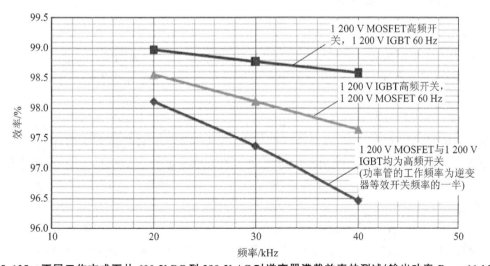

图 5.125　不同工作方式下从 600 V DC 到 380 V AC 对逆变器满载效率的测试(输出功率 $P_{out}=11$ kW)

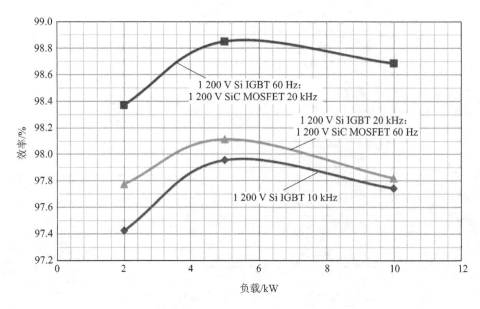

图 5.126　不同负载下的效率测试

5.3.5　SiC 基固态开关

过流保护装置是配电系统中的重要保护器件。在民用和军用场合,直流配电系统得到快速发展,但传统的熔断器和机电断路器的分断速度慢,需要经常维修或更换,且功能单一,不能满足直流配电系统的保护要求。采用由电力电子器件构成的固态断路器(SSCB),其响应速度比机电断路器的快得多,且无机械触点,可靠性大大提高。而固态功率控制器(SSPC)集各种保护、状态指示和复位多功能组合于一体,是具有控制功率通断能力的无触点开关部件。目前,SSCB 和 SSPC 普遍采用 Si 器件作为功率器件,若采用性能更优的 SiC 器件,则有望进一步提高性能。这里结合实例对 SiC 基的 SSCB 和 SSPC 进行性能评估。

1. SiC 器件在 SSCB 中的应用

(1) SiC MOSFET 在 SSCB 中的应用

军用战车直流电源系统中需要能承受高压、大电流且具有快速动态响应性能的 SSCB,而 Si 基 SSCB 因 Si 器件的性能所限,已难以大幅提升性能。美国陆军研究室采用 SiC MOSFET 制作了新型 SSCB 样机。

图 5.127 为基于 SiC MOSFET 的 SSCB 电路原理图。由于 SiC MOSFET 为增强型器件,所以上电时需通过远程控制信号使 SiC MOSFET 开通。一旦检测到电路故障,远程控制端就会发出控制指令使 SiC MOSFET 关断,并将这一状态锁存。故障排除后,远程控制端则会发出复位信号。另外,SSCB 的工作状态可通过一个独立的状态信号反馈到车载电源管理系统,以进行实时检测。

图 5.128 为 SiC 基 SSCB 的实物图。该 SSCB 的额定电压和额定电流分别为 1.2 kV 和 200 A,质量为 816.5 g,外形尺寸为 9.1 cm×9.1 cm×8.5 cm,电流密度可达 0.4 A/cm³,动态响应时间为 5 μs,最高工作环境温度可达 125 ℃。

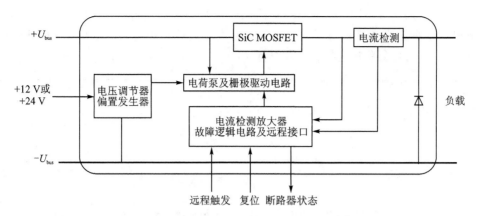

图 5.127　基于 SiC MOSFET 的 SSCB 电路原理图

图 5.128　基于 SiC MOSFET 的 SSCB 实物图

该 SSCB 的核心部件为多芯片 SiC 功率模块（MCM），MCM 的实物图和等效电路如图 5.129 所示。该 MCM 包含 2 个开关管，每个开关管由 5 只 SiC MOSFET 芯片并联组成，每只 SiC MOSFET 芯片又包括一个栅极内部电阻和一个反并联 SiC 肖特基二极管。该 MCM 按照美军标研制，可用于军事和太空等尖端领域。

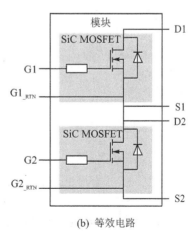

(a) 实物图　　　　　　　　　　　　　(b) 等效电路

图 5.129　多芯片 SiC 功率模块的实物图和等效电路

　　图 5.130 为采用 SiC MCM 的 SSCB 的软开通和关断时的相关波形。由图 5.130(a)可见，其软开通时间设置为 10 ms 左右，负载电流缓慢上升至 104 A。由图 5.130(b)可见，该 SSCB 可在 5 μs 内将负载从电源系统中切除。

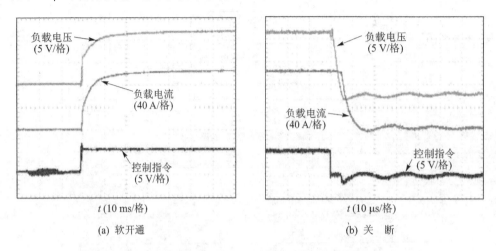

(a) 软开通　　　　　　　　　　　　(b) 关断

图 5.130　采用 SiC MCM 的 SSCB 的软开通和关断时的相关波形

　　图 5.131 是采用 SiC MCM 的 SSCB 过流时的相关波形。SSCB 开通后，负载即为额定负载(100 A)。此后，逐渐增大负载，当负载电流达到过流保护设定值(125 A)时，保护电路被触发，远程控制器发出关断指令，使 SSCB 关断。

　　图 5.132 是采用 SiC MCM 的 SSCB 接入 140 A 负载时的相关波形。初始时刻，负载电压和电流均为零，当远程控制器发出开通指令时，负载电压和电流迅速上升，但是由于过流保护设定值为 125 A，故当负载电流达到 125 A 时，保护电路被触发，远程控制器发出关断指令。SiC 器件经过 3 次关断后，SSCB 试图恢复通态，接通负载，但由于负载电流仍过大，故 SSCB 判断故障依然存在。

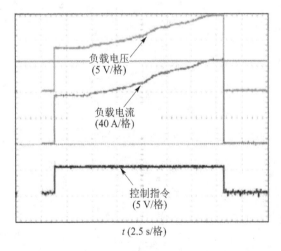

图 5.131　采用 SiC MCM 的 SSCB 过流时的相关波形

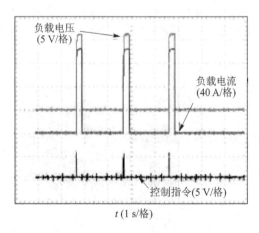

图 5.132　采用 SiC MCM 的 SSCB 接入 140 A 负载时的相关波形

（2）耗尽型 SiC 器件在 SSCB 中的应用

耗尽型 SiC 器件,包括耗尽型 SiC JFET 和 SiC SIT,因在不加驱动电压时即处于导通状态,故在一般电压源型桥式电路中需添加特别措施来避免直通问题,因此不便使用。但对于最新兴起的直流配电网保护线路,耗尽型 SiC 器件却非常适合于作为直流固态断路器的主功率开关器件。

1）SiC 基双向固态断路器

美国陆军研究室采用耗尽型 SiC JFET 器件研制了 SiC 基双向固态断路器（BDSSCB）,图 5.133 是其原理结构图。该 BDSSCB 不仅具有预充电和软启动功能,同时还具有故障时自触发和外部触发关断功能。

图 5.134 是 BDSSCB 的实物图。其触发电流可达 10 A,具有 800 V 双向阻断能力。该 BDSSCB 采用一个独立的接口用于控制电源供电、状态输出反馈、外部触发和复位信号,尺寸为 6.2 cm×5.2 cm×2.8 cm。

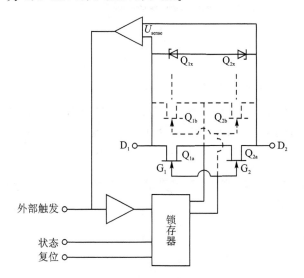

图 5.133　基于耗尽型 SiC JFET 的 BDSSCB 结构图

图 5.134　SiC 基双向固态断路器实物图

图 5.135 为 BDSSCB 的脉冲电流测试电路原理图。其直流输入电压 $U_{DC}=600$ V,电容 $C=800$ μF,L_S 用来模拟负载线路中的寄生电感,取为 16 μH,负载 $R_L=16.7$ Ω。首先,Si IGBT 关断,直流电源通过一个大电阻 R_{CH} 给电容 C 充电。然后,Si IGBT 开通,电容 C 放电给

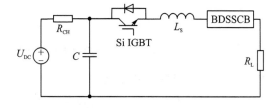

图 5.135　BDSSCB 的脉冲电流测试电路原理图

BDSSCB 提供一个脉冲电流,当流过 BDSSCB 的电流达到预设的保护值时,BDSSCB 会通过自触发或外部触发关断,从而达到保护的目的。

图 5.136 是该脉冲电流的测试结果。在控制电路发出 Si IGBT 开通的信号后,经驱动延时 1 μs 后 Si IGBT 开通,此时电容和电源同时给 BDSSCB 供电,产生脉冲电流。当脉冲电流达到 29 A 时,BDSSCB 自触发关断,同时由于 di/dt 作用于线路中的寄生电感,因此在

BDSSCB 两端会产生电压过冲和振荡。在该测试中,BDSSCB 的自触发延时时间约为 1.8 μs。

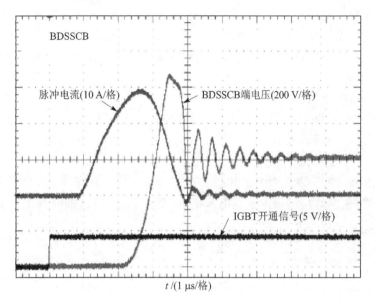

图 5.136　脉冲电流的测试结果

　　图 5.137 为该 BDSSCB 在直流输入电压为 250~600 V 时,平均自触发延时时间与触发电流峰值的关系曲线。可见,随着触发电流峰值的增大,平均自触发延时时间越来越短。

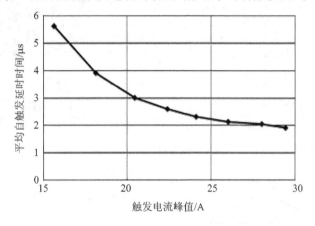

图 5.137　平均自触发延时时间与触发电流峰值的关系曲线

　　2) SiC 基自供电固态断路器

　　目前,SSCB 通常需要复杂的电流检测电路、数字信号处理器及数据传输功能单元,且这些控制单元一般均需要带电气隔离的电源模块来给其供电。因此,尽管 SSCB 比传统的机械式断路器的响应速度更快,但其结构仍较为复杂,所以不利于 SSCB 的推广应用。

　　图 5.138 是一种基于耗尽型 SiC JFET 的自供电 SSCB。该 SSCB 主要由一个耗尽型 SiC JFET 和一个由快速启动的隔离型 DC/DC 变换器构成的驱动保护电路组成,无需额外的引线,结构简单。在正常情况下,SiC JFET 导通,其漏源极电压很低,DC/DC 变换器的输入、输出电压都很小。当负载短路时,SiC JFET 的漏源极电压快速升高,即 DC/DC 变换器的输入电压快速升高,当其超过保护阈值电压(3~5 V)时,驱动保护电路输出负压,迫使 SiC JFET

关断,并维持截止状态,直到故障清除,即 SiC JFET 的漏源极电压低于保护阈值电压,SSCB
又恢复到正常工作状态。图 5.139 为 SSCB 的详细原理图,隔离型 DC/DC 变换器采用具有快
速响应速度的正-反激变换器。

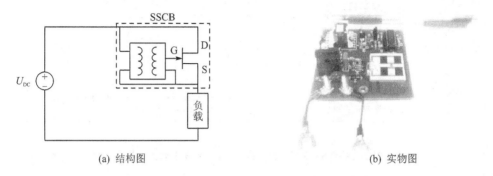

(a) 结构图　　　　　　　　　　　　　(b) 实物图

图 5.138　基于耗尽型 SiC JFET 的自供电 SSCB

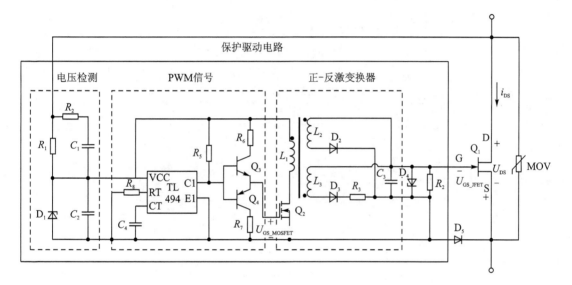

图 5.139　基于耗尽型 SiC JFET 的自供电 SSCB 的原理图

　　图 5.140 为该 SSCB 的动态响应测试波形。当 MOSFET(Q_2)完全关断后,经过 0.8 μs
的延时,SiC JFET 的栅源极电压从 0 V 降到 -20 V。

　　图 5.141 是回路电阻分别为 1 Ω 和 2 Ω 时的 SiC 基自供电 SSCB 的短路测试波形。在短
路瞬间,回路电流分别快速上升至 180 A 和 150 A,经约 0.8 μs 和 1 μs 的响应时间后,SiC
JFET 的栅源极电压从 0 V 降到 -20 V。相比于常规的 SiC 基 SSCB,该 SSCB 的动态响应速
度更快。

2. SiC 器件在 SSPC 中的应用

　　目前 SSPC 主要采用 Si MOSFET 和 Si IGBT 作为主功率器件,其通态电阻较大,最大工
作结温受限。研究人员采用性能更优的 SiC 器件对 SSPC 进行了研究。

　　下面针对应用于 270 V 高压直流电源系统的 30 A 定额的 SSPC 进行研究,主功率器件分
别采用 SiC JFET 和 Si MOSFET。SiC JFET 的单个管芯面积为 1 mm²,Si MOSFET 的单个

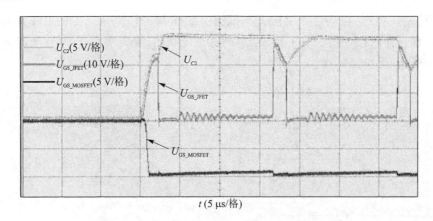

图 5.140　SiC 基自供电 SSCB 的动态响应测试波形

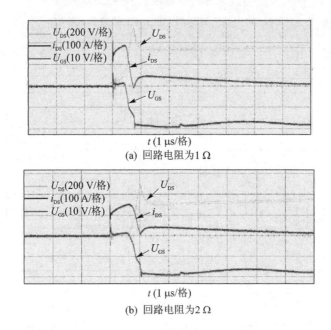

图 5.141　回路电阻为 1 Ω 和 2 Ω 时的 SiC 基自供电 SSCB 的短路测试波形

管芯面积为 100 mm²，两种器件均采用多个管芯并联来提高电流处理能力。

表 5.39 给出了采用两种器件制作 SSPC 测试得到的反延时过流保护参数，在每一种情况下均设定结–壳的最大温升为 100 ℃。

表 5.39　采用 Si 和 SiC 器件制作 SSPC 的反延时过流保护参数对比

工作条件			SiC 器件		Si 器件	
I_{SSPC}/A	$I^{①}$/%	T/ms	管芯数/个	管芯总面积/mm²	管芯数/个	管芯总面积/mm²
30	100	长时	5	5	2	200
60	200	200	9	9	2	200
150	500	40	19	19	5	500
300	1 000	10	34	34	9	900

① 以 30 A 为额定值的标幺值。

　　由表 5.39 可见,在最恶劣的情况下(故障电流最大),且短路时间相同时,所需的 Si MOSFET 的管芯面积约比 SiC JFET 的管芯面积大 26 倍。

　　美国空军资助研究了基于 SiC MOSFET 的 270 V/120 A SiC SSPC,其 SiC MOSFET 为采用多个管芯并联制成的功率模块,如图 5.142 所示。该 SSPC 的动作电流/时间为 1 200 A/5 ms,最大瞬态结温可达 350 ℃。

图 5.142　270 V/120 A SiC SSPC 中的 SiC MOSFET 模块示意图

　　上述研究实例表明,采用 SiC 器件可降低功率器件的损耗,并且可工作在更高的开关频率和结温下,从而减轻散热负担,提高变换器的效率和功率密度,使之获得更好的性能。

5.4　小　结

　　本章讨论了 SiC 器件的典型应用。

　　首先阐述了 SiC 肖特基二极管的典型应用。SiC 肖特基二极管的关断速度快,几乎无反向恢复电荷,高温工作下的开关特性也变化不大,特别适用于作为高频功率变换器中的功率二极管。然后以 PFC 电路和桥臂电路为例,对 SiC 肖特基二极管的应用优势进行了分析。

　　因电力电子变换器的应用领域较多,变换器类型也有多种,因此在讨论 SiC 可控器件的典型应用时,按典型应用领域和功率变换器的类型分别加以论述。

　　首先对 SiC 器件在电动汽车领域、光伏发电领域、照明领域、家电领域、数据中心领域和航空领域的应用进行了评价,归纳出每类应用场合的特点,并用实例阐述了应用现阶段 SiC 器件可获得的性能提升空间。然后对 SiC 器件在不同种类变换器,包括 DC/DC 变换器、AC/DC 变换器、DC/AC 变换器、AC/AC 变换器和固态开关中的应用特点和优势进行了阐述。

　　扫描右侧二维码,可查看本章部分插图的彩色效果,规范的插图及其信息以正文中印刷为准。

第 5 章部分插图彩色效果

参考文献

[1] 孔庆刚,金立军.SiC 肖特基二极管在大功率 PFC 中的应用[J].电力电子技术,2007,41(09):66-68.

[2] 盛况,郭清,张军明,等.碳化硅电力电子器件在电力系统的应用展望[J].中国电机工程学报,2014,32(30):1-8.

[3] Zhang H,Tolbert L M,Ozpineci B. Impact of SiC devices on hybrid electric and plug-in hybrid electric vehicles[J]. IEEE Transactions on Industry Applications,2011,47(2):912-921.

[4] Biela J,Schweizer M,Waffler S,et al. SiC versus Si—Evaluation of potentials for performance improvement

of inverter and DC-DC converter systems by SiC power semiconductors [J]. IEEE Trans on Industrial Electronics,2011,58(7):2872-2882.

[5] Olejniczak K,Flint T,Simco D,et al. A compact 110kVA,140℃ ambient,105℃ liquid cooled,all-SiC inverter for electric vehicle traction drives[C]. Tampa,USA:IEEE Applied Power Electronics Conference and Exposition,2017:735-742.

[6] Han Di,Noppakunkajorn Jukkrit,Sarlioglu Bulent. Comprehensive efficiency,weight and volume comparison of SiC- and Si-based bidirectional DC-DC converters for hybrid electric vehicles[J]. IEEE Transactions on Vehicular Technology,2014,63(7):3001-3010.

[7] Sintamarean C,Eni E,Blaabjerg F,et al. Wide-band gap devices in PV systems-opportunities and challenges [C]. Hiroshima,Japan:IEEE Power Electronics Conference,2014:1912-1919.

[8] 曾正,赵荣祥,吕志鹏,等.光伏并网逆变器的阻抗重塑与谐波谐振抑制[J].中国电机工程学报,2014 (27):4547-4558.

[9] Pala V,Barkley A,Hull B,et al. 900V silicon carbide MOSFETs for breakthrough power supply design [C]. Montreal,Canada:IEEE Energy Conversion Congress and Exposition,2015:4145-4150.

[10] Sarnago H,Lucía Ó,Burdío J M. A comparative evaluation of SiC power devices for high-performance domestic induction heating[J]. IEEE Transactions on Industrial Electronics,2015,62(8):4795-4804.

[11] Cui Y,Xu F,Zhang W,et al. High efficiency data center power supply using wide band gap power devices [C]. Fort Worth,USA:IEEE Applied Power Electronics Conference and Exposition,2014:3437-3442.

[12] Yin S,Tseng K J,Liu Y,et al. Demonstration of a 50kW and 100kHz SiC high power density converter for aerospace application[C]. Singapore:IEEE Region 10 Conference,2016:2888-2891.

[13] Yin S,Tseng K J,Simanjorang R,et al. A 50-kW high-frequency and high-efficiency SiC voltage source inverter for more electric aircraft[J]. IEEE Transactions on Industrial Electronics,2017,64(11): 9124-9134.

[14] Rump Thomas,Eckel Hans-Günter. Zero-voltage-switching clamped voltage DC/DC buck converter with SiC power devices[C]. Nuremberg,Germany:PCIM Europe,2014:1-8.

[15] Ma Ting,Qin Haihong,Zhao Bin,et al. Evaluation of SiC MOSFET in buck converter[C]. Melbourne, Australia:Proceedings of IEEE Conference on Industrial Electronics and Applications,2013:1213-1216.

[16] 方瑜,秦海鸿,朱梓悦,等.硅与碳化硅二极管在BUCK变换器中的对比研究[J].电力电子技术,2014,48 (2):37-39.

[17] 马策宇,陆蓉,袁源,等.SiC功率器件在Buck电路中的应用研究[J].电力电子技术,2014,48(8):54-57.

[18] Liu J,Wong K L,Mookken J. 1000V wide input auxiliary power supply design with 1700V Silicon Carbide (SiC) MOSFET for three-phase applications[C]:TX,USA:IEEE Applied Power Electronics Conference and Exposition,2014:2506-2510.

[19] Liu J,Mookken J,Wong K L. Highly efficient,and compact ZVS resonant full bridge converter using 1200V SiC MOSFETs[C]. Nuremberg,Germany:PCIM Europe,2014:433-440.

[20] Qin Haihong,Xu Kefeng,Nie Xin,et al. Characteristics of SiC MOSFET and its application in a phase-shift full-bridge converter[C]. Hefei,China:International Power Electronics and Motion Control Conference,2016:1639-1643.

[21] Karutz P,Round S D,Heldwein M L,et al. Ultra compact three-phase PWM rectifier[C]. Anaheim, USA:IEEE Applied Power Electronics Conference and Exposition,2007:816-822.

[22] Jang Yungtaek,Dillman David L,Jovanovic Milan M. Performance evaluation of silicon-carbide MOSFET in three-phase high-power-factor rectifier[C]. Rome,Italy:Proceedings of International Telecommunications Energy Conference,2007:319-326.

[23] Mostaghimi Omid,Wright Nick,Horsfall Alton. Design and performance evaluation of SiC based DC-DC

converters for PV applications[C]. Raleigh, USA：IEEE Energy Conversion Congress and Exposition, 2012：3956-3963.

[24] Zhong Xueqian, Wu Xinke, Zhou Weicheng. An all-SiC high-frequency boost DC DC converter operating at 320℃ junction temperature[J]. IEEE Transactions on Power Electronics, 2014, 29(10)：5091-5096.

[25] Bucher Alexander, Schmidt Ralf, Werner Ronny, et al. Design of a full SiC voltage source inverter for electric vehicle applications[C]. Karlsruhe, Germany：European Conference on Power Electronics and Applications, 2016：1-10.

[26] 谢昊天, 秦海鸿, 聂新, 等. SiC 基与 Si 基永磁同步电动机驱动器的比较[J]. 上海电机学院学报, 2015, 18 (2)：79-86.

[27] Qin Haihong, Xie Haotian, Zhu Ziyue, et al. Comparisons of SiC and Si devices for PMSM drives[C]. Hefei, China：International Power Electronics and Motion Control Conference, 2016：891-896.

[28] 秦海鸿, 张鑫, 朱梓悦, 等. 电流型 PWM 整流器叠流时间对网侧电流影响及其抑制方法[J]. 电工技术学报, 2016, 31(12)：142-152.

[29] 秦海鸿, 赵海伟, 马策宇, 等. 基于模块化多电平变换器的静止同步补偿器桥臂不对称及其控制策略[J]. 电工技术学报, 2016, 31(14)：183-192.

[30] 刘清. 基于 SiC 器件的三相电流型 PWM 整流器的优化设计[D]. 南京：南京航空航天大学, 2018.

[31] 马婷. SiC 功率器件特性及其在逆变器中的应用研究[D]. 南京：南京航空航天大学, 2013.

[32] 聂新. 碳化硅功率器件在永磁同步电机驱动器中的应用研究[D]. 南京：南京航空航天大学, 2015.

[33] 荀倩. 飞行器永磁同步电动舵机控制系统研究与设计[D]. 南京：南京航空航天大学, 2015.

[34] 朱梓悦. 数字式碳化硅基航空高压直流固态功率控制器的研制[D]. 南京：南京航空航天大学, 2017.

[35] 徐克峰. 基于 SiC MOSFET 的 270V 直流固态断路器的研制[D]. 南京：南京航空航天大学, 2017.

[36] Safari S, Castellazzi A, Wheeler P. Experimental and analytical performance evaluation of SiC power devices in the matrix converter[J]. IEEE Transactions on Power Electronics, 2014, 29(5)：2584-2596.

[37] Wang Fei, Wang Gangyao, Alex Huang, et al. Design and operation of a 3.6kV high performance solid state transformer based on 13kV SiC MOSFET and JBS diode[C]. Pittsburgh, USA：IEEE Energy Conversion Congress and Exposition, 2014：4553-4560.

[38] Madhusoodhanan S, Tripathi A, Pate D, et al. Solid state transformer and MV grid tie applications enabled by 15kV SiC IGBTs and 10kV SiC MOSFETs based multilevel converters[C]. Hiroshima, Japan：IEEE International Power Electronics Conference, 2014：1626-1633.

[39] Schmerda R, Cuzner R, Clark R, et al. Shipboard solid-state protection：overview and applications[J]. IEEE Electrification Magazine, 2013, 1(1)：32-39.

[40] Chen Ming, Zhao Yuming, Li Xiaolin, et al. Development of topology and power electronic devices for solid-state circuit breakers[C]. Toronto, Canada：International Symposium on Instrumentation and Measurement, Sensor Network and Automation, 2013：190-193.

[41] Mu Jianguo, Wang Li, Hu Jie. Design and analysis of DC solid state breaker topology[J]. Proceedings of the CSEE, 2010(18)：109-114.

[42] Urciuoli D P, Veliadis V, Ha H C, et al. Demonstration of a 600-V, 60-A, bidirectional silicon carbide solid-state circuit breaker[C]. TX, USA：IEEE Applied Power Electronics Conference and Exposition, 2011：354-358.

[43] Miao Z, Sabui Gourab, Chen Aozhu, et al. A self-powered ultra-fast DC solid state circuit breaker using a normally-on SiC JFET[C]. Charlotte, NC：IEEE Applied Power Electronics Conference and Exposition, 2015：767-773.

[44] Miao Z, Sabui G, Moradkhani A, et al. A self-powered bidirectional DC solid state circuit breaker using two normally-on SiC JFETs[C]. Montreal：IEEE Energy Conversion Congress and Exposition, 2015：

　　　4119-4124.

[45] Feng Xiaohu. SiC based solid state power controller[D]. Kentucky：University of Kentucky，2007.

[46] Guo Yuanbo. Development of a high current high temperature SiC based solid state power controllers [D]. Buffalo，New York State，USA：The University of Buffalo，State University of New York，2011.

[47] Theodore basil Balis. Transient thermo-mechanical investigation of a SiC-based solid state power controller[D]. Binghamton：State University of New York，2011.

第6章　SiC基变换器性能制约因素与关键问题

在器件特性上,SiC器件比Si器件具有明显的优势,采用SiC器件制作的功率变换器希望获得比Si基变换器更高的效率、功率密度、电磁兼容性、环境适应性和可靠性。然而要想达到SiC基变换器的高性能指标,仍需克服相关制约因素和解决关键问题,主要包括:高速开关限制因素、高温工作限制因素和参数优化设计问题等。在整机设计过程中,必须细致分析高速开关瞬态过程对整机各部分功能电路的影响,从尖峰、振荡、EMI和可靠性等性能方面考虑,凝练各功能电路的"精细化设计"要求。对于SiC基功率器件,需要采用先进封装技术,把SiC芯片制成低感、耐高温的功率器件或模块,并在其他耐高温功能电路部件的协同支撑下开发耐高温变换器,以满足恶劣工作环境的要求。同时SiC基变换器是典型的"多变量-多目标"系统,要想获得最优参数设计,需要采用合适的多目标优化设计方法,最大限度地提升SiC基变换器的整机性能。

只有妥善解决了以上这些关键问题,才能真正发挥SiC器件的优势,使得SiC基变换器实现高效率、高功率密度和高可靠性,并耐受高温的恶劣工作环境。

6.1　SiC器件高速开关的限制因素

尽管从器件特性上看,SiC器件可比Si器件具有更快的开关速度,可在更高开关频率下工作,从而获得由高频化带来的整机尺寸和重量的减小,以及功率密度的提高等性能优势;然而在实际应用中,SiC器件的高速开关却受到一些因素的制约。

从器件安全工作角度考虑,SiC器件在开关转换期间,栅极不宜出现较大的振荡和电压过冲,漏极不宜出现较大的电压尖峰,开通时的漏极电流不宜出现过大的电流过冲,器件关断时不宜出现误导通问题;在桥臂电路中,上、下管之间不能因相互影响造成直通问题。从整机电磁兼容性角度看,SiC基变换器要满足相应的EMC标准要求。

因此,为了保证SiC器件充分发挥其性能优势,必须对这些限制因素加以分析研究,寻求较好的解决办法。这些限制因素主要包括:① 寄生电感;② 寄生电容;③ 驱动能力;④ 电压、电流检测;⑤ 长电缆电压反射问题;⑥ EMI问题;⑦ 高压局放问题。

6.1.1　寄生电感的影响

为了研究SiC MOSFET的开关特性与栅极寄生电感L_G、漏极寄生电感L_D和源极寄生电感L_S的关系,并考虑了SiC MOSFET的极间电容和引脚寄生电感,建立了如图6.1(a)所示的单管双脉冲电路模型。为了便于分析,将主功率开关回路的寄生电感进行简化,令开关回路的寄生电感$L_D = L_{d1} + L_{d2} + L_{s1} + L_{s2}$,简化后的电路模型如图6.1(b)所示。

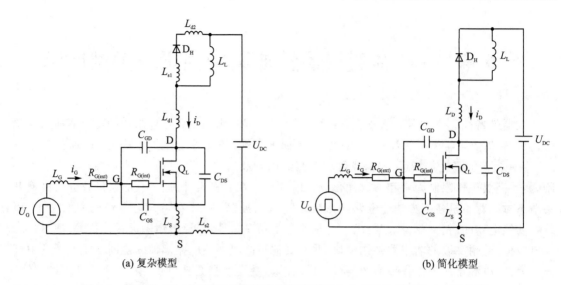

(a) 复杂模型　　　　　　　　　　　　　　(b) 简化模型

图 6.1　考虑了 SiC MOSFET 的极间电容和引脚寄生电感的单管双脉冲电路模型

1. 栅极寄生电感 L_G 的影响

栅极寄生电感 L_G 会与 SiC MOSFET 的输入电容 C_{iss}（$C_{iss} = C_{GS} + C_{GD}$）谐振,引起栅源极电压 U_{GS} 波形的振荡。随着 L_G 的增大,U_{GS} 的振荡幅度越来越大,这一现象在关断期间的栅源电压波形中尤为明显。但是,L_G 对 U_{DS} 和 i_D 的影响并不大。随着 L_G 的增大,U_{DS} 和 i_D 的开通波形几乎没有变化,只是关断波形略有恶化。

图 6.2 给出了不同 L_G 下,栅源极电压 U_{GS}、漏源极电压 U_{DS} 和漏极电流 i_D 的开关波形。测试条件设置为 $U_{DC} = 400\ \mathrm{V}$,$I_L = 10\ \mathrm{A}$,$R_{G(ext)} = 5\ \Omega$。当 L_G 从 0 nH 增大到 65 nH 时,U_{DS} 的超调电压仅从 460 V 增大到 480 V。由此可知,L_G 的影响仅限于栅极回路,其对 SiC MOSFET 开关波形的影响很小,减小 L_G 主要是为了避免因开关器件误动作而引起电路故障。

在实际电路设计时,驱动电路与功率器件之间的距离应尽可能短,构成的栅极回路面积应尽可能小。

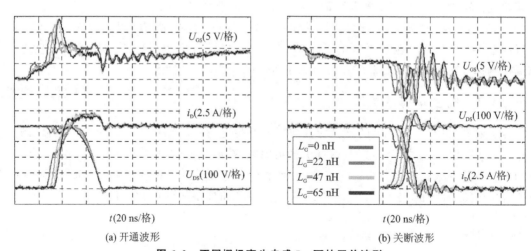

(a) 开通波形　　　　　　　　　　　　　　(b) 关断波形

图 6.2　不同栅极寄生电感 L_G 下的开关波形

2. 漏极寄生电感 L_D 的影响

在 SiC MOSFET 关断时,由于漏极寄生电感 L_D 的存在,会与 di/dt 相互作用,在漏极寄生电感上引起反向感应电动势,大小为 $U_{LD}=L_D \cdot di_D/dt$,此感应电动势与直流输入电压叠加后,加在开关管的漏源极上,产生电压尖峰。在开关瞬态,由于存在 MOSFET 的输出电容 C_{oss} ($C_{oss}=C_{GD}+C_{DS}$)、二极管的结电容和电感器的寄生电容,因此这些寄生电容会与主开关回路的寄生电感 L_D 谐振,使得 U_{DS} 波形产生明显的振荡,如图 6.3 所示。而且漏源极的电压振荡会通过密勒电容耦合到栅极回路,从而使得 U_{GS} 和 i_D 的开关波形均产生明显振荡,振荡幅度和频率的变化都较大。

图 6.4 给出不同 L_D 下,栅源极电压 U_{GS}、漏源极电压 U_{DS} 和漏极电流 i_D 的关断波形。由图可知,L_D 会与 SiC MOSFET 的输出电容一起产生剧烈振荡,使得漏源极电压 U_{DS} 和漏极电流 i_D 波形产生振铃,并影响栅源极电压 U_{GS} 使其波形也出现相应振荡。随着漏极寄生电感 L_D 的增加,i_D 和 U_{DS} 的振荡都会加剧,关断瞬时的功率也会加大。

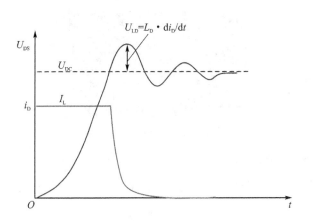

图 6.3　关断电压振荡和尖峰波形示意图

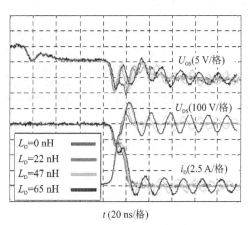

图 6.4　不同漏极寄生电感 L_D 下的关断波形

为了降低电压尖峰,避免损坏 SiC MOSFET,可以减小功率回路的寄生电感,或者减慢开关的速度,使得 di/dt 降低。但是通过降低 di/dt 这种被动的解决方法并没有充分发挥 SiC 器件的快速开关能力,反而使得开关时间延长,导致开关损耗增加。因此一般应从减小寄生电感的角度考虑。

目前商用 SiC MOSFET 单管器件的封装类型主要有直插式 TO-247 封装和贴片式 TO-263 封装。对于常用的 TO-247 封装,剪短引脚可使寄生电感减小。基于 Wolfspeed 公司型号为 C2M0080120D 的 TO-247 封装 SiC MOSFET,对剪掉引脚与不剪掉引脚时的开关能量损耗进行了测试对比。测试条件设置为 $U_{DC}=800$ V,$I_L=20$ A,测试结果如图 6.5 所示。可见,剪短引脚,相当于减小了寄生电感,从而有利于降低开关损耗。

对于 TO-263 封装,由于背面直接焊接在 PCB 上,引脚不易再做处理,所以应根据应用场合做适当加工。

对于 SiC 模块,要尽可能减小封装寄生电感。图 6.6 给出根据 Si IGBT 模块的、采用传统封装尺寸制成的定额为 1 200 V/100 A 的全 SiC 模块(由 SiC MOSFET 和 SiC SBD 并联组

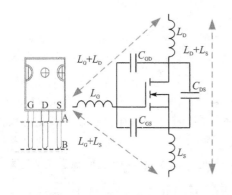
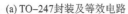
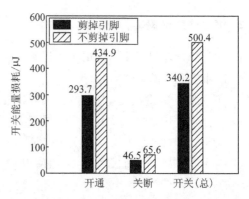

(a) TO-247封装及等效电路   (b) 剪掉引脚与不剪掉引脚的开关能量损耗对比

图 6.5　TO－247 封装的引脚寄生电感的影响

成），其引线端之间的寄生电感为 40 nH 左右。由于寄生电感值过大，从而限制了 SiC 模块的高速开关工作能力。

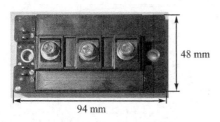

(a) 采用传统封装的SiC模块外观示意图   (b) 采用传统封装的SiC模块内部构造

图 6.6　采用传统封装的 SiC 模块示意图

图 6.7 给出采用改进封装后的 SiC 模块，其尺寸明显减小，引线端之间的寄生电感值降为 14 nH，约为原来的 1/3。

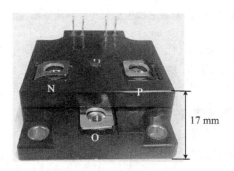

(a) 改进封装后的SiC模块俯视图   (b) 改进封装后的SiC模块主视图

图 6.7　改进封装后的 SiC 模块外观结构图

图 6.8 为 SiC 模块在封装改进前、后的关断波形对比图，在保证关断电压尖峰基本相近的条件下，改进封装后的 SiC 模块的寄生电感明显减小，可以工作在更快的开关速度下，其漏极电流的下降时间缩短为改进封装前的 1/3 左右，从而在关断电压尖峰基本保持不变的条件下，保证了 SiC 模块更快的开关速度。

为此,在进行 SiC 功率模块的设计时,
要力求保证低寄生电感,以获得尽可能快
的实际开关速度。

3. 共源极寄生电感 L_S 的影响

由于共源极寄生电感同时存在于功率
回路和驱动回路中,因此对功率回路和驱
动回路的工作均有较大影响。如图 6.1 所
示,当功率管开通时,漏极电流 i_D 增大,在
L_S 上感应出上正下负的电压,以致限制了
电流的上升率 di_D/dt,阻碍了 i_D 的上升,

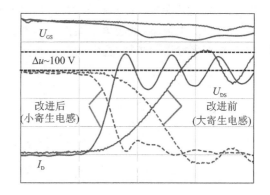

图 6.8　SiC 模块在封装改进前、后的关断波形对比图

使漏极电流的上升时间变长;同时该感应电压也降低了功率管栅源电压的上升速度,并通过跨
导进一步影响了 i_D 的上升速度,从而使得开通速度明显变慢,开通损耗明显增加。此外,共源
极寄生电感与杂散电阻、寄生电容组成 RLC 谐振电路,加剧了漏极电流和栅源电压的振荡,进
一步增大了开通损耗。当功率管关断时,漏极电流 i_D 减小,在 L_S 上感应出上负下正的电压,
与开通过程类似,电感感应电压会造成功率管漏极电流的下降时间变长,漏极电流和栅源电压
的振荡加剧,进一步增大了关断损耗。此外,在 L_S 上感应的电压使得功率管的源极电位变为
负的,从功率回路角度考虑,功率管的漏源电压应力略有增加;从驱动回路角度考虑,功率管的
栅源电压有所抬高,若超过其栅源阈值电压,则会出现误导通问题。

图 6.9 为 L_S 取不同值时,SiC MOSFET 的主要开关波形。测试条件设置为 $U_{DC}=400$ V,
$I_L=10$ A,$R_{G(ext)}=15$ Ω。L_S 对 SiC MOSFET 开通波形延时的影响比较明显,并且在主功率
回路和驱动回路之间起负反馈作用。在开通时,随着 L_S 的增大,SiC MOSFET 的开通时间变
长,比如在 L_S 分别为 25 nH 和 75 nH 时,SiC MOSFET 的开通时间分别为 24 ns 和 34 ns 左
右。关断时间也随着 L_S 的增大而变长。随着 L_S 的增大,SiC MOSFET 开通时的电流尖峰和
关断时的电压尖峰均略有减小。

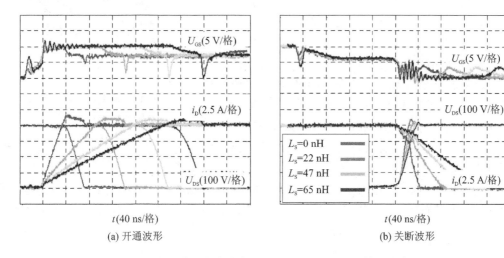

图 6.9　不同共源极寄生电感 L_S 下 SiC MOSFET 的开关波形

图 6.10 为因共源极寄生电感较大而引起栅源电压超过栅极阈值电压的关断波形典型实例,在较大的负载电流下,栅极电压振荡更为严重,振荡峰值明显超过栅极阈值电压。若在桥臂电路中,则会造成短时桥臂直通,轻则加大损耗,严重时会损坏功率器件。

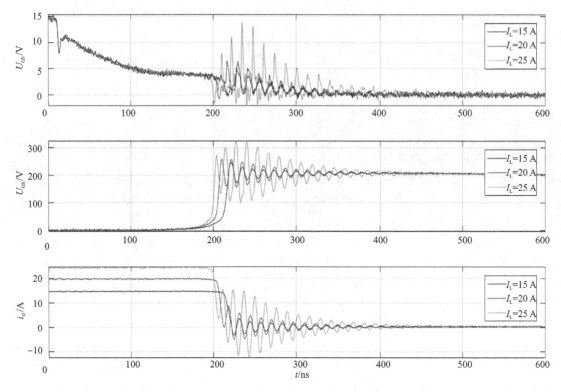

图 6.10 因共源极寄生电感较大而引起栅源电压超过栅极阈值电压的关断波形

解决共源极寄生电感问题的最直接办法就是减小甚至避免共源极寄生电感,以实现驱动回路和功率回路之间的解耦。为此,功率器件厂商纷纷推出具有开尔文结构封装的 SiC MOSFET,如英飞凌公司的 TO - 247 - 4 及 Wolfspeed 公司的 TO - 263 - 7 等封装(见图 6.11)。开尔文结构封装能够在结构上将驱动回路和功率回路分开,从根本上消除共源极寄生电感。若器件为非开尔文源极结构封装,则只能尽量减小共源极寄生电感。这可通过自行焊接线路构成驱动回路,避免驱动回路和功率回路在引脚上存在共同的寄生电感来解决,但该方法无法消除封装内部共源极寄生电感的影响。

图 6.11 典型的开尔文源极结构 SiC MOSFET 单管 (左边为 TO - 247 - 4, 右边为 TO - 263 - 7)

对于功率模块,目前几家供应商用 SiC 模块的公司(Wolfspeed、Rohm、Infineon)均推出采用开尔文源极结构的 SiC MOSFET 模块(见图 6.12),以避免共源极寄生电感对驱动电路的影响,进而对开关速度产生不利的影响。

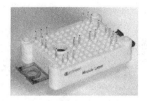

(a) Wolfspeed公司的
CAS120M12BM2

(b) Rohm公司的
BSM120D12P2C005

(c) Infineon公司的
FF11MR12W1M1_B11

图 6.12　采用开尔文源极结构的 SiC MOSFET 模块

6.1.2　寄生电容的影响

SiC 器件的开关速度快,使得寄生电容的影响凸显。在 Si 基变换器中可以忽略的一些寄生电容在 SiC 基变换器中不能再忽略。具体分析如下。

1. 控制侧与功率侧耦合电容的影响

桥臂电路中的上、下管在开关过程中,桥臂的中点电位会在正母线电压和负母线电压之间摆动,由于 SiC MOSFET 的开关速度快,因此将在桥臂中点形成极高的 du/dt。du/dt 作用在控制侧与功率侧间的耦合电容上,使其产生干扰电流而流入控制侧,引起瞬态共模噪声问题。图 6.13 为控制侧与功率侧之间的耦合电容示意图。

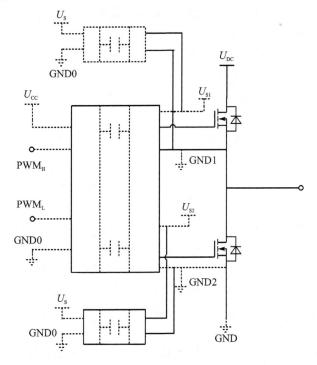

图 6.13　控制侧与功率侧之间的耦合电容示意图

瞬态共模噪声对控制侧的弱电电路均有影响。对于驱动电路,可能会造成驱动信号出现振荡和尖峰,进而导致开关管误动作;对于控制电路,可能会造成复位问题;对于采样电路,将增大采样噪声,影响采样结果。因此,SiC 基桥臂电路的设计必须解决瞬态共模噪声问题,否则电路难以正常运行。

针对瞬态工作噪声问题,主要有以下几种解决方法:

(1) 优化驱动电路供电电源设计,减小隔离电容

SiC MOSFET 驱动电路所用的供电电源(简称"驱动电源")一般采用隔离式变换器,隔离式变换器中的变压器绕组间存在寄生电容,应该降低该寄生电容值。为此,可以改变变压器绕组的绕制方式,如图 6.14 所示,原、副边绕组分开绕制可降低隔离电容。如果采用商用模块电源作为 SiC MOSFET 的隔离驱动电源,则可以选用隔离变压器具有低寄生电容值的专用驱动电源或由厂家定制。

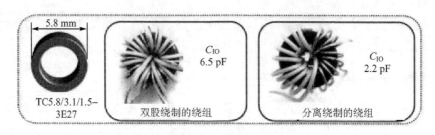

图 6.14 双股绕制的绕组和分离绕制的绕组

(2) 在驱动芯片与供电电源之间加入共模电感

共模电感的结构如图 6.15 所示。当两线圈中流过差模电流时,产生两个相互抵消的磁场 H_1 和 H_2,差模信号可以无衰减地通过;而当流过共模电流时,磁环中的磁通相互叠加,从而具有更大的等效电感量,产生很强的阻流效果,达到对共模电流的抑制作用。因此共模电感在平衡线路中能有效地抑制共模干扰信号,但对线路中正常传输的差模信号则无影响。

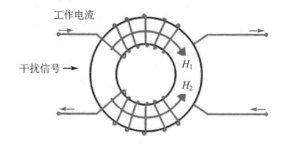

图 6.15 共模电感结构

(3) 选择具有高共模瞬态抑制比的隔离芯片

随着高开关速度的 SiC 基半导体器件的推广,共模瞬态抑制比(CMTI)已经成为隔离芯片的一个重要选型指标。为了应对 SiC 器件带来的瞬态共模电压问题的挑战,各隔离芯片厂商推出了具有高 CMTI 的芯片。目前容性隔离技术和磁耦隔离技术均可达到 CMTI 大于 $100\ \text{kV}/\mu\text{s}$ 的水平,而传统的光耦隔离只能达到 $35\ \text{kV}/\mu\text{s}$。因此在用于 SiC 器件的驱动和控制电路时,应针对应用场合的需求来选用具有合适 CMTI 值的隔离芯片。

(4) PCB 合理布局和布线

以驱动芯片的 PCB 设计为例,低压侧和高压侧的走线及敷铜之间不可避免地存在耦合电容。在绘制 PCB 时,应避免低压侧和高压侧在 PCB 的不同层之间存在重叠。另外,芯片下方的区域不宜走线,应保持隔离单元两侧具有最大的隔离范围。在需要时,对芯片下方的 PCB 进行开槽处理,以进一步降低耦合电容。

2. 密勒电容的影响

(1) 密勒电容引入的串扰问题

SiC MOSFET 的开关速度快,栅源极的结电容比 Si MOSFET 的结电容明显减小,但栅漏极的结电容相对并没有减小,SiC MOSFET 的 C_{GD}/C_{GS} 比值比 Si MOSFET 的大。由于栅漏电容会引起密勒平台现象,因此栅漏极的结电容又被称作密勒电容。在第 3 章中已述及,桥臂电路中的某一开关管在快速开关瞬间引发的 du/dt 会干扰与其处于同一桥臂的互补开关管,引起桥臂串扰。尽管该现象在 Si MOSFET 和 Si IGBT 的应用中已有出现,但并不明显。而在 SiC MOSFET 的应用中,一方面,由于开关速度很快,使得串扰现象更为明显;另一方面,SiC MOSFET 的栅极阈值电压比一般类型 Si MOSFET 的低,栅极正向电压尖峰易达到阈值电压,致使开关管误导通,进而造成桥臂直通。如果负向串扰电压超过开关管的栅极负压承受范围,则也会造成开关管损坏。

(2) 串扰问题的抑制方法

由于密勒电容是由 SiC MOSFET 器件自身结构决定的固有寄生电容,因此无法通过减小密勒电容来解决问题,而只能通过外部电路对串扰问题进行抑制。根据在驱动电路中是否加入有源器件,可将抑制的方法分为无源抑制方法和有源抑制方法。其基本思路均为在 SiC MOSFET 关断时造就低阻抗回路,尽可能降低串扰电压的幅值。

无源抑制方法主要有:

1) 减小关断电阻

在驱动关断支路减小驱动电阻,使得在发生串扰时驱动关断回路的阻抗和压降尽可能小,使压降低于栅极阈值电压。但该电阻同时起到抑制关断回路振荡的阻尼作用,因此也不宜过小,需折中选取。很多时候较难选到合适的阻值能同时兼顾抑制串扰电压和阻尼振荡。

2) 负压关断

驱动关断时将低电平设置为负压,在正向串扰发生时,使串扰电压峰值限制在栅极阈值电压以下,以避免误导通。但关断负压值也应保持在一定范围内,以防止负向电压尖峰损坏栅极。

3) 在栅源极间并联电容

在栅源极间并联电容虽然会降低栅极关断回路的等效阻抗,但同时也会降低 SiC MOSFET 的开关速度,增加开关损耗,以致限制了 SiC MOSFET 性能优势的发挥,因此不推荐使用。

有源抑制方法是指通过增加有源器件来构成有源钳位电路,使得在开关管关断时辅助开关管打开,为其提供一条低阻抗回路,从而将栅源极电压钳位在合适的电压值的方法。详细分析可参见第 3 章的论述。

3. 感性元件/负载的寄生电容的影响

当 SiC 基变换器接感性元件/负载时,需要特别注意。由于感性元件/负载存在寄生电容,因此在 SiC 器件高速开关期间,由于频率较高,使得其寄生电容的影响凸显,并使其阻抗特性与感性元件/负载发生偏离。

以双脉冲测试电路为例,如图 6.16(a)所示,负载电感与上管并联,下管作为待测器件。在开关过程中,上管不加驱动信号保持关断状态。在下管关断时,由于电感电流从上管体二极管续流,因此在下管开关换流时上管可等效为二极管,在下管开关电压变化时上管可等效为输出电容,从而双脉冲电路可以等效为如图 6.16(b)所示的电路,图中 Z_L 代表感性负载的阻抗。如果在开关过程中,Z_L 总是远大于上管的等效阻抗,则感性负载对开关特性的影响可以忽略;否则,必须考虑 Z_L 的影响。

实际的电感器存在寄生参数。如图 6.16(c)所示为电感器的常用等效模型,典型的寄生参数包括并联寄生电容 C_P 和串联寄生电阻 R_S,其中寄生电容 C_P 在高频时对电感元件的阻抗特性存在较大的影响。具体表现为当电感器的工作频率低于某一谐振频率时,表现为电感特性;当工作频率高于该谐振频率时,由于线圈之间存在耦合电容,因此电感器表现出来的阻抗随着频率的升高而降低,从而电感器表现为电容特性。

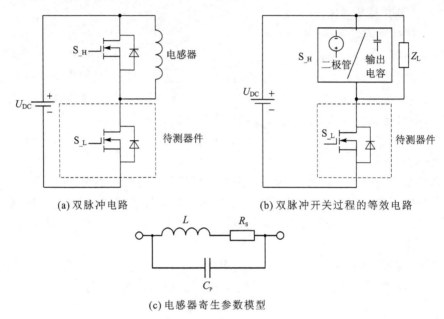

(a) 双脉冲电路　　　　　　　(b) 双脉冲开关过程的等效电路

(c) 电感器寄生参数模型

图 6.16　双脉冲电路及其开关过程的等效电路

(1) 电感器寄生电容对 SiC 器件高速开关的影响

无论是表贴式电感器还是嵌入式电感器,其寄生电阻均是由电感器的金属绕组线圈内阻产生的,因此在高频时需要考虑绕组导线的集肤效应。电感器的寄生电容存在于从线圈到任何附近的接地板以及线圈之间。对于嵌入式电感器来说,线圈之间产生的寄生电容包括金属间跨接产生的平行板电容以及平面螺线中相邻线圈之间的匝间电容。

由图 6.16(c)中的电感器三元件模型可得其阻抗幅值为

$$Z_{ind} = \cfrac{1}{\sqrt{\left[\cfrac{R_S}{R_S^2 + (2\pi fL)^2}\right]^2 + \left[2\pi fC_P - \cfrac{2\pi fL}{R_S^2 + (2\pi fL)^2}\right]^2}} \tag{6-1}$$

该模型的自谐振频率 f_r(对应阻抗幅值拐点)也可由式(6-1)求出。图 6.17 以某典型平面螺线电感为例,给出其阻抗幅值-频率曲线,该电感器是 9 圈 8 mil 的导体,总外直径是

8 mm，$L=354.3$ nH，$C_P=1.26$ pF，$R_s=6.79$ Ω。当电感器的频率等于自谐振频率 f_r 时，电感器的容性电抗等于感性电抗，表现为纯电阻；当电感器的频率低于自谐振频率 f_r 时，该电感器呈感性；当电感器的频率高于自谐振频率 f_r 时，该电感器呈容性。

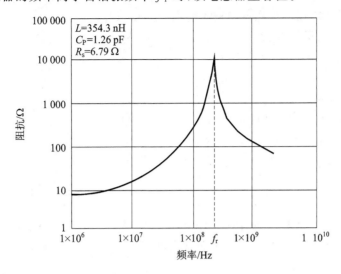

图 6.17　实际电感器阻抗幅值-频率曲线

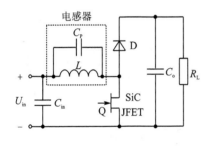

**图 6.18　采用 SiC JFET 的
直流 Boost 变换器原理图**

图 6.18 为采用 SiC JFET 的 Boost 变换器主电路拓扑，分别采用多层线圈和单层线圈制作电感器进行 SiC JFET 开通波形测试，图 6.19(a)对应多层线圈电感器，图 6.19(b)对应单层线圈电感器。可见，当采用单层线圈电感器时，SiC JFET 的开通电流峰值明显小于采用多层线圈电感器时测试得到的结果，这验证了单层线圈电感器具有较小的寄生电容。图 6.19 中功率管的开通电流尖峰并非 SiC 基 Boost 变换器实际具有的，因此若不尽可能地降低电感器的寄生电容值，势必会影响测试结果，使其偏离实际情况。

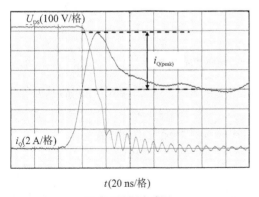

(a) 多层线圈电感器

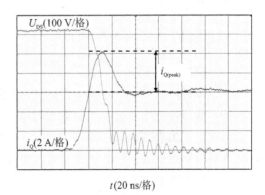

(b) 单层线圈电感器

图 6.19　采用不同电感器时 SiC JEFT 的开通波形

在双脉冲测试电路中，电感器一般采用单层绕组结构，以尽可能减小寄生电容。当电感量要求较大时，一般采用经过特殊设计的低寄生电容电感器结构。如图 6.20 所示为双层电感器结构，内层绕线紧密绕在铁芯上，通过铁芯柱四个角的直角型垫片（如PVC 材料，相对介电常数 ε_r 的典型值为 3 左右）与内层隔开 3 mm 的距离，而在铁芯柱的四个面上没有垫片，层间只有空气绝缘。这样，一方面增加了间距 d，另一方面减小了 ε_r，这从两个方面有效减小了层间电容。

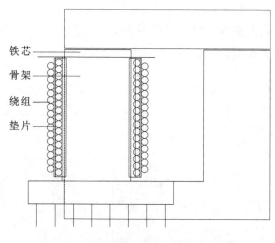

图 6.20　低寄生电容电感器绕线示意图

图 6.21 为低寄生电容电感器的具体结构示意图。铁芯固定在骨架中，骨架上密绕有绕组，其内部套有铁芯，每层绕组之间在骨架的四个折角处用垫片隔开一定距离，铁芯柱外的骨架四面没有垫片，层间只有空气绝缘。

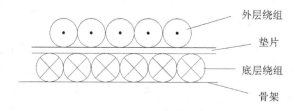

(a) 低寄生电容电感器的截面示意图

(b) 低寄生电容电感器的俯视图　　　　(c) 低寄生电容电感器的转角放大图

图 6.21　低寄生电容电感器的具体结构示意图

由于经过减小寄生电容的优化设计，使得电感器的阻抗远大于上管的等效阻抗，从而使得电感器对双脉冲电路开关特性的影响可以忽略。

但对于电机类负载来说，其寄生参数不易通过上述的电感器优化设计方法来减小。因此，电机负载的寄生电容会影响 SiC 基电机驱动器中功率器件的高速开关性能。

(2) 电机寄生电容对 SiC 器件高速开关的影响

在电机的阻抗模型中除了寄生电阻、寄生电感外，仍含有寄生电容，当频率高于一定值时，其阻抗特性会发生变化。在很多工业应用中，PWM 逆变器与电动机不在同一安装位置，而是通过较长的电缆把逆变器和电机连接起来。传输电缆存在寄生电感和耦合电容,其高频特性也比较复杂。因电机和传输电缆的寄生电容不像电感器那样相对易于控制,因而其高频阻抗往往不能用电感器来模拟,因此通过传输电缆给电机供电的逆变器,其功率管的开关特性往往与双脉冲测试电路的测试结果有较大出入。也就是说,为了优化 SiC MOSFET 在电机驱动场合中的开关特性,往往要采取额外的措施来抑制传输电缆和电机的寄生电容的影响。

这里以三相感应电机调速系统中功率管开关特性的测试结果为例进行说明。采用 Agilent 4294A 阻抗分析仪对双脉冲电路中电感器的阻抗和某一 7.5 kW 感应电机的阻抗进行测试,结果如图 6.22 所示,当频率小于 200 kHz 时,双脉冲电路中电感器的阻抗比感应电机的等效阻抗小。当频率大于 200 kHz 时,双脉冲电路中电感器的阻抗大于感应电机的阻抗。当频率超过 700 kHz 时,双脉冲电路中电感器的阻抗高于 SiC MOSFET 的输出电容阻抗。而感应电机的阻抗直至频率为 10 MHz 时,仍比 Wolfspeed 公司的 SiC MOSFET(型号为 CMF20120D)的输出电容(器件数据手册中输出电容典型值为 120 pF)的阻抗小。由于在高频时感应电机表现出来的阻抗较小,因此其对 SiC 器件开关性能的影响非常明显。

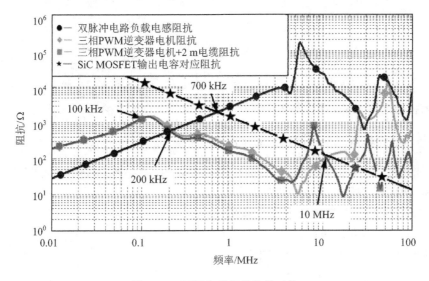

图 6.22　不同负载阻抗特性对比

图 6.22 同时给出了感应电机和加上长度为 2 m 的传输电缆的感应电机的阻抗对比。在频率低于 100 kHz 时,两者的阻抗基本相同,但在高频时阻抗出现较大的差异。特别是当频率高于 10 MHz 时,带电缆的感应电机阻抗总是小于不带电缆的感应电机阻抗,甚至已经和 SiC MOSFET 的输出电容阻抗相近。根据上述分析可知,带长电缆的感应电机对开关特性的影响更加严重。

图 6.23 为不同感性负载下的开关波形。与双脉冲电路中功率器件的开关特性测试结果相比,感应电机的寄生参数使得 SiC MOSFET 的开通时间从 26 ns 加长为 29 ns,关断时间从 32 ns 加长为 38 ns,总的开关能量损耗也有所增加。在感应电机与逆变器之间加入 2 m 长的传输电缆之后,功率器件的开关性能更加恶化,SiC MOSFET 的开通时间增加了 42%,关断时间增加了近 1 倍,开关能量损耗增加了 32%。

因此,在 SiC MOSFET 的实际应用中,不可直接把双脉冲电路测试所得的开关特性结果

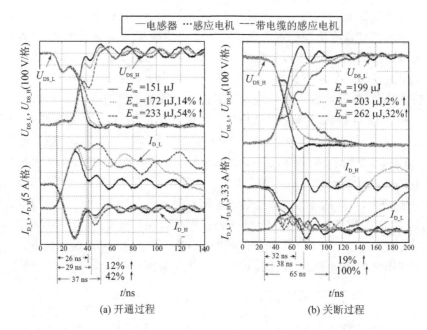

图 6.23　带双脉冲电路和电机负载时功率器件的开关波形对比($U_{DC}=600\text{ V}$,$I_L=10\text{ A}$)

用于分析带电机负载时的情况。对于更高额定功率、更长电缆的感应电机或其他类型的电机,其高频阻抗将会变得更低,对功率变换器开关管的开关特性影响会更大,所以需要特别注意。

4. 散热器寄生电容对 SiC 器件高速开关的影响

散热器的安装方式也会对 SiC 器件高速开关有影响,以如图 6.24 所示的桥臂电路为例,上管 S_H 和下管 S_L 安装在同一块散热器上,SiC 器件与散热器之间通常通过一层较薄的绝缘材料进行电气隔离。然而,这层薄绝缘材料使得上管的漏极与散热器之间产生了寄生电容 C_{DH_H},下管的漏极与散热器之间产生了寄生电容 C_{DH_L}。寄生电容与器件并联,增加了 SiC 器件的等效输出电容,这对实际运行所允许的开关速度产生了影响。

图 6.25 进一步给出三相桥式逆变器功率单元与散热器之间的寄生电容示意图。由图中可以看出,三相桥臂上、下管的漏极与散热基板之间存在寄生电容,同时,直流母线正

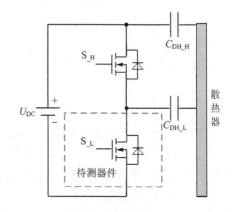

图 6.24　SiC 器件与散热器间的寄生电容示意图

极、负极与散热器之间也会形成寄生电容。当逆变器采用高频 SiC 器件时,较高的开关频率使得寄生电容阻抗更小,形成低阻抗共模回路,产生共模 EMI 电流,从而影响逆变器的性能。

因此,在进行 SiC 基变换器设计时,要考虑到功率器件与散热器之间的寄生电容的影响,并采取相关措施来避免其使变换器的噪声水平超标。

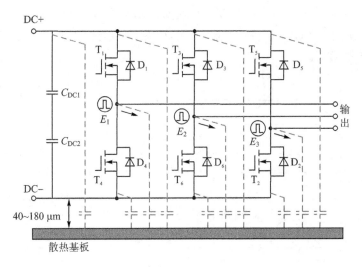

图 6.25　三相逆变器与散热器间的寄生电容示意图

6.1.3　驱动电路驱动能力的影响

驱动电路的组成元件主要包括驱动芯片、信号隔离电路、驱动供电电源和相关无源元件。

驱动芯片直接与功率器件引脚相连,是决定其开关性能的主要元件。根据驱动芯片的功能,可以将其简化为一个 PWM 控制电压源与一个内部电阻串联,图 6.26 给出考虑了驱动芯片等效电路的桥臂结构驱动电路的结构框图。其中,PWM 控制电压源可由上升时间 t_r、下降时间 t_f 和输出幅值 U_p 等特征参数来表示,内部电阻表示为驱动的上拉电阻和下拉电阻,主要由开关管 S_1 和 S_2 的导通电阻构成。

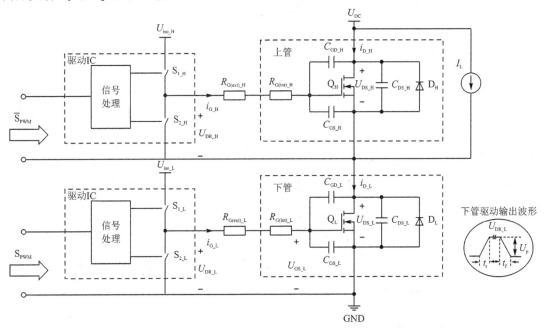

图 6.26　桥臂结构驱动电路的结构框图

图 6.27 给出了下管开关瞬态的主要原理波形。功率管的开通时间 t_{on} 由漏极电流上升时间 t_{ir} 和漏源极电压下降时间 t_{uf} 共同决定,其中,t_{ir} 取决于栅源极电压 U_{GS_L} 的变化率,t_{uf} 与栅极电流 i_{G_L} 线性相关。

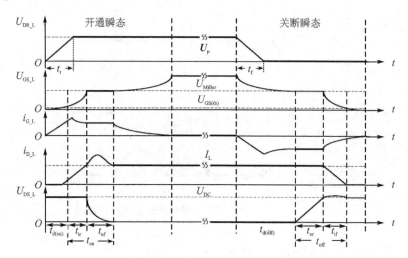

图 6.27　下管开关瞬态的主要原理波形

下管开通期间,其驱动芯片的输出电压 U_{DR_L} 可表示为

$$U_{DR\_L} = \begin{cases} \dfrac{U_p}{t_r} \times t, & 0 < t < t_r \\ U_p, & t > t_r \end{cases} \tag{6-2}$$

式中,U_p 为驱动芯片输出电压的幅值,t_r 为驱动芯片输出电压的上升时间。

在漏极电流 i_{D_L} 的上升区间 t_{ir} 内,下管的栅源极电压 U_{GS_L} 可表示为

$$U_{GS\_L}(t) = \begin{cases} \dfrac{U_p}{t_r} \times R_{G\_L} \times C_{iss\_L} \times \mathrm{e}^{-\frac{t}{R_{G\_L} \times C_{iss\_L}}} + \dfrac{U_p}{t_r} \times (t - R_{G\_L} \times C_{iss\_L}), & t < t_r \\ U_p + \dfrac{U_p}{t_r} \times R_{G\_L} \times C_{iss\_L} \left(\mathrm{e}^{-\frac{t_r}{R_{G\_L} \times C_{iss\_L}}} - 1\right) \times \mathrm{e}^{-\frac{t-t_r}{R_{G\_L} \times C_{iss\_L}}}, & t > t_r \end{cases}$$

$$\tag{6-3}$$

式中,C_{iss_L} 为下管的输入电容,R_{G_L} 为栅极驱动回路电阻,包括上拉电阻、外部驱动电阻 $R_{G(ext)\_L}$ 和下管栅极内部寄生电阻 $R_{G(int)\_L}$。

在漏源极电压 U_{DR_L} 的下降区间 t_{uf} 内,下管的栅极电流 i_{G_L} 可表示为

$$i_{G\_L}(t) = \frac{U_{DR\_L}(t) - U_{Miller}}{R_{G\_L}} \tag{6-4}$$

式中,U_{Miller} 为密勒平台对应的电压值。

由式(6-2)~式(6-4)可知,开关管的开通速度受到驱动芯片输出电压幅值 U_p、驱动芯片输出电压上升时间 t_r 和栅极驱动回路电阻 R_{G_L} 的影响。

同理可得关断瞬态的分析,这里不再赘述。

在不同工作状态下,驱动芯片输出电压幅值、上升/下降时间和栅极驱动回路电阻等参数对功率器件开关速度的影响也不相同。在功率管开通期间,当 t_r 大于延时时间 $t_{d(on)}$ 时,栅源

极电压 U_{GS_L} 和栅极电流 i_{G_L} 主要取决于 t_r；相反，则取决于 U_p 和 R_{G_L}。同理，在功率管关断期间，当 t_f 大于延时时间 $t_{d(off)}$ 时，栅源极电压 U_{GS_L} 和栅极电流 i_{G_L} 主要取决于 t_f；相反，则取决于 U_p 和 R_{G_L}。表 6.1 给出不同工作情况下，限制开关速度的关键因素。

表 6.1　不同工作情况下限制开关速度的关键因素

开通瞬态	工作状态	$t_r < t_{d(on)}$	$t_{d(on)} < t_r$
	关键因素	U_p, R_{G_L}	t_r
关断瞬态	工作状态	$t_f < t_{d(off)}$	$t_{d(off)} < t_f$
	关键因素	U_p, R_{G_L}	t_f

除了以上的限制因素外，信号隔离电路和隔离驱动电源也会限制 SiC 器件实际可取的开关速度。这些信号隔离电路和隔离驱动电源一般都会有 du/dt 承受能力的上限，其必须能够耐受功率器件工作时的最高 du/dt。比如，一般信号隔离电路最大 du/dt 的承受能力仅为 $35 \sim 50$ kV/μs，而 SiC 功率器件在开关转换期间的 du/dt 高达 80 kV/μs，甚至更高，已超过一般信号隔离电路所能承受的 du/dt 的上限。因此，应根据需要合理选取信号隔离电路和隔离驱动电源，并折中考虑 SiC 器件的开关速度，以确保电路可靠工作。

此外，这里还要特别注意的是，SiC MOSFET 管芯内部的栅极寄生电阻与栅极电极材料的薄层阻抗和芯片尺寸有关。在采用相同设计工艺的情况下，芯片内部的栅极寄生电阻与芯片尺寸呈反比例关系，芯片尺寸越小，栅极寄生电阻越大。SiC MOSFET 的芯片尺寸比 Si MOSFET 器件的小，虽然其结电容比 Si 器件的更小，但栅极寄生电阻会比相近定额的 Si 器件的更大。表 6.2 列出不同电压等级下，典型器件厂商的 SiC MOSFET 的栅极寄生电阻与寄生电容的典型值。

在使用 SiC MOSFET 进行电路设计时，不能只关注结电容值，而不关注栅极寄生电阻，否则有可能造成即使外部栅极电阻取为零也无法满足预先设计的快速开关要求。

表 6.2　SiC MOSFET 栅极寄生电阻与寄生电容的关系

电压等级/V	厂　商	型　号	规　格	栅极寄生电阻/Ω	结电容 C_{iss}/pF
650	Rohm	SCT3120ALHR	650 V/21 A	18	460
	ST	SCTH35N65G2V-7AG	650 V/45 A	2	1 370
900	Wolfspeed	C3M0280090D	900 V/11.5 A	26	150
1 200	Rohm	SCT2280KE	1 200 V/14 A	17	667
	Wolfspeed	C2M0280120D	1 200 V/10 A	11.4	259
	ST	SCT10N120AG	1 200V/12 A	8	290
1 700	Rohm	SCT2H12NZ	1 700 V/3.7 A	64	184
	Wolfspeed	C2M1000170D	1 700 V/5 A	24.8	200

6.1.4　电压、电流的检测问题

在对 SiC 器件的特性进行测试的过程中，由于 SiC 器件的开关速度快，电压变化率和电流变化率高，电压和电流波形中所包含的高频成分多，又由于常规的电流探头和差分电压探头的带宽较低，无法准确测量波形中的高频成分，难以满足精确测量的要求，因而需要采用具有更高带宽的电压和电流检测手段进行测量。

测量仪器的带宽要求 f_{BM} 与脉冲上升时间 t_r 的关系为

$$f_{BM} \approx \frac{0.35}{t_r} \tag{6-5}$$

SiC 器件的开关速度快,其电压和电流的上升、下降时间典型值仅为 20 ns 左右,因此所需要的测试仪器的带宽至少应高于 175 MHz。

测试电压可选用高带宽无源电压探头,如 Tektronix 公司生产的 TPP1000 电压探头或 TPP0850 电压探头。对于电流测试,图 6.28 给出了三种不同的检测手段,分别为精密采样电阻(见图 6.28(a))、同轴分流器(见图 6.28(b))和电流互感器(见图 6.28(c))。其中,精密采样电阻和同轴分流器的等效电路模型如图 6.29 所示,从模型中可以看出,应用采样电阻检测方式,其测试点内仍包含较小的寄生电感,极高的电流变化率 di/dt 会在此寄生电感上产生感应电势,使测试波形失真。而使用同轴分流器测试方式,由于测试点内几乎没有寄生电感,因而测试结果更为精确。对于电流互感器测试方式,其在测试点内引起的寄生电感更大,由于在高频时的测试结果误差较大,因此不宜用于 SiC 器件的电流测试。表 6.3 给出了三种电流检测方式的优劣对比。

(a) 精密采样电阻

(b) 同轴分流器

(c) 电流互感器

图 6.28　不同电流检测方式

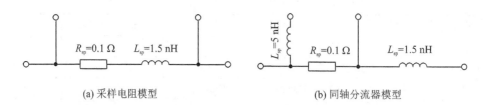

(a) 采样电阻模型

(b) 同轴分流器模型

图 6.29　不同电流检测手段对应的等效电路模型

表 6.3　不同电流检测方式对比

检测手段	价　格	寄生电感	体　积
精密采样电阻	低	低	中等
同轴分流器	高	极低	大
电流互感器	中等	大	中等

6.1.5　长电缆电压的反射问题

在很多工业应用中,PWM 逆变器与电动机不在同一安装位置,因此需要较长的电缆线把 PWM 逆变器输出的脉冲信号传输到电动机接线端。由于长电缆的分布特性,即存在杂散电感和耦合电容,因此 PWM 逆变器的输出脉冲经过长电缆传至电动机时会产生电压反射现象,从而导致在电动机端产生过电压和高频阻尼振荡,加剧电动机绕组的绝缘压力,缩短电机寿命。当在电机驱动系统中采用超快的 Si CoolMOS 器件和宽禁带半导体器件作为功率器件时,由于其开关速度比一般的 Si 器件快,因此电压反射问题较为严重。

1. 电压反射机理分析

在运用长电缆环境下,PWM 脉冲的高频分量在逆变器输出端和电动机之间电缆上的传输可看作是传输线上的行波在传播,PWM 脉冲波(可看作入射波)到达电动机端后,在电动机端反射产生反向行波(反射波)传向逆变器,传至逆变器输出端后的反射波又产生第 2 个入射波再次由逆变器端传向电动机端,如图 6.30 所示。电机阻抗在高频下经过长电缆之后呈现出开路状态,PWM 脉冲波在电动机端形成的反射波幅值的大小取决于电缆与电机特性阻抗之间的不匹配程度。

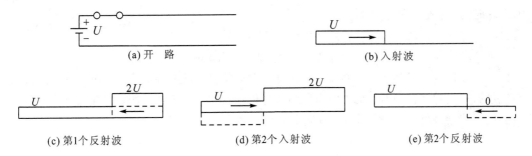

(a) 开　路　　　　　　　(b) 入射波

(c) 第1个反射波　　　　(d) 第2个入射波　　　　(e) 第2个反射波

图 6.30　电机驱动系统电压反射过程分析

PWM 逆变器在传输线起端的等效电路如图 6.30(a)所示。由于高频时电动机阻抗很大,因此可认为开路。当开关器件接通后入射波电压向右传输,如图 6.30(b)所示。当入射波到达传输线终端后将产生反射,如图 6.30(c)所示。入射电压会形成一个正电压的反射波,向左传输至起端(虚线所示)。反射波与入射波相加,使电动机端的电压加倍(实线所示)。在反射波到达起端之前,传输线的电压为 2U。但在起端逆变器的输出电压为 U,则应有一个电压为 -U 的负反射波,由逆变器向电动机传输,如图 6.30(d)所示。这个负反射波作为第 2 个入射波很快到达终端,如图 6.30(e)所示,并也被反射。第 3 个入射波的情况与第 1 个入射波相同,不再赘述。

反射机理可看成是一面镜子对正向行波 u^+ 反射产生一个反射波 u^-,u^- 作为 u 的镜像,等于 u^+ 乘以电压反射系数。终端(负载)反射系数 N_2 为

$$N_2 = (Z_L - Z_c)/(Z_L + Z_c) \qquad (6-6)$$

式中,Z_L 为负载(电动机)阻抗;Z_c 为电缆特性阻抗(或波阻抗),可表示为

$$Z_c = \sqrt{L_0/C_0} \qquad (6-7)$$

式中,L_0 为电缆单位长度电感;C_0 为电缆单位长度电容。

而起端电压反射系数 N_1 为

$$N_1 = (Z_s - Z_c)/(Z_s + Z_c) \tag{6-8}$$

式中，Z_s 为起端阻抗，一般 $Z_s \approx 0$，所以 $N_1 \approx -1$。

在逆变器端，反射后得到的正向行波与传输来的反向行波的波形相同，但幅值减小为反向行波的 N_1 倍。而入射波被反射后得到的反射波传向逆变器，反射波的值等于其值乘以负载反射系数 N_2，由于电动机的绕组电感很大，其阻抗 Z_L 比电缆特性阻抗 Z_c 大很多，即 $Z_L \gg Z_c$，由式（6-6）可知，$N_2 \approx 1$，发生全反射，入射波与反射波叠加使电动机端的电压近似加倍。

根据行波传输理论以及对电压反射现象的分析，可以得到电动机端的线电压峰值。逆变器的输出脉冲由逆变器传输到电动机所需要的时间 t_t 可表示为

$$t_t = l/v \tag{6-9}$$

式中，t_t 为脉冲在电缆上传输 1 次所需的时间，l 为电缆长度，v 为脉冲传输速度，可表示为

$$v = 1/\sqrt{L_0 C_0} \tag{6-10}$$

经过时间 t_t 后，正向传输的逆变器输出脉冲在电动机端被反射，产生反向行波，向逆变器运动，当 $t_t < t_r$ 时，其幅值为

$$U_t(t_t) = t \cdot U_{DC} \cdot N_2/t_r \tag{6-11}$$

当 $t_t \geqslant t_r$ 时，其幅值为

$$U_t(t_t) = U_{DC} \cdot N_2 \tag{6-12}$$

式中，U_{DC} 为直流母线电压，t_r 为逆变器输出脉冲的上升时间。

由式（6-12）可知，当 $t_t \geqslant t_r$ 时，上升时间不再与反射电压有关。若脉冲的上升时间过长，则当经过脉冲走过 3 次电缆长度的时间后，脉冲仍在上升，由于逆变器端反射波的存在，电动机端的电压值会降低。因此，电压反射现象的临界电缆长度为

$$l_c = v \cdot \frac{t_r}{3} \tag{6-13}$$

当传输电缆长度较短时，器件的开关时间 t_r 可能低于电缆传输时间 t_t，此时电动机端的电压上升速度可表示为

$$\frac{dU_t}{dt} = 2 \cdot t_r \tag{6-14}$$

反射波的振荡频率 f_{rw} 为

$$f_{rw} = \frac{1}{4t_t} \tag{6-15}$$

2. 电压反射验证分析

在 Pspice 仿真软件中搭建了如图 6.31 所示的仿真模型，用于分析不同高速器件以及不同类型电缆对电压反射问题的影响。其中，被测器件（DUT）分别取为 GaN 器件、SiC 器件和 Si CoolMOS 器件，长电缆模型放置于二极管和负载电感之间，使用阻抗分析仪提取电缆的分布参数并应用在仿真模型中。

仿真分析了电缆屏蔽与否对电压反射的影响，传输电缆均由线规为 12AWG 的导线组成，区别在于对一种线缆进行屏蔽，另一种不屏蔽。使用阻抗分析仪提取出每根电缆单位长度上

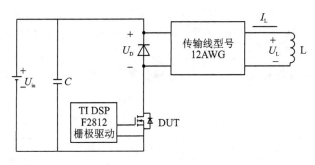

图 6.31　Pspice 仿真模型框图

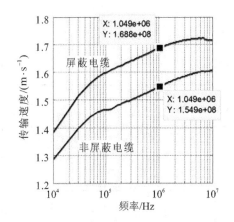

图 6.32　不同类型电缆的传输速度对比

的分布电阻值(R_0)、分布电感值(L_0)、分布电容值(C_0)和分布电导值(G_0),频率测量范围为 10 kHz~10 MHz。通过公式(6-10)可以计算出每种类型电缆的脉冲传输速度,如图 6.32 所示,其中,屏蔽电缆因分布电感值相对较小,而使其脉冲传输速度快于非屏蔽电缆的脉冲传输速度。

表 6.4 给出了 1 MHz 频率条件下不同类型电缆对应的传输时间 t_t 的理论值。从表中可以看出,采用屏蔽电缆比非屏蔽电缆的电压反射问题更为严重。

表 6.4　不同类型电缆传输时间的理论值

电缆类型	阻抗 Z_0/Ω	传输速度/($m \cdot s^{-1}$)	传输时间/ns	
			1.37 m 电缆	4.12 m 电缆
屏蔽电缆	102.3	1.69×10^8	8.1	24.4
非屏蔽电缆	121.8	1.55×10^8	8.9	26.6

美国俄亥俄州立大学 Jin Wang 教授研究团队建立了如图 6.33 所示的实验平台,其中,直流母线电压设为 100 V,三种待测器件分别取为 600 V GaN HEMT、600 V Si CoolMOS 和 650 V SiC MOSFET;导线设置为四种规格:1.37 m 长的屏蔽电缆,4.12 m 长的屏蔽电缆,1.37 m 长的非屏蔽电缆,4.12 m 长的非屏蔽电缆。测量方式分为两种,一种是将电缆线放置在桌面上进行测量,另一种是将电缆线直接放置在地面上进行测量。

图 6.33　电压反射测试实验平台

实验结果列于表 6.5~表 6.10 中。由表中数据可以看出,电缆放置在桌面上和直接放置在地面上对电压反射问题的影响都较小。GaN 器件的上升时间比 Si CoolMOS 器件的上升时间快了 20% 左右,并且这两种器件的开关速度都接近 SiC 器件的 4 倍。当采用 GaN 器件时,电动机端的过电压幅值最大,而采用 SiC 器件时对应的电动机端的过电压幅值最小,这与理论分析结果一致。随着器件开关速度的增加,电压反射问题更为严重。对比传输电缆长度分别为 1.37 m 和 4.12 m 条件下的电压反射实验结果可以看出,随着电缆长度的增加,传输时间也在加长,当电缆长度达到 4.12 m 时,传输延时时间远超过 20 ns,且屏蔽电缆相比于非屏蔽电缆而言,传输延时时间略有减小。实验结果验证了仿真结论,延迟时间的大小也与理论计算值相契合。

表 6.5　GaN 器件 1.37 m 电缆长度条件下的测试结果

参　数	非屏蔽电缆(桌面)	屏蔽电缆(桌面)	非屏蔽电缆(地面)	屏蔽电缆(地面)
$U_{\text{D\_Peak}}$/V	122.8	122	122	122.8
$U_{\text{L\_Peak}}$/V	255.6	233.2	255.6	228.4
t_{Delay}/ns	9.4	7.4	9.4	8
$t_{\text{r\_}U_{\text{D}}}$/ns	3.4	3.4	3.6	3.6
$t_{\text{r\_}U_{\text{L}}}$/ns	3.6	3.6	3.4	3.6

表 6.6　Si 器件 1.37 m 电缆长度条件下的测试结果

参　数	非屏蔽电缆(桌面)	屏蔽电缆(桌面)	非屏蔽电缆(地面)	屏蔽电缆(地面)
$U_{\text{D\_Peak}}$/V	102.2	103.2	96.4	94.8
$U_{\text{L\_Peak}}$/V	179.2	174.8	178	176.4
t_{Delay}/ns	10.6	8.7	12	11.4
$t_{\text{r\_}U_{\text{D}}}$/ns	14.2	15.4	15.8	13
$t_{\text{r\_}U_{\text{L}}}$/ns	7.2	7.4	7.2	7.2

表 6.7　SiC 器件 1.37 m 电缆长度条件下的测试结果

参　数	非屏蔽电缆(桌面)	屏蔽电缆(桌面)	非屏蔽电缆(地面)	屏蔽电缆(地面)
$U_{\text{D\_Peak}}$/V	102.2	103.2	96.4	94.8
$U_{\text{L\_Peak}}$/V	179.2	174.8	178	176.4
t_{Delay}/ns	10.6	8.7	12	11.4
$t_{\text{r\_}U_{\text{D}}}$/ns	14.2	15.4	15.8	13
$t_{\text{r\_}U_{\text{L}}}$/ns	7.2	7.4	7.2	7.2

表 6.8　GaN 器件 4.12 m 电缆长度条件下的测试结果

参　数	非屏蔽电缆(桌面)	屏蔽电缆(桌面)	非屏蔽电缆(地面)	屏蔽电缆(地面)
$U_{\text{D\_Peak}}$/V	121.6	120	120.8	120.8
$U_{\text{L\_Peak}}$/V	231.6	239.6	231.6	241.2
t_{Delay}/ns	29.6	23	27.2	22.6
$t_{\text{r\_}U_{\text{D}}}$/ns	3.6	3.6	3.6	3.4
$t_{\text{r\_}U_{\text{L}}}$/ns	3.4	2.8	3.6	3.0

表 6.9　Si 器件 4.12 m 电缆长度条件下的测试结果

参　数	非屏蔽电缆(桌面)	屏蔽电缆(桌面)	非屏蔽电缆(地面)	屏蔽电缆(地面)
U_{D_Peak}/V	103.6	106	103.6	106.8
U_{L_Peak}/V	191.6	194.8	191.6	194.8
t_{Delay}/ns	27.8	22	28.2	22.6
$t_{r\_U_D}$/ns	4.4	4.6	4.4	5.0
$t_{r\_U_L}$/ns	4.4	4.4	4.4	4.0

表 6.10　SiC 器件 4.12 m 电缆长度条件下的测试结果

参　数	非屏蔽电缆(桌面)	屏蔽电缆(桌面)	非屏蔽电缆(地面)	屏蔽电缆(地面)
U_{D_Peak}/V	101.2	106.8	110.4	114
U_{L_Peak}/V	189.6	189.2	187.6	189.2
t_{Delay}/ns	27.4	23.8	29.6	24.4
$t_{r\_U_D}$/ns	18.4	16.2	15	14.2
$t_{r\_U_L}$/ns	7.4	7.4	7.2	7.4

从 SiC 器件的测试结果可以看出,电感负载电压的上升时间是二极管电压上升时间的 2 倍,满足理论公式(6-14)。当电缆长度由 1.37 m 变化到 4.12 m 时,电感负载的峰值电压随之增大,但均小于续流二极管上电压的 2 倍。

如图 6.34 所示为不同器件和不同类型电缆条件下的负载端电压峰值对比,由图中可以看出,采用 GaN 器件时对应的负载端电压峰值最大。但当电缆长度由 1.37 m 增加到 4.12 m 时,其负载端电压峰值反而降低,原因在于电缆长度越长,所引入的电缆阻抗越大,以至于降低了其负载端电压的过冲峰值。此外,SiC MOSFET 在电缆长度为 1.37 m 时对应的负载端电压峰值为 175 V,与 Si CoolMOS 器件的差异较大。而在长线电缆(4.12 m)情况下,Si CoolMOS 器件和 SiC 器件的过冲电压差异较小,由此可得,GaN 器件和 Si CoolMOS 器件的临界电缆长度均小于 1.37 m;而对于 SiC 器件而言,其临界电缆长度应在 1.37~4.12 m 之间。

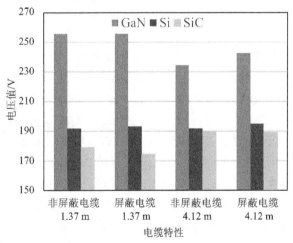

图 6.34　不同器件和不同类型电缆条件下的负载端电压峰值对比

由此可见,这里所选取的 Si CoolMOS、GaN HEMT 和 SiC MOSFET 器件均具有较小的结电容,开关速度均很快,产生严重电压反射的临界电缆长度均较短。因此在这些高速器件用于电机驱动系统时,一方面可以让逆变器和电机的安装位置尽量靠近,缩短电缆长度;另一方面在安装位置已确定无法缩短时,可考虑加入适当的滤波器,以改善由电压反射造成的问题。

6.1.6　EMI 问题

随着各种电磁兼容标准规范的强制实行,电力电子装置的电磁兼容性能就成为其能否"生存"的必要条件之一。宽禁带电力电子器件在更短的时间内开通关断,电压和电流的变化速度非常快,使得与 EMI 相关的问题更为突出。这里以三相逆变器为例进行简要说明。

图 6.35 为三相逆变器共模电压和共模电流的波形。在共模电压发生跃变的瞬态过程中,均会在对地耦合电容中感应出共模电流,并伴随着明显振荡。共模电流主要受功率器件开关瞬态过程中的 du/dt 和开关频率的影响,du/dt 越大,开关频率越高,共模噪声越严重。

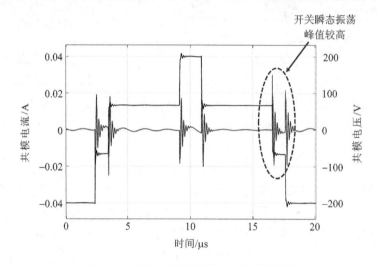

图 6.35　共模电压和共模电流的典型波形

图 6.36 为不同 du/dt 下的共模电压和共模电流波形。当 du/dt 为 66 V/μs 时,共模电流峰值可达 0.3 A 左右;而当 du/dt 降为 13.32 V/μs 时,共模电流峰值仅为 0.1 A 左右,即共模电流峰值会随着 du/dt 的增大而增大。

图 6.37 为不同开关频率下的共模电压和共模电流波形。当开关频率升高时,由于 du/dt 瞬态变化次数增加,因此共模电流产生的频率变快,造成更严重的共模噪声问题。

因此,相比于 Si 基变换器,SiC 基变换器中更高的 du/dt 和开关频率导致其 EMI 问题更为严重。因此在研制 SiC 基变换器时,要特别注意采取一些有效方法使其满足相关 EMC 标准的要求,例如,可以考虑采取改进 PWM 调制方式,如有源零状态 PWM（Active Zero State PWM,AZSPWM）或相邻状态 PWM(Near State PWM,NSPWM)等 PWM 调制方式来回避零矢量,从而有效降低共模电压的幅值。除此之外,还可以通过优化拓扑结构,增加更多的控制自由度,从数学上来实现零共模电压的可能,比如采用多电平变换器来增加每相的输出电压,或者并联普通的两电平逆变器,使桥臂数量变为偶数等方法。

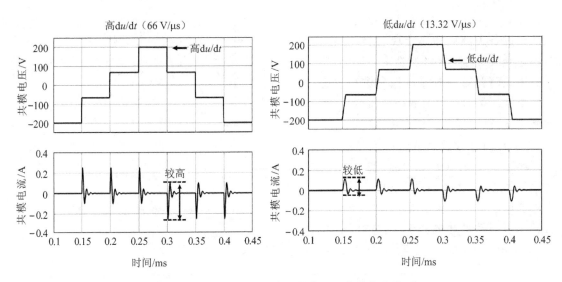

图 6.36　不同 du/dt 下的共模电压和共模电流波形

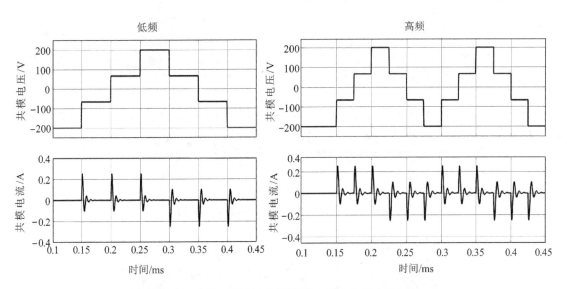

图 6.37　不同开关频率下的共模电压和共模电流波形

6.1.7　高压局部放电问题

对高压功率模块要进行局部放电(简称"局放")的相关测试。参照国际 IEC 1287 和 IEC 60270 的测试标准,功率模块的局放测试过程是:在待测功率模块上施加 60 Hz 正弦交流电压,施加过程中测量功率模块中的漏电流或漏电压的水平来判断其是否满足要求。标准局部放电测试施加电压的方式如图 6.38 所示,电压施加过程是:首先在 10 s 内把施加电压从零升高至额定工作电压的 1.5 倍,维持 1 min 后,在 10 s 内降至额定工作电压的 1.1 倍,维持 30 s 后,再在 10 s 内降至零。但是,这一标准测试过程只能反映开关速度相对较慢的功率器件的局放电压承受能力,并不能正确反映快速开关动作的功率模块的局放电压承受能力。尤其对于高压 SiC 功率模块,其高电压变化率(du/dt)会使功率模块的局放电压承受能力有明显降

低。如图 6.39 所示,若用低电压变化率的局
放测试设备去测试功率模块,则势必会得出
与快速开关工作时的真实情况不同的错误结
果。因此需要对局放测试设备进行改造,制
造出能够匹配 SiC 模块的高电压变化率的局
放测试设备,使得测试结果尽可能准确。

　　针对上述问题,Jin Wang 教授的研究团
队研制了基于 10 kV SiC 模块的局放测试脉
冲发生器,样机实物如图 6.40 所示。该测试
设备能产生电压变化率高达 105 kV/μs 的单
极性和双极性脉冲电压波形,并且脉冲宽度

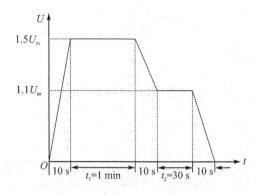

图 6.38　标准测试电压波形示意图

可调,能够较准确地进行高压大功率 SiC 模块的局放测试。

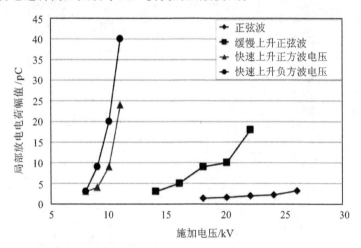

图 6.39　不同电压波形对局放测试的影响

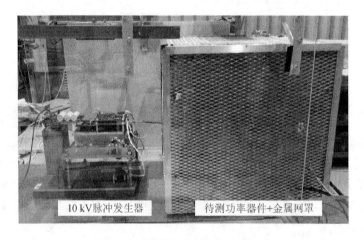

图 6.40　局放脉冲发生器测试平台

6.2　先进封装技术

6.2.1　传统封装技术的限制

尽管 SiC 器件本身已取得长足的进步,已有多种 SiC 器件实现商业化生产和应用,但封装技术却限制了其性能优势的充分发挥。

目前商用 SiC 器件沿用了 Si 器件的封装技术,受限于封装结构和封装材料等因素,SiC 器件/模块的温度承受能力受限,寄生参数偏大,散热效率不高。

1. 封装材料的温度限制

功率器件的典型封装示意图如图 6.41 所示,主要包括衬底、芯片和衬底金属化、芯片连接、引线键合和密封等。虽然 SiC 芯片的最高结温在理论上可达 600 ℃,但要使 SiC 功率器件/模块能够耐受高温,封装材料也必须能够耐受高温。

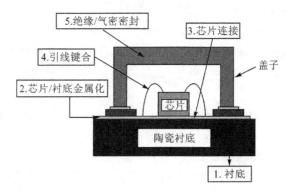

图 6.41　功率器件的典型封装示意图

（1）衬底材料选择

陶瓷材料比有机材料具有更高的耐受温度。Al_2O_3 是最常用的陶瓷材料,市场上已有多种 Al_2O_3 衬底封装出现,但是 Al_2O_3 材料的热膨胀系数（CTE＝6.5×10^{-6}/℃）和 SiC 材料的热膨胀系数（CTE＝4.2×10^{-6}/℃）并不匹配。当温度变化范围较大时,会因 Al_2O_3 材料和 SiC 材料的 CTE 不匹配而易造成芯片连接面的张力变大,降低 SiC 器件耐受温度循环的次数,缩短其使用寿命。因此,必须选择能够匹配 SiC 材料的合适的衬底材料,如 AlN、Si_3N_4 等。

（2）芯片和衬底金属化

半导体芯片金属化的典型结构主要包括接触层（欧姆接触或肖特基接触）、扩散阻隔层和盖帽层。对于芯片连接工艺,芯片背面的金属化必须具有良好的黏着性以及较低的接触电阻。对于接触层,其制造材料必须能够在和半导体或氧化物接触时具有较好的热力学稳定性,否则由此形成的电气活性界面就会不稳定。阻隔层是金属化处理中较为关键的部位,由于它的作用是保证系统的热稳定性,因此必须具有较高的抗氧化和内部扩散能力。盖帽层的材料通常为 Ag 或 Cu,其对芯片连接材料必须具有良好的润湿性,以实现无缝隙键合连接。

陶瓷衬底金属化为芯片连接和电气互连奠定了一个较好的基础。针对高温工作环境的衬底金属化必须具备抗表面氧化和迁移的能力，并且同时能够与衬底之间形成良好的黏着性。

（3）芯片连接

芯片连接是将芯片连接到衬底或者半导体封装上的工艺技术。一般来说，芯片连接有两种常用方法，即黏合芯片连接和共晶芯片连接。由于 Au 基合金与芯片和衬底金属化具有良好的匹配性，以及良好的电导率、热导率和抗腐蚀性，因此可用作高温封装的芯片连接材料，如 Au-Ge 和 Au-Sn 合金等。

（4）引线键合

引线键合是一种电气互连技术，主要是通过热、压力和超声波能量的组合将两种金属氧化物材料，如细金属线与端子表面紧密连接。引线键合技术在 Si 基半导体器件封装中得到了广泛应用，被认为是性价比和灵活性最高的互连技术。引线键合通常采用铝线和金线，但当工作温度高于 200 ℃时，铝线强度变差，容易损坏。高温下金比铝具有更高的强度，但由于高温下金会和铝发生化学反应生成脆性金属化合物，因此铝和金不可兼容。这两种金属的化学反应会随着温度的升高而加剧，若金-铝接触面过度扩散，则会导致柯肯达尔空洞（Kirkendall voids）的出现，削弱引线键合的物理特性和机械特性。

基于现有功率模块的疲劳/蠕变退化模型可知，当结温从 150 ℃上升至 200 ℃时，在热循环条件下，功率模块的寿命将缩短为原来的 1/50。因此，为使 SiC 器件具有高温工作能力，需要采用更为先进的键合连接技术。

（5）密　封

密封能够保护电子器件不受机械损坏和大气污染物的侵入。目前最为常用的封装材料，如标准硅凝胶，最高仅能在 150～175 ℃下使用，其他能够在较高温度下工作的高分子材料包括：基于硅酮、苯并环丁烯和聚酰亚胺制造的旋涂薄膜，基于沉积聚对苯二甲酸的保形涂层，基于硅填充环氧树脂的填充胶和模压化合物，以及基于新型高温硅凝胶和弹性体的灌封化合物。虽然多层陶瓷封装也是高温场合下常用的密封式封装结构，但这些密封材料仍无法完全适应 SiC 器件的高温工作需求。

2. 寄生参数过大，影响安全工作区

由于电力电子装置和器件封装内部寄生参数的影响，使得在 SiC 功率器件快速开关时会产生电压尖峰、桥臂寄生直通、高频振荡、器件并联时动态不均流以及差模和共模噪声等问题。

对于桥臂结构中上、下管均采用多管并联的情况，现对主要的寄生电感和其对器件开关特性的影响以及抑制措施分析如下。

（1）换流回路杂散电感 L_σ

L_σ 主要由直流母线电容的等效串联电感（ESL）、直流母排或/和 PCB 走线的寄生电感以及正负极端子连接件的寄生电感组成。L_σ 造成的影响主要包括：

① 关断时与 di/dt 相互作用造成功率管漏源极关断电压尖峰；

② 使开关速度变慢，开关损耗增大；

③ 杂散电感和功率管结电容谐振导致 EMI 噪声加剧。

抑制或缓解这些问题的方法包括：

① 采用平面封装结构形成顶部互连代替现有的键合线连接方法；

② 基于带状线、柔性箔、PCB 和叠层母排等技术实现低寄生电感的电路连接；

③ 采用带有板上去耦电容的并联换流单元。

除此之外，为了避免并联器件出现稳态和动态电流不均衡，需将并联功率管尽可能对称布局。

（2）栅极回路寄生电感 L_G

L_G 是连接驱动板和半导体器件栅极所围成的回路的寄生电感。L_G 造成的影响主要包括：

① 降低功率管栅源极电压上升和下降的速度，限制最大开关频率；

② 若并联功率管的 L_G 不对称会导致开关过程中的瞬态电流不均衡；

③ L_G 与功率管栅源电容谐振导致栅源电压振荡。

可采用如低寄生电感栅极回路布局、并联功率管栅极回路对称布局和使用阻尼电阻等方式来缓解 L_G 带来的影响。

（3）共源极寄生电感 L_S

L_S 是功率回路和栅极回路共同的寄生电感。开关瞬间，其在栅极电路中表现为一个与驱动电压相反的电压源，阻碍栅极电压的变化。由于 SiC 器件开关瞬间的 di/dt 很大，因此即使很小的共源极寄生电感也会严重扭曲栅极信号并使功率管的开关速度变慢，增大开关损耗。可采用开尔文辅助源极连接和先进控制技术等方式来缓解 L_S 带来的影响。

除了寄生电感，还需要考虑寄生电容的影响。寄生电容的影响主要包括：

① 降低电压上升、下降的速度；

② 在功率管开关过程中造成电流过冲；

③ 与杂散电感谐振导致 EMI 噪声加剧；

④ 通过散热器形成电磁干扰耦合路径。

通过减小交流连接端子的尺寸以及避免直流正负极与地的连接端子的位置重叠等方式，可在一定程度上缓解寄生电容带来的影响。

对于功率器件来说，栅漏（密勒）电容是最主要的寄生电容之一，该电容与器件的寄生误导通有关，而寄生误导通这一问题是限制 SiC 功率模块实际开关速度的重要因素之一。在 SiC 基桥臂电路中很可能因为功率管寄生误导通而引起桥臂直通，相关的抑制办法见 6.1.2 小节的分析。

综上所述，要想实现 SiC 功率模块的快速开关，就必须尽量减小模块封装的寄生参数。为了实现这一要求，还有赖于低电感顶部互连、紧凑型集成封装、低电感带状线端子连接、控制电路以及垂直互连等技术的发展。除此之外，传统变换器设计中通过分别优化每个组成部件的方法并不能很好地实现变换器的电磁、热和绝缘方面的优化设计。在设计 SiC 基变换器时，通过将无源器件、驱动电路和功率管封装成一个完整的换流单元来进一步减小寄生参数，才能充分利用 SiC 器件的优势。

3. 散热能力有限

随着功率模块向高功率、高密度的方向快速发展，为了保证模块安全工作和长期可靠运行，必须提高其散热效率。

传统引线键合模块只能实现单面散热，从而难以满足 SiC 模块对高效散热的要求。为了使 SiC 模块提高散热能力，需要采用直接液冷、双面冷却散热和平面封装结构等新技术。

6.2.2 新型封装结构

1. 新型互连技术

功率模块中的连接和互连部分最有可能在温度变化时失效，导致严重的可靠性问题。连接和互连部分失效的主要原因包括：①引线断裂或脱落；②芯片焊料与衬底焊料分层。为了提高 SiC 功率模块的长期工作性能和可靠性，必须采用先进的连接和互连技术，并优化工艺过程。

若在 SiC 芯片互连中采用引线键合技术，必须预先对芯片进行金属化处理。

SiC 芯片的连接方式主要有瞬态液相键合（Transient Phase Liquid Bonding，TPLB）技术和银烧结技术。TPLB 技术如图 6.42 所示，通过瞬态液相键合，在高压和高温条件下形成完整的金属间化合物层，在承受温度循环时性能会更加稳定。银烧结技术如图 6.43 所示，结合引线键合层的银烧结技术可使功率循环能力提高 10 倍左右，非常适合用作高温封装。

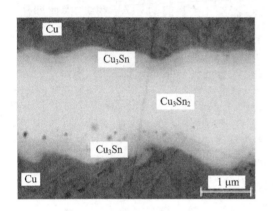

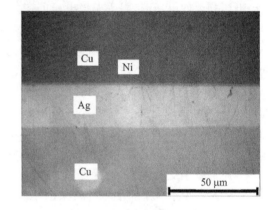

图 6.42 TPLB 层电子显微图   图 6.43 银烧结层电子显微图

在焊接技术方面，超声波和压接技术可以在焊接处产生持久的结合点和接触区，比传统焊接技术大大提高了可靠性，并可耐受温度循环对焊接处的破坏和影响。

在实现高功率密度功率模块的结构设计中，上部引线连接不利于顶层集成。为此要采用其他连接技术。目前主要考虑的顶层互联技术包括：平面区域连接、焊料凸点连接、铜柱连接、柔性箔连接和金属化连接等。

平面区域连接技术通过尽可能地利用顶层接触面积，实现了区域焊接或烧结接触，为双面冷却提供了最佳条件。

焊料凸点连接技术使用一组焊球将芯片顶部与衬底相连，该技术可以充分利用芯片顶部的绝缘和大电流承载能力，并且可以根据芯片厚度和绝缘要求灵活处理焊凸直径。

铜柱连接技术使用铜柱将芯片的顶部与衬底相连，这种连接方式具有优异的电流承载能力，并且能够根据绝缘要求灵活调整铜柱高度。

柔性箔连接技术将柔性铜箔直接键合到芯片的顶部。

金属化连接技术是先将芯片嵌入聚酰亚胺的通孔载体、绝缘保形涂层或环氧树脂预浸料层中,然后将金属化层和芯片过孔通过溅射和电镀的方式连接起来。

无论是柔性箔还是金属化工艺方法,芯片顶层的多层电路结构均有利于降低寄生电感,从而可以有效控制功率回路和控制电路的寄生电感值。

由此可见,这些新型互联技术主要具有如下优势:

① 短距离互连有利于减小寄生参数,改善电磁兼容性能;

② 增加顶层电气连接区域,有利于提高额定电流工作能力和浪涌电流承受能力;

③ 顶层也可传导热量,易于实现双面冷却,提高散热能力;

④ 顶层可以与驱动和保护电路实现集成。

2. 新型封装结构

功率模块的封装结构主要分为 2D 封装结构、2.5D 封装结构和 3D 封装结构三种。

(1) 2D 封装结构

传统的 2D 封装结构由引线键合(顶部接触)、焊接/烧结(芯片连接)以及螺栓、插头、压片和弹簧触点(端子)组成。目前,一些 SiC 模块生产商已推出改进型 2D 封装结构。比如,Infineon 公司推出杂散电感仅为 5 nH 的 1.7 kV/480 A SiC JFET 模块。GE 公司推出杂散电感仅为 5 nH 的 SiC MOSFET 功率模块,其外形结构如图 6.44 所示。该模块通过叠层母排与分布式直流母线电容相连,功率回路的杂散电感值降至 8 nH 左右。Wolfspeed 公司与 APEI 公司合作开发的基于改进型 2D 封装结构的高温 SiC 模块已面向商业化市场,如 APEI HT - 3000 系列的 SiC 模块,其定额为 1.2 kV/550 A,工作结温可达 200 ℃。

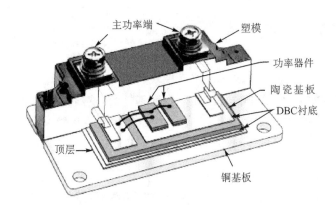

图 6.44　基于改进型 2D 封装结构的 SiC 模块外形照片

(2) 2.5D 封装结构

2.5D 封装结构是指不采用键合线连接,而是在芯片顶部集成以降低寄生电感的封装结构,其基本结构示意图如图 6.45 所示。这类封装结构的实现方式较多,很多研究机构和模块生产商都提出了具体的实现方案,如 Denso 公司基于平面区域连接技术,提出了应用双面喷射冲击冷却技术的三明治 DBC 结构;三菱公司也基于平面区域连接技术推出采用直接梁式引线环氧树脂压膜封装的 SiC 模块;Alstom 公司基于焊料凸点技术,开发出 3.3 kV 的 SiC MOSFET 模块;Fuji 公司利用铜柱连接技术开发出一种新型的 2.5D 功率模块,采用厚绝缘铜衬底与印刷电路板相组合取代了 DBC 衬底;Semikron 公司采用柔性铜箔互联技术开发出全烧结 SKiN 封装结构;聚合物芯片是金属化连接封装的典型方案,目前 Infineon 公司已推出商用的 Blade® 低压封装结构。

(3) 3D 封装结构

3D 封装结构的概念来自于微电子领域,后来移植到功率半导体器件领域。其核心思路是功率半导体堆叠技术,包括将芯片堆叠在芯片上,将芯片堆叠在散热器上或将芯片堆叠在衬底上。这种堆叠技术可使功率模块获得更小的封装尺寸、更低的寄生参数和更好的热性能,并且可以增加系统刚度,降低扭曲应力。其典型结构示意图如图 6.46 所示。

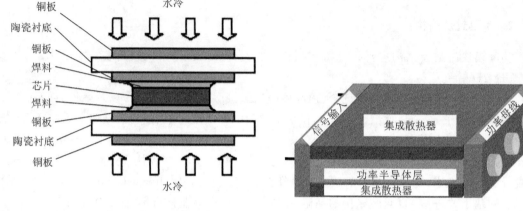

图 6.45　2.5D 封装结构示意图　　　　图 6.46　3D 结构模块封装

3. 先进散热技术

(1) 直接液冷

图 6.47 为采用传统封装结构的 SiC 功率模块的横截面示意图。在传统封装结构中,SiC 管芯通过连线焊接到衬底上,这个衬底再焊接到铜基板上,然后经密封处理,安装外壳和连接端子,形成模块。在使用模块时,需装在冷板上,冷板内设有冷却管路供冷却液流动以助散热。这种封装结构的功率模块必须采用导热膏,但这会大大影响封装的冷却效果。

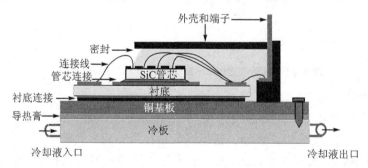

图 6.47　采用传统封装结构的 SiC 功率模块的横截面示意图

图 6.48 为采用新型封装结构的 SiC 功率模块的横截面示意图。在这种新型封装结构中,用冷基板代替了传统的基板、导热膏和散热用的冷板,直接与功率级相连。这种集成冷基板封装,也即直接液冷技术,大大提高了冷却效果,减小了功率模块的尺寸和重量。

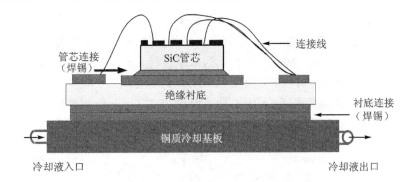

图 6.48　采用新型封装结构的 SiC 功率模块的横截面示意图

如图 6.49 所示,传统封装通常采用实心铜板作为基板,新型封装则采用内部有液冷管路的冷却基板,主体部分由 3 mm 厚的扁平铜管组成,两端有冷却液进口和出口通道。主体扁平铜管的内部设置成网状翅片结构,以加强散热效果及使温度保持均匀分布,避免局部过热。这种铜质冷却基板具有较好的易焊性,便于与功率电路焊接。

(a) 传统封装采用的实心铜板　　　　(b) 新型封装采用的铜质冷却基板

(c) 铜管内部管路网状翅片结构示意图

图 6.49　传统封装与新型封装的冷却基板

图 6.50 给出传统封装模块与新型封装模块的热阻率对比图(两种封装的热阻率都归算到

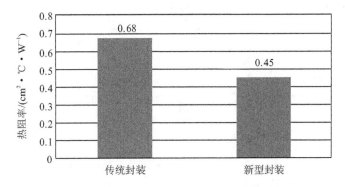

图 6.50　传统封装与新型封装的热阻率对比图

相同的管芯面积进行对比),可见,新型封装的热阻率比传统封装的热阻率降低了33%左右。

图 6.51 给出采用不同类型器件、不同封装技术的模块进行温升对比的结果,开关频率设为 5 kHz,占空比取为 0.5,图中从上至下分别为采用传统封装的 Si IGBT 模块、采用传统封装的 SiC 模块、采用新型封装的 Si IGBT 模块和采用新型封装的 SiC 模块。在相同的电流下,采用新型封装的 SiC 模块的温升最低,大大提高了模块的可靠性和使用寿命。

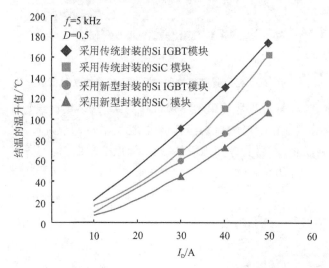

图 6.51 不同器件与封装组合下结温的温升值与电流的关系曲线

(2)双面冷却

双面冷却平面封装结构为对称的三明治式结构,是 SiC 功率模块封装技术的重要发展方向。图 6.52 为功率模块双面冷却平面封装结构截面图。双面冷却平面封装结构在传统结构的基础上增加了功率板,SiC MOSFET 管芯和 SiC 肖特基二极管管芯夹在陶瓷衬底和功率板之间。功率板与 SiC 芯片之间采用新型铜销连接技术代替传统的键合引线连接,可实现更低的热阻抗,并采用环氧树脂成型代替硅凝胶成型,进一步增强了高温工作时的可靠性。相比直接液冷封装方式,双面冷却平面封装结构能够从正、反两面进行散热,使得功率模块的热阻降低约 50%。这种结构不仅提高了散热效率,而且寄生电感和寄生电阻也相应减小。

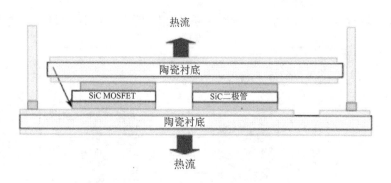

图 6.52 功率模块双面冷却平面封装结构

这里以六合一双面冷却 SiC MOSFET 功率模块（见图 6.53）为例，进一步阐述新型封装技术的优势。

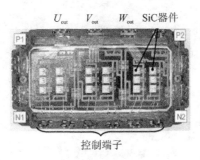

图 6.53　六合一双面冷却 SiC MOSFET 功率模块

为了最大限度地降低寄生电感，在六合一双面冷却 SiC MOSFET 功率模块中充分利用磁场互消的原理对模块内部连接进行了优化设计。如图 6.54(a)所示，桥臂上管和下管的管芯分别安装在对应的散热片上，然后分别连到正、负直流母线上，正、负直流母线的电流方向相反，形成磁场互消；图 6.54(b)中管芯之间的连接线路也设置成相反电流方向。

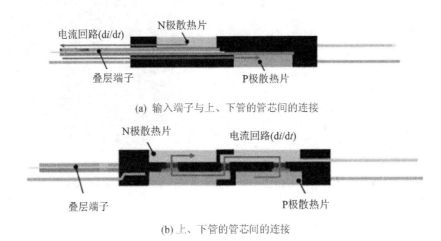

(a) 输入端子与上、下管的管芯间的连接

(b) 上、下管的管芯间的连接

图 6.54　功率模块的低寄生电感设计方法

根据这种方法设计的六合一双面冷却 SiC MOSFET 功率模块如图 6.55 所示，通过互连回路电流方向相反的办法削弱了磁场，寄生电感只有 7.5 nH。相比传统封装 SiC MOSFET 功率模块，寄生电感减少了 80% 左右。

图 6.56 给出了优化设计前、后的关断电压波形对比图。采用优化设计后，尖峰电压降低 70%，振荡很快得以衰减，从而确保了 SiC MOSFET 模块能够高速开关工作。

使用基于双面冷却技术和低寄生电感技术制作成的六合一 SiC MOSFET 模块，制作了额定功率为 70 kW 的风冷逆变器，开关频率取为 10 kHz，整机尺寸为 0.75 L(117 mm×80 mm× 80 mm)(见图 6.57)，功率密度高达 100 W/cm^3。逆变器额定输出时的效率为 99%，比水冷的同功率等级的 Si IGBT 逆变器约高 2%(见图 6.58)。

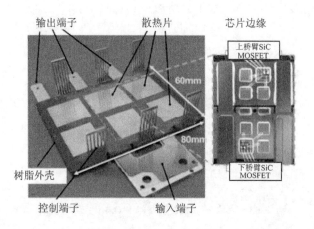

图 6.55　双面冷却六合一 SiC MOSFET 功率模块

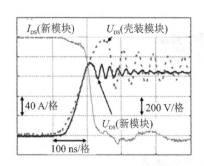

图 6.56　新模块与壳装模块关断波形比较

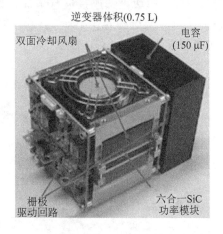

图 6.57　全 SiC 逆变器样机

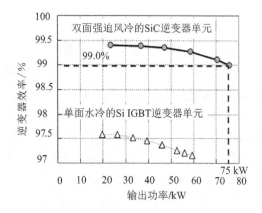

图 6.58　逆变器效率与输出功率的关系曲线

这些封装技术主要通过封装结构的改进和创新,大大减小了热阻和寄生参数,保证了 SiC 模块的高频工作能力,并能在一定程度上提高其最大结温工作能力,从而可以同时减小无源元件及散热器的体积和重量,使得基于先进封装技术 SiC 模块制作的变换器具有更高的效率和功率密度。尽管这些工作已取得明显的技术进步,但离真正的高温变换器仍有很大差距。

6.2.3　封装材料的选择

用于评价封装材料特性的指标有多项,物理特性方面的如密度、刚性强度、屈服强度,电气特性方面的如电导率、介电常数、渗透率,热特性方面的如热膨胀系数、热导率、比热,实用性方面的如可用性、加工工艺、制造成本等。因此,在选择封装材料时不能仅考虑单一材料的性能优势,而要注意多种材料组合使用时的性能匹配和平衡。

当功率模块在极宽温度变化范围内工作时,相邻封装材料热膨胀系数(CTE)的差异会导致材料因受热膨胀或遇冷收缩的程度不同,使连接键合处的机械应力大幅增加。特别是在功率模块频繁经受重复热循环的应用场合中,对相邻封装材料热膨胀系数的匹配尤为重要,否则极易出现连接键合处的断裂或脱离等现象。

功率模块在工作中,封装应能较容易地将器件因导通和开关损耗所产生的热量从芯片内部传送至散热设备,如散热器、冷板、辐射散热器等。通常用热导率来表征材料的导热能力,热导率越大,散热能力越强。此外,在瞬时功率较高的场合,如在脉冲功率应用中,材料的密度和比热也是需要考虑的重要因素,这些因素最终会影响功率模块的热阻,通常可用结-壳热阻或结-环境热阻来表示。

由于很多材料的特性都会随温度的变化而变化,这会使其可靠性和散热问题变得较为复杂。以热膨胀系数和热导率为例,对于大多数材料,随着温度的升高,热膨胀系数会增加,热导率会下降,材料变得更柔软,延展性更好。而随着温度的下降,材料会变得更硬、更脆。因此,在选择封装材料时,必须仔细考虑工作环境及材料的特性变化。

由于材料特性的复杂性,SiC 功率模块不仅要在封装结构上进行创新,还需要针对底板、衬底、焊接材料、引线互连及封装外壳来研究新型封装材料各自的特性和匹配问题,以便合理选择功率模块各部件的封装材料。

1.　底　板

底板是功率模块的基础和核心,它能够提供结构性的支撑和热传导功能。底板材料需要具有较高的热导率及与连接部件(特别是衬底)相近的热膨胀系数,并且还需考虑刚性强度、加工难易程度、电镀情况及成本等因素。

金属材料,如铜或铝,具有较高的热导率,但热膨胀系数较大。采用金属与陶瓷或金属与有机化合物共同构成的复合金属材料(Metal Matrix Composites,MMC),可通过调整成分的比例来获得热导率和热膨胀系数的平衡,适合用作功率模块的底板材料。复合金属材料可通过粉末烧结、铸造及扩散接合等方式制成。表 6.11 列出适用于耐高温功率模块的底板材料。可以看出复合金属材料 AlSiC 具有较低的热膨胀系数,与功率模块衬底材料 AlN 和 Si_3N_4 的热膨胀系数较为接近,当它们配合使用时,可降低机械应力。此外,AlSiC 的热导率较高,密度也较小,因此 AlSiC 是 SiC 功率模块底板的可选材料之一。

表 6.11　适用于耐高温功率模块的底板材料的热特性和机械特性

底板材料	组　成	CTE×10^6/℃$^{-1}$	热导率/[W・(m・K)$^{-1}$]	密度/(g・cm^{-3})	杨氏模量/MPa	屈服强度/MPa
Cu	100Cu	17.8	398	8.9	128 000	210
Al	100Al	26.4	230	2.7	70 000	50
CuMo	85Mo/15Cu	6.8	165	10.01	274 000	—
	80Mo/20Cu	7.2	175	9.94	274 000	—
	75Mo/25Cu	7.8	185	9.87	274 000	—
	65Mo/35Cu	9	205	9.74	274 000	—
	60Mo/40Cu	9.5	215	9.68	274 000	—
CuW	10Cu/90W	6.51	150	17.3	—	483
	15Cu/85W	7.36	162	16.45	—	517
	20Cu/80W	8.21	175	15.68	—	662
	25Cu/75W	9.06	186	14.98	—	655
CuGr	—	7(X,Y) 16(Z)	285~300(X,Y) 210(Z)	6.07	75 842	84
CarbAl	CarbAl-N	7	200(X,Y) 355~488(Z)	2.1	12 000	40
	CarbAl-G	2	150(X,Y) 350(Z)	1.75	12 000	40
AlGr	—	4(X,Y) 24(Z)	220~230(X,Y) 120(Z)	24	98 595	110
AlSiC	37Al/63SiC	8	200	3.01	188 000	488
	45Al/55SiC	9.77	200	2.96	167 000	450
	63Al/37SiC	10.9	180	2.89	167 000	471
AlBeMet	38Al/62Be	13.9	212	2.1	196 500	226
	60Al/40Be	16	210	2.28	158 500	207
BeBeO	80Be/20BeBeO	8.7	210	2.06	303 000	—

　　底板是功率模块中最重的部分,占模块总重量的 50%~75%。底板的几何形状会对模块的热性能和机械性能产生明显影响。因此,应从散热能力、机械强度和重量要求等方面综合考虑设计功率模块底板的几何尺寸。

　　图 6.59 以 CuMo 底板材料为例,给出了通过有限元分析得出的功率模块内部芯片温度和机械偏移量与底板几何尺寸的关系。仿真条件设置为模块内部 16 个芯片共产生 500 W 功率损耗。从仿真结果看,管芯温度和热膨胀导致的位移量与底板面积和厚度有很大关系。因此在功率模块设计时,必须针对不同的底板和衬底材料,分析底板尺寸的影响规律,以便设计人员选择最合适的材料和尺寸参数。

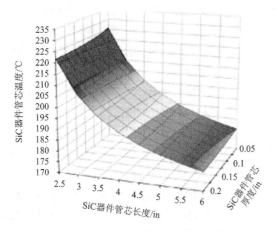
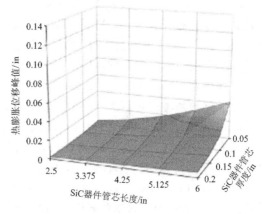

(a) 芯片温度与底板尺寸的关系　　　　　(b) 热膨胀位移量与底板尺寸的关系

注：1 in(英寸)＝2.54 cm。

图 6.59　功率模块温度和热膨胀偏移量与底板几何尺寸的关系曲线

2. 衬　底

衬底是功率模块封装的重要组成部分，主要用于提供电气连接、高压隔离、低阻抗电流通路及散热等。用作衬底的材料需与管芯具有相近的热膨胀系数，以及良好的导热特性、机械强度和屈服强度。

功率模块衬底一般为三层结构，陶瓷板夹在两层厚金属片之间。由于陶瓷材料与金属材料的热膨胀系数存在差异，因此，金属片的厚度、陶瓷板的强度及热膨胀产生的机械应力都是功率模块衬底制造时需要解决的关键问题。表 6.12 给出了几种典型陶瓷衬底材料的特性参数。Al_2O_3 是最常用和最便宜的材料，但其热导率相对较低，不适用于高功率场合；BeO 具有很高的热导率，但其热导率受温度影响较大，相比于其他材料，高温时它的热裕量相对较低，且该材料如果处理不善会有毒性，影响工作人员健康，而为此所采用的复杂处理工艺又会大大增加成本；AlN 有较高的热导率和较小的热膨胀系数，但其机械强度相对较低，且不易键合连接；Si_3N_4 具有的热导率仅比 Al_2O_3 稍大些，比 BeO 和 AlN 小得多，但其机械性能优越。可见，衬底的备选材料很难在各项性能上都很好，因此在材料选择时一定要根据应用场合的需要折中选择。

表 6.12　陶瓷衬底材料的热特性和机械特性

衬底材料	介质场强/ (kV · mm^{-1})	CTE×10^6/ ℃$^{-1}$	热导率/ [W · (m · K)$^{-1}$]	挠曲强度/ MPa	抗张强度/ MPa
96%Al(Al_2O_3)	12	60	24	317	127
99%Al(Al_2O_3)	12	7.2	33	345	207
AlN	15	4.5	170	360	310
BeO	12	7.0	270	250	230
Si_3N_4	10	2.7	60	850	17

由于电力电子变换器需要处理高电压和大电流，因此须谨慎考虑衬底的形状和金属化工

艺,以降低电流回路阻抗,提供足够的隔离。陶瓷金属化处理可采用薄膜沉积、厚膜印刷、金属电镀和金属板键合等工艺。薄膜沉积与厚膜印刷的处理工艺所对应的金属层厚度一般不会超过 25 μm,这不利于大电流传导,但利用电镀工艺则可将层厚扩展至 200 μm。金属板键合工艺可以把金属板直接键合到陶瓷上,其厚度往往可大于 400 μm。

直接键合铜(Direct Bond Copper,DBC)和直接键合铝(Direct Bond Aluminum,DBA)是在轻微氧化的环境中将铜箔或铝箔进行升温,再与陶瓷材料压接而成的。当温度略低于金属熔点时,在金属和陶瓷接触面会形成牢固的键合面。与 DBA 相比,DBC 的电阻率较低,热导率较高且易于蚀刻。相比于 DBC,DBA 承受温度循环的能力更强,易于实现单材料键合界面。

对于有些陶瓷材料,如 Si_3N_4,不宜采用直接键合工艺,这时可采用活性金属钎焊工艺(Active Metal Brazing,AMB),该工艺方法通过在钎焊膏(通常用 CuSil - 72％铜和 28％银组成的合金)中加入少量活性金属粉(通常为钛份和锆粉)来实现。当钎焊合金熔化时,活性元素与陶瓷形成反应层,在金属箔和陶瓷之间产生极强的黏合效果。这种活性钎焊工艺可使连接处的强度更大,不同材料连接处的表面更为平滑。但这些衬底的初始加工成本较高,且反应层较难蚀刻。

裸铜或裸铝表面通常会覆盖一层镍或金来防止氧化并加强焊料的黏合性与湿润度。铜在其表面有无电解的条件下均可直接电镀;铝通常需要在电镀操作之前经过锌化制备,将表面的氧化物剥离并用保护层代替。在镀镍时需谨慎选择镍化物(磷、硼、硫)及其厚度,具体如何选择受最大工作温度影响较大,当温度高于 350 ℃且长时间工作时,需要选择更加稳定的镍化物(硼镍)或不同的扩散阻挡层。

虽然 DBC 衬底可在高温下工作,但其经受重复温度循环的能力有限,尤其是经受低温循环(-25～-55 ℃)时更容易失效。研究表明,在经受 100 次宽范围温度循环后(-50～250 ℃),DBC 就可能发生失效。这一缺点限制了 DBC 在电动汽车及航天领域的应用。在这些领域,必须采用 DBA 和 AMB 衬底。在同样恶劣的条件下,这两种衬底在经受超过 500 次宽范围的温度循环后仍不会发生失效。

除了评估极端环境下的工作可靠性外,还必须全面评估衬底的热性能。以 Si_3N_4 和 AlN 为例,由特性数据对比可见,AlN 具有优异的导热性,这意味着优异的热性能;但在实际使用中,AlN 的强度较差,必须达到至少 0.64 mm 厚度时才能承受键合时的应力要求。而 Si_3N_4 有很高的机械强度,其对片材厚度的要求只有 AlN 的一半(0.32 mm)。

在选择金属层厚度时需要综合考虑热性能、电气性能和应力特性。图 6.60 给出金属层厚度对管芯温度的影响,图 6.61 给出线宽对金属层等效电阻的影响。可见,材料的种类、厚度和宽度都会对金属层的工作特性有较大影响。因此对于封装设计人员,必须对每类材料的特性进行充分的研究和测试,以便获得它们的基本特性数据,从而进行合理的选择和匹配设计。

3. 芯片及衬底连接

一般情况下,功率封装组件中的电连接和热连接是通过焊接和钎焊形成的。焊接和钎焊合金由两种或多种金属组成,这两种或多种金属合金形成熔化温度低于组成元素的均匀混合物。表 6.13 给出了金属连接中的焊接材料特性参数。在功能相似的情况下,焊料和铜焊的主要区别在于所使用的材料和所需的加工温度。熔化温度高于 450 ℃时开始烧结,需要更强的助焊剂。焊接材料应选用熔沸点高、热导率高和导电能力强的材料,且尽可能采用无铅焊料以满足 Rohs 标准。

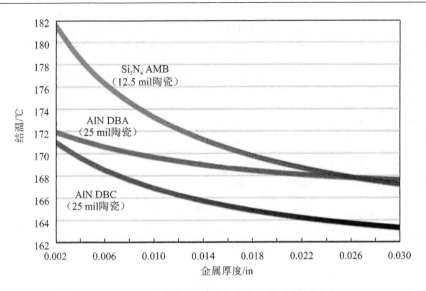

图 6.60　衬底金属层厚度对管芯温度的影响

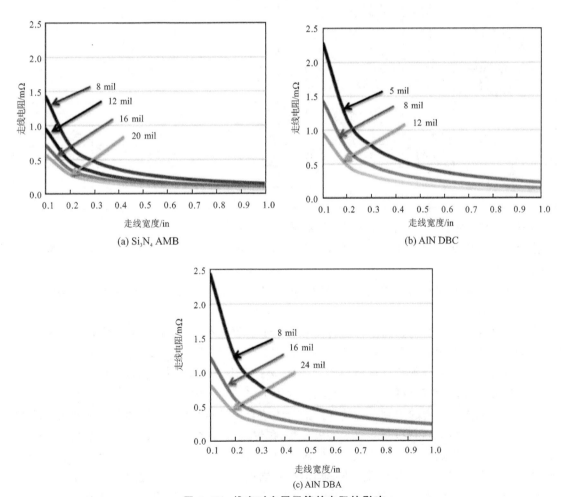

图 6.61　线宽对金属层等效电阻的影响

表 6.13 焊接材料的基本特性参数

焊接材料	熔点/℃	沸点/℃	密度/$(g \cdot cm^{-3})$	热导率/$[W \cdot (m \cdot K)^{-1}]$	CTE×10^6/℃$^{-1}$	电导率/$(S \cdot m^{-1})$
Pb60,In40	197	231	9.3	19	26	5.2
Sn91,Zn9	199	199	7.27	61	—	15
Sn96.5,Ag3.5	221	221	7.5	33	30	16
Sn95,Sb5	235	240	7.25	28	31	11.9
Pb75,In25	240	260	9.97	18	26	4.6
Pb81,In19	260	275	10.27	17	27	4.5
Sn10,Pb88,Ag2	267	290	10.75	27	29	8.5
Sn10,Pb90	275	302	10.75	25	29	8.9
Au80,Sn20	280	280	14.51	57	16	—
Sn5,Pb92.5,Ag2.5	287	296	11.02	26	29	8.6
Sn2,Pb5.5,Ag2.5	299	304	11.2	—	—	—
Pb92.5,In5,Ag2.5	300	310	11.02	25	25	5.5
Sn5,Pb95	308	312	11.06	23	30	8.8
Pb97.5,Ag1.5,Sn1	309	309	11.28	23	30	6
Au88,Ge12	356	356	14.67	44	13	—
Au96.8,Si3.2	363	363	15.4	27	12	—
Au75,In25	451	465	13.7	—	—	—
Sn100	232	232	7.28	73	24	15.6
Pb100	327	327	11.35	35	29	7.9
Au100	1 064	1 064	19.3	318	14	73.4

SiC 功率器件具有在极高结温下工作的潜力,器件内部产生的热量需要焊料合金来有效传输至衬底。因此必须选择具有高回流温度、高热导率、高键合强度的合金,并能与焊接表面兼容。

焊料通常具有相对较低的热导率,特别是当焊料接近其熔化温度时,热导率更会大大降低,因此在高温设计中必须考虑这一问题。

虽然软焊料因具有吸收应力的能力而有利于承受温度循环,但在高温下它们的强度会大大降低。一般建议额定负载下焊点的最高工作温度不应大于焊料固相线温度的 70%。符合这一要求的实用软合金种类有限,因此需要强度高的硬焊料,以改善高温可靠性。长期以来,金焊和铜焊一直作为有效可靠的芯片互联方式用于电子工业中。

高温互连需要一定的冶金工艺技术。冶金的结合质量对高功率密度模块至关重要。大多数金属表面(特别是铝和镍)会形成薄层氧化物,在焊接操作之前必须将其去除以提高附着力。这通常是通过助焊剂(还原剂和清洁剂)实现的,以便在焊接过程中保护金属表面。但在功率模块中使用助焊剂存在许多问题。当焊剂活化和沸腾时,其与接合表面之间会产生气体。通常接合面积越大,这些气体就越难逃出,最终在接合处留下空隙,影响模块的热性能。工业中使用助焊剂进行焊接时的常见空隙率为 10%~25%。此外,助焊剂残留物必须及时清理掉,否则可能会烧坏或腐蚀表面,引起焊接问题。因此这种焊接方式不适用于 SiC 功率模块。

　　为了避免使用助焊剂带来的问题,可在真空/压力回流炉中进行无助焊剂的功率模块组装。组装前需对表面和焊料进行清洁,有时还需采用干燥的还原性气体(氢气或甲酸)进行额外的清洁。在高真空下,熔融焊料合金的表面变得润湿并具有流动性,使空隙率降至 1%~5%,提高了接合质量。

　　温度变化率、等温应变、气体类型、气体压力和真空度均可在真空/压力回流过程中实现单独控制,这就使得在制作过程中采用精密的焊料回流工艺成为可能。在设计过程中,把热电偶放置在一些关键位置以实时测量元件的实际温度,这些测量结果可用于调节温度变化曲线,从而缩短整个工艺时间。一旦焊料熔化后开始固化,并且模块开始冷却,层间就会产生机械应力,因此选择合理的冷却方法非常重要,尤其是在高温连接时。让部件自行冷却很可能使脆性材料变形和断裂。而采用主动冷却控制可使各部件逐渐降至室温,均衡释放压力。

　　限制焊接和钎焊的一个主要因素是其需要有层级:多处连接必须同时形成,或者后续焊接操作要使用比前一个焊接操作熔点低的合金来形成,也称为步进焊接。缺乏可用的高温焊料是这种复杂装配工艺的主要技术难点。由于固态和瞬态液相(TLP)扩散过程可采用相对较低温度的工艺来完成高温焊接,因此在 SiC 功率模块芯片和衬底连接中备受关注。

　　扩散键合是通过改变温度和压力以促进可溶性材料固态扩散来实现的。许多金属材料很容易自扩散,不需要填充材料就能连接在一起。该过程最好在高温、中压条件下,在相对较厚的材料层上进行。将该技术应用于功率器件的难点在于如何在不损坏器件的情况下安全地施加压力,以及如何处理芯片背面极薄的金属层。由于没有键合线来缓冲热量产生的应力,故如何处理应力也是扩散键合技术需要特别考虑的问题。

　　TLP 键合是针对传统扩散连接的问题而提出的一种先进工艺。该工艺将熔融温度较低的材料(锡、铟、焊料合金等)与高温基体金属(银、镍、金、铜等)紧密接触,并在熔融前体中溶解。当低温熔体溶解到基体金属表面时,材料之间存在着一种协调梯度,促进扩散反应。随着溶解过程的继续,复合填料开始移动。如果根据材料的相图仔细选择,并满足适当的热条件,则材料将向相图中的固化区移动。这里以金和锡为例,若 80Au/20Sn 合金的共晶成分(代表熔点最低温度)在与重金表面接触的情况下熔化,那么当金进入熔体,锡扩散到金中时,该成分将向浓度更高的金移动,最终固化。

　　与固态扩散键合相比,TLP 键合的速度明显加快,且所需的压力也变小。应用 TLP 键合技术的 AuSn 连接件在常温下的剪切强度值高达 60 MPa,当工作温度为 500 ℃时,剪切强度下降为常温下的一半左右。基于 TLP 键合技术的 AuSn 连接件可在 200 ℃下不出现裂隙或损坏,故适用于高温 SiC 功率模块。

6.3　高温变换器

　　电力电子变换器广泛应用于国民经济的各个领域,一些典型的应用场合,如多电飞机、电动汽车和石油钻井等恶劣环境中的最高工作温度超过 200 ℃,最低温度低于零度或更低(如 -55 ℃);地热能开发领域的工作温度高达 300 ℃以上;而太空探测领域的温度则更高,并伴随极宽的温度变化范围。这些场合迫切需要耐高温的变换器。

　　相比于传统的 Si 器件,采用先进封装技术的 SiC 模块是一个较大的技术进步,但要实现真正意义上的耐高温变换器,则仍然不够。在一个典型的变换器中,除了功率开关器件外,还包括驱动电路、控制电路、无源元件、PCB板、焊接材料及连接件等部件。因此,要想实现高温变换器,不仅需要开发耐高温的封装材料,使得SiC模块能够在更高环境温度下工作,而且需要耐高温的驱动电路、控制电路、检测保护电路、无源元件(包括磁性元件、电容和电阻)、PCB板及连接件等,以保障整机能够满足高温恶劣环境的工作要求。

弗吉尼亚理工大学对耐高温三相AC/DC整流器进行了探索性研究。三相AC/DC整流器的主电路拓扑选用如图6.62所示的三相单开关升压PFC电路。7个SiC二极管和1个SiC JFET通过新型平面封装技术制成耐高温的功率模块。变换器的额定输入相电压略小于100 V,输出电压为100 V,额定输出功率为1.4 kW。这里以其为例介绍高温变换器的设计和测试。

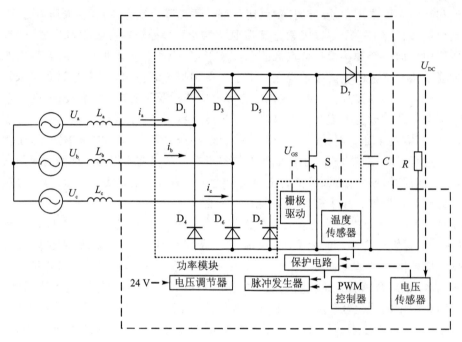

图6.62　三相单开关升压PFC电路拓扑

6.3.1　高温变换器设计

三相整流器的整体设计方案如图6.63所示,功率模块安装在散热器上,耐高温PCB板放在模块上方,PCB上安装耐高温控制电路、驱动电路、检测电路、保护电路和直流侧电容。

各部分的设计如下。

1. 耐高温SiC功率模块

主电路的7个SiC二极管和1个SiC JFET通过新型平面封装技术制成模块,如图6.64所示为平面结构封装功率模块的截面图,SiC JFET和SiC二极管选用SiCED公司的管芯,SiC JFET的漏极与SiC二极管的负极通过管芯连接材料连在DBC基板上。SiC JFET的源极和SiC二极管的正极的引脚框用隔离层和绝缘层分开,焊接到基板上侧。SiC JFET的栅极引脚框通过另一个绝缘层隔开,与其源极引脚框相连。平面封装结构取消了传统的键合线连

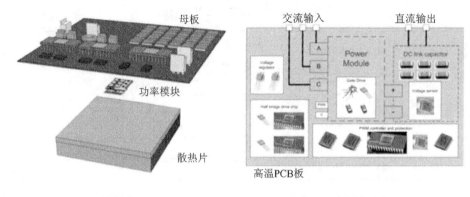

|(a) 系统结构|(b) 母板功能分类|

图 6.63　三相整流器的整体结构设计方案

接,引脚框采用三维结构,布线更加灵活,封装尺寸可以做得更小,等效寄生电感可以更低。

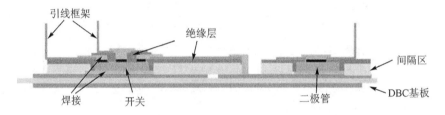

图 6.64　功率模块平面封装结构截面图

为了保证 SiC 模块能够耐高温,平面封装结构各部分需选用耐高温和高温特性好的材料。

DBC 基板的可选材料如表 6.14 所列。与氧化铝(Al_2O_3)相比,氮化铝(AlN)和氮化硅(Si_3N_4)具有较小的热膨胀系数(CTE),能与 SiC 器件更好地匹配(SiC 器件的 CTE 为 3 ppm/K);又考虑到 AlN 材料具有最高的导热率、易于加工且成本较低等特点,故选择采用 AlN 制作 DBC 基板。然而对于大电流应用场合,必须采用更厚的铜箔,而氮化硅材料因其具有的高抗弯强度可增加 DBC 的热可靠性,所以成为了最好的选择。

表 6.14　DBC 基板的可选材料

材　　料	热膨胀系数$\times 10^6$/K^{-1}	热传导率/$[W \cdot (m \cdot K)^{-1}]$	介质强度/$(kV \cdot mm^{-1})$	抗张强度/MPa	抗弯强度/MPa
Al_2O_3	6.0	24	12	127.4	317
AlN	4.6	150~180	15	310	360
Si_3N_4	3.0	70	10	96	932

管芯高温连接材料如表 6.15 所列,包括焊锡、银玻璃和纳米银。银玻璃在加工过程中易产生裂纹,会降低器件的可靠性。与高温焊锡相比,纳米银有两个显著的优点:一是在平面封装结构功率模块的多步骤连接工艺中,纳米银的加工温度较为固定(275 ℃),比高温焊锡低得多;二是由于器件顶部的衬垫很小,而纳米银在烧结过程中能够很好地保持固定的形状,使得它更容易与顶部固定连接,准确对齐,这在平面封装结构功率模块设计中非常重要。

表 6.15　管芯高温焊接可选材料

不同材料	焊接温度/℃	工作温度/℃	热传导率/[W·(m·K)$^{-1}$]	热膨胀系数×10^6/K^{-1}	电阻率/(10 Ω·cm)
Al$_2$O$_3$	350	310	32	28	20
AlN	320	280	57	16	17
Si$_3$N$_4$	390	360	88	13	30
银玻璃	400	900	40	16	54
纳米银	275	900	240	19	63

表 6.16 中列出了在 SiC 功率模块制造中选用的主要材料,这些材料都能够长期工作于 250 ℃以上。

表 6.16　平面封装结构功率模块的选用材料总结

部　件	参数(材料)
碳化硅 JFET	1 200 V/5 A,3 mm×3 mm,SiCED 公司
碳化硅二极管	1 200 V/5 A,2.7 mm×2.7 mm,SiCED 公司
基板	氮化铝基板(25 mil AlN,8 mil Cu)
环氧化黏合剂	Duralco 132
焊接材料	纳米银焊料
间隔区	聚酰亚胺胶带
绝缘区	Epo – Tek 600

SiC 功率模块的制造流程如图 6.65 所示,把高温聚酰亚胺压扁固定在 DBC 上作为绝缘层和隔片,管芯通过隔片对齐,通过纳米银烧结固定在 DBC 上,为了防止器件的边缘发生静电击穿,采用聚酰亚胺绝缘材料 Epo – Tek 600 覆盖该器件的绝缘保护环,并填充元件与隔片之间的间隙。JFET 的源极引线框和二极管的阳极引线通过 Epo – Tek 600 固定在隔离层上。在后续的步骤中,另一道烧结工序实现了 JFET 源极和二极管阳极与引线框之间的连接。用 Epo – Tek 600 在源极顶部形成了另一个绝缘层,再通过加工聚酰亚胺材料形成与栅极的连接。然后,烧结连接 JFET 栅极焊盘与引线框,最后,环氧黏合剂 Duralco 132 把功率模块与散

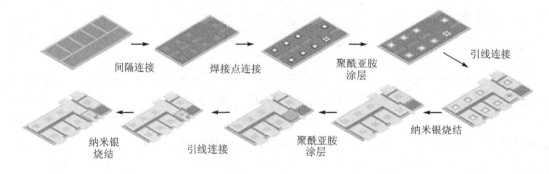

图 6.65　SiC 功率模块的制作过程

热片连接起来。平面结构的封装技术共有 3 个烧结和
2 个加工步骤,图 6.66 给出制作完成的平面结构 SiC 功率
模块,器件的静态特性在封装前后无明显变化。

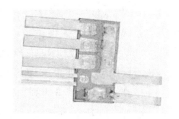

平面封装结构采用三维引线框,从管芯到顶端无需传
统封装的键合线,可直接连接,从而可以获得更小的尺寸
和更小的寄生参数。

图 6.66　制作完成的 SiC 功率模块

2. 耐高温控制电路

对于控制电路芯片,高温工作时 Si 基 PN 结的漏电流会导致电路损坏,这是 CMOS 工艺
的主要问题。虽然基于 SiC 材料的器件理论上能在超过 600 ℃ 的高温环境下工作,但目前,还
没有制造出基于 SiC 材料的集成电路。对于高温集成电路的应用要求,目前主要采用绝缘硅
(Silicon On Insulator,SOI)技术,从而使得高温工作时的漏电流明显降低。如图 6.67 所示,
在 SOI 结构中嵌入了绝缘层,显著削弱了 PN 结的漏电流通路。此外,SOI 器件的阈值电压随
温度变化的幅度小于 Si 器件。SOI 还改善了闭锁干扰,增加了电路高温工作的可靠性。这些
特性使得基于 SOI 技术的集成电路能在 200~300 ℃ 范围内正常工作。

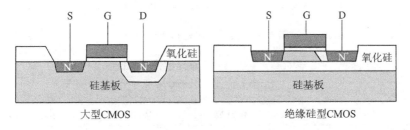

图 6.67　大体积 CMOS 和绝缘硅 CMOS 结构比较

三相 AC/DC 整流器中的控制芯片选用 Cissoid 公司生产的高温 SOI 模拟 PWM 控制器,
如图 6.68 所示,采用积分控制器,并带软启动功能,以保证工作时的占空比从零逐渐增大。

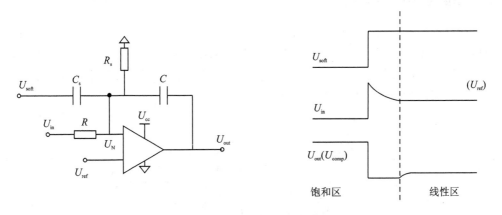

图 6.68　耐高温控制电路

3. 耐高温驱动电路

由于目前尚无商用的高温光耦,因此高温隔离驱动电路采用变压器隔离方案。为了保证

宽的占空比工作范围和较小尺寸的变压器磁芯,采用由基于边沿触发脉冲变压器构成的驱动电路,如图 6.69 所示,由三绕组变压器、MOSFET S_1、二极管 D_2 和栅极电容 C_G 构成。MOSFET 的体二极管用 D_1 表示。当变压器原边施加正脉冲时,S_1 导通,将栅极电容 C_G 短路,开通 JFET;当变压器原边施加负脉冲时,栅极电容通过二极管 D_2 充电至负电压,负电压须比 JFET 的栅极关断电压阈值更低。负脉冲作用以后,栅极电容维持负压使 JFET 处于关断状态,直到下一次正脉冲来到时再次开通 JFET。高温驱动电路使用的元器件技术规格如表 6.17 所列。

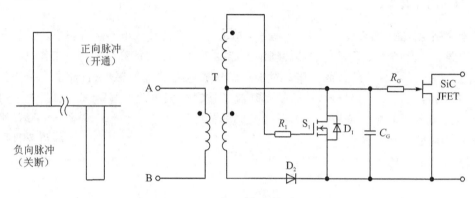

图 6.69 边沿触发栅极驱动电路

表 6.17 高温驱动电路元器件技术规格

元器件	型 号	技术参数	厂 家
S_1	CHFNMOS8010(SOI MOSFET)	80 V 定额	Cissoid 公司
D_2	C3D0606A(SiC Diode)	600 V 定额	Cree 公司
驱动芯片	CHI-HYPERION(SOI 芯片)	高温半桥驱动芯片	Cissoid 公司

4. 耐高温检测和保护电路

直流侧电压检测采用如图 6.70 所示的由三运放构成的电路方案,实际使用 Cissoid 公司的高温四端运算放大器(CMT - OPA - PSOIC16)。温度检测采用 T 形热电偶,其温度范围为 $-200 \sim +350$ ℃,灵敏度为 43 μV/℃。如图 6.71 所示,将热电偶的测试点嵌在电源模块中,热电偶的另一端连接到主板上。热电偶的信号端连到 PCB 母板上。

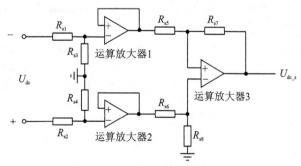

图 6.70 直流侧电压检测电路

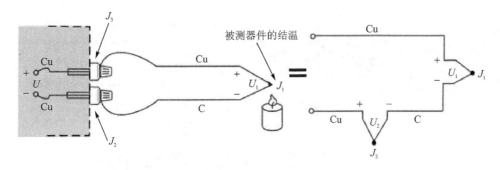

图 6.71　热电偶在电路中的连接示意图

5. 耐高温无源元件

在耐高温变换器中,无源元件也必须能够耐高温。表 6.18 给出耐高温电阻的生产厂商,在整流器中选用了高温厚膜电阻。图 6.72 和表 6.19 中列出可以工作于 200 ℃以上高温环境的电容。一般而言,三种类型的电容具有高温工作能力:陶瓷电容、钽电容和云母电容。由图 6.72 可见,钽电容的值一般很高,但电压定额较低。云母电容的电压定额很高,但电容值较低。陶瓷电容处于钽电容和云母电容之间。在三相单开关 PFC 高温变换器设计中,控制电路和直流侧的电容采用了陶瓷电容。可工作于 200 ℃以上的高温磁性材料如图 6.73 和表 6.20中所列,对于低饱和磁密和高工作频率要求,大多选用铁氧体磁芯。对于高饱和磁密场合,如升压电路滤波电感或 EMI 滤波器,则具有高饱和磁密的纳米晶软磁磁芯是一个较好的选择。在驱动变压器中采用耐高温、低磁导率的镍锌铁氧体磁芯。

表 6.18　耐高温电阻的生产厂商

材　料	生产商	温度/℃
碳	KOA Speer Electronics 公司	−55～200
陶瓷	Ohmite 公司	−40～220
	KOA Speer Electronics 公司	−40～200
金属条纹	Vishay 公司	−65～275
贵金属	KOA Speer Electronics 公司	−55～200
	Vishay 公司	−65～225
金属氧化物	IRC 公司	−55～200
薄膜	Ohmite 公司	−55～200
绕线	Bourns 公司	−55～275
	Vishay 公司	−65～275
厚膜	IRC 公司	−55～200
	Ohmite 公司	−55～200

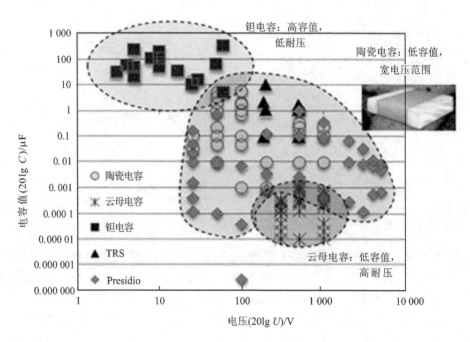

图 6.72　高温电容总结

表 6.19　高温电容的生产厂商

材　料		生产商	电容值	温度/℃
陶瓷	NP0	Kemet 公司 Novacap 公司 Johanson 公司	1.0 pF～0.12 μF	−55～200
	X7R	Dielectric 公司 Eurofarad 公司	100 pF～3.3 μF	−55～200
Teflon		Eurofarad 公司	470 pF～2.2 μF	−55～200
钽		Kemet 公司	0.15～150 μF	−55～175
云母		CDE 公司	1.0～1 500 pF	200

表 6.20　高温磁性元件参数

生产商	型　号	电感值/μH	温度/℃
Vashay 公司	TJ3 - HT	0.39～100	−55～200
	TJ5 - HT	0.47～470	−55～200
Datatronic 公司	Dr - 360	1.2～1 000	−55～200
	Dr - 361	1.2～1 000	−55～200
	Dr - 362	1.0～1 000	−55～200
Ferroxcube 公司	4C65	—	超过 200
	3C93	—	超过 200

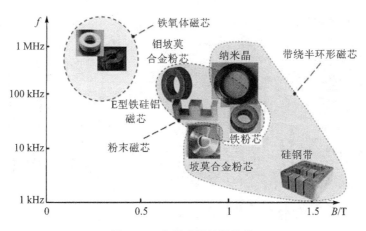

图 6.73　高温磁性材料总结

6. 其他耐高温部件

焊料采用 Amerway 公司比例为 95% 铅、5% 锡的高温焊料。PCB 母板采用高温碳化合陶瓷材料制作,可在 280 ℃温度下长期工作。

如图 6.74 所示为整流器的样机照片,母板尺寸为 16.5 cm×14 cm。

图 6.74　整流器样机照片

6.3.2　高温变换器测试

为了验证整流器的高温工作能力,应用热循环室进行了相关测试。

1. 元件热测试

热测试采用 Tenney TUJR 热室,热循环实验采用 MIL-STD-883H 标准。图 6.75 给出热循环室的照片和温度-时间测试曲线。热循环温度范围为 $-50\sim+200$ ℃,每个循环持续 1 h,在高温和低温下的保持时间是 13 min,温度变化率最高达 20 ℃/min。

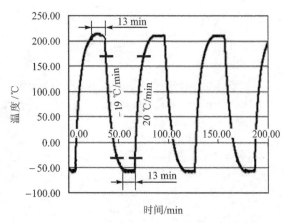

(a) 热循环室 　　　　　　　　　　　　　　(b) 温度-时间测试曲线

图 6.75　热循环室及温度-时间测试曲线

首先对陶瓷电容、焊料和 PCB 板进行测试。10 只耐高温陶瓷电容被分为两组：5 只电容作为第 1 组,另 5 只焊接在 PCB 板上的陶瓷电容作为第 2 组,所有的样本均放入热循环室进行循环试验。

在热循环试验后,样品被放在模拟环氧层上进行切片和抛光,这些测试样本切片在显微镜 STEMI-2000-C 下的图像如图 6.76 所示,图 6.76(a)~(c)分别是采用大、中、小焊料焊接在

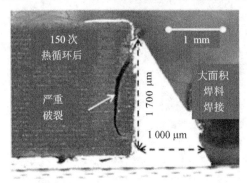

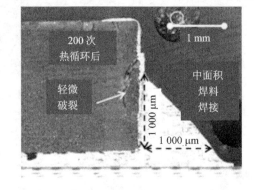

(a) 焊接面积大 　　　　　　　　　　　　　(b) 焊接面积中

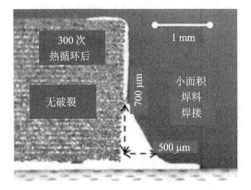

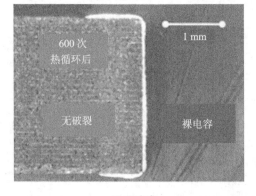

(c) 焊接面积小 　　　　　　　　　　　　　(d) 裸电容

图 6.76　高温电容热循环实验切片图像

高温 PCB 板上的电容样本,图 6.76(d)表示未焊接在 PCB 板上的裸电容。裸电容在 600 次热循环后无损坏。由图 6.76(a)可以看出,较大的焊料形状会使电容产生较大的应力,在 150 次热循环后就产生破裂。缩小焊料形状可降低热应力,这可由图 6.76(b)~(c)看出。采用较小焊料形状的第 2 组电容样本在 300 次热循环后,在外观、电容值、击穿电压等方面均未发现明显变化。同时,在 300 次热循环后 PCB 板和焊料也没有明显变化。

对镍锌铁氧体磁芯也进行了温度试验。图 6.77 为高温铁氧体磁芯损耗的测试方法和测试结果。磁芯浸入到高温传热油中,油温可由加热板控制调整。采用不同频率的激励来测量磁芯损耗,图 6.77(b)给出了在其中一个激励频率(1 MHz)下测得的磁芯损耗。在饱和磁通密度低于 50 mT,且温度从室温增加到 125 ℃时,铁氧体磁芯损耗会随之增加。之后,磁芯损耗会相对稳定,不会出现热失控问题。在实际设计时,要把最大磁通密度限制在 40 mT 以下。

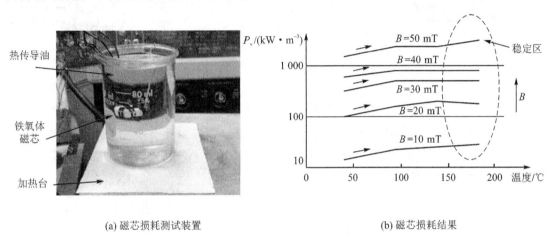

(a) 磁芯损耗测试装置　　　　　　　　(b) 磁芯损耗结果

图 6.77　高温铁氧体磁芯损耗测试

2. 整机热测试

整机热测试采用 Envirotronics 热室(见图 6.78),模拟整机工作的环境温度从 -50 ℃变化至 150 ℃,每隔 25 ℃详细记录一次测试数据。图 6.79、图 6.80 为环境温度对变换器工作性能影响的测试结果。

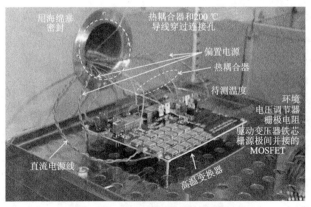

图 6.78　用于整机热测试的热室

　　图 6.79 给出了不同环境温度下的栅极驱动信号。当环境温度升高时,由于驱动电路中电容 C_G 的值减小,使得开通和关断的斜率增加。温度除了会影响栅极的驱动速度外,还会影响栅极的驱动电压。当环境温度为 -50 ℃时,负压从 -25 V 变化到 -24.3 V。

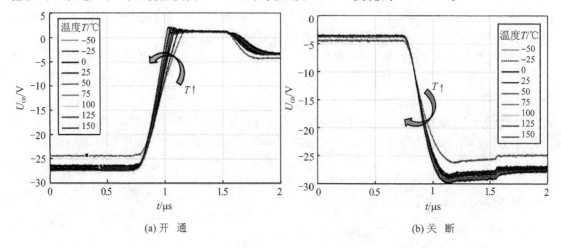

(a) 开 通　　　　　　　　　　　　　　　(b) 关 断

图 6.79　栅极驱动波形随温度的变化关系

　　图 6.80 给出了不同环境温度下检测到的开关频率。由于时钟信号由内部晶振和外围 RC 元件共同产生,因此当温度从 -50 ℃上升至 $+150$ ℃时,因无源元件的参数值随温度发生变化,故导致开关频率产生 15% 左右的变化。

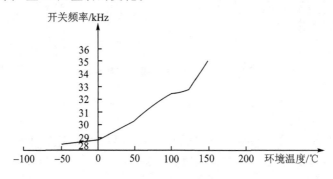

图 6.80　开关频率随温度的变化关系

　　图 6.81 给出了所有测试点的测试温度,其中栅极电阻和电压调节器是最热的部件。所有检测点的温度均不超过环境温度 10 ℃。

　　表 6.21 给出测试得到的温度及效率,工作 30 min 后,功率模块的温度趋于稳定,热电偶测得结温为 227 ℃,变换器效率为 96.5%,比室温时降低了 0.8%。测试结果表明,平面封装结构的 SiC 功率模块封装后能够在 250 ℃结温下正常工作。

表 6.21　整机温度和效率测试结果

时间/min	JFET 结温/℃	散热器温度/℃	效率/%
0	24.5	24.5	97.3
30	227	128	96.5
40	227	129	96.5

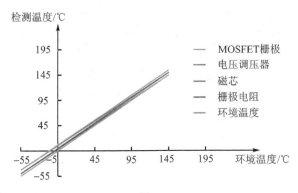

图 6.81　检测点温度

6.4　多目标优化设计

与 Si 器件相比,SiC 器件具有更低的导通电阻、更低的结-壳热阻、更高的击穿电压和更高的结温工作能力。用 SiC 器件替代现有变换器中的 Si 器件,并沿用现有 Si 基变换器的设计方法,虽然有可能使变换器的性能得到一定程度的提升,但很难最大限度地发挥 SiC 器件的优势和潜力,实现 SiC 基变换器性能的最优化。

6.4.1　变换器现有设计方法存在的不足

变换器的现有设计通常是依据对系统效率、体积、重量、纹波/谐波等方面的要求,根据设计者对变换器及其应用场合的熟悉程度做一些假定和简化,然后进行参数选取和设计,最后进行实验验证、修改,使设计结果达到指标要求。尽管经验丰富的设计者凭借积累的经验和专业水平,并通过不断调整参数,最终能够获得一组较好的设计参数,但其设计结果很可能在所要求的工况下并不是最优的,如果适当改变某些设计参数,则可能进一步提高变换器的性能。

变换器现有设计流程如图 6.82 所示,其主要特征为:

① 变换器设计的起点是变换器的技术规格,如输入电压、输出电压、输出功率、电压纹波、电流谐波、效率、体积、重量及 EMC 标准等规格要求;

② 根据输入电压和输出电压的大小及性质,如是否需要升降压、是否需要隔离,来选择合适的变换器拓扑结构和调制策略;

③ 根据电路结构及工作模式,建立电路的电气模型,通过对设计变量初始值的计算来得到主要工作点的电压和电流波形,以便对功率器件和磁性元件等进行选择和设计;

④ 计算变换器的效率、功率密度等性能指标,理论计算结果如果不满足要求,则根据设计者的经验改变某些参数后,重新进行变换器参数设计;

⑤ 对设计结果进行实验验证,如果不满足要求,则再次修改设计参数,重新进行验证。

功率变换器的设计涉及电、热、磁等多个方面,除了电气性能要满足一定要求外,热管理和 EMC 也要符合一定的标准和要求,只有这样变换器才能正常工作。随着功率变换器功率密度的逐渐提高,变换器的热设计已成为影响可靠性的关键因素之一。功率变换器中的器件损耗会造成器件自身及周围环境温度的升高,从而影响变换器的寿命和可靠性。大量的研究数据

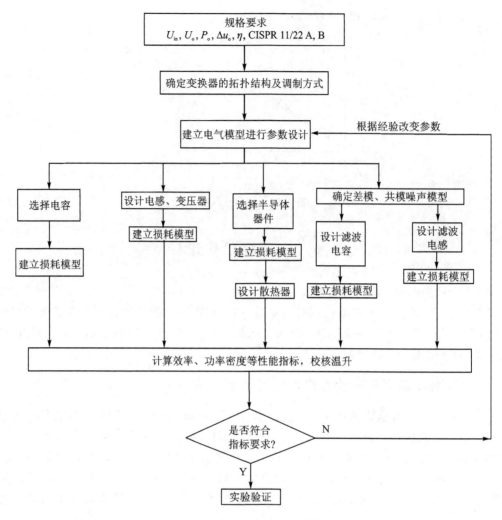

图 6.82　变换器现有设计流程图

表明,高温已成为电子产品故障的主要原因,器件结温与寿命关系的统计结果如图 6.83 所示,产品故障主要原因的统计结果如图 6.84 所示。

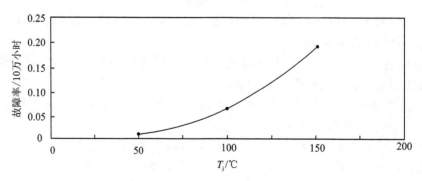

图 6.83　器件结温与寿命的关系

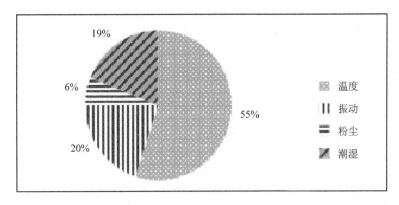

图 6.84　产品故障主要原因

传统的热设计通常是根据工程师的经验和应用有限的换热公式对温度进行预先估计,然后利用红外测温、热电偶等热控手段进行保护。这种方法的缺点是:

① 无法明确不同器件之间温度的互相影响程度及变换器内部的整体温度分布情况,可能存在局部过热的故障隐患,没有考虑器件布局的优化;

② 无法明确不同形状和尺寸的散热器的散热效果,无法进行有效的散热器优化设计;

③ 产品的设计周期较长,生产成本较高。

为了提高功率变换器的设计质量,在变换器的设计阶段还要考虑 EMC 问题。良好的 PCB 布局可以得到较低的 EMI 水平,从而减小 EMI 滤波器的体积,甚至可能不使用滤波器就可以满足相应的 EMC 标准。但是目前的 PCB 布局布线主要还是依据设计者的经验,在设计阶段没有针对 PCB 布局布线对电路 EMI 的影响做具体研究,通常都是在电路制作完成以后再设计相应的滤波器来降低 EMI 水平,这样就加大了滤波器设计的难度和代价,没有从根本上解决问题。

EMI 滤波器通常采用以电感、电容为基本单元的无源元件结构,通过一定的电路组合对通过滤波器的噪声进行有效衰减。传统滤波器由于其电感、电容采用分立元件,体积较大,不符合功率变换器集成化、小型化的发展趋势,因此,进一步压缩体积同时更加有效地降低 EMI 水平成为新型滤波器的重要发展方向。目前主要的研究方向有柔性滤波器、平面滤波器和母线型滤波器,在滤波器材料的选择、结构的改善及设计原则方面仍需进行深入研究。此外,传统的无源滤波器设计通常是基于滤波原理和对系统的要求进行分析,再根据工程经验选择参数,而较少采用优化设计,且在已有的设计方法中,大多都是根据单一的技术或经济指标对参数进行分别设计,没有进行整体优化。

由以上分析可见,传统变换器设计过程中存在的缺点有:

① 电气方面:

ⓐ 设计过程中对工作频率、电流纹波率等设计参数的简化和假定没有明确依据,具有较大的任意性;

ⓑ 设计过程中效率、功率密度等性能指标与设计参数之间的量化关系不明确,只是在设计完成之后去校核系统性能,如果不满足要求,则只是根据经验来改变参数,重新进行设计,设计周期较长;

ⓒ 设计的参数虽然符合系统性能要求,但很可能并不是最佳的,适当改变设计参数,可能

会进一步提高系统性能；

　　④ 对多项性能指标进行多目标设计时，设计参数的变化范围不明确。

　　② 热管理方面：在传统的变换器设计中，对半导体器件的散热设计主要根据经验公式进行估算，然后加以热控手段进行保护，变换器内部的热分布情况不明确，器件之间温度的互相影响不清楚，可能存在局部过热的故障隐患，且不同尺寸参数下散热器的散热效果不确定，没有对散热器进行优化设计。

　　③ EMC方面：在功率变换器的设计阶段没有详细分析 PCB 布局布线对电路 EMI 的影响，加大了滤波器设计的难度和代价，且较多传统 EMI 滤波器采用分立元件，在整机中占据的体积较大，同时在滤波器的优化设计方面还有所欠缺，需要综合考虑不同的指标要求，对滤波器的参数进行整体优化设计。

6.4.2　SiC 基变换器参数优化设计思路

　　在航空、航天、电动汽车等应用环境较为苛刻的场合中，对电力电子变换器的要求越来越高，如图 6.85 所示，应用场合的需求促使变换器不断向高功率密度、高效率和高可靠性等方向发展，在特定场合可能需要同时满足多项性能指标的要求，这对功率变换器的设计提出了较大的挑战。

　　变换器中的性能指标是相互影响的，比如实现高功率密度通常需要提高开关频率，从而减小电抗元件的体积；但开关频率的提高会使开关损耗增大，导致变换器效率降低，同时还会使功率器件所需的散热器体积增大。在传统的变换器设计中，这种影响都是根据工程师的经验确定的，没有明确的设计依据。

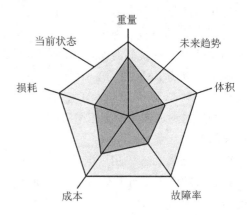

　　随着新型 SiC 器件的推广使用，因其损耗、开关速度、温度承受能力都相比 Si 器件有了较大变化，因此在 SiC 基变换器中，对功率器件与磁性元件的损耗比例、EMI 水平及滤波器的设计要求均会发生变化，结温可作为设计变量之

图 6.85　应用场合对变换器性能要求的发展趋势

一由设计人员灵活掌握，因此对于"多变量-多目标"的 SiC 基变换器，若仍采用本质上为"试凑设计"的现有变换器设计方法，则难以充分发挥 SiC 器件的优势，难以实现 SiC 基变换器的最优设计。

　　这种缺陷可以通过对变换器系统进行数学建模和优化设计来弥补，直接通过计算得到系统性能与设计参数之间的定量关系，从而明确设计变量与性能指标之间的相互影响情况。变换器优化设计示意图如图 6.86 所示，具体过程如下。

　　(1) 定义设计空间

　　将优化设计中的设计变量放在数组 x 中，即令 $x=(x_1, x_2, \cdots, x_n)$，将磁性材料的磁导率、饱和磁通密度等设计常量放在数组 k 中，即令 $k=(k_1, k_2, \cdots, k_l)$，每一组设计变量和常量的取值都会对应设计空间中的一个点，从而确定完整的设计空间。

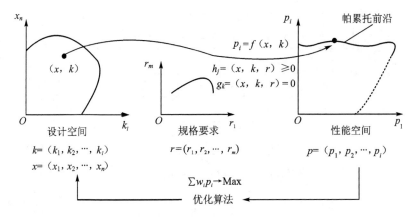

图 6.86　变换器优化设计示意图

（2）定义目标函数

对变换器系统的性能指标（效率、功率密度等）进行数学描述，根据设计变量与性能指标之间的关系建立目标函数，即令 $p_i = f(x, k)$，这样一个设计空间就可以根据目标函数转换成相应的性能空间。

（3）定义约束条件

将输入电压、输出电压和输出功率等规格要求放在数组 r 中，即令 $r = (r_1, r_2, \cdots, r_m)$，根据设计变量之间的相互影响情况建立需要满足的等式及不等式的约束关系，即令等式约束条件为 $g_k = (x, k, r) = 0$，令不等式约束条件为 $h_j = (x, k, r) \geqslant 0$。

（4）最优化求解

根据目标函数的性质选择合适的优化算法，如果需要对多个性能指标同时进行优化，则需要确定每个性能指标的权重（w）以进行加权处理。通过优化算法进行最优化求解，得到帕累托前沿曲线，即设计空间对应的最优性能指标。

以数学规划为基础的功率变换器优化设计技术，根据不同场合的性能要求，可以得到相应目标下最优的设计参数，这种优化设计方法与传统的设计方法相比，既可以提高功率变换器的设计质量，又可以大大缩短设计周期，具有明显的优越性。功率变换器优化设计的流程图如图 6.87 所示，具体流程为：

① 优化过程的起点是关于变换器技术规格的一些参数，如输入电压、输出电压、输出功率、效率和电压纹波等；

② 根据输入电压、输出电压的大小及性质，如是否需要升降压、是否需要隔离，来选择合适的变换器拓扑结构和调制策略；

③ 对开关管、二极管等离散器件进行预先选择；

④ 确定设计变量的初始值，根据电路结构及工作方式，建立电路的电气模型，通过对设计变量初始值的计算来得到主要工作点的电压和电流波形，以进行元器件的参数设计；

⑤ 计算变换器损耗，并建立相应的热模型，根据温度的计算结果对损耗模型进行修正，同时对散热器进行优化；

⑥ 计算变换器的效率、功率密度等性能指标，然后在设计变量的取值范围内改变其数值，重新进行循环计算；

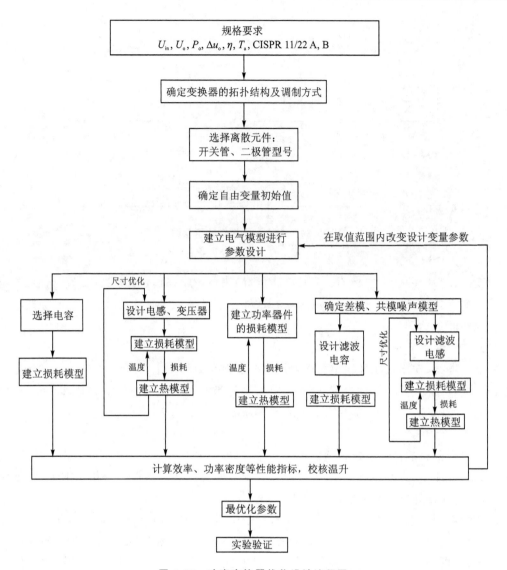

图 6.87　功率变换器优化设计流程图

⑦ 性能指标最高的一组设计参数即为相应目标下的最优化参数,最后进行实验验证。

与传统变换器设计方法相比,变换器优化设计方法的改进之处主要体现在:

① 考虑到温度对器件损耗的影响,增加了损耗修正过程;

② 通过建立热模型,对半导体器件的散热器进行了优化设计,有利于提高变换器的功率密度;

③ 在设计变量的取值范围内,通过计算机对所有取值情况进行计算,找出一组最佳参数,使系统性能在相应目标下达到最优。

对于 SiC 基变换器,其设计变量比 Si 基变换器的有所增多,参数设计复杂性加大,采用优化设计方法有利于充分发挥 SiC 器件的优势,获得应用场合技术规格要求下的最优设计结果。在这个方面,瑞士苏黎世联邦理工学院的 J. W. Kolar 教授领导的研究团队做了深入的研究工作,国内很多同行的研究工作也参考了 Kolar 教授的研究方法,读者若想做进一步的了解和深入研究,可查阅 Kolar 教授的相关技术文献资料。

6.5　小　结

　　SiC 器件的特性虽然优于 Si 器件,但在使用 SiC 器件制作功率变换器时,却会受到一些实际因素的制约。

　　首先是 SiC 器件的开关速度受到了以下因素的制约,包括:①寄生电感;②寄生电容;③驱动能力;④电流检测;⑤长电缆电压反射问题;⑥EMI 问题;⑦高压局放问题。只有采取有效方法克服以上因素的制约,保证整机安全可靠工作,才能真正发挥 SiC 器件的快开关速度优势。

　　其次是封装技术的制约。目前商用 SiC 器件沿用了 Si 器件的封装技术,封装引入的寄生参数偏大,散热效率不高,温度承受能力受限。为了充分发挥 SiC 器件的高速开关能力和高结温能力,必须在封装结构和封装材料上提出更好的解决方案,与 SiC 器件相匹配。

　　相比于传统的 Si 器件,采用先进封装技术的 SiC 模块已是一个较大的技术进步,但这离实现真正意义上的耐高温变换器仍有差距。要想实现高温变换器,不仅需要开发耐高温的 SiC 模块,而且需要协同研究开发耐高温的驱动电路、控制电路、检测保护电路、无源元件、PCB 板及连接件等,以保障 SiC 基变换器整机能够满足高温恶劣环境的工作要求。

　　现有 Si 基变换器的设计方法本质上是一种“试凑设计”,一些关键设计参数往往是根据工程师的经验确定的,而且所取参数并不是取值范围中的最优值,而是满足基本条件的某个值。这种设计方法并不适用于“多变量-多目标”的 SiC 基变换器,难以充分发挥 SiC 器件的优势和实现 SiC 基变换器的最优设计。对于 SiC 基变换器宜采用以数学规划为基础的功率变换器优化设计技术,根据不同场合的性能要求,获得相应目标下的最优设计参数。

　　扫描右侧二维码,可查看本章部分
　　插图的彩色效果,规范的插图及其信息
　　以正文中印刷为准。

第 6 章部分插图彩色效果

参考文献

[1] Zhang Zheyu,Wang Fred,Tolbert Leon M,et al. Realization of high speed switching of SiC power devices in voltage source converters[C]. Knoxville,Tennessee:IEEE Workshop on Wide Bandgap Power Devices and Applications,2015:28-33.

[2] Borghoff Georg. Implementation of low inductive strip line concept for symmetric switching in a new high power module[C]. Nuremberg,Germany:PCIM, 2013:1041-1045.

[3] Zhang Wen,Zhang Zhenyu,Wang Fred,et al. Common source inductance introduced self-turn-on in MOS-FET turn-off transient[C]. Tampa,Florida:IEEE Applied Power Electronics Conference and Exposition (APEC),2017:837-842.

[4] Zhang Zheyu, Wang Fred, Tolbert Leon M, et al. Understanding the limitations and impact factors of wide bandgap devices' high switching-speed capability in a voltage source converter[C]. Knoxville, Tennessee: IEEE Workshop on Wide Bandgap Power Devices and Applications, 2014:7-12.

[5] Qin Haihong, Liu Qing, Zhang Ying, et al. A new overlap current restraining method for current-source rectifier[J]. Journal of Power Electronics, 2018, 18(2):615-626.

[6] Qin Haihong, Ma Ceyu, Zhu Ziyue, et al. Influence of parasitic parameters on switching characteristics and layout design considerations of SiC MOSFETs[J]. Journal of Power Electronics, 18(4):1255-1267.

[7] 秦海鸿,朱梓悦,戴卫力,等. 寄生电感对 SiC MOSFET 开关特性的影响[J]. 南京航空航天大学学报, 2017,49(4):531-539.

[8] 秦海鸿,张英,朱梓悦,等. 寄生电容对 SiC MOSFET 开关特性的影响[J]. 中国科技论文, 2017,12(23): 2708-2714.

[9] 李根,杨丽雯,黄文新. SiC MOSFET 基电机驱动器功率级寄生参数问题及解决方法[C]. 西安:第十三届中国高校电力电子与电力传动学术年会, 2018.

[10] Zdanowski M, Kostov K, Rabkowski J, et al. Design and evaluation of reduced self-capacitance inductor in DC/DC converters with fast-switching SiC transistors[J]. IEEE Transactions on Power Electronics, 29 (5):2492-2499.

[11] Zhang Zheyu, Wang F, Tolbert L M, et al. Evaluation of switching performance of SiC devices in PWM inverter-fed induction motor drives[J]. IEEE Transactions on Power Electronics, 2015, 30(10): 5701-5711.

[12] 谢昊天. 基于 SiC MOSFET 的永磁同步电机驱动器高速开关行为研究[D]. 南京:南京航空航天大学, 2017.

[13] Wang Yangang, Dai Xiaoping, Liu Guoyou, et al. Status and trend of SiC power semiconductor packaging [C]. Changsha, China: IEEE International Conference on Electronic Packaging Technology, 2015: 396-402.

[14] Schuderer J, Vemulapati U, Traub F. Packaging SiC power semiconductors—challenges, technologies and strategies[C]. Knoxville, Tennessee:IEEE Wide Bandgap Power Devices and Applications, 2014:18-23.

[15] Khazaka R, Mendizabal L, Henry D, et al. Survey of high-temperature reliability of power electronics packaging components[J]. IEEE Transactions on Power Electronics, 2015, 30(5):2456-2464.

[16] Shen Zhenzhen, Johnson R W, Hamilton M C. SiC power device die attach for extreme environments[J]. IEEE Transactions on Electron Devices, 2015, 62(2):346-353.

[17] Yao Yiying, Lu Guo-Quan, Boroyevich D, Ngo K D T. Survey of high-temperature polymeric encapsulants for power electronics packaging[J]. IEEE Transactions on Components, Packaging and Manufacturing Technology, 2015, 5(2):168-181.

[18] Xu Fan, Han Timothy J, Jiang Dong, et al. Development of a SiC JFET-based six-pack power module for a fully integrated inverter[J]. IEEE Transactions on Power Electronics, 2013, 28(3):1464-1478.

[19] Benjamin Wrzecionko, Dominik Bortis, Kolar Johann W. A 120℃ ambient temperature forced air-cooled normally-off SiC JFET automotive inverter system[J]. IEEE Transactions on Power Electronics, 2014, 29(5):2345-2358.

[20] Fan Xu, Guo B, Tolbert L M, et al. An all-SiC three-phase buck rectifier for high-efficiency data center power supplies[J]. IEEE Transactions on Industry Applications, 2013, 49(6):2662-2673.

[21] Hector Sarnago, Oscar Lucia, Arturo Mediano, et al. Improved operation of SiC-BJT-based series resonant inverter with optimized base drive[J]. IEEE Transactions on Power Electronics, 2014, 29(10): 5097-5101.

［22］ Ning Puqi, Zhang Di, Lai Rixin, et al. Development of a 10-kW high-temperature, high-power-density three-phase ac-dc-ac SiC converter[J]. IEEE Industrial Electronics Magazine, 2013, 7(1):6-17.

［23］ Wang Ruxi, Boroyevich D, Ning Puqi, et al. A high-temperature SiC three-phase AC-DC converter design for ＞100℃ ambient temperature[J]. IEEE Transactions on Power Electronics, 2013, 28(1):555-572.

［24］ Rismer Florian K, Kolar J W. Efficiency-optimized high-current dual active bridge converter for automotive applications[J]. IEEE Transactions on Industrial Electronics, 2012, 59(7):2745-2760.

［25］ Han Di, Noppakunkajorn Jukkrit, Sarlioglu Bulent. Comprehensive efficiency, weight and volume comparison of SiC- and Si-based bidirectional DC-DC converters for hybrid electric vehicles[J]. IEEE Transactions on Vehicular Technology, 2014, 63(7):3001-3010.

［26］ Kolar J W, Biela J, Minibock J. Exploring the pareto front of multi-objective single-phase PFC rectifier design optimization-99.2% efficiency vs. 7kW/dm³ power density[C]. Wuhan, China:Power Electronics and Motion Control Conference, 2009:1-21.

［27］ 蔡宣三,汤伟.单端正激变换器的优化设计[J].计算机学报,1985(6):470-479.

［28］ 蔡宣三,汤伟.单端反激变换器的优化设计与分析[J].通信学报,1986,7(1):52-59.

［29］ 钟志远.基于 SiC 器件的全桥 DC/DC 变换器优化设计研究[D].南京:南京航空航天大学,2015.